유럽 축구 여행

TRAVEL
GUIDE

당신은
준비가
되었는가?

SPECIAL TRAVEL GUIDE

유럽 축구 여행

FOOT BALL

★★★ 완벽 가이드북 ★★★

잉글랜드 ✦ 스페인 ✦ 독일 ✦ 이탈리아 ✦ 프랑스 ✦ 네덜란드

오렌지군 지음

유럽축구 여행하기

LEAGUE

WRITTEN BY ORANGEGOON
FOOTBALL TRAVEL COORDINATOR

메카로북스

이제는 새로운 '유럽 축구 여행'의 시대

TV 또는 인터넷으로 주말 밤마다 술잔을 기울이며 프리미어리그 경기를 시청한다. 그뿐만 아니다. 평일 새벽에 열리는 UEFA 챔피언스리그 경기 시청을 위해 잠을 포기하고 밤을 샌다. 이런 풍경은 이제 대한민국에서도 낯설지 않은 모습이다. 유럽 축구는 마니아들만 즐기는 특별한 스포츠가 아닌, 누구나 쉽게 즐기는 취미가 되었다. 이웃 나라들의 전유물로만 여겨지던 펍에서의 단체 응원도 이제는 국내에서도 어렵지 않게 즐길 수 있다. 유럽 축구가 일상생활 속으로 깊숙하게 들어온 느낌이다.

이러한 변화와 함께 유럽 축구를 현지에서 직접 보고 싶어 하는 팬들의 수도 최근 들어 급격하게 늘어나고 있다. 특히 지난 시즌 프리미어리그와 UEFA 챔피언스리그에서 손흥민 선수가 맹활약을 펼치면서 현지 직관에 대한 관심에 불을 붙였다.

2015년 9월 국내 최초의 '유럽 축구 여행 완벽 가이드북'이 출간된 이후 약 4년이라는 시간이 흘렀다. 이 기간 동안 각 유럽 리그와 구단들이 외국인 관광객, 특히 아시아 지역의 팬들을 끌어모으기 위한 다양한 정책을 쏟아내면서 축구 여행을 즐기는 방법도 많이 달라졌다. 유럽 축구에 대한 이해도 높아지면서 수준 높은 축구 여행을 즐기고 싶어 하는 분들도 증가했다. 새로운 시대에 맞춘 '유럽 축구 여행 가이드북'이 필요해진 것이다.

그래서 이번 '유럽 축구 여행 완벽 가이드북'에서는 시대적 상황을 감안하여 첫 가이드북에서 아쉬웠던 부분을 보강하고, 축구팬들이 원하는 새로운 볼거리들을 추가하기 위해 노력하였다. 오렌지군은 이번 개정판을 위해 지난 4년간 유럽 축구의 현장을 꾸준히 방문하며 최신 정보로 교체하는 작업을 반복하였고, 그 결실이 책 안에 고스란히 녹아들어 있다.

유럽 축구 여행은 꼼꼼하게 준비해야 더 많은 것들을 보고 올 수 있는 특징을 가지고 있다. 또한 미리 준비해야 하는 것들이 많아 사전 공부가 반드시 필요한 여행이다. 그러므로 시간이 날 때마다 이 책을 보면서 차근차근 축구 여행을 공부해보자. 그러다 보면 꿈꾸었던 '유럽 축구 여행'이 어느새 눈앞에 성큼 다가왔음을 느낄 수 있을 것이다.

여러분을 위한 새로운 유럽 축구 여행은 이미 시작되었다. 지금 바로 책장을 넘겨보자.

오렌지군   남궁 준

요즘같이 취업이 어려운 시대에 월급 잘 나오던 회사를 박차고 나왔던 대책 없는 한 청년은 이제 전 세계를 유랑하는 '축구 여행자'가 되었다. 퇴직금을 받아 떠났던 유럽 여행이 인생의 방향을 180도 바꿔놓았다. 빈털터리가 되어 귀국한 후에도 정신을 못 차린 이 청년은 "어차피 간 길 제대로 한번 가 보자."며 전 세계 축구의 수많은 현장을 방문하기 시작했다. 2008년부터 약 40여 개국, 180여 개 도시를 방문하였으며 450여 개의 경기를 현장에서 직관했다. 또한 420여 곳의 축구 경기장들을 방문하면서 다양한 경기장 풍경들을 사진 속에 담아 왔다. 지금 이 시간에도 어디선가 발바닥에 땀이 나도록 경기장 주변을 걸으며 사진을 찍고 있을지도 모른다.

그동안 쌓아온 축구 여행의 기록들은 2010년부터 네이버 블로그 '오렌지군의 행복을 찾아서'를 통해 꾸준히 연재했으며 운 좋게도 2011, 2012년 연속으로 스포츠 부문 '네이버 파워블로그'에 선정되기도 했다. 2019년 기준으로 방문객만 800만 명이 넘은 상황이며 지금 이 시간에도 열심히 돌아가고 있는 중이다.

어차피 이번 생은 틀렸으니 재밌게라도 살아 보자고 시작한 일인데 일이 커져서 생각지 못한 방향으로 바쁘게 살고 있다.

한때 여행사의 가이드로 일하며 내공을 쌓았으며 지금은 '축구 여행 전문 코디네이터'라는 타이틀로 다양한 강연 및 외부 기고, 기업 컨설팅, 축구 여행 상품 개발 등을 통해 축구 여행의 가치와 즐거움에 대해 전파하고 있다.

2015년 9월 《유럽 축구 여행 완벽 가이드북》, 2018년 9월 《영국 축구 여행 완벽 가이드북》을 출간했다. 또한 2016년부터는 여행 매니지먼트 기업인 (주)여행상점과 손을 잡고 다양한 축구 여행 상품을 꾸준히 출시하면서 혼자가 아닌 함께 하는 축구 여행을 즐겁게 만들어 가고 있는 중이다. 덕분에 유럽은 원 없이 오가고 있으며 가끔 입국 심사관에게 "너 또 왜 왔니?"라는 잔소리를 듣기도 한다.

물론 재미있게 살기만 하는 오렌지군 같지만 집에서는 나이가 들도록 결혼도 못하는 노총각이고, 가출한 것도 아닌데 수시로 집을 나가 있는 골칫거리다. 방금 전에는 "그렇게 집에 있기 싫으면, 아예 집에서 나가라."라는 잔소리를 듣고 나왔다. 그래서 이 글은 지금 집이 아닌 카페에서 쓰는 중인데 왠지 조만간 최후통첩을 들을 것 같아서 걱정이다. 요즘 서울 집값도 비싼데 어디 가서 살아야 하나. 정말 이민 가야 하나. 난 한국 사람들과 함께 조용히 오손도손 살고 싶은데 말이다.

블로그   dickprod.blog.me
인스타그램   @orangegoon_travel

감사의 말

2015년에 《유럽 축구 여행 완벽 가이드북》을 출간한 후 4년 만에 책을 다시 세상에 내놓습니다. 특히 이번에는 개정판이기에 더욱 감회가 새롭습니다. 더불어 개정판 작업을 하면서 그동안 살아왔던 시간들을 돌아보게 되는 계기가 되기도 했습니다.

《유럽 축구 여행 완벽 가이드북》은 제가 쓰기는 했습니다만 오직 저 혼자만의 노력으로는 결코 완성될 수 없는 책입니다. 그동안 참 많은 분들이 이 책의 완성을 위해서 도움을 주셨습니다. 그래서 이분들에게 감사하다는 말씀을 전하지 않을 수 없습니다.

현지 조사를 위한 많은 배려를 아끼지 않으신 여행상점 윤형식 대표님. 매번 유럽 축구 여행을 떠날 때마다 소중한 자료로 저의 부족한 부분을 채워주고 있는 친구 타츠야 우에다 씨에게 감사를 드립니다. 두 분의 도움이 없었다면 생생한 최신 현지 정보를 수집하는 것이 불가능했을 것입니다. 達也さん! いつもありがとうございます。また会いましょう!

별난 인생을 살고 있는 저 때문에 스트레스를 많이 받고 있을 제 친구 및 형님, 누나, 동생들에게도 감사하다는 말을 전합니다. 그동안 제 고민들을 계속 들어주고 용기를 불어넣어 준 분들입니다.

우리 가족들에게도 감사합니다. 또 한 권의 책이 만들어지는 기간 동안 과민해진 저를 잘 이해해 주었습니다. 이 책을 기다려 주시고 선택해 주신 독자 여러분들께도 감사를 드립니다. 《유럽 축구 여행 완벽 가이드북》이 절판되어서 중고책도 구하기 힘들다는 제보를 많이 받았었습니다. 드디어 개정판이 나왔으니 이 책과 함께 '새로운' 유럽 축구 여행을 즐겨 주시길 바라겠습니다.

마지막으로 이 축구 여행 가이드북은 편집자 입장에서도 참 손이 많이 가고 힘든 과정이었을 겁니다. 고된 과정을 마다하지 않고 끝까지 좋은 작품 완성을 위해서 노력해 준 카멜북스의 이창주 팀장 및 직원분들에게도 감사드립니다. 곧 시원한 맥주 한잔하면서 회포를 풀어 봅시다.

Euny

행복한 축구 여행자
오렌지군

유럽 축구 여행 완벽 가이드북 활용 안내

CHAPTER 01   유럽 축구 여행 준비하기

유럽 축구 여행 초보자를 위한 준비 단계입니다. 축구 여행에 대한 전반적인 이해를 돕기 위한 기본 자료를 담았습니다.

축구 여행에 대한 정보뿐 아니라 저렴한 항공권을 구하는 방법과 같이 기본적인 여행에 대해서도 충분한 자료들을 담고 있습니다.

CHAPTER 02   유럽 축구 여행 시작하기

 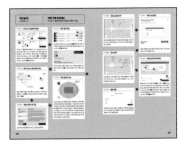

축구 여행을 하기 앞서 기본적으로 알아야 하는 각 리그가 속한 국가 정보를 담았습니다. 해당 정보는 여행을 알차게 만들어 줄 것입니다.

유럽 6개 리그를 대표하는 명문 구단 정보를 담았습니다. 구단과 관련한 기본 소개, 티켓 구매법, 경기장 주변 지도, 대중교통 안내 등 이해하기 쉽게 정리되어 있습니다.

일러두기

1. 본서는 한글전용을 원칙으로 했다. 고유명사의 우리말 표기는 국립국어원의 외래어표기법을 따랐다. 그러나 관행적으로 굳어진 표기는 그대로 사용했으며 필요한 경우 한자나 원어를 병기했다.
2. 본서는 인물명 표기 가운데 외국인명과 관광지명의 경우 원어 병기가 필요할 시에는 소괄호를 사용했다.
3. 본서는 2019년을 기준으로 축구와 관련한 정보를 실었다.

축구 경기 관람 외에도 다양한 콘텐츠를 즐길 수 있도록 경기장 주변의 볼거리와 유명 펍 등에 대한 정보를 소개합니다.

각 구단별 박물관, 스타디움 투어에 대한 안내를 담았습니다.

유럽 축구 여행 지도 보는 법

경기장 주변의 볼거리, 숙소, 맛집 등을 나타낸 지도

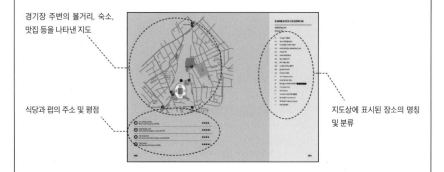

식당과 펍의 주소 및 평점

지도상에 표시된 장소의 명칭 및 분류

지도 아이콘 설명

M1 구단 박물관 스타디움 투어

H1 호텔 호스텔

SE1 볼거리 및 전시

B1 식당, 펍

S1 쇼핑센터 구단 공식용품점

T1 매표소

PA1 공원

HP1 병원

PS1 경찰

버스

M DLR R 지하철

SE **숫자:** 항목 표기 순서

알파벳/색상: 장소 항목 분류

이제는 새로운 '유럽 축구 여행'의 시대 … 004

감사의 말 … 009

유럽 축구 여행 제대로 즐기는 법 … 010

CHAPTER 01.
유럽 축구 여행 준비하기

STEP 01.
유럽 축구 여행에 대한 이해와 준비

· 유럽 축구 여행 비용은 얼마나 들까? ● 024
· 축구 경기 일정 확인 ● 025
· 경기 일정 변경, 일정이 바뀔 수 있다 ● 026
· 구단 멤버십 제도의 이해 ● 027
· 내가 볼 경기의 관중 수 예측하기 ● 028
· 당신이 '빅매치' 관람을 꿈꾸고 있다면 ● 029
· 4인 이상의 단체 여행을 계획하는 이들에게 ● 030
· 축구가 없는 시기에 살아남는 법 ● 031
· 유럽에서의 A매치 관람 ● 032
· 각 컵대회 결승전의 티켓 구매를 위한 조언 ● 033
· 예약한 경기 티켓을 취소하거나 환불받아야 할 때 ● 034
SPECIAL TIP 스카이 스캐너를 이용한 저가항공 예약법 … 035

STEP 02.
여행 준비부터 현지 생활까지

· 나만의 축구 여행 일정표 만들기 ● 038
· 첫 루트와 축구 여행에 적합한 항공편 정하기 ● 039
· 저렴한 유럽행 항공편 예약하기 ● 040
· 이동, 철도를 이용할 때 ● 041
· 이동, 버스를 이용할 때 ● 042
· 이동, 저가항공을 이용할 때 ● 043
· 유레일 패스에 대하여 ● 044
· 유레일 패스 개시 및 사용법 ● 045
· 유럽에서 기차를 타는 법 ● 046
· 유럽에서의 호텔, 한인민박, 호스텔 ● 048
· 축구 여행에 적합한 숙박업소 가기 ● 049
· 최종 경로 점검 ● 050

Contents table

STEP 03.
경기장에서

· 계절에 따른 유럽 날씨 대비하기 ● 051

· 저렴하게 식사를 해결하기 위한 요령 ● 052

· 현지에서의 건강 관리 ● 053

· 현지 숙소에서의 올바른 생활법 ● 054

· 비자와 입국심사 ● 056

· 안전한 축구 여행을 위한 지침서 ● 058

· 경기장을 찾아가는 요령 ● 060

· 스타디움 투어 ● 061

· 경기장에서의 A to Z ● 062

· 경기 취소에 관한 돌발 변수를 대비하자 ● 064

· 현장 판매 티켓 구매와 원정석에 대해서 ● 065

CHAPTER 02.
유럽 축구 여행 시작하기

영국

Premier League
2019-2020 시즌 출전 팀 배치도 … 068

· 영국 국가 개요 ● 070
· 프리미어리그를 만나기 전에, 미리 알아 두자 ● 072
· 영국 펍에서 현지 사람들과 TV로 응원하자 ● 073
· 영국 도시 간 이동 교통수단 ● 074
SPECIAL TIP 잉글랜드 국가대표팀 경기 티켓 구매법 … 080

AREA 01.
런던

· 도시, 어디까지 가봤니 ● 082
· 추천 여행 코스 및 가볼 만한 곳 ● 084

TEAM 01 **아스널 FC**
구단 소개 ● 086 / 티켓 구매 ● 088 / 티켓 구매 프로세스 ●
090 / 경기장 주변 지도 ● 092 / 경기장으로 ● 094

TEAM 02 **첼시 FC**
구단 소개 ● 100 / 티켓 구매 ● 102 / 티켓 구매 프로세스 ●
104 / 경기장 주변 지도 ● 106 / 경기장으로 ● 108

TEAM 03 **토트넘 홋스퍼 FC**
구단 소개 ● 112 / 티켓 구매 ● 114 / 티켓 구매 프로세스 ● 116
/ 경기장 주변 지도 ● 118 / 경기장으로 ● 120

AREA 02.
리버풀

· 도시, 어디까지 가봤니 ● 124
· 추천 여행 코스 및 가볼 만한 곳 ● 124

TEAM 01 **리버풀 FC**
구단 소개 ● 126 / 티켓 구매 ● 128 / 티켓 구매 프로세스 ● 130
/ 경기장 주변 지도 ● 132 / 경기장으로 ● 134

TEAM 02 **에버턴 FC**
구단 소개 ● 140 / 티켓 구매 ● 142 / 티켓 구매 프로세스 ●
144 / 경기장 주변 지도 ● 146 / 경기장으로 ● 148

AREA 03.
맨체스터

· 도시, 어디까지 가봤니 ● 152
· 추천 여행 코스 및 가볼 만한 곳 ● 153
SPECIAL TIP 국립 축구 박물관 … 155

TEAM 01 **맨체스터 유나이티드 FC**
구단 소개 ● 158 / 티켓 구매 ● 160 / 티켓 구매 프로세스 ● 162
/ 경기장 주변 지도 ● 164 / 경기장으로 ● 166

TEAM 02 **맨체스터 시티 FC**
구단 소개 ● 174 / 티켓 구매 ● 176 / 티켓 구매 프로세스 ● 178
/ 경기장 주변 지도 ● 180 / 경기장으로 ● 182

스페인

Laliga

2019~2020 시즌 출전 팀 배치도 … 186

· 스페인 국가 개요 ● 188
· 라리가를 만나기 전에, 미리 알아 두자 ● 190
· 스페인 도시 간 이동 교통수단 ● 191

AREA 01.
마드리드

————

· 도시, 어디까지 가봤니 ● 196
· 추천 여행 코스 및 가볼 만한 곳 ● 197

TEAM 01 **레알 마드리드 CF**

구단 소개 ● 200 / 티켓 구매 ● 202 / 티켓 구매 프로세스 ●
204 / 경기장 주변 지도 ● 206 / 경기장으로 ● 208

TEAM 02 **아틀레티코 마드리드**

구단 소개 ● 214 / 티켓 구매 ● 216 / 티켓 구매 프로세스 ● 218
/ 경기장 주변 지도 ● 220 / 경기장으로 ● 222

AREA 02.
바르셀로나

————

· 도시, 어디까지 가봤니 ● 226
· 추천 여행 코스 및 가볼 만한 곳 ● 227

TEAM 01 **FC 바르셀로나**

구단 소개 ● 230 / 티켓 구매 ● 232 / 티켓 구매 프로세스 ●
234 / 경기장 주변 지도 ● 236 / 경기장으로 ● 238

AREA 03.
발렌시아

————

· 도시, 어디까지 가봤니 ● 244
· 추천 여행 코스 및 가볼 만한 곳 ● 245

TEAM 01 **발렌시아 CF**

구단 소개 ● 248 / 티켓 구매 ● 250 / 티켓 구매 프로세스 ●
252 / 경기장 주변 지도 ● 254 / 경기장으로 ● 256

AREA 04.
세비야

————

· 도시, 어디까지 가봤니 ● 260
· 추천 여행 코스 및 가볼 만한 곳 ● 261

TEAM 01 **세비야 FC**

구단 소개 ● 264 / 티켓 구매 ● 266 / 티켓 구매 프로세스 ●
268 / 경기장 주변 지도 ● 270 / 경기장으로 ● 272

TEAM 02 **레알 베티스 발롬피에**

구단 소개 ● 276 / 티켓 구매 ● 278 / 티켓 구매 프로세스 ●
280 / 경기장 주변 지도 ● 282 / 경기장으로 ● 284

독일

Bundesliga

2019-2020 시즌 출전 팀 배치도 … 288

· 독일 국가 개요 ● 290
· 분데스리가를 만나기 전에, 미리 알아 두자 ● 292
· 독일 도시 간 이동 교통수단 ● 293
SPECIAL TIP 독일 국가대표팀 경기 티켓 구매법 … 296

AREA 01.
노르트라인 베스트팔렌
────

· 도시, 어디까지 가봤니 ● 300
· 추천 여행 코스 및 가볼 만한 곳 ● 302

TEAM 01 보루시아 도르트문트

구단 소개 ● 304 / 티켓 구매 ● 306 / 티켓 구매 프로세스 ●
308 / 경기장 주변 지도 ● 310 / 경기장으로 ● 312

TEAM 02 FC 샬케 04

구단 소개 ● 318 / 티켓 구매 ● 320 / 티켓 구매 프로세스 ●
322 / 경기장 주변 지도 ● 324 / 경기장으로 ● 326

AREA 02.
뮌헨
────

· 도시, 어디까지 가봤니 ● 330
· 추천 여행 코스 및 가볼 만한 곳 ● 330

TEAM 01 FC 바이에른 뮌헨

구단 소개 ● 332 / 티켓 구매 ● 334 / 티켓 구매 프로세스 ●
336 / 경기장 주변 지도 ● 342 / 경기장으로 ● 344

이탈리아

Serie A

2019-2020 시즌 출전 팀 배치도 … 350

· 이탈리아 국가 개요 ● 352
· 세리에 A를 만나기 전에, 미리 알아 두자 ● 354
· 이탈리아 도시 간 이동 교통수단 ● 355

AREA 01.
밀라노
────

· 도시, 어디까지 가봤니 ● 360
· 추천 여행 코스 및 가볼 만한 곳 ● 360

TEAM 01 AC 밀란 & 인터 밀란

(AC 밀란) 구단 소개 ● 362 / 티켓 구매 ● 364 / 티켓 구매 프로
세스 ● 366 / (인터 밀란) 구단 소개 ● 368 / 티켓 구매 ● 370 /
티켓 구매 프로세스 ● 372 / 경기장 주변 지도 ● 374 / 경기장으
로 ● 376
SPECIAL TIP AC 밀란의 역사를 살펴보다! 몬도 밀란 … 380

AREA 02.
로마
────

· 도시, 어디까지 가봤니 ● 382
· 추천 여행 코스 및 가볼 만한 곳 ● 383

TEAM 01 AS 로마

구단 소개 ● 386 / 티켓 구매 ● 388 / 티켓 구매 프로세스 ●
390 / 경기장 주변 지도 ● 392 / 경기장으로 ● 394

AREA 03.
토리노

· 도시, 어디까지 가봤니 ● 398
· 추천 여행 코스 및 가볼 만한 곳 ● 399

TEAM 01 유벤투스 FC

구단 소개 ● 400 / 티켓 구매 ● 402 / 티켓 구매 프로세스 ●
406 / 경기장 주변 지도 ● 408 / 경기장으로 ● 410

기타 구단

AREA 01.
파리

· 도시, 어디까지 가봤니 ● 416
· 추천 여행 코스 및 가볼 만한 곳 ● 417

TEAM 01 파리 생제르망 FC

구단 소개 ● 420 / 티켓 구매 ● 422 / 티켓 구매 프로세스 ●
424 / 경기장 주변 지도 ● 426 / 경기장으로 ● 428

AREA 02.
암스테르담

· 도시, 어디까지 가봤니 ● 432
· 추천 여행 코스 및 가볼 만한 곳 ● 433

TEAM 01 AFC 아약스

구단 소개 ● 434 / 티켓 구매 ● 436 / 티켓 구매 프로세스 ●
438 / 경기장 주변 지도 ● 440 / 경기장으로 ● 442

TEAM 02 PSV 아인트호벤

구단 소개 ● 446 / 티켓 구매 ● 448 / 경기장 주변 지도 ● 450 /
경기장으로 ● 452

CHAPTER

1

유럽 축구 여행 준비하기

EUROPEAN FOOTBALL LEAGUE

EUROPEAN LEAGUE

STEP 01

유럽 축구 여행에 대한 이해와 준비

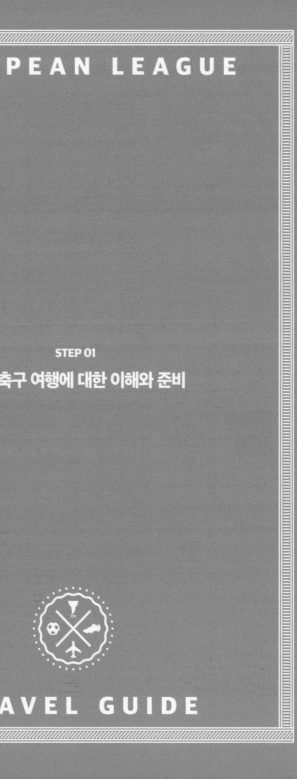

TRAVEL GUIDE

유럽 축구 여행 비용은 얼마나 들까?

2주간

여행의 대략적인 비용 예시

왕복 항공료 80-150만 원
숙박비 7 X 14 = 98만 원
생활비 5 X 14 = 70만 원
교통비 2 X 14 = 28만 원
티켓 요금 10 X 5 = 50만 원

총 비용
약
330-400만 원 + a

해당 여행의 기준: 런던&바르셀로나 여행+축구 경기 5회

오렌지군의 축구 여행 TIP

여행 비용을 최대한 줄이기 위해서는 가장 먼저 줄일 수 있는 비용과 그렇지 않은 비용을 나눈다. 줄일 수 있는 것은 항공료와 숙박비, 교통비 정도. 항공료는 예약 시기에 따라 많게는 70만 원가량 차이가 나고, 숙박의 경우 민박보다 호스텔이 더 저렴한 편. 다만 민박은 한식 아침식사가 포함된 경우가 많으니 식비도 함께 고려한다(호스텔은 간단한 빵, 시리얼 정도를 제공하는 경우가 대부분).

스페인 라리가 지로나 FC의 홈 경기 티켓

티켓 요금을 제외한 축구 비용

'축구 비용'이 티켓만 있지는 않을 것. 경기장 근처의 간단한 먹거리와 음료는 대략 5유로 안팎이고, 영국의 구장에서 판매하는 프로그램 책자는 대체로 3.5-4파운드 정도에 판매된다. 유니폼의 경우 80-120유로면 이름을 새긴 반팔 상의 정도를 구매할 수 있다. 이 외에도 스타디움 투어나 축구 박물관 관람 등도 있으니 여행 예산을 책정할 때 이 부분도 감안해야 한다.

가장 중요한 비용은?

유럽 여행 스케줄 안에 축구 경기 관람 계획을 포함시키는 형태가 될 것이다. 그러므로 비용은 '유럽 여행 비용+축구 비용'이 될 것. '항공료'가 많은 비중을 차지하므로 체류 기간이 길수록 1일 지출 비용은 줄어들 것이며 항공편을 언제 예약하느냐 혹은 어떻게 생활하느냐 등에 따라 경비가 많이 달라지므로 꼼꼼히 계획을 짜도록 한다. 항공 요금은 주로 가을과 봄철 즉, 일반 여행의 비수기에 가장 저렴하다.

현지 축구 티켓 가격은 얼마나 될까?

● 경기 및 좌석 위치에 따라 천차만별

유럽 축구 경기 티켓은 각 경기의 레벨과 상대 팀의 수준, 좌석의 위치에 따라 가격을 세분화해 판매하는 경우가 많다. 세계적인 명문팀일수록, 좌석 점유율이 높은 팀일수록 티켓 가격이 더 세분화되어 있다. 그래서 티켓의 평균가가 대부분 의미 없는 편이며 구단 홈페이지에서 발표하는 티켓 공지를 반드시 체크해야 정확한 티켓 가격이 확인 가능하다.

● 볼 만한 자리는 대체로 10-15만 원선

스페인 라리가, 잉글랜드 프리미어리그, 독일 분데스리가, 이탈리아 세리에A와 같은 경우는 티켓 구입이 가능하다는 전제하에 1장당 10-15만 원 정도는 들여야 괜찮은 자리를 차지할 수 있다. 물론 빅매치의 경우에는 상황이 다르며 중하위권 팀의 경우는 더 저렴한 가격에 티켓을 구할 수도 있다. 세계적인 팀들의 경기 티켓 가격이 계속 상승하는 중이며, 1장당 20-25만 원 정도는 들여야 좋은 좌석을 구입할 수 있는 경우가 많아지고 있다.

축구 경기 일정 확인

유럽 프로리그는 '추춘제'

축구 여행을 가는 만큼 '경기 일정' 확인은 필수. 봄에 개막해 이른 겨울에 막을 내리는 K리그와 달리 유럽 대부분의 프로리그는 8월 중순에 개막해 이듬해 5월 중순-말 사이에 막을 내리는 추춘제로 운영된다. 매 시즌 전체 일정은 6-7월에 대략적인 일정이 발표되며, UEFA 챔피언스리그 본선 일정이 8월 말경에 발표되므로 적어도 9월은 되어야 경기 선택의 폭이 다양해진다. 학생 신분이라면 여름방학보다는 겨울방학을 노리는 것이 효율적이고, 6-7월은 경기가 없으므로 반드시 피한다.

프로리그 경기가 없는 시기는?

● 숨어 있는 암초, FIFA A매치 데이

A매치 데이는 각국의 친선경기나 월드컵 예선 등의 A매치 경기를 통해 국가대표팀의 멋진 모습을 확인할 수 있는 기간이지만, 문제는 이 날엔 원칙적으로 리그 경기가 열리지 않는다는 것이다. 일반적으로 명문 구단을 보기 위해 유럽을 찾는 이들에게는 그다지 반갑지 않은 소식. 온 김에 국가대표팀을 직접 보는 것도 좋다고 생각하는 사람도 있겠지만, 그렇지 않다면 A매치 데이 일정을 잘 확인해 피해 가도록 하자.

● 또 하나의 암초, 크리스마스 휴가

유럽은 크리스마스 시즌부터 연말까지 대부분 휴가 기간이 되고, 당연히 리그도 휴식에 들어간다. 따라서 12월 말-1월 중순까지는 여행 일정을 잡지 않는 것이 좋다. 단, 잉글랜드의 경우 오히려 '복싱 데이(Boxing Day)'라 해서 평소보다 타이트한 리그 일정이 이루어지고, 이를 이용하면 오히려 짧은 기간 내에 많은 경기를 관람할 수 있으니 이를 고려해 계획을 세우자.

축구 하는 날은?

기본적으로 '주중은 컵 경기, 주말은 리그 경기'가 열린다는 사실을 알아 두자. UEFA 챔피언스리그 등의 컵대회들은 주중, 특히 화-목요일에 배정되니 상세 일정을 확인하고, 리그는 주말에 열리는 것을 원칙으로 하기 때문에 주말에는 반드시 경기가 있다고 생각하자. 홈&어웨이 경기로 이뤄지니 응원 팀이 주말에 홈 경기를 치를 확률은 50%. 경기 일정에 맞춰 여행 계획을 세워야 한다. 세부 경기 일정은 각 리그의 홈페이지를 통해 확인 가능하다.

FIFA A매치 데이 일정 확인 방법

FIFA의 A매치 데이 일정은 아래 주소에서 확인할 수 있다. Friendly Match Day라고 표기된 기간이 A매치 기간.

홈페이지: www.fifa.com/calendar/index.html

2019년의 A매치 데이
- 3월 18일-3월 26일
- 6월 3일-6월 11일
- 9월 2일-9월 10일
- 10월 7일-10월 15일
- 11월 11일-11월 19일

대체로 매년 비슷한 시기에 A매치가 열리니 참고하자.

리그별 크리스마스 휴가 기간(2019-2020 시즌 기준)
- 스페인 라리가
2019년 12월 24일-2020년 1월 4일
- 독일 분데스리가
2019년 12월 24일-2020년 1월 17일
- 이탈리아 세리에A
2019년 12월 24일-2020년 1월 4일

리그별 전체 일정(2019-2020 시즌 기준)
- 잉글랜드 프리미어리그
2019년 8월 9일-2020년 5월 17일
- 스페인 라리가
2019년 8월 16일-2020년 5월 24일
- 독일 분데스리가
2019년 8월 16일-2020년 5월 16일
- 이탈리아 세리에A
2019년 8월 24일-2020년 5월 24일
- 프랑스 리그앙
2019년 8월 9일-2020년 5월 23일
- UEFA 챔피언스리그
2019년 9월 17일-2020년 5월 30일
- UEFA 유로파리그
2019년 9월 19일-2020년 5월 27일

경기 일정 변경, 일정이 바뀔 수 있다

리그별 경기 일정 확인(영어)
- 잉글랜드 프리미어리그
www.premierleague.com
- 독일 분데스리가
www.bundesliga.com/en/bundesliga
- 스페인 라리가
www.laliga.com/en-GB
- 이탈리아 세리에A
www.legaseriea.it/en
- UEFA 챔피언스리그 및 UEFA 유로
파리그
www.uefa.com
- 프랑스 리그앙
www.ligue1.com

리그별 경기 시간(2019-2020 시즌 기준)
전 세계의 축구 팬들이 TV 중계를 통해 유럽 축구를 지켜보는 만큼, 각 국에서도 경기 일정을 최대한 분산 배치하여 가능한 많은 경기를 TV 생중계로 볼 수 있도록 하고 있다. 주말 경기를 기준으로 경기 일정은 아래와 같이 분산 배치되고 있다. 매 시즌 조금씩 시간이 바뀌고 있는 추세이므로 아래 시간은 참고만 하자.

- 잉글랜드 프리미어리그
금 20:00, 토 12:30, 15:00, 17:30, 일 14:00, 16:30, 월 20:00
- 스페인 라리가(동계 시즌 기준)
금 21:00, 토 13:00, 16:00, 18:30, 21:00, 일 12:00, 14:00, 16:00, 18:30, 21:00, 월 21:00
- 독일 분데스리가
금 20:30, 토 15:30, 18:30, 일 15:30, 18:00, 월 20:30
- 이탈리아 세리에A(동계 시즌 기준)
금 20:30, 토 15:00, 18:00, 20:30, 일 12:30, 15:00, 18:00, 20:30, 월 20:30
- UEFA 챔피언스리그(유럽중부시간 기준)
화, 수 18:55, 21:00
- UEFA 유로파리그(유럽중부시간 기준)
목 18:55, 21:00

Day and time is not confirmed(경기 일정이 바뀔 수 있다)

축구 티켓을 예약하는데 위의 문구가 눈에 띄었다면? 해당 경기 일정이 완전히 확정되지는 않았다는 의미. 축구 여행자들의 머리를 더욱 더 아프게 하는 부분이다. 일정 확정 발표는 각 리그마다 천차만별이므로 리그별로 잘 확인해야 하며 가능하면 일정이 확정된 후에 여행 계획을 정리하는 것이 좋다.

리그 일정의 확정은?

● 천차만별 일정 발표

대부분의 리그는 경기가 치러지기 약 1-2개월 전에 일정을 확정한다. 독일과 잉글랜드가 일정을 빨리 발표하는 편이며 최근 들어 이탈리아는 몇 달 간의 일정을 한번에 발표하는 추세에 있다. 스페인과 프랑스는 비교적 늦게 발표하는 편이지만 경기 시작 약 2-3주 전에는 확정된다.

● 유일하게 일정이 바뀌지 않는 UEFA 주관 대회

위의 사항에서 예외가 되는 경기가 바로 UEFA 챔피언스리그와 유로파리그. 이 두 리그는 경기 일정 배치에서 가장 우선권을 갖고 있어 처음 잡힌 일정에서 변경 없이 그대로 진행된다. 반대로 생각하면 이 경기들의 일정이 확정된 후에야 각국 리그 경기의 일정이 확정될 확률이 높다는 얘기.

일정 확정 전 여행을 준비하는 요령

● 변수를 감안한 계획을 세우자

일정이 확정되지 않은 경기를 관람하기 위해서는 모든 변수를 대비해 일정을 짜야 한다. 예를 들어 '주말 경기'를 보고 싶다면 해당 경기가 금요일-월요일 사이에 배정이 된다는 것을 전제로 하여 계획을 세우자. 해당 도시에 적어도 금요일 낮에는 들어오고, 화요일 이후에 다른 도시로 이동하는 계획을 세운다면 언제 경기가 열려도 대처할 수 있게 된다.

● 체류 일정이 짧거나 교통편을 예약했다면

이 경우 차선책으로 해당 주말 앞뒤의 경기를 확인한다. 최소한 3일 이상은 쉴 수 있도록 리그 일정을 배정한다는 점, UEFA 주최 대회의 일정은 변하지 않는다는 점 등을 이용하면 일부 경기 일정을 유추할 수 있다. 예컨대 FC 바르셀로나의 유럽 대항전 경기가 '화요일'에 배정되어 있다면, 그 전의 주말 경기는 '토요일'에 치러질 확률이 매우 높다는 것. 100%는 아니지만, 일정 변경으로 인한 불상사를 어느 정도는 막을 수 있다.

구단 멤버십 제도의 이해

멤버십 제도를 알아야 하는 이유

유럽의 유명 구단 중 특히 잉글랜드와 독일의 명문팀들은 제한된 공급에 비해서 항상 수요가 많다. 그래서 시즌권 및 멤버십 제도를 도입해 티켓 구입에 우선권을 주고 있다. 유료 멤버십을 구입해야 티켓 구입에 도전할 수 있는 기회가 주어지는 팀들이 꽤 많으므로 일단 멤버십 제도의 개념은 이해하고 있어야 한다.

시즌권과 멤버십의 차이?

시즌권은 마치 자유이용권처럼, 1년 내내 홈 경기를 관람할 수 있는 '티켓'이라고 생각하면 된다. 상당한 고가로, 아스널 FC 시즌권의 경우 한화로 약 170–350만 원에 판매되고 있다. 반면, 유료 멤버십은 간단한 기념품과 함께 '티켓 구매 우선권'을 얻을 수 있는 권리 정도로 이해하면 좋다. 시즌권 소지자들의 좌석 예약 절차가 끝난 후 멤버십 소지자들을 대상으로 티켓 판매가 이뤄지며, 유효기간이 한 시즌이기 때문에 매 시즌 갱신이 필요하고, 갱신 기간에 따라 세부 레벨을 구분하여 더 높은 우선권을 주기도 한다.

명문 구단의 경기를 노린다면

● 멤버십 구매를 추천하는 구단

사실 대부분의 경기는 일반 판매로 티켓을 구매할 수 있어 굳이 멤버십이 필요하지 않다. 다만 맨체스터 유나이티드 FC / 아스널 FC / 리버풀 FC / 첼시 FC / 토트넘 홋스퍼 FC의 다섯 구단은 일반 판매로 티켓을 구하기 쉽지 않은 경우가 많으니 해당 구단의 경기를 보고자 한다면 상황에 따라 멤버십 가입을 적극적으로 검토해야 한다.

● 구매 시기는?

시즌 말인 3–4월이 되면 아예 멤버십 가입을 받지 않는 경우도 있다. 구매 시기는 빠를수록 좋다. 기왕이면 시즌 전 프리시즌 기간에 미리 구매해 두는 것이 좋다. 미리 멤버십에 가입해 두면 티켓 구매도 여유롭게 진행할 수 있는 데다가, 멤버십 가입비를 할인해 주는 구단도 꽤 있기 때문이다. 만일 새해 이후에 여행을 할 계획이라면 크리스마스 시즌에 구매하는 것도 좋은 방법이다. 유럽의 가장 큰 명절답게 꽤 많은 금액의 할인을 받을 수 있기 때문. 멤버십 카드 구매 시기를 잘 선택하면 의외의 부분에서 비용을 아낄 수 있다. 단, 첼시 FC의 경우 해당 년도 연말까지만 멤버십 가입을 받으니 주의하자.

티켓 구매 우선권이 혜택의 전부는 아니다. 구단 로고가 찍혀 있는 기념품이나 구단에서 제공하는 간단한 DVD, 기념품 매장에서 사용할 수 있는 할인권, 인터넷을 통한 동영상 관람권 등 작지만 다양한 혜택이 주어지는 경우가 많다. 스타디움 투어 할인 및 경기 티켓 할인 등의 알찬 혜택이 있는 구단도 많다.

레알 마드리드의 구단 공식 멤버십 카드

멤버십 가입이 티켓 구매를 보장하는 것은 아니다

멤버십에 가입한다고 해서 티켓 구매가 보장되는 것은 아니다. 일반 판매를 통해서 구매에 도전하는 것보다 확률이 훨씬 높다는 것으로 이해하는 것이 좋다. 하지만 빅매치가 아닌 경우 각 구단이 티켓 익스체인지 시스템을 운영하고 있으므로 웬만하면 티켓을 구할 수 있다.

유료 멤버십 가입 시에는 스타디움 투어 할인 또는 용품 할인 등의 다양한 추가 혜택이 주어진다.

내가 볼 경기의 관중 수 예측하기

우리나라에서 인기가 생겼다고 해서 갑자기 관중이 증가하는 일은 없다
우리나라에서 갑자기 인기가 생긴 팀이라고 해서 관중 수가 급격히 늘려야 하지는 않는다. 어차피 현지 교민들이나 우리나라에서 여행을 가는 이들의 수는 경기장 전체 규모에 비하면 소수에 불과하기 때문이다.

사진으로 보면 가득 차 보이는 유벤투스 FC의 홈 경기 장면. 하지만 이 경기에서도 빈 자리는 곳곳에서 찾을 수 있었다.

일부 구단 홈페이지에서도 관중 수를 파악할 수 있다
모든 구단이 지원하지는 않지만, 일부 구단의 경우 구단 홈페이지를 통해서 관중 수를 공지하는 경우도 있다. 그러므로 위키피디아에서 원하는 정보를 얻지 못했을 경우, 구단 홈페이지를 뒤져보는 것도 하나의 요령이다.

이탈리아의 전통 명문 AC 밀란의 홈경기 장면. 빈 좌석이 많다.

매진이 걱정된다

여행을 준비하다 보면 기대와 불안이 공존하기 마련이다. 특히 축구 경기의 경우 매진이 되지는 않을지, 예약을 미리 해야 하는 것은 아닐지 등 티켓에 관한 불안감을 지우기가 쉽지 않다. 이때 자신이 보고자 하는 경기의 관중 수를 예측할 수 있다면 어떨까? 아무래도 마음속 불안함도 줄어들고, 좀 더 효율적인 여행 준비가 가능할 것이다.

관중 수를 예측해보자

● 과거를 알면 미래가 보인다

축구는 다른 스포츠에 비해 팬들의 충성도가 높은 편이다. 이 말은 경기장을 찾는 이들의 수도 어느 정도 일정한 모습을 보인다는 뜻이다. 따라서 이번 시즌 치러질 경기의 관중 수를 예측하는 가장 좋은 방법은 바로 지난 시즌의 관중 기록을 찾아보는 것.

● 도와줘요 위키피디아

일부 구단의 경우 구단 홈페이지에서 그동안의 관중 동원 기록을 조회할 수 있다. 하지만 모든 구단이 이렇게 친절하게 안내를 해주는 것도 아니고, 일일이 찾아보는 것도 쉽지 않은 일. 이때 유용한 것이 바로 위키피디아이다. 간단한 검색만으로 관중 동원 기록을 찾아볼 수 있다.

Premier League						
Date	Opponents	H / A	Result F - A	Scorers	Attendance	League position
14 August 2010	Birmingham City	H	2-2	Darren Bent 24' (pen), Stephan Carr 56' n.g.	38,290	8th
21 August 2010	West Bromwich Albion	A	1-0		23,524	19th
29 August 2010	Manchester City	H	0-0	Darren Bent 90' (pen)	39,410	10th
11 September 2010	Wigan Athletic	A	1-1	Asamoah Gyan 68'	15,844	10th
18 September 2010	Arsenal	H	1-1	Darren Bent 90'	39,550	19th
25 September 2010	Liverpool	A	2-2	Darren Bent 25' (pen), 48'	43,626	11th
2 October 2010	Manchester United	H	0-0		41,709	11th
16 October 2010	Blackburn Rovers	A	0-0		21,894	13th
23 October 2010	Aston Villa	H	1-0	Richard Dunne 67' n.g.	41,606	7th
31 October 2010	Newcastle United	A	5-1	Darren Bent 90'	51,950	12th
6 November 2010	Stoke City	H	2-0	Asamoah Gyan 9', 86'	36,541	8th
9 November 2010	Tottenham Hotspur	A	1-1	Asamoah Gyan 67'	35,843	9th
14 November 2010	Chelsea	A	0-3	Nedum Onuoha 45', Asamoah Gyan 52', Danny Welbeck 86'	41,072	6th
22 November 2010	Everton	H	2-2	Danny Welbeck 23', 70'	37,331	7th

● 검색 방법

위키피디아 영문판에 접속한 후에, '(원하는 시즌) (원하는 팀)'과 같이 정보를 넣어서 검색하자. 예를 들어서 2017-2018 시즌의 맨체스터 유나이티드의 기록을 보고자 한다면, '2017-2018 Manchester United FC'라고 정보를 넣으면 된다. 해당 문서를 끝까지 살펴보면 Attendance라는 부분을 찾을 수 있는데, 이 부분이 바로 해당 경기의 관중 수이다. 이 정보와 홈구장의 수용 인원 숫자를 비교하면, 앞으로 내가 볼 같은 대진의 티켓 판매율을 짐작할 수 있다. 대체로 매 시즌 관중의 수는 큰 차이가 없기 때문이다.

당신이 '빅매치' 관람을 꿈꾸고 있다면

티켓 구입의 루트가 막힌 경우가 많은 빅매치

스페인의 엘 클라시코, 영국의 북런던 더비, 독일의 데어 클라시커 등 축구팬들의 주목을 받는 빅매치는 특히 인기가 많다. 그래서 티켓 가격이 만만치 않고 돈이 있다 하더라도 일반적인 구매 방법으로는 티켓을 구하기 어려운 경우가 대부분이다. 그나마 UEFA 챔피언스리그 결승전이나 UEFA 유로파리그의 결승전은 '추첨'이라는 기회가 있지만 리그 및 컵 대회에서는 이런 기회도 없을 가능성이 높으므로 일단 마음을 비우고 구단 홈페이지의 티켓 판매 정보를 확인할 필요가 있다.

정말 필요한 경기일까?

현실적으로 이런 빅매치는 피하는 것이 옳다. 암표를 구한다 하더라도 한화로 최소 50만 원 이상을 호가하는 비싼 가격인 데다가, 순위가 중요해지는 시기에는 이마저도 천정부지로 오르게 된다. 게다가 소문난 잔치에 먹을 것 없다는 우리 속담처럼, 경기의 중압감과는 달리 경기의 질은 오히려 떨어지는 경우도 많다. 즉, 내가 쓴 돈에 걸맞은 보상을 받을 확률이 높지 않다는 것. 오히려 이 책을 통해 소개하는 '합법적인 방법'으로 예매할 수 있는 수준의 경기에서 더 멋진 광경을 만날 가능성이 높다.

그래도 빅매치를 보고 싶다면

● 어렵지만 합법적인 방법

합법적인 방법을 선택했다면 이 책에 안내된 각 팀의 티켓 구매 방법을 정독한 후 시행하도록 하자. 평생 한 번 어렵게 방문할 여행자가 기회를 잡는다는 것은 쉽지 않겠지만, 아주 작은 길 정도는 열려 있다.

● 암표를 선택한다면

무슨 일이 있어도 이 경기를 봐야겠다면 암표를 고려할 수도 있다. 다만, 암표의 특성상 '아무것도 보장되지 않는다'는 점은 명심할 것. 티켓이 암표로 판명돼 입장이 거부되는 경우가 종종 발생하고 있으므로 이 점은 미리 감안하고 선택하도록 하자. 암표의 특성상 리스크는 안고 갈 수밖에 없다.

요즘은 워낙 교묘하게 홍보를 하는 경우가 많아, 해당 홈페이지가 암표 사이트인지 모르고 티켓을 구매하는 경우도 많다. 대부분의 구단은 구단 공식 홈페이지를 통해 직접 티켓을 판매하므로 경기 관람을 결정했다면 일단 이곳부터 확인할 것. '구매 대행'이라는 말이 붙은 곳이라면 '암표 구매 대행'으로 이해하면 되고, 합법적으로 티켓을 판매하는 업체라면 당연히 구단 홈페이지에도 해당 업체에 대한 안내가 되어 있으므로 체크해 보도록 한다.

비공식 판매처에서 티켓을 구매할 경우 입장이 거부될 수 있다고 안필드의 안내 스크린에서 경고하고 있다.

오렌지군의 외국인 지인이 구입했던 아약스의 홈 경기 암표. 겉보기에 멀쩡한 이 티켓은 결국 가짜로 판명되어 입장을 거부당했다.

4인 이상의 단체 여행을 계획하는 이들에게

5명이 여행을 한다고 할 때, 연속해서 붙어 있는 5개의 좌석을 구매하는 것은 쉽지 않은 일이야. 다 같이 모여서 보는 것이 물론 가장 좋겠지만, 상황에 따라 2+3과 같은 식으로 융통성 있는 접근이 필요하기도 하다. 조금만 잘 조율하면 매우 수월한 티켓 구매가 가능해진다.

사실 축구 여행은 둘이 가는 게 최고다. 혼자서 티켓을 구매하는 것만큼의 여유는 없지만, 외롭지도 않고 단체 여행에 비해서 티켓을 구매할 수 있는 경우의 수가 많아지기 때문이다.

빈 자리가 많이 보이는 아틀레티코 마드리드의 홈 경기. 각 팀과 경기의 레벨 그리고 구입 시점에 따라 가능한 티켓 구입 수는 천차만별이다.

매 경기 매진 사례를 이루는 맨체스터 유나이티드의 경기. 심지어 단체 티켓을 구하는 것은 사실상 불가능하다.

사람이 많아지면 어렵다

세상의 어떤 일이든 마찬가지겠지만 여행의 경우 교통편과 숙박, 티켓 등 많은 부분을 고려해야 하기 때문에 사람이 많아질수록 준비하는 것이 더더욱 복잡해진다. 따라서 여행 준비 시에 가장 먼저 할 일은 현실적으로 '가능한 일'과 '불가능한 일'을 분리하는 것.

● 여행사의 도움을 받는 것도 나쁘지 않다

아무래도 단체 여행은 '경기 티켓'의 구매가 가장 문제다. 가뜩이나 구하기 어려운 것이 경기 티켓인데, 한 장도 아닌 4-5장의 티켓을 구하려면 생각만으로도 머리가 아플 지경. 이런 경우 티켓을 제외한 다른 부분들은 여행사에 일임하는 것도 합리적인 방법이다. 요즘은 '자유 여행'에 필요한 부분들을 모두 여행사에서 대행해주는 만큼, 경기 일정을 짠 후 이 일정에 나머지 일정을 맞춰 달라고 요청하는 것이 좋은 방법이 될 수 있다. 티켓만 내가 해결할 수 있도록 여행사와 '분업'을 하는 것이다.

단체 관람이 가능한 경기를 골라내자

● 현실적으로 구할 수 없는 티켓들

일반적으로 걱정하는 것처럼 유럽의 축구 경기가 모두 매진이 되는 않는다. 오히려 몇몇 경우를 제외하고는 의외로 쉽게 관람이 가능하다. 따라서 일단 현실적으로, 그리고 합법적으로 구할 수 없는 인기 구단의 경기를 우선 제외하자. 이런 구단들은 까다로운 멤버십 제도를 운영하고, 대부분의 경기들이 일반 판매로 풀리지 않는다. 상황에 따라 1-2장은 가능하겠지만, 4장 이상은 현실적으로 불가능하다.

● 라이벌전은 무조건 피해야

세계적인 라이벌매치, 즉 '더비'들은 시즌권 소지자 선에서 매진이 되는 경우가 태반이다. 따라서 머지사이드 더비, 엘 클라시코, 밀란 더비, 이탈리아 더비, 이 외에 몇몇 라이벌 경기 등은 단체 여행을 계획한다면 반드시 피해야 할 경기가 된다.

● 구단에 직접 문의하는 것도 좋은 방법

앞서 언급한 팀들이야 접근 자체가 어렵지만, 이 외의 구단들은 대부분 단체 문의를 환영한다. 경기장을 잘 채우지 못하는 잉글랜드, 스페인의 구단들은 단체 관람객 관련 정보를 홈페이지에 공지할 정도. 구단 홈페이지의 메일이나 전화번호를 통해 연락을 한다면 의외로 큰 도움을 받을 수도 있다.

축구가 없는 시기에 살아남는 법

여름의 '유럽 축구 여행'

만일 개인적인 사정으로 어쩔 수 없이 여름에 유럽을 찾아야 한다면 축구 여행은 포기해야 할까? 그렇지 않다. 비록 리그 경기에는 미치지 못하겠지만, 여름에도 유럽에서 '축구 여행'을 즐기는 방법이 있다.

친선경기를 노리자

● 7월 초-8월 초의 친선경기를 찾아보자

이때는 각 구단들이 친선경기를 통해서 시즌을 위한 팀워크를 다지는 기간이다. 비록 최근에는 이마저도 비유럽 지역에서 경기를 치르는 경우가 늘고 있지만, 여전히 유럽 내에서도 많은 친선경기를 찾아볼 수 있다. 물론 직접 구단의 홈페이지를 뒤져 가며 경기 일정을 찾아야 하고, 리그에 비해서 경기 수준과 선수들의 무게감이 떨어지게 된다는 단점은 있다. 그러나 저렴한 가격에 명문 구단의 경기를 볼 수 있고 티켓 구매도 매우 수월한 만큼 '차선책'으로는 충분할 것이다.

● 리그 개막 1주 전이라면

특히 리그 개막 직전에 이뤄지는 경기라면 꽤 수준 높은 경기를 볼 수 있다. 시즌에 대비하기 위해 주전 선수들도 다수 출전하기 때문. 대체로 홈 경기를 치르는 데다가 티켓이 일찍부터 일반 판매로 풀린다는 장점도 있다. 비 시즌 기간에 주목할 만한 이적이 이뤄졌다면 이때 첫선을 보이는 경우도 많아 새로운 옷을 입은 선수를 남들보다 먼저 볼 수 있다는 것도 이 시기 친선경기의 장점.

또 다른 축구의 즐거움을 찾아보자

● 초여름은 세일의 계절

아무리 일정을 맞춰 보려 해도 경기를 볼 수 없는 상황이라면, 경기가 아닌 다른 곳에서 축구의 즐거움을 찾아보자. 시즌이 끝난 후에는 구단과 각종 스포츠 관련 업체에서 다양한 행사를 한다. 이럴 때 여유 있게 각 구단의 '구단 박물관'이나 '스타디움 투어'를 체험해본다면, 비록 직접 경기를 보는 것만은 못하겠지만 그 못지 않은 감동을 느낄 수 있을 것이다. 게다가 시즌 후에는 구단에서 용품 할인을 해주는 경우도 많아서 최소 50%는 할인된 가격에 용품을 구매할 수 있다. 경기는 보지 못하지만, 용품 구매에는 오히려 최적의 시기. 단, 재고 처리의 시기이기도 하므로 원하는 용품이 없을 수도 있다.

> 오렌지군의 축구 여행 TIP

각 나라별로 매년 다양한 친선 대회들이 열리고 있으니 시즌 개막 전에 현지를 찾는 여행자들은 각 구단의 홈페이지를 체크해서 대회 관련 정보를 입수하도록 하자. 구단의 SNS를 팔로우하여 최신 정보를 얻는 것도 좋은 방법이다. 사커웨이(www.soccerway.com) 등의 일정 안내 홈페이지를 활용해도 좋다.

독일 베를린에서 열렸던 〈헤르타 베를린 : 리버풀〉의 친선경기의 관중석. 리그 못지 않은 수의 관중이 찾아서 뜨거운 열기를 뿜어내고 있었다.

풀럼 FC의 시즌 개막 전 친선 경기 풍경. 아무래도 리그보다 여유 있는 대신 리그만큼의 수준 높은 경기를 볼 수는 없었다.

£80 짜리 유니폼이 무려 £30!

유럽에서의 A매치 관람

스타드 드 프랑스에서의 프랑스 국가대표팀 홈 경기 장면. 식전 이벤트가 인상적이었다.

각 주요 국가별 국가대표 A매치 홈 경기 예매 홈페이지
- 잉글랜드
ticketing.thefa.com
- 스코틀랜드
www.scottishfa.co.uk
- 독일
ticketportal.dfb.de
- 이탈리아
www.figc.it/it/tifosi/biglietteria
www.ticketone.it
- 프랑스
billetterie.fff.fr
- 스페인
tickets.rfef.es

런던에서 열렸던 A매치에서 호나우지뉴가 경기 후 팬들에게 인사를 전하고 있다. A매치는 클럽 경기와는 또 다른 감동을 전해 준다.

'클럽 경기'만 있는 것은 아니다

이 책 초반에도 언급을 했듯이, FIFA에서 주관하는 A매치 데이라는 기간이 있다. 클럽 경기를 보길 원한다면 반드시 피해야 할 시기이지만, 거꾸로 생각하면 각 국가를 대표하는 최고의 스타들을 한 번에 만날 수 있는 기회이다. 클럽 경기에서는 볼 수 없는 독특한 분위기의 경기를 만날 수 있을 것이다.

의외로 장점이 많다

● 날짜 및 시간 변경은 '거의 없다'

클럽 경기 관람을 준비하다 보면 가장 짜증나는 것이 바로 '일정 변경'이다. 그러나 국가대표 경기는 큰 일이 없는 한 최초에 발표된 일정대로 경기가 치러진다. 게다가 유로 2016 예선부터는 경기 일정 및 시간을 철저하게 '분할 배정'하고 있기 때문에 경기 관람 계획을 더 수월하게 세울 수 있게 되었다.

● 여행을 하기에도 더 편리하다

어느 나라든 국가대표 경기를 치르는 곳은 어느 정도 규모가 있고 대중교통도 편리한 경기장이 선정되기 마련이다. 따라서 클럽 경기와는 달리 여행 일정이나 경로를 정하는 것도 더욱 수월하다.

● 티켓 구매도 수월하다

물론 경기 정보를 구하는 일은 조금 발품을 팔 필요가 있다. 리그 경기와 달리 각 국가의 축구 협회 홈페이지를 통해 경기 일정을 관리하기 때문. 그러나 경기의 종류가 어떻든 모두 같은 곳(각국의 축구 협회)에서 티켓을 판매하기 때문에 생각만큼 어려운 것은 아니다. 오히려 '유로 멤버십'과 같은 제도가 없어 대부분의 티켓이 일반 판매로 풀리기 때문에 조금만 노력하면 쉽게 티켓을 구할 수 있다는 장점이 있다.

● 경기 전 만나는 각 나라의 국가 제창

A매치가 치러지기 전에는 반드시 경기를 출전하는 나라의 '국가(國歌)'가 연주된다. 리그 경기에서는 들을 수 없기에, 좋은 경험이 될 것이다.

● 새로운 국가 대항전, UEFA 네이션스리그에 주목하자

2018-2019 시즌부터 'UEFA 네이션스 리그'라는 새로운 국가 대항전이 출범했다. A매치 데이마다 열리는 이 대회는 기존 친선 경기와 다르게 타이틀이 걸린 대회이므로 더욱 치열한 경기를 치르게 되었다. 국가대표 경기를 봐야 한다면 UEFA 네이션스리그에 주목해 보자.

각 컵대회 결승전의 티켓 구매를 위한 조언

UEFA 주최 대회

UEFA에서 주최하는 UEFA 챔피언스리그, UEFA 유로파리그, UEFA 슈퍼컵 세 리그는 일반 경기의 경우 각 경기의 홈팀이 판매하지만, 결승전만은 UEFA에서 직접 판매한다. 따라서 UEFA 공식 홈페이지의 공지를 확인할 필요가 있는데, 대체로 경기 3개월 전부터 티켓 구매 신청을 받는다. 즉, 경기 일정을 감안하면 최소 4개월 전부터는 준비를 해야 한다는 것. 이렇게 티켓 신청을 한 후 추첨을 통해 당첨된 이들만 결승전을 직접 관람할 기회를 얻게 된다.

잉글랜드, 스페인의 컵대회

매년 웸블리에서 열리는 컵대회 결승전들(FA 커뮤니티 실드, FA컵 준결승전과 결승전, 캐피탈 원 컵 결승전 등)의 티켓을 구하는 것은 매우 어려운 일이다. 해당 경기의 티켓이 대부분 결승전에 진출한 양 팀의 '서포터즈'에게 돌아가기 때문. 서포터즈 사이에서도 경쟁을 해야 할 정도로 구하기가 쉽지 않은데다 보통 유료 멤버십 레벨 순으로 차등 지급되기 때문에 구매가 쉽지 않다. 가끔씩 일반 판매가 진행되기도 하지만 확률이 높지 않으니 감안하도록 하자. 물론 결승 진출팀에 따라 상황은 차이가 있을 수 있다.

독일, 이탈리아, 프랑스 등

독일의 FA컵에 해당하는 DFB 포칼은 독일 축구 협회에서 직접 판매하는데, 제법 많은 티켓이 일반 판매로 풀리기 때문에 일찍 예약해 두면 현지에서 결승전을 만날 수 있다. DFB 포칼의 결승전은 항상 베를린의 올림피아 슈타디온에서 열린다.

이탈리아의 FA컵인 코파 이탈리아 결승전은 상대적으로 티켓 구매가 수월하다. 보통 티켓원 등의 업체를 통해 인터넷으로 판매하지만 현장에서도 구입 가능성이 꽤 있는 편이다. 다만 현장이 번잡하므로 미리 결승전 진출 팀의 홈페이지를 통해 티켓 판매 정보를 입수해 두는 편이 좋다. 경기는 매년 로마의 올림피코 스타디움에서 진행된다.

스타드 드 프랑스에서 열리는 쿠프 드 프랑스, 쿠프 드 라 리그의 결승전은 독특하게도 스타드 드 프랑스의 공식 홈페이지를 통해 티켓을 예약할 수 있다. 경기장이 꽤 커서 스타드 드 프랑스의 홈페이지를 체크하고 미리 예약하면 결승전을 볼 수 있을 것이다.

컵대회 결승전은 주로 시즌 막바지인 5월 중순에서 5월 말에 예정이 되어 있다. 대체로 모든 나라의 결승전 일정이 비슷하니 처음부터 자신이 선호하는 대회, 티켓 구매가 수월한 대회를 우선하여 결승전 관람 계획을 잡는 것이 효율적이다. 또한, 리그 경기가 거의 끝나 가는 상황이기 때문에 결승전을 보지 못할 경우 대체할 수 있는 다른 경기가 거의 없다. 따라서 좀 더 확실하고 꼼꼼한 준비가 필요하다.

웸블리 스타디움에서 열린 FA컵 결승전의 풍경. 이런 경기는 일반 판매를 기대하는 것이 쉽지 않다.

UEFA 챔피언스리그 및 UEFA 유로파리그 결승전 티켓 구매를 꿈꾸는 분들을 위해

UEFA 챔피언스리그 및 UEFA 유로파리그는 매년 3월경 UEFA.com을 통해 티켓 판매 공지를 한 후, 약 열흘 정도의 짧은 티켓 구매 신청 기간만을 준다. 그러므로 결승전 관람을 꿈꾼다면 2월부터는 꾸준히 UEFA.com 홈페이지를 접속할 필요가 있다. 또는 UEFA.com에 로그인해 뉴스레터를 신청하면 메일로 신청 기간을 안내받을 수 있다.

UEFA 챔피언스리그 결승전 티켓 가격 (2019년 기준)

1등석 €600, 2등석 €450, 3등석 €180, 4등석 €70

UEFA 유로파리그 결승전 티켓 가격 (2019년 기준)

1등석 €140, 2등석 €90, 3등석 €50, 4등석 €30

예약한 경기 티켓을 취소하거나 환불받아야 할 때

환불이 된다고 해도

운이 좋아 환불 처리를 해주겠다는 답장을 받았더라도 우리를 기다리는 것은 지루한 기다림의 연속이다. 일반적으로 VISA나 MASTER CARD 등의 해외 결제 수단을 이용하는 만큼 수많은 단계를 거쳐 환불이 이루어지기 때문. 게다가 환불이 어떻게 진행되는지 상황을 정확하게 파악할 수 없는 경우가 많고, 환불 처리만 몇 주 이상 걸리는 것이 일반적이다.

만약 내가 해당 도시에 있고 티켓에 문제가 생겼다면, 뒤를 돌아볼 것도 없이 무조건 구장 매표소로 향하자. 가장 깔끔하고 현명한 방법이다.

요즘은 인터넷 예매와 e-Ticket을 통해 경기를 관람하기 때문에 현장 매표소는 많이 한산해졌다.

이 책에서 '현장 구매'를 추천한 경기들은 현지에서 구매하는 것도 요령

만약, 내가 원하는 경기가 현장에서 구매가 가능한 경기라면, 현장 구매를 하는 것도 축구 여행의 요령이다. 이 책에서 대놓고 현장 구매를 권유하는 경기라면, 절대로 매진이 될 가능성은 없기 때문이다. 이런 경기들은 불안한 마음에 일찌감치 예매부터 할 필요는 없다는 얘기. 단, 현장 구매라 하더라도 경기장에 미리 방문해 티켓을 구입해 놓는 것이 합리적이다.

일단 '어렵다'는 것을 전제할 것

● 예전보다는 서비스가 좋아졌지만

이제는 워낙 많은 외국인들이 경기를 보러 오기 때문에 각 구단의 서비스가 예전보다 많이 개선된 편이다. 메일로 질문을 하면 비교적 빠른 시간 안에 답변을 받을 수 있는 경우가 늘었다. 하지만 티켓 취소 및 환불은 여전히 매우 어려운데다가 불가능할 때도 있으므로 주의해야 한다.

● 개인적인 사유로 인한 환불은 사실상 '불가능'

보통 구단 홈페이지를 통해 '구단 사정'으로 인한 경기의 취소나 연기가 이루어졌을 때의 환불에 대해서는 안내받을 수 있다. 그러나 개인적인 사유로 인한 환불이나 취소를 해주는 경우는 극히 드물다. 심지어는 환불에 대한 설명조차 없는 경우도 많다. 'All sales are final', 'No refund or exchange', 'No cancellation' 등과 같이 환불이 불가능함을 안내해주기만 해도 그나마 친절한 경우에 속할 정도.

그래도 환불을 받아야겠다면

● 일단 영어로 이메일을 쓸 것

하지만 티켓 가격이 한두 푼이 아닌 만큼, 시도라도 해보길 원하는 이들이 많을 것이다. 그렇다면 일단 '티켓 오피스' 관련 담당자의 이메일 주소를 찾아내자. 그리고 환불 관련 메일을 보낸다. 이때, 정확하게 본인의 신분과 회원 번호(가입한 경우), 경기의 명칭 및 시간, 좌석 클래스와 가격, 티켓 넘버 등 티켓에 관한 모든 정보를 적어서 보내야 한다. 요즘은 티켓을 구매하는 외국인 비율이 많아져 친절하게 설명해주기 때문에 일단 메일을 먼저 써볼 것을 추천한다.

● 가장 확실한 방법은 전화를 해서 물어보는 것

영어가 충분히 능숙하다면? 전화를 하는 것이 가장 빠르고 확실한 방법이 될 것이다. 아무래도 이메일은 언제 답변을 줄지 알 수 없다는 문제점이 있다. 그러므로 본인이 어느 정도 통화가 가능한 영어 수준이라면, 매표소에 전화를 해서 물어보는 것이 가장 확실하다. 물론 영국을 제외한 나라들의 경우는 상담원이 영어를 하지 못할 수도 있다는 점을 참고할 필요가 있다.

STEP 01 | 스카이스캐너 접속 및 티켓 검색

스카이스캐너(www.skyscanner.co.kr) 홈페이지에서 한글 메뉴를 만날 수 있다. 도시에 공항이 여러 곳이 있는 경우 (모두) 옵션을 선택하면 자동으로 검색을 한다. 필요한 정보를 입력한 후 검색을 진행한다.

STEP 03 | 티켓 세부 정보 확인

원하는 항공편의 세부 정보를 확인한다. 모두 확인했으면 구매 버튼을 눌러 해당 항공사의 홈페이지로 이동한다.

STEP 04 | 티켓 옵션 선택

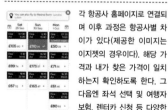

각 항공사 홈페이지로 연결되며 이후 과정은 항공사별 차이가 있다(제공한 이미지는 이지젯의 경우이다). 해당 가격과 내가 찾은 가격이 일치하는지 확인하도록 한다. 그 다음엔 좌석 선택 및 여행자 보험, 렌터카 신청 등 다양한 옵션을 볼 수 있는데 꼼꼼하게 살펴보고 취향에 맞춰 선택하도록 한다.

SPECIAL TIP | 티켓 옵션 선택

저가 항공은 주로 e-Ticket으로 티켓이 발송되므로 이메일을 통해 티켓을 수령할 수 있다. 다만 최근에는 대부분의 항공사들이 모바일 어플리케이션을 통한 티켓 발급을 지원하는 경우도 많으니 출력이 어려운 유럽 현지에서는 이를 이용하는 것도 좋은 방법이다.

STEP 02 | 검색 결과 확인

검색을 진행하면 해당 날짜의 항공편이 가격순으로 정렬된다. 그러나 위의 가격은 참고로만 해 두는 것이 좋은데, 실제 예약 과정에서 추가 금액이 발생하는 경우도 있기 때문. 오히려 이용하게 될 '공항'을 자세히 살펴보는 것이 좋다. 일부 공항의 경우 시내와 너무 멀리 떨어져 있어 공항까지 이동하는 데만도 많은 비용이 발생하기 때문이다. 또한 '영국항공'과 같은 메이저 항공사와 저가항공사의 요금 차이가 5만 원 이내라면 메이저 항공사를 이용하는 것이 좋다. 기본적으로 서비스의 질이 더 좋고, 결항 등에 대한 보상도 훨씬 깔끔하게 처리되기 때문이다.

STEP 05 | 회원가입 및 로그인

옵션 선택이 모두 끝나면, 회원가입 및 로그인 창을 만날 수 있다. Create an account 버튼을 눌러 회원가입을 한 후 로그인을 한다. 예약한 항공편의 정보와 일정 변경 등의 알림은 모두 이 계정을 통해 통보되기 때문에 모든 정보를 꼼꼼하게 기재해야 한다.

STEP 06 | 탑승자 정보 입력

로그인까지 완료했다면, 표시되는 탑승객 정보를 꼼꼼히 확인하도록 하자. 위에 입력한 정보와 여권에 기재된 정보가 다를 경우 탑승 거절을 당할 수도 있으니 반드시 꼼꼼히 확인한 후 정확하게 입력해야 한다. 정보를 모두 입력한 후 Continue 버튼을 누르면 결제 화면으로 넘어간다.

STEP 07 | 결제 및 티켓 수령

결제는 해외에서 사용 가능한 신용카드를 체크카드를 사용할 수 있다. 카드의 정보를 입력한 후 Book now 버튼을 누르면 결제가 완료된다.

EUROPEAN LEAGUE

여행 준비부터 현지 생활까지

TRAVEL GUIDE

나만의 축구 여행 일정표 만들기

여행지 정보는 어디서?

가장 쉬운 방법은 이 책과 같은 '여행 안내서'를 이용하는 것이지만, 이 외에도 다양한 방법이 있다. 한국에 들어와 있는 각 나라의 '관광청 사무소'를 방문하면 국내 여행 책자에 잘 나오지 않는 정보나 정확한 현지 지도 등을 무료로 받아볼 수 있다. 게다가 '한글'로 된 자료도 많아 많은 도움을 얻을 수 있다.

현지 내에서 정보를 구하여 한다면 현지의 관광 안내소를 방문하는 것도 좋은 방법이다. 한국어로 된 자료는 얻을 수 없지만 해당 지역의 정보를 가장 많이 얻을 수 있으며, 안내소의 직원이 대개 해당 지역 출신인 만큼 좋은 도시나 가게 등을 추천받을 수도 있다는 장점이 있다.

현지 관광 안내소는 정보를 얻을 수 있는 가장 확실한 방법이다.

국내에서 열리는 여행 박람회를 통해서 정보를 입수하자

매년 국내에서 주요 관광청들이 참여하는 관광 박람회가 열리고 있다. 이 박람회에서 해당 도시의 여행 자료 및 현지 지도 등을 쉽게 얻을 수 있어 여행 준비에 유용하다. 박람회 일정을 확인하고 방문하자. 홈페이지를 통해서 미리 예약을 하면 입장료도 면제된다.

· 서울 국제관광산업박람회(서울 COEX, 매년 6월경)

· 부산 국제관광전(부산 BEXCO, 매년 9월경)

· 대구·경북 국제관광박람회(대구 EXCO, 매년 4월경)

· 하나투어 여행박람회(일산 KINTEX, 매년 6월경)

· 모두투어 여행박람회(서울 COEX 또는 SETEC, 매년 일정 다름)

일정표를 만들 때 고려할 것들

● 첫째, 우선순위를 정하자

일정표를 만들 때 가장 먼저 해야 할 것은 우선순위를 정해 그 순서대로 배치하는 것이다. '무슨 일이 있어도 방문해야 하는 곳'은 스케줄의 앞쪽에 배치하고 딱히 소화하지 못해도 상관없다고 생각하는 것들은 뒤로 미뤄 둔다. 여행에는 항상 변수가 있고, 계획대로 100% 흘러간다는 것은 사실상 불가능하기 때문에 꼭 해야 할 일들은 우선적으로 배치해 두어야 후회할 일이 생기지 않는다. 또한, 꼭 해야 하는 일들은 시시콜콜한 것까지 모두 메모하도록 하자. 티켓을 수령하거나 선물을 사는 등의 일들은, 중요하지만 적어 두지 않으면 반드시 잊어버리게 된다.

● 둘째, 큰 도시는 3-4일, 작은 도시는 1-2일

기본적으로 각 도시 내에서의 일정은 3~4일을 기준으로 이루어진다. 어지간한 곳이 아니라면 그 정도 시간 내에 도시의 볼거리들을 충분히 즐길 수 있다는 것. 조금 작은 도시의 경우 하루에서 이틀이면 충분하다. 이때, 처음 생각했던 것보다 반나절에서 하루 정도는 여유 있게 스케줄을 잡는 것이 포인트. 대게 처음에는 욕심 탓에 조금 무리한 일정을 잡게 되고, 이로 인해 체력 등 다양한 문제들이 발생할 수도 있기 때문이다. 중간중간 휴식일을 배정하는 것도 중요하다.

● 셋째, 도시 인근의 당일치기 여행지를 확인하자

관광지로 유명한 대도시도 좋지만, 인근의 당일치기 여행지를 다녀오는 것은 여행을 더욱 풍성하게 만든다. 일반적으로 육상 편도 2시간이면 갈 수 있는 곳이 적합하고, 일찍 아침식사를 하고 다녀올 수 있는 일정이라면, 효율적이면서도 다양한 여행의 맛을 느낄 수 있다.

● 마지막, 나만의 여행 일정표를 만들어 보자

요즘은 여행용으로 만들어진 플래너가 시중에 많이 나와 있다. 플래너에 메모하면서 여행 일정을 잡는 것도 좋다. 또는 스마트폰 여행 앱 등을 활용해 정리해도 좋을 것이다. 나에게 가장 적합한 방법을 찾아서 여행 일정을 정리하자. 여행 일정표를 내 방식대로 만들어 보는 것도 여행의 즐거움이다.

첫 루트와 축구 여행에 적합한 항공편 정하기

여행 계획을 짤 때는

● 2-3개월 전에는 축구 티켓 구매를 준비하자.

당장 내일 출발한다 해도 유럽 여행을 하는 것 자체에는 전혀 문제가 없다. 하지만, 여행의 목적이 '축구 여행'이라면? 대부분의 구단이 경기 약 1개월 전에는 일반인들을 대상으로 티켓을 판매하기 때문에 이때 티켓을 미리 구매하지 않으면 낭패를 보기 쉽다. 특히 독일이나 영국 등의 명문팀들은 일찌감치 티켓이 매진되는 경우도 많으니 준비가 반드시 필요하다. 2-3개월 전부터 하나하나 준비하는 것이 가장 효율적.

● 계획은 적어도 3안까지

여행을 하다 보면 계획했던 경기를 보기 어려운 경우도 많이 생긴다. 특히 경기 일정 변경은 어떻게 할 수가 없는 문제이므로 이에 대한 대비가 필요하다. 따라서 조금 귀찮더라도, 계획을 짤 때 해당 도시의 다른 구단 경기나, 같은 구단의 다른 날짜 경기 등을 잘 알아본 뒤 2안, 3안을 준비하는 것이 좋다.

항공편 선택의 기준은

● In-Out은 항공편이 많은 대도시로

축구 명문팀이 많으면서도 다른 도시로 이동하기 좋은 '대도시'를 In-Out으로 정하는 것이 좋다. 대표적으로 런던, 파리, 로마, 마드리드, 뮌헨 등이 있다. 이런 도시들 중 두 곳을 뽑아 In-Out으로 각각 정하면 같은 도시를 두 번 방문하지 않으면서도 각 도시 간을 편리하게 이동할 수 있다.

● 목요일 혹은 금요일 출발을 추천

유럽의 리그 경기가 일반적으로 토요일에 시작이 된다는 점을 고려할 때, 축구 경기를 하나라도 더 보기 위해서는 늦어도 금요일에는 현지에 도착하는 것이 좋다. 따라서 시차를 고려했을 때, 목요일 혹은 금요일에 출발하는 것이 적절한 선택.

● 출발·도착 시간도 중요하다

컨디션과 직결되는 문제인 만큼 출발·도착 시간도 고려하는 것이 좋다. 국내 항공사를 이용할 경우 출국 시에는 낮에 출발해 저녁에 도착하고 입국 시에는 저녁에 출발해 오후 늦게 도착하는 스케줄이 많은데, 이 스케줄이 컨디션 관리에는 최상의 스케줄이다. 물론 다양한 스케줄이 있고, 외국 항공사를 이용할 수도 있는 만큼 선택권은 다양하지만, 몸이 피곤하니 어지간하면 새벽에 도착하는 항공편은 자제하고, 너무 늦은 밤에 도착하는 항공편은 더더욱 피하도록 한다. 안전 문제도 있고, 숙소로 들어가는 교통수단도 문제가 될 수 있기 때문이다.

국내 항공사의 이점이라면?

항공편을 이용할 때, 항공사별 차이는 크지 않다. 다만 국내 항공사의 항공편을 이용한다면 긴 비행시간을 달래줄, '한글'로 된 AVOD 콘텐츠가 다양하다는 장점이 있다. 또한 직항편으로 운항되는 만큼 왕복 시간을 조금이나마 줄일 수 있다는 것도 하나의 이점.

여행 계획은 3안까지 세우기

3안까지 세운다면 '꿩 대신 닭'이라 할 수 있지만, 닭 치고는 꽤나 수준 높은 축구 여행이 가능하다

스톱 오버를 이용한 축구 즐기기

환승편을 이용할 경우 환승 도시에 잠시 들렀다 가는 '스톱 오버' 여행도 즐길 수 있다. 그리고 충분히 계획을 짠다면, 이웃 나라의 J리그나 중국 슈퍼리그 등의 경기를 볼 수 있는 좋은 기회를 얻을 수도 있다. 물론 그만큼 많은 준비가 필요하지만, 또 다른 느낌의 축구 여행을 맛볼 수 있을 것이다. 단, 모든 항공권이 스톱 오버가 가능한 것은 아니므로 반드시 항공권 규정의 스톱 오버 부분을 확인하고 나서 예약을 진행해야 한다. 또한 스톱오버는 반드시 발권 전에 신청해야 한다는 것을 잊지 말자.

루프트한자는 스톱오버가 가능한 티켓을 이용해 프랑크푸르트 또는 뮌헨 여행을 즐길 수 있다.

목-금 출발이 어렵다면?

사정상 목요일 혹은 금요일에 출발하는 것이 어렵다면 월요일에 출발하는 것도 좋은 선택이다. UEFA 주최 경기는 화-목요일에 배정이 되니 화요일 새벽까지만 도착해도 해당 경기를 보는 데 무리가 없다. 평일 출발인 만큼 조금이나마 저렴한 항공편을 구할 수 있다는 것도 이점.

저렴한 유럽행 항공편 예약하기

비싸게 샀다고 실망하지 말자

항공편의 가격은 물론 중요하지만 저렴하게 샀다고 반드시 좋은 것은 아니다. 같은 클래스 내에서도 가격에 따라 이용 환경이 달라질 수 있기 때문. 특히 저렴한 티켓일수록 일정 변경 시 수수료가 비싸거나 아예 변경이 불가능한 경우도 있고, 가격이 비싼 티켓은 대개 유효기간도 더 길기 때문에 좀더 유연한 여행이 가능하다.

알아두면 좋은 주요 항공권 관련 사이트

- 스카이스캐너 www.skyscanner.co.kr
- 카약 www.kayak.co.kr
- 익스피디아 www.expedia.co.kr
- 트립닷컴 kr.trip.com
- 인터파크 투어 tour.interpark.com
- 투어 익스프레스 www.tourexpress.com
- 웹투어 www.webtour.com
- 와이페이모어 www.whypaymore.co.kr

어떤 항공사를 이용하더라도 결국 유럽에 데려다주는 것은 똑같으므로, 결국 시간대가 좋으면서 저렴한 항공권 구매에 집중하는 것이 좋다.

싼 항공권을 구할 때 100% 정답은 없다. 꼼꼼하게 검색하고 찾아본 후 사정에 맞게 구입하는 것이 가장 합리적인 방법이다.

일반적인 항공편 요금은?

항공편은 예약 시기나 이용 날짜 등 때와 상황에 따라 천차만별의 가격을 형성하기 때문에 사실상 정가라고 할 수 있는 가격이 없다. 성수기인 7~8월, 12월을 제외하고 90~120만 원 정도에 구매했다면 저렴하게 구매한 편. 일반적으로 외국 항공사가 더 저렴하고, 국내 항공사는 그보다 조금 더 비싼 경우가 많다.

항공편 준비는 약 3개월 전부터

일반적으로 항공편은 일찍 예매를 해야 저렴하다. 하지만 모든 항공권의 조건이 같지는 않으므로 반드시 규정을 꼼꼼하게 체크하자. 게다가 3개월 전부터 일반 판매용 항공권이 다양한 프로모션 할인 등을 개시하는 경우가 많기 때문에 3개월 전부터 항공편을 준비하는 것도 좋은 요령이다.

저렴한 항공편 구매 방법은?

● 첫 번째, 항공권 가격 비교 사이트를 찾는다

항공권 비교 사이트에서 검색하는 것이 여행자들에게는 가장 간단한 방법이다. 각 항공사의 할인 항공권들을 쉽게 비교할 수 있어서 편리하다. 단, 각 항공사별 조건이 다양하므로 가격과 함께 조건도 꼼꼼하게 살펴가면서 항공권을 예약하도록 하자.

● 두 번째, 대형 여행사 홈페이지를 이용하자

고전적이지만 가장 안정적으로 티켓을 구입할 수 있는 방법이다. 각 여행사의 홈페이지를 통해서 항공권을 검색하고 바로 예약하는 방법이다. 고객센터가 잘 갖춰져 있어서 항공권에 문제가 생겼을 때 처리하기 수월하다는 것이 가장 큰 장점이다.

● 세 번째, 프로모션 정보를 알려주는 특가 스마트폰 앱을 설치한다

요즘은 항공사에서 직접 공격적인 프로모션을 하는 경우가 많아졌다. 하지만 프로모션 행사를 일일이 파악하기는 매우 번거로운 일이고 프로모션 기간을 놓칠 가능성도 있다. 그래서 각 항공사의 공식 프로모션 행사를 알려주는 스마트폰 앱들이 속속 등장하고 있다.

● 네 번째, 여행 비수기를 노린다

어떤 방법도 '비수기'에 여행하는 것만큼 좋은 방법이 없다. 대체로 축구 경기를 관람하기에 좋은 시기가 비수기와 겹쳐 있으므로 축구팬들은 비수기를 중심으로 계획을 잡고 항공권을 구입하도록 한다. 연휴를 제외한 봄과 가을이 해당된다.

이동, 철도를 이용할 때

프리미어리그의 나라 영국

영국의 경우 철도가 축구 여행에 가장 적합하고 빠른 이동수단이다. 많은 명문팀들이 밀집된 런던과 맨체스터는 물론, 영국 곳곳이 기차로 연결되어 있기 때문. 기차를 이용할 때 현장에서 티켓을 구매하면 엄청난 요금을 지불하게 된다. 하지만 예약을 일찍 하고 탑승 시간을 잘 조절하면 무려 90% 이상의 할인을 받을 수도 있고, 왕복 티켓의 경우 편도보다 훨씬 더 저렴하게 구매할 수 있다. 그러므로 예약은 가능하면 일찍 하도록 하고, 왕복 티켓을 예약하는 것이 비용을 아끼는 포인트.

라리가의 나라 스페인

수도인 마드리드를 중심으로 도로와 철도가 전국 각지로 연결되어 있는 스페인에서는 고속 열차인 AVE와 고속버스를 잘 이용하는 것이 포인트이다. 기차의 경우 사전에 인터넷 예매를 했을 때 큰 폭의 할인을 받을 수 있는 경우가 많다. 따라서 장거리 기차 여행이 많다면 '스페인 패스' 등의 기차 패스를, 그렇지 않다면 인터넷 예약을 통해 할인 티켓을 구매하는 편이 좋다. 버스는 주로 기차가 다니지 않는 루트에서 활용하면 좋다.

분데스리가의 나라 독일

고속 열차 강국답게 시골 구석구석까지 철도로 촘촘하게 연결되어 있다. 정책상의 이유로 고속버스가 적은 편이기 때문에 독일 여행은 기차를 얼마나 잘 이용하느냐가 포인트이다. 영국 못지 않게 기차 요금이 비싼 독일인 만큼 독일 철도청 홈페이지를 통한 할인 프로그램을 이용하는 것이 좋다. 다만 1–2회의 기차 이용이 아니라 4–5일 이상 기차를 이용할 계획이라면 '독일 패스'나 '유레일 글로벌 패스' 등을 미리 구매하는 것이 합리적이다. 이 패스를 이용하면 일반 고속 열차인 ICE까지 좌석 예약 없이 이용 가능하며 독일 시내 주변을 오고 가는 S-bahn 이용도 무료이기 때문에 쾌적한 여행이 가능하다. 특히 돌발 상황이 많은 축구 여행에서 ICE 열차를 자유롭게 이용할 수 있다는 것은 큰 장점.

각 나라별 주요 철도 예약 홈페이지

- 영국 National Rail
www.nationalrail.co.uk
- 스페인 Renfe
www.renfe.com
- 독일 DB Bahn
www.bahn.com
- 이탈리아 Trenitalia
www.trenitalia.com
- 프랑스 SNCF
www.sncf.com

> **오렌지군의 축구 여행 TIP**

대부분의 철도청은 앱(App)을 가지고 있다. 해당 철도청의 앱을 설치하면 매우 편리하다.

영국의 기차 티켓

스페인의 기차 티켓(e-Ticket)

모든 할인 티켓은 환불 및 취소가 어렵다는 사실은 잊지 마시길
유럽의 모든 기차 '할인 티켓'은 기본적으로 '환불 및 취소가 불가능하거나, 높은 수수료를 요구하는 등의 어려운 조건을 걸어 둔다는 사실을 잊지 말자.

이동, 버스를 이용할 때

대부분 도시의 중심에 자리한 기차역과 달리 버스 터미널은 아주 유서 깊은 곳이 아니라면 대부분 시내에서 떨어진 외곽 지역에 위치해 있다. 따라서 버스를 이용할 때는 터미널의 위치와, 시내로 이동하기 위한 교통수단이 어떻게 되는지 확인해볼 필요가 있다.

스페인 마드리드의 남부 버스터미널

유로라인 공식 홈페이지
www.eurolines.eu

각 나라별 주요 국내선 버스 회사 홈페이지
• 영국-내셔널 익스프레스
www.nationalexpress.com/en
• 스페인-ALSA
www.alsa.com

주의사항
이탈리아 및 독일, 프랑스는 고속버스망이 기차에 비해 열악하므로 국내 이동은 기차를 이용하는 것이 효율적이다.

유럽의 버스들은 우리나라처럼 '우등버스' 개념이 없는 경우가 대부분이다. 그러므로 장시간의 버스 여행은 상당한 고행 길이 될 것이다.

버스는 언제 이용할까?

● 소도시 여행을 계획 중이라면

전통적으로 '기차 여행'이 유럽 여행을 상징해 왔고 '저가항공'으로 빠른 여행이 가능하기 때문에 상대적으로 '버스 여행'은 흔하지 않다. 그러나 철도가 깔리지 않은 작은 소도시까지 접근할 수 있는 다양한 루트와 상대적으로 저렴한 비용 덕에 꾸준히 인기를 끄는 것이 바로 버스 여행. 특히 유럽의 소도시를 돌아보는 여행을 계획하고 있다면 버스를 통한 여행은 필수적이라 할 수 있다.

● 필요할 때만 이용하자

그러나 부족한 편의 시설, 무엇보다도 느린 이동시간 때문에 버스 여행은 육체적으로 매우 피곤한 여행이다. 따라서 기차로 접근이 어려운 곳을 가거나 기차 티켓을 구하지 못하는 경우, 최대한 비용을 줄여서 이동해야 하는 경우 등 필요한 때만 적절하게 이용하는 것이 합리적인 '버스 여행'이 될 것이다.

국제선

● 기차는 '유레일', 버스는 '유로라인'

유로라인 패스는 일정 기간 동안 국제선 버스를 무제한 이용할 수 있는 티켓으로 저렴한 가격이 장점이다. 다만 유레일 패스와 달리 국내선에서는 사용할 수 없으며(일부 지역 제외), 상품도 다양하지 않다는 것이 단점. 유로라인 홈페이지를 통해 각 국가의 유로라인 운영사의 홈페이지로 접근할 수 있고, 그곳에서 티켓을 예약할 수 있다. 유로라인이 모든 지역을 커버하지 않는다는 점, 성/비수기의 가격 편차가 크다는 점에 주의하도록 한다.

● 국내선

국내선은 각 나라별로 운영하는 회사들이 다양한데, 모든 버스 편을 통합해 안내 시스템을 운영하는 우리나라와 달리 유럽의 버스는 각각의 버스 운영사 홈페이지를 통해 버스 편을 확인해야 한다. 물론 터미널에서도 확인이 가능하니 버스 여행을 계획 중이라면 터미널에 도착하자마자 다음 도시로 갈 버스 편을 알아본 후 시내로 이동하는 것도 좋은 방법이다. 최근에는 각 회사별로 홈페이지 또는 앱을 운영하고 있으니 관련 정보를 미리 확인하는 것도 좋다.

이동, 저가항공을 이용할 때

편리하고 안전하지만

각 나라 사이를 이동할 때 항공편이 가장 안전하면서도 편리한 교통
수단인 것은 확실하다. 하지만 저가항공을 이용한 이동을 남용하는
것은 좋지 않다. 하늘을 날아다니는 교통수단인 만큼 돌발 상황에는
가장 민감하기 때문. 특히 겨울철에는 날씨가 좋지 않아 비행기가 연
착되거나 심지어 취소되는 경우도 자주 발생하니 주의해야 한다. 그
리고 항공편은 특성상 기차나 버스에 비해 상대적으로 '우회 루트'가
존재하기 어려운 만큼 예약된 비행기를 예정대로 타지 못할 경우 전
체 여행의 스케줄이 무너질 수도 있다. 특히 축구 경기의 티켓을 예
매했는데 비행기 문제로 제시간에 도착하지 못한다면? 여러 가지 면
에서 엄청난 손실이 될 것이다.

저가인 듯 저가가 아닌

이름부터 '저가항공'인 만큼 상대적으로 저렴한 금액에 항공편을 이
용할 수 있다는 것은 분명히 장점이다. 그러나 정말로 '저가'인지 숨
겨진 비용을 확인할 필요가 있다. 일반적으로 예약을 할 때 표시되
는 금액은 각종 세금이 제외된 상태인 경우가 많고 수하물 요금이
따로 추가되기도 한다. 게다가 저가항공의 경우 대체로 시내에서 꽤
먼 공항을 이용하게 되고, 이곳에서 시내로 들어가는 비용만도 만만
치 않기 때문에 이 사항들을 모두 고려하면 가격 면에서나 시간 면
에서나 메리트가 없는 경우도 많다.

반드시 '저가'만을 고집할 필요는 없다

정황상 반드시 항공편을 이용해 이동을 해야 하는 경우라고 한다면,
저가항공을 이용하기 전 대형 항공사의 티켓도 한 번쯤은 검색해보
는 것이 좋다. 유럽 내 이동의 경우 의외로 저렴한 티켓도 많이 있기
때문에, 저가항공사와 같은 스케줄임에도 우리 돈으로 1~2만 원 정
도밖에 차이가 나지 않는 경우도 볼 수 있다. 이럴 경우 간단하게나
마 기내식도 제공될 때가 있고 무엇보다 항공편에 문제가 생겼을 때
훨씬 더 수월하게 도움을 얻을 수 있는 대형 항공사의 항공편을 이
용하는 것이 훨씬 유리하다.

오렌지군이 탈 비행기 편명 옆에 '결항
(Cancelled)'이라는 글자가 떴다. 유럽의
겨울에 종종 볼 수 있는 풍경이다.

유럽 단거리 노선을 운영하는 주요 메이
저 항공사 홈페이지
- 영국항공
www.britishairways.com
- 루프트한자
www.lufthansa.com
- 알이탈리아항공
www.alitalia.com
- 이베리아항공
www.iberia.com
- 에어프랑스
www.airfrance.com

저가항공 통합 가격 검색 홈페이지
- 스카이스캐너
www.skyscanner.co.kr

유럽의 주요 저가항공사 공식 홈페이지
- 라이언에어
www.ryanair.com
- 이지젯
www.easyjet.com
- 유로윙스
www.eurowings.com
- 뷰엘링
www.vueling.com

유레일 패스에 대하여

유레일 패스 사용 팁
기존에는 2등석 패스를 유스(만 12-27세)만 구입할 수 있었으나 이제는 성인도 2등석 패스를 구입할 수 있게 되었다. 예전보다 선택의 폭이 넓어졌으므로 참고하자. 또한 여러 명이 같은 루트로 함께 여행할 경우에는 '세이버 패스'를 통해서 저렴한 가격에 패스를 구입할 수도 있다.

유레일 패스는 한국에서 구매한 후 떠나야 한다
유레일 패스는 비유럽 지역에 거주하고 있는 외국인 여행자들을 위한 패스이므로 유럽 내에서는 구매할 수 없다. 즉, 국내에서 출국하기 전에 미리 구매해야 한다. 유레일 공식 홈페이지(www.eurail.com/kr) 또는 유레일 패스를 취급하는 각종 여행사 홈페이지를 통해 쉽게 패스를 구매할 수 있다.

유럽에 이미 장기 체류 중인 유학생, 어학연수생, 교민 등은 '인터레일'을 구매해야 한다
우리나라 국적을 가지고 있다고 하더라도, 유럽에 6개월 이상 장기 체류하고 있는 경우에는 유레일 패스를 구매할 수 없다. 이 경우 해당 체류지에서 '인터레일 패스'를 구매해야 한다. 인터레일 공식 홈페이지(www.interrail.eu)를 통해 관련 정보를 얻을 수 있다.

레일 플래너 애플리케이션

유레일 패스 이용자들은 반드시 있어야 한다. 실시간 기차 정보 확인 및 해당 기차의 예약 필요 여부도 확인할 수 있다. 오프라인으로도 작동되어 매우 편리하다.

언제 사야 할까?

유럽 여행을 계획할 때 한 번쯤 고민하게 되는 것이 바로 유레일 패스의 구매 여부. 예전처럼 필수라고 할 수는 없겠지만, 그래도 유레일 패스가 있으면 여행을 편리하게 준비할 수 있는 것은 여전하다. 하지만 조바심은 금물. 유레일 패스는 어느 정도 여행 계획이 다 준비되었을 때 구매하는 것이 좋다. 여행 출발 일주일 전에 준비해도 충분할 정도. 간혹 여행 몇 달 전부터 유레일 패스를 구매하는 사람들도 볼 수 있는데, 유레일 패스에는 '유효기간'이라는 것이 있기 때문에 너무 미리 구입하는 것은 오히려 좋지 않다. 미리 준비하는 것은 좋지만, 너무 과하게 준비하다 어이없이 손해를 보지는 않도록 조심하자.

여행 경로를 고려하자

예전에야 고속 열차가 없었으니 국가 간 이동을 위해선 유레일 패스가 유럽 여행의 필수였지만, 요즘은 선택권이 매우 다양해졌기 때문에 유레일 패스의 장점이 크게 느껴지지 않는 경우도 많다. 특히 유레일 패스 하나면 모든 기차를 예약 없이 탈 수 있었던 예전과 달리 지금은 많은 고속 열차들이 좌석 예약을 필요로 하는 데다가, 각국의 철도청 홈페이지를 통해 할인 행사도 수시로 하는 만큼 유레일 패스를 산 것이 오히려 불리할 때도 있다. 따라서 자신의 여행 경로를 충분히 고려한 후 구매해야 한다.

구매한다면, 어떤 패스를?

장기 여행이 아니라면 보통 3-4개국을 방문하게 되는 만큼 28개국 이상을 커버하는 글로벌 유레일 패스를 덜컥 구매하는 것은 큰 손해다. 만약 방문할 곳이 1개국이라면 해당 국가의 패스만 사도 충분하다. 방문 국가가 2-5개국일 경우 2-5개국 패스를 구매하면 되는데, 이때, 해당 국가들의 '국토가 모두 붙어 있는 경우'에만 발권된다는 점을 주의하자. 따라서 만약 자신이 방문할 국가가 2개국+3개국과 같은 형태로 연결되어 있는 경우 가격을 비교해 2개국 패스와 3개국 패스를 구매하거나 글로벌 패스를 구매해야 한다. 특히 할인 행사나 이벤트 등을 통해 1-5개국 패스보다 글로벌 패스가 저렴한 경우도 있으니 가격 비교를 잘하는 것이 중요. 6개국 이상의 장기 여행이라면? 주저 없이 글로벌 패스를 선택하자.

유레일 패스 개시 및 사용법

유레일 패스를 개시하는 법

유레일 패스는 사용 전 반드시 승인(Validate) 과정을 거쳐야 한다. 이를 보통 '개시'라고 부르는데, 이 과정은 기차역의 '국제선 매표소 (International Tickets)'에서 이루어진다. 승인 시에는 여권을 반드시 제시해야 하고, 승인 전까지 패스에 아무것도 기재해선 안 되니 주의. 특히 패스 커버가 없는 경우에도 패스를 사용할 수 없게 되니 패스는 지급받은 상태 그대로 제시하는 것이 좋다. 또한, 패스의 개시는 해당 국가가 패스 안에 포함되어 있는 경우에만 가능하다. 즉, 스페인 패스를 독일에서 개시하는 것은 불가능하다는 것.

예약이 필요한 기차를 타려면

유레일 패스 소지자라면, 예약이 필요 없는 기차는 특별한 절차 없이 바로 탑승할 수 있다. 그러나 최근에는 예약이 필요한 기차들이 크게 늘어나 예약의 필요 여부를 미리 확인하는 것이 좋다. 레일 플래너(Rail Planner) 앱을 다운받아 스마트폰에 설치하면 아주 간단하게 기차 및 시간 정보를 검색할 수 있다. 예약 필수 기차는 R 또는 Reservation Compulsory(예약 필수)라고 적혀 있으며 예약 가능한 (일부 나라와 일부 구간) 기차도 있다. 각국 철도청 홈페이지에서도 확인 가능하다.

패스 소지자가 티켓을 예약하는 요령

예약이 필요한 기차는 유레일 패스 소지 여부에 관계 없이 반드시 탑승 전에 예약을 해야 한다. 특히 성수기이거나 인기 있는 노선의 경우 일찍 매진이 될 수 있으니 출발 2~3일 전에는 예약하는 것이 좋으며, 대체로 예약 수수료가 있다.

유레일 패스를 환불받으려면

유레일 패스의 환불 규정은 비교적 간단명료하다. 발권한 곳에 반납을 하면 15%의 환불 수수료가 공제된 상태에서 환불 금액이 지급되고, 개인이 분실한 경우는 환불되지 않는다. 발권일 기준 1년 이내에 환불 신청을 해야 하며 한 번이라도 사용된 패스는 환불이 불가능하다. 단, 환불 규정은 Eurail.com 기준이므로 자세한 내용은 구입처에 문의해야 한다.

독일에서 유레일 패스 이용하기

독일의 경우 큰 도시의 기차역이라면 아예 '서비스 센터(Reisezentrum)'라는 이름으로 따로 유레일 패스를 위한 공간을 마련해 둔 경우도 있다. 이 경우 서비스 센터를 찾아가야 한다.

독일 뒤셀도르프 중앙역의 Reisezentrum

야간 열차를 이용할 때

야간 열차는 보통 전날 저녁에 출발해 다음 날 아침에 도착한다. 그렇다면 유레일 패스를 이틀을 사용해야 할까? 그렇지 않다. 자정 이후에 열차를 환승하지 않는다면 여행일은 출발일 하루만 사용하면 된다. 단, 출발일, 도착일이 모두 패스 유효기간 내에 있어야 한다. 야간 페리의 경우 출발일 또는 도착일 중 하나를 선택해 입력하면 된다.

내가 찾은 역에 국제선 매표소가 없을 때는

대체로 국제선 매표소가 마련이 되어 있는 기차역은, 대도시의 기차역이다. 소도시의 작은 기차역에는 국제선 매표소가 따로 없는 경우가 많다. 이 경우에는 마련된 국내선 매표소에서 유레일 패스를 개시하면 된다.

유레일 글로벌 패스

2019년부터 유레일 글로벌 패스에 영국이 포함되어 따로 영국 철도패스를 구매할 필요가 없어졌다.

유럽에서 기차를 타는 법

극히 드문 경우이기는 하지만 타야 할 기차가 증발해버리는 경우도 있다. 미리 예매했던 기차의 티켓은 있는데 기차가 운행되지 않는다는 것. 역무원에게 확인 절차를 거치면 가장 가까운 시간대의 기차를 이용할 수 있지만 기차역에 미리 도착하지 않으면 이런 상황에 대처하기가 쉽지 않다. 이 외에도 다양한 돌발 상황이 발생할 수 있으니, 여유시간은 반드시 확보하자.

한 기차에 두 기차 편이 편성된 경우
특수한 경우이긴 하지만 각기 다른 두 개의 편이 같은 시간, 같은 플랫폼에 도착하는 것으로 나타날 때도 있다. 이것은 하나의 기차에 두 개의 기차 편이 편성된 것으로, 어느 정도는 함께 이동하다가 중간에 객차가 분리되어 각자의 목적지로 향하는 경우이다. 이런 경우 같은 기차를 타더라도 자신의 목적지로 향하는 '객차'가 맞는지를 반드시 확인해야 한다.

한 기차에 두 기차 편이 편성된 경우

탑승 전에 내가 탈 기차와 객차가 맞는지 정확하게 확인하자.

기차역에는 최소 30분 전에는 도착할 것

기차를 탈 때 가장 중요한 것은 '일찍 도착하는 것'이다. 대부분 초행길이니 역의 구조에도 익숙하지 않고, 기차를 이용하는 방법도 우리나라와는 달라 시간을 많이 소비하게 되기 때문이다. 특히 현지 사정상 다양한 돌발 상황이 발생할 수 있어 이에 대처하기 위한 시간도 필요하다. 따라서 최소 30분 전에는 역에 도착하고, 유로스타의 경우 출입국 심사시간이 필요하니 필히 1시간 전에는 도착할 것. 만약 시간이 남는다면 짐을 확인하거나 간단한 음식을 사는 등 시간을 활용할 방법은 얼마든지 있으니, 가능하면 1시간 정도는 여유 있게 도착하도록 하자.

내 기차 찾기

역에 도착하면 가장 먼저 타야 할 기차가 제대로 운행이 될 예정인지 확인해야 한다. 일단 전광판을 찾자. 대부분 영어로 표시되어 있어 이용이 어렵지는 않다. Departures를 찾고 전광판을 살펴보면 일반적으로 TIME-DESTINATION-TRAIN-PLATFORM-OBSERVATIONS 순서로 표기되어 있다. 여기서 목적지를 확인하고 기차의 이름과 플랫폼을 확인한다. 기차 이름을 찾기 어렵다면 기차의 번호를 확인하면 된다. 보통 AVE 02141과 같이 이름이 지정되어 있다. 그 다음 플랫폼을 확인하는데, 이때 플랫폼 번호가 없다면 아직 배정이 되지 않았다고 보면 된다. 출발 시간이 가까워지면 플랫폼이 배정되고 전광판에 표시가 된다.

내 객차와 좌석 찾기

플랫폼까지 확인했다면 기차에 탑승하자. 기차의 옆면에 탑승할 기차의 정보가 표시되므로 이를 확인한 후 탑승하면 된다. 대게 1등석 객차는 기차의 앞쪽, 2등석 객차는 뒤쪽에 자리하고 있다. 객차의 옆면에 아라비아 숫자로 표시되어 있으니 딱히 헤맬 일은 없을 것이다. 만약 잘 모르겠다면 역무원에게 물어보자. 유레일 패스의 경우 1등석 패스는 1, 2등석 모두, 2등석 패스는 2등석만 이용할 수 있다. 시간이 부족하다면 일단 탑승한 후 기차 안에서 이동하자. 탑승한 후에는 기차 내의 전광판 등을 통해 목적지를 한 번 더 확인한다.

예약이 필요 없는 기차를 탈 때의 요령

예약이 필요하지 않은 기차의 경우, 좌석을 내가 원하는 대로 선택해서 앉으면 된다. 단, 누군가가 예약한 자리는 피해야 한다. 일반적으로 좌석 근처에 좌석 번호가 적힌 전광판이 있는데, 좌석 번호 옆에 도시명이 표기된 경우가 있다. 이 경우 해당 좌석은 해당 구간에 예약이 되어 있다는 표시이다. 만약 좌석 번호 옆에 아무 표시도 없다면 예약이 되지 않았으니 앉으면 된다는 뜻이다. 단, 영국의 경우 유레일 및 브릿레일패스 소지자가 앉을 수 있는 자리는 Available, 예약된 경우 Reserved로 표시되어 있으니 참고할 것, 일부 기차는 좌석 위에 예약 표시를 해 두기도 한다. 오래된 기차는 창문 쪽의 좌석 안내 표지판을 살펴보자.

단거리 노선은 '각인'을 받을 것

일부 단거리 구간권은 탑승 전에 기차역 안에 있는 스탬프 기계를 통해 각인을 받아야 한다. 보통 티켓에 시간이나 날짜가 적혀 있지 않은 '자유 탑승권'들이 이에 해당하는 경우가 많은데, 잘 모르겠다면 탑승 전 역무원에게 각인이 필요한지 물어보는 것이 좋다. 각인을 하지 않으면 문제가 될 수도 있기 때문이다.

티켓 검사는 기차 안에서 진행

일부 고속 열차를 제외한 유럽의 기차는 차 안에서 티켓 검사를 한다. 보통 기차 출발 후 10분 이내에 검사를 받게 되니 미리 여권과 티켓을 준비해 두자. 유레일 패스를 이용하거나 국제선 열차를 이용하는 경우에는 티켓과 함께 여권을 제시해야 할 때도 있다.

도착 시간을 필히 확인하자

기차에 따라 다르지만 보통 유럽의 기차는 기내 방송을 잘 하지 않는다. 따라서 도착하는 역의 이름을 안내받지 못하는 경우가 많다. 특히 기차가 오래된 경우 전광판을 통한 안내도 받을 수 없으니, '레일 플래너' 등의 앱을 통해 미리 도착시간을 파악해 두자. 도착시간이 가까워지면 미리 내릴 준비를 해야 한다. 유럽의 기차들은 기착지에 정차하는 시간이 매우 짧기 때문에 밤 시간이라면 특히 더 주의해야 한다.

이탈리아의 무궁화호 정도에 해당하는 RV 열차 좌석. 이런 열차는 유레일 패스 소지자가 예약이 필요 없는 열차이다.

기차역에서 흔하게 보게 되는 티켓 각인 기계. 특정 기차명과 시간이 적혀 있지 않은 티켓은 반드시 이곳에 티켓을 넣어 각인을 해야 한다.

시내건 시외건 뭔가 허전한 빈 공간이 있는 티켓은 무조건 각인이 된 후부터 유효하다고 생각하면 된다.

유럽에서는 도착역에 대한 방송을 하지 않는 경우가 많으니, 꼭 시간을 잘 체크해서 내릴 때는 미리 준비하도록 하자. 1-2분만 섰다가 바로 출발하는 경우도 많다.

유럽에서의 호텔, 한인민박, 호스텔

숙소의 가격과 위치, 서비스 등도 중요하지만, 가장 편안해야 할 '수면'을 취해야 할 곳이니, 개인의 성향과 얼마나 잘 맞는지도 선택 시에 중요한 요소이다. 예를 들어 호스텔의 경우 다양한 사람들과 새로운 인연을 만들 수 있다는 장점이 있지만, 낯선 이들과 생활하는 것이 불편하거나 공동생활 자체를 선호하지 않는 이들에게는 이것이 오히려 단점이 될 것이다. 여행을 하는 동안 유럽의 분위기를 마음껏 느끼고 싶은 이들이라면 너무 '한국적'인 한인민박은 택하고 싶지 않을 것. 각 숙소의 장단점과 함께, 자신의 성향을 고려하여 숙소를 선택하자.

호스텔의 장점 중 하나. 공용 휴식 공간이 넓은 곳이 많다. 무료 식사를 제공하는 곳도 있다.

호스텔 예약 시에 꼭 체크해야 할 옵션들
- 24 Hour Reception
리셉션 창구가 24시간 운영
- 24 Hour Security
24시간 보안 시스템 운영
- Luggage Storage
별도 짐 보관소 운영
- Security Lockers
짐 보관용 라커 보유
- Internet Access
인터넷 사용 가능(Wifi 가능 여부 체크 필요)
- Tax included
요금에 세금 포함
- Guest Kitchen
주방 사용 가능
- Key Card Access
각 방 카드 키 사용
- Linen Included
요금에 침대 시트 사용 요금 포함

숙소별 특징을 알아보자

● 비싸다고 빼놓지는 말자, 호텔

부담스러운 가격 때문에 숙소 선택에서 호텔은 항상 제외되는 경우가 많다. 그러나 자세히 살펴보면 호텔이라기보단 오히려 여관에 가까운, 하지만 깔끔하면서도 필요한 것은 모두 있는 저렴한 호텔들도 많다. 특히 두 명이 함께 여행하며 하루 숙박비를 10만 원 내외로 생각하고 있다면 호텔도 고려 대상에 넣는 것이 좋다. 종종 '호텔 예약 사이트' 등에서 파격적인 할인을 받을 수도 있어 잘만 이용하면 꽤 고급스러운 곳에서 하루를 보낼 수 있을 것이다.

● 배낭여행자들의 아지트, 호스텔

'호스텔' 문화의 발상지로 알려진 유럽이기 때문에 유럽의 어느 도시를 가든 호스텔을 만날 수 있다. 세계 각지에서 온 여행자들과 친분을 나눌 수 있는 데다가 하루 15-30유로라는 비교적 저렴한 가격으로 숙박을 해결할 수 있기 때문에 많은 이들이 이용하고 있다. 하지만 편안한 호스텔 생활을 하기 위해 확인해봐야 할 것들이 몇 가지 있는데, 특히 짐 보관이나 리셉션 운영시간 등은 필히 확인해보아야 한다. 상세한 사항은 측면을 참고하자. 또한, 아무래도 전 세계의 다양한 사람들이 모이는 공간인 만큼 해당 숙소의 안전 문제는 다른 여행자들의 리뷰 등을 통해 꼼꼼히 체크해보는 것이 좋다.

● 한국 사람들과 한식을, 한인민박

유럽 여행을 하면서 가장 마음 편히, 그리고 저렴하게 숙박과 식사를 모두 해결할 수 있는 곳, 바로 한인민박이다. 지역에 따라 다르지만 보통 30-40유로면 이용 가능하고, 서유럽의 대도시들은 대부분 한인민박을 쉽게 찾을 수 있어 이용도 편리하다. 다만 작은 도시일수록 민박 수가 적고 숙박비가 비싼 경우가 많다. 한인민박은 개인의 성격에 따라서 호불호가 갈리는 경우가 상당히 많으니, 이 점을 감안하자.

축구 여행에 적합한 숙박업소 가기

위치

● 가장 좋은 위치는 '기차역' 근처

숙소를 잡을 때 고려할 점 중 하나가 바로 위치. 여행자들에게는 '기차역' 인근의 숙소가 가장 좋다. 찾아가기도 편할뿐더러 축구 여행 외에도 모든 여행이 결국 기차역을 중심으로 시작되기 때문. 식사를 하거나 생필품을 살 때도 멀리까지 갈 필요가 없어 편리하다. 도시로 들어오거나 다른 곳으로 빠져나갈 때도 매우 편리하다.

● 축구장 근처는 가능하면 피하자

축구장은 대부분 도시 외곽 지역에 위치해 있다. 이 말은 축구장 근처의 숙소는 시내 여행이나 도시 간의 이동, 생필품 구매 등 모든 부분에서 불편할 수밖에 없다는 것이다. 게다가 경기장 주변은 밤이 되면 돌아다니기도 어려운 곳이 많은 만큼, 여행시간을 알차게 이용하려면 경기장 근처의 숙소는 피하는 것이 좋다.

● 도시에서 나올 때도 생각해야

의외로 많은 사람들이 간과하고 있는 문제가 바로 도시를 '빠져나올 때'의 상황이다. 특히 일정 때문에 새벽 기차를 이용하거나 아주 늦은 시간에 출발해야 한다면 교통수단을 이용할 수 있는 곳까지 어떻게 접근하느냐가 중요한 문제가 될 것. 시내 교통수단이 운영되지 않는 시간에 숙소를 나와야 하는 일정이라면 무엇보다 위치를 가장 우선적으로 고려하자.

민박? 호텔? 호스텔?

생각보다 저렴한 호텔도 많이 있기 때문에, 2명 이상이라면 일단 호텔 가격을 알아보는 것이 좋다. 전통 건물을 활용한 깔끔한 호텔에서 독특한 추억을 만들 기회를 얻을 수 있을 것이다. 호텔을 이용할 수 없다면 현재 자신이 있는 도시의 특징에 따라 달라진다. 런던이나 파리 등 우리가 알 만한 유명 대도시에는 한인민박이 많이 있고, 서비스도 대체로 훌륭한 편이니 한인민박이 이래저래 합리적이다. 하지만 유명 관광지가 아닌 소도시라면 민박을 찾기가 어렵고, 있더라도 가격이나 위치, 서비스 등에 문제가 있는 경우가 흔하다. 따라서 이런 경우 호스텔이 더 나은 선택이 된다. 에어비앤비에서 자신의 취향에 맞는 게스트하우스를 찾는 것도 방법 중 하나다.

(오렌지군의 축구 여행 TIP)

숙소를 찾다 보면 유난히 저렴한 곳을 찾을 수 있다. 그러나 저렴하다고 덥석 찾아가는 것은 위험. 한 번쯤 의심이 필요하다. 이런 경우는 대게 주변 치안이 심각하게 좋지 않은 경우가 많기 때문. 특히 홍등가 근처나 슬럼가 근처의 숙소는 마약에 취한 이들이나 질이 좋지 않은 현지인 등 위험한 이들을 만날 수 있으니 해당 지역의 치안 상황을 알아보는 것이 좋다.

안전한 호스텔을 찾고 싶다면

만일 호스텔 이용에 불안감을 갖고 있다면 '호스텔 연맹'에서 관리하는 '공식 호스텔'을 알아보는 것도 좋은 방법이다. 연맹에서 직접 관리를 하기 때문에 적당한 가격과 품질을 유지하고 있고, 경찰이나 관공서 등과도 잘 연결되어 있어 도움을 받기도 수월하다. 단, 생각보다 좋지 않은 위치에 있는 경우도 있으니 여러 방면에서 검토한 후 선택하도록 하자.

호스텔 예약 시에 유용한 홈페이지들
- 하이 호스텔스(국제 호스텔 연맹)
  www.hihostels.com
- 호스텔월드
  www.korean.hostelworld.com
- 호스텔부커스
  www.hostelbookers.com
- 호스텔스닷컴
  www.hostels.com/ko
- 부킹닷컴
  www.booking.com
- 아고다
  www.agoda.com
- 에어비앤비
  www.airbnb.co.kr

발렌시아의 UP! 호스텔처럼 기차역 안에 호스텔이 있는 경우도 있다.

최종 경로 점검

전문가도 아닌데 완벽할 수는 없다. 마음을 비우자

나름대로 꼼꼼하게 여행 계획을 짜서 준비를 해도, 정작 현지에 가서는 생각지도 못한 변수로 인해 계획이 어그러지는 경우가 흔하게 발생한다. 특히 경험이 없는 초보 여행자들은 이럴 확률이 더 높다. 어차피 완벽할 수는 없다고 미리 생각을 해 두자. 그래야 현지에서 겪는 어려움을 이겨낼 용기가 생긴다.

사진을 보고 반해서 갑작스럽게 결정을 내리고 찾아갔던 스페인 콘수에그라의 풍차들. 잊지 못할 추억을 만들어 주었다.

가끔은 숙소에서 맛있는 것도 먹고, 책도 보면서 잠시 쉬어가는 것도 좋은 여행을 만드는 요령이다.

수만 명 사이에서 경기를 보는 것은 그 자체만으로도 체력 소모가 크다. 축구 여행은 체력 조절을 잘해야 즐길 수 있다.

결제는 최대한 나중에

어느 정도 여행 경로를 정했다고 해도 확실한 경로가 정해지기 전까지는 결제를 삼가는 편이 좋다. 비행기표, 숙박, 교통까지 모두 미리 예약하고 결제를 한다면 여행 중간에 일정 변경이 어려워져 곤란을 겪을 수 있다. 특히 축구 여행은 변수가 많은 만큼 결제를 신중하게 진행할 필요가 있다.

본인의 '변심'도 감안하자

경기 일정 변경이나 비행기의 연착 등 일정에 영향을 미치는 외부 요인은 다양하지만, 여행 중 '변심'이 생겨 일정을 변경하는 경우도 많다. 처음엔 꼭 가려고 했던 곳이었지만 시간이 지나면서 흥미를 잃는 경우도 있고 우연히 알게 된 곳에 갑자기 관심을 갖게 되기도 한다. 따라서 일정을 변경할 수 있는 여유를 두고 경로를 정하자. 특히 앞서 말한 것처럼 결제를 미리 하지 않았다면 복잡할 것 없이 일정을 수정하면 될 일.

여행지는 적절히 분배하자

어느 정도 일정이 정해졌다면, 여행지들이 골고루 배치되었는지 확인할 필요가 있다. 박물관을 좋아한다고 해서 박물관만 며칠씩 돌아다닌다거나, 비슷한 느낌의 도시만 연속해서 방문한다면 금방 질리게 될 것이기 때문이다. 따라서 중간중간 활동적인 프로그램을 넣는다거나, 도시 여행 사이에 휴양지를 방문하는 일정을 넣는 등 지루함을 타파할 수 있는 방향으로 여행지를 분배하는 것이 좋다. 래프팅 등 계절에 맞춘 활동을 하는 것도 좋은 방법이다.

휴식일은 반드시 넣을 것

처음 유럽을 방문할 때 가장 흔히 하는 실수는, 하나라도 더 보고 싶은 마음에 방문할 곳을 가득 채워 일정을 만드는 것이다. 1~2주 정도의 짧은 여행이라면 큰 문제가 없을 수 있지만, 1달 이상의 배낭여행이 되면 오히려 체력이 방전돼 여행 후반부를 제대로 지탱하지 못하거나, 심지어는 몸져눕기도 한다. 따라서 1주일에 하루 정도는 휴식일로 정해 체력 안배를 하도록 하자. 특히 집을 떠나 있는 만큼 밀린 빨래를 하거나 짐을 정리하는 등 해야 할 일이 쌓이게 된다. 그러니 체력이 떨어지지 않았더라도 휴식일을 이용해 밀린 일을 하거나, 가족에게 안부를 전하는 등 숨을 돌릴 필요는 있을 것이다.

계절에 따른 유럽 날씨 대비하기

경기장 날씨는 좀 더 세밀하게

유럽은 우리와 비슷한 기후를 보이기는 하지만, 각 나라별 날씨는 조금씩 차이가 있다. 특히 축구 경기는 실외에서 펼쳐지는 만큼 날씨에 더 세심하게 대비할 필요가 있다. 기본적으로는 '여름에는 좀 더 시원하게, 겨울에는 좀 더 따뜻하게' 준비하는 것이 포인트. 여름엔 경기장에 가득 차는 사람들로 인해 온도가 더 올라가고, 겨울에는 찬 바람이 부는 곳에서 움직이지 않고 있어야 하기 때문이다. 양쪽 모두 '평소보다는 조금 더 든든하게' 준비해야 한다.

'싸늘한' 잉글랜드, 바람을 대비하자

우리가 생각하는 여름이 거의 없는 곳이다. 한여름에도 20도 안팎의 서늘한 기후를 나타내는 데다 시도 때도 없이 내리는 비, 거세게 부는 바람 등으로 생각보다 춥게 느껴진다. 따라서 여름이라 하더라도 가벼운 긴팔 티와 얇은 점퍼를 준비할 것. 겨울도 마찬가지로 실제 온도보다 더 낮은 체감온도를 보이게 된다. 따라서 경기장에 갈 때는 스웨터와 머플러, 털모자, 두꺼운 양말 등 최대한 따뜻한 복장을 준비하자.

겨울이 없는 스페인

따뜻한 남부답게 추위와는 거리가 있는 기후를 보인다. 한여름에는 40도에 육박하는 폭염이 기다리고 있으니 최대한 얇은 복장을 준비할 것. 하지만 리그가 보통 저녁 8시나 10시에 시작하는 만큼 가디건 정도는 준비할 필요가 있다. 또한 해가 9시, 심하면 10시에 질 정도로 해가 길기 때문에 일교차에 도 주의해야 한다. 거꾸로 겨울은 온화하고 포근하니 긴팔 티와 얇은 점퍼 정도면 충분하다. 그러나 남쪽과 북쪽에 있는 도시 간 기온 편차가 크다.

이탈리아, 우리 기후와 비슷하다

국토의 모양을 보면 알 수 있듯 남과 북의 온도 차가 큰 편이다. 여름에는 매우 더우며 남부 지역이 특히 더 덥다. 겨울에는 북부 지역 특히 알프스 산맥과 가까운 지역이 춥지만 전체적으로 우리나라의 혹한기보단 덜한 편이다. 우리나라의 계절 패턴과 비슷하지만 겨울이 좀 덜 추운 정도라고 보면 된다.

오렌지군의 축구 여행 TIP

유럽의 경우 여름에는 밤 9시까지도 해가 지지 않는 긴 낮이 나타나는 반면, 겨울에는 오후 4시만 되어도 깜깜해지는 묘한 풍경을 만나게 된다. 우리나라와는 판이하게 다른 환경인 만큼 몸 상태를 꼼꼼히 확인할 필요가 있다. 특히 새로운 도시로 이동하거나 경기를 관람할 경우 전날 미리 날씨를 확인하는 것이 좋다. 겨울 여행이라면 특히 신경 쓸 것.

우비의 단추를 잠글 수 없을 수 없을 정도로 껴입었지만, 그래도 안필드에서는 실제 온도보다 훨씬 추운 날씨를 느껴야 했다.

유럽 전역에서 기상이변이 자주 일어나고 있다

전 세계적으로 기상이변이 많이 일어나고 있는데 유럽도 예외가 아니다. 여름에는 폭염, 겨울에는 혹한, 폭설이 발생하는 경우가 늘었으므로 옷은 다소 여유 있게 준비해서 대비하자.

눈이 내렸던 이탈리아 밀라노의 겨울밤. 하지만 우리나라의 겨울만큼 춥지는 않았다.

저렴하게 식사를 해결하기 위한 요령

축구 여행자라면 현지인들이 경기장 주변에서 먹는 길거리 음식도 맛보고 싶을 것이다. 식사 계획을 잡을 때 이 점도 감안해서 계획을 세우면 좀 더 풍성한 축구 여행을 만들 수 있다.

과일이 저렴한 유럽

우리나라는 과일 값이 꽤 비싼 편이라 마음껏 먹기가 부담스러운데 유럽은 어느 나라를 가든지 과일이 매우 저렴하다. 외국에서 비타민을 섭취하는 좋은 방법은 종합 비타민 약 대신 현지에서 매일 과일을 사서 먹는 것. 심지어 맛도 좋다.

포르투갈의 명물 정어리 구이 요리. 여기까지 와서 이 요리를 먹고 가지 못하면 섭섭하다. 이럴 때는 돈을 아끼지 말자.

카탈루냐의 겨울철에만 만나볼 수 있는 음식 칼솟. 미리 검색해서 특별한 음식을 맛보는 것도 좋은 여행을 만드는 방법이다.

출국 전, 비상식량 준비

이제는 전 세계 어디서나 한인 식당을 찾을 수 있게 되었다. 하지만 가격은 여전히 부담스럽기 때문에 여행자 입장에서는 한인 식당을 찾기가 쉽지 않다. 따라서, 2~3주 이상의 장기 여행을 계획 중이라면 출국 전에 미리 '비상식량'을 준비할 필요가 있다. 몇 가지 추천할 만한 식품들은 즉석 밥, 캔 통조림(가능하면 고기 종류), 고추장, 라면 정도로 주로 휴대가 쉽고 조리가 거의 필요 없는 인스턴트 종류이다. 이 외에도 '커피믹스' 등 현지에선 구하기 어려운 것들도 조금씩 준비해 가면 유용하다. 주로 이용하는 호스텔이나 민박 등에 기본적인 취사 도구와 조미료가 갖춰진 경우가 많으니 이 점도 감안할 것.

현지 마트를 잘 이용하자

유럽에서 생활하면서 비용을 아끼는 가장 편리한 방법은 현지의 대형 마트를 이용하는 것이다. 대형 마트에서 파는 PB상품(마트 자체 상품)의 가격이 품질에 비해 상당히 저렴하기 때문에 이를 잘 이용하면 비용을 꽤 절약할 수 있다. 특히 간식거리로 쓸 만한 과자들도 우리나라와 달리 꽤 좋은 품질을 자랑하기 때문에 PB상품을 잘 이용할 필요가 있다. 탄산수를 좋아한다면 저렴한 탄산수들을 원없이 마실 수 있을 것이다. 또한 고기가 주식인 만큼 고기도 저렴하게 구매할 수 있다. 한국에서 흔히 볼 수 없는 양고기 등도 쉽게 볼 수 있으니 이 기회에 맛보는 것도 좋다.

하루 한 끼 정도는 현지 음식을

아무리 비용을 아끼자고 해도, 마트만 털고 다닐 수는 없다. 여행의 큰 즐거움 중 하나가 현지 음식을 맛보는 것인 만큼 현지 음식을 먹는 것도 중요하다. 하루 세 끼를 모두 현지 음식으로 해결하는 것은 비용 면에서도 어렵고, 특히 초보자들에겐 쉽지 않은 일이다. 따라서 하루 한 끼 정도는 현지 음식을 먹어보는 것으로 계획하고 여행 준비를 하면 좋다. 특히 숙소에서 맛집 정보를 공유하는 경우도 많으니 도움을 얻을 수 있을 것이다. 최근에는 생각보다 우리 입맛에 맞는 음식들도 많고 우리도 이미 외국 음식의 맛에 많이 익숙해진 상태니, 지레 겁먹고 피하기보다는 현지에서 다양한 음식들을 경험하고 오도록 하자.

현지에서의 건강 관리

출국 전 여행자 보험 가입은 필수

여행 중에는 늘 변수가 존재하므로 비용이 들더라도 반드시 여행자 보험에 가입하도록 한다. 특히 체코 같은 나라에서는 여행자 보험 증서를 항상 소지하고 있어야 한다.

출발 전, 상비약은 반드시 준비하자

아프지 않는 것이 가장 좋겠지만 그게 마음대로 되는 것도 아니고, 최선의 방법은 아플 때를 대비해 잘 준비하는 것이다. 일단 출국 전에 상비약을 준비하는 것이 좋은데, 현지에서 본인의 증세를 말하는 것이 쉽지도 않을뿐더러 약값도 매우 비싸기 때문이다. 기본적으로 준비할 것은 해열제, 변비약, 설사약, 치료 연고, 1회용 밴드(여러 가지 크기의), 멀미약, 소화제, 반창고, 작은 붕대, 진통제, 종합 비타민(유럽에서 일일이 과일을 사서 먹는 것이 어려워 비타민이 부족하게 되는 때가 많기 때문에 준비하면 좋다) 정도이다. 같은 증상이 반복되는 경우는 드물기 때문에 조금씩만 구비하면 웬만한 증상은 해결할 수 있을 것이다.

현지에서 구매하는 방법

만약 상비약을 준비하지 못했거나 약이 다 떨어진 경우에는 현지에서 구매해야 한다. 약국은 유럽에서도 흔히 찾을 수 있고, 보통 Parmacia, Apotheke 등으로 표기되어 있어 찾기 어렵지는 않다. 다만 유럽의 약국은 조제약을 제외하고는, 슈퍼마켓처럼 직접 약을 골라 구매하는 방식이라는 것이 다르다.

또한, 약국은 찾았지만 자신에게 필요한 약이 무엇인지 알 수 없는 경우에는 우리나라에서도 볼 수 있는 '다국적 의약 회사'의 제품을 찾으면 된다. 타이레놀(Tylenol)이나 아스피린(Aspirin) 등의 진통·해열제, 변비약인 둘코락스(Dulcorax) 등은 쉽게 구분할 수 있을 것이다.

아플 때는 반드시 도움을 청하자

위에 언급한 약이면 대부분의 병은 해결할 수 있지만, 그렇지 않은 경우도 있을 수 있다. 이 경우 혼자 앓다가 일을 키우지 말고 반드시 다른 사람에게 도움을 요청하자. 민박이든 호스텔이든 그 주인들은 현지 정보에 익숙한 이들이고, 일부는 상비약을 준비해 두기도 한다. 혼자 인터넷을 검색한다고 해결될 문제가 아니니 망설이지 말고 도움을 요청할 것.

흔하지는 않지만, 거리에서 이렇게 '식수'를 만날 수 있는 경우도 있다. 하지만, 역시나 가능하면 생수를 사서 마시는 게 가장 좋다.

병원 치료를 받았을 경우에는, 반드시 진단서 및 영수증을 꼭 받아와야 한다

부득이하게 병원 치료를 받거나 입원을 했을 경우, 반드시 진단서 및 영수증을 받아 와야 한다. 그래야 한국에 돌아온 후 여행자 보험의 보험금을 지급받을 수 있다. 반드시 영문으로 된 문서를 받아올 것.

약국은 쉽게 찾을 수 있다.

현지 숙소에서의 올바른 생활법

오렌지군의 축구 여행 TIP

욕조에 커튼이 있는 경우에는 커튼을 안으로 넣어서 욕조를 이용해야 한다.

각 숙소별로 준비해야 하는 위생용품들
호텔 – 기본적인 위생용품은 모두 구비되어 있다. 따로 준비할 필요가 없다.
한인민박, 호스텔 – 기본적인 위생용품은 준비되어 있지만, 함께 쓸 수 없는 치약과 칫솔, 면도기, 수건 등은 반드시 따로 준비해야 한다. 또한 욕실에서 사용할 슬리퍼도 가벼운 것으로 준비하는 것이 좋다. 가능하면 개인적인 것들은 따로 준비하는 것이 좋다.

생필품을 잃어버리면 그만큼 여행에 활용할 시간은 줄어들게 된다
별것 아닌 생필품이지만, 정작 유럽에서 구하려고 하면 구하기 쉽지 않은 물건들이 꽤 많다. 이 물건들을 구매하기 위해 귀중한 여행시간을 버릴 수도 있다. 그러므로 물건들을 잃어버리지 않도록 잘 관리하는 것이 매우 중요하다. 정리를 잘하지 못한다면 최소한 캐리어 안에 넣어 두는 습관을 들일 것.

호텔은 방 안에 보안금고가 있는 경우가 많으므로 적극적으로 활용하자. 단, 보안금고에 넣었다고 해서 분실 시 호텔이 책임을 지는 것은 아니니 주의하도록 한다.

목욕을 할 때는 바닥에 물이 튀지 않도록 주의

유럽에서 목욕을 할 때는 욕조를 이용하게 된다. 이때 욕조를 둘러싸고 설치된 샤워 커튼을 잘 이용하여 욕조 밖으로 물이 튀지 않도록 해야만 한다. 유럽의 화장실은 우리나라와는 달리 욕조 밖 바닥에 배수구가 없기 때문. 따라서 조심하지 않으면 화장실을 물바다로 만들어버리게 된다. 한인민박에서 가장 많이 벌어지는 사고이다. 욕조가 아닌 샤워 부스를 사용할 때도 반드시 문을 닫아 물이 튀지 않도록 해야 한다.

화장실을 이용하는 시간은 대부분 비슷하다

민박이나 호스텔 등 단체 생활을 주로 하게 되는 유럽 여행의 특성상 화장실을 이용할 때 겪는 문제가 의외로 많이 발생한다. 여행이라는 공통의 목적을 가지고 온 사람들인 탓에 생활 패턴이 비슷해 화장실을 사용하는 시간도 겹치기 때문인데, 이 경우에는 서로 조금씩 배려하는 수밖에 없다. 볼일은 가능하면 빠른 시간 내에 해결하고, 조금 일찍 또는 늦게 화장실을 이용하는 등의 요령을 발휘하면 좋다. 알고 보면 그다지 어렵지 않은 일이지만, 현지에서는 가장 잘 지켜지지 않는 공중 예절이기도 하다. 조금만 신경을 쓰면 모두 쾌적한 여행이 될 수 있을 것이다.

아침·저녁으로 짐 정리는 필수

하루 종일 돌아다니다 보면 피곤해 잠들기 바쁘겠지만, 여행에서 짐 정리는 반드시 해야 할 일 중 하나다. 제때 해 두지 않으면 큰 낭패를 볼 수 있는 것이 바로 짐 정리이기 때문. 특히 공동생활을 할 때 짐 정리를 제대로 하지 않으면 다른 사람의 물건과 뒤섞이거나 도난을 당할 수도 있다. 따라서 그날그날 짐을 열어보고 빨래할 것, 당장 써야 할 것 등을 정리하고 빠진 물건이 없는지도 확인한다. 특히 숙소에 처음 들어갈 때와 숙소를 떠나기 전날은 신경 써서 정리할 필요가 있다. 다음날 아침 숙소를 떠나는 경우 아침에 쓸 물건을 제외한 나머지 짐은 미리 정리할 것. 잠이 덜 깬 아침에 급히 짐을 정리하다 보면 빠진 물건이 생기기 마련이다.

언제나 가방의 자물쇠를 잠가 두자

숙소에 있건 없건 가방의 자물쇠는 반드시 걸어 두어야 한다. 국가를 떠나 어느 곳이고 도난 사고는 꽤 쉽게 일어나는 일 중 하나이며 한인민박이라고 해도 서로 모르는 이들이 생활하는 곳이기 때문에 도난 사고에 대해 안전할 수는 없다. 주인에게 따로 물건을 맡기지 않는 이상 주인이 개개인의 물건까지 신경 쓸 수는 없으니 본인의 짐은 본인이 잘 관리할 것. 샤워를 하기 위해 자리를 비울 때도 가방을 잠그는 습관을 들이도록 하자.

매일 저녁, 오늘을 돌아보고 내일을 준비하자

저녁 시간에는 숙소 내의 사람들끼리 모여 여행에 대한 이야기를 하거나 술 한잔 하기 바쁜 경우가 많다. 이런 파티는 함께 숙소를 이용하는 이들끼리 친목을 도모하는 좋은 기회가 되기도 하지만, 적당한 선에서 조절이 되지 않으면 다음 일정에 영향을 미치게 된다.

또한, 숙소에 돌아오면 오늘 다녀온 여행을 복기하며 자신이 계획한 대로 일정을 잘 진행하고 있는지 확인하고, 다음 날 혹은 향후 며칠간의 여행에 대해 다시 한 번 확인한다. 특히 근시일 내에 반드시 해야 할 일이 있다면 반드시 미리 준비해 둘 것. 피곤하게 느껴질 수 있지만, 스케줄을 확인하는 것은 짐 정리와 마찬가지로 여행을 보다 편하게 만들기 위한 중요한 팁이다.

현지에서 만나는 '여행 교과서'

숙소에서는 정말 다양한 사람들을 만나게 된다. 이미 수차례 여행을 해 온 '고수'부터 처음 여행을 온 '초보'까지. 그리고 그중에는 내가 가야 할 곳을 이미 다녀온 사람도 많이 있을 것이다. 이들은 최신의 현지 정보를 가지고 있을 가능성이 높고, 이 정보들은 인터넷이나 책에서 보는 정보들보다 더 신선하면서도, 현지인이 아닌 여행자의 입장이기 때문에 더 실질적인 도움을 주는 경우가 많다. 또한 여행 고수들이 있다면 그들의 노하우를 잘 배워 두자. 이 살아 있는 '여행 교과서'에게 배우는 노하우를 통해 돈 한 푼 안 들이고 현지 가이드를 고용하는 효과를 볼 수도 있을 것이다.

자물쇠는 작은 번호 타입의 자물쇠로 2개 정도 준비한다

시중에 여행용으로 사용하는 번호 타입의 자물쇠가 많이 있으니 구매해 둔다. 가능하면 가벼운 자물쇠를 선택하되, 열쇠로 여는 자물쇠는 선택하지 않는다. 그 열쇠를 잃어버릴 가능성이 높기 때문. 2개 정도 구매해서 하나는 캐리어에, 다른 하나는 여행 중에 메고 다닐 가방에 사용한다.

호스텔의 방에서 볼 수 있는 라커. 라커 이용을 위해 자물쇠를 준비해가는 것이 좋다.

노트 또는 스마트폰 앱으로 여행 비용 절약

저녁에 일정을 정리할 때 비용도 함께 정리하는 것이 좋다. 조금 귀찮은 작업이지만, 예상한 만큼 비용이 나왔는지 확인하고 남은 자금도 확인해보면 쓸데없는 비용 지출이 줄어든다. 노트에 메모해도 좋고 여행 비용을 관리하는 스마트폰 앱을 이용해도 좋다.

아침에 일어나면 가족에게 연락을 하는 습관을 들이자

객지에 소중한 가족을 둔 이들은 걱정이 될 수밖에 없다. 따라서 가능하면 집에 자주 연락을 하는 것이 좋다. 유럽과 한국 간의 시차로 연락할 시간을 맞추기가 쉽지는 않은데, 유럽이 아침일 때 한국은 늦은 오후시간이므로 이때가 그나마 가장 좋은 시간일 것이다. 아침 식사를 하거나 당일의 여행을 준비하며 잠시 연락을 하도록 하자.

비자와 입국심사

다른 유럽 국가를 여행한 후 영국으로 들어갈 때는 보통 유로스타를 많이 이용한다. 이 경우 영국에 도착한 후 입국심사를 하는 것이 아니라 기차를 탑승하기 전, 출발하는 국가(프랑스 혹은 벨기에)의 기차역 내에서 미리 입국심사를 한다. 따라서 위와 같은 방법으로 영국에 입국할 경우 반드시 '여유 있게' 기차역에 도착할 필요가 있다.

대한민국 국민이 자동 출입국 심사를 이용할 수 있는 유럽 국가들이 늘고 있어 여행이 더욱 쉬워졌다.

입국심사 시에는 '진실'만을, 그리고 '공손하게'

'무비자'라는 것은 비자를 따로 발급받을 필요가 없다는 것만을 의미할 뿐, 입국을 보장한다는 것은 아니다. 만약 해당 국가의 입국심사관이 입국 불가를 선언한다면 그대로 다시 귀국해야 하는 것이다. 따라서 여행 준비를 할 때, 이 나라에 여행을 온 것이고, 어디에서 무엇을 할 것이며, 이 나라를 확실히 떠날 것임을 증명할 수 있도록 준비하는 것이 좋다. 즉, 호텔 예약 증서, 축구 티켓, 교통편 티켓 등을 준비하면 입국이 수월할 것이다. 그리고 입국심사 시에는 질문에 공손히 대답하며, 쓸데없는 거짓말은 절대 하지 않는다. 입국심사관은 전문가인 만큼 어설픈 거짓말은 금세 눈치채기 때문에 묻는 말에 솔직하게 답하는 것이 좋다. 단, 한인민박들은 불법으로 운영되는 곳이 많기 때문에, 숙소를 기재하거나 물어볼 때는 다른 호스텔이나 호텔 등을 언급하는 것이 좋다.

모든 서유럽 국가는 '무비자'로 입국 가능

서유럽 지역은 대체로 최소 60~90일 정도는 비자 없이 체류할 수 있고, 영국의 경우 6개월까지 비자 없이 체류할 수 있다. 축구 여행의 특성상 서유럽 지역을 주로 찾게 되기 때문에 특별히 비자를 준비할 필요는 없다. 동유럽의 경우 비자가 필요한 곳도 있지만, 축구 여행자들이 갈 가능성은 낮은 곳이다.

● 쉥겐 조약 가입국들은 자유롭게 이동하자

많은 국가들이 국경을 맞대고 있는 만큼 육로를 통해 국경을 통과할 일도 많다. 하지만 이런 경우 대부분 입출국 심사를 따로 하지 않거나 심사를 하는 경우라도 약식으로 처리하게 되는데, 대부분의 국가들이 서로 입출국 간소화 협정인 '쉥겐 조약'을 맺고 있기 때문이다. 그러므로 영국과 아일랜드를 제외한 서유럽 및 동유럽 대부분의 국가 간을 이동할 때는 따로 입출국 심사가 없는 경우가 많다. 단, 각 나라의 상황에 따라서 국경 검문을 하는 경우가 있으니 여권은 항상 소지하고 있어야 한다.

입국심사

● 대부분의 입국 심사는 간단하게 마무리된다.

유럽은 대체로 한국인의 입국 심사에 매우 관대한 편이다. 보통 간단한 질문만 하고 도장을 찍어주는 편이고 어떤 나라들은 아예 제대로 보지도 않고 도장을 찍어주는 경우도 있다. 운이 나빠 까다로운 입국심사관을 만나더라도 미리 구매해 놓은 경기 티켓을 보여준다면 쉽게 통과된다. 목적이 확실하기 때문이다.

● 영국 입국 심사가 간편해졌다

2019년 5월부터 한국인에게 자동입국 게이트를 허용하기 시작했다. 그래서 영국 입국 심사가 매우 간편해졌으며 별도의 랜딩 카드 작성도 필요 없다. 그러므로 영국 공항에 도착하면 일단 자동입국 심사대를 찾아가도록 하자. 단, 자동입국 심사대가 없는 경우에는 기존처럼 대면 입국 심사를 진행하면 된다.

EUROPEAN LEAGUE

STEP 03

경기장에서

TRAVEL GUIDE

안전한 축구 여행을 위한 지침서

소매치기 조심

유럽 여행을 갔을 때 가장 많이 걱정하는 것이 바로 소매치기. 보통은 유명 관광지나 기차역에서 주로 활동하는 것으로 알려져 있지만 경기장 또한 조심해야 할 곳 중 하나다. 특히 기념품 매장에서는 현금을 꺼낼 일이 많으니 더욱 조심해야 한다.

대부분 대중교통을 타다가 정신이 팔린 사이에 털리게 된다. 특히 경기장을 오가는 대중교통을 이용할 때는 긴장을 유지한 채로 탑승하도록 하자.

물론 조심하라는 얘기이지, 너무 걱정할 필요는 없다. 의외로 유럽 경기장의 분위기는 꽤나 가족적이다.

경기장 곳곳에서 쉽게 발견할 수 있는 형광색 조끼를 입은 분들이 여러분을 언제나 도와줄 것이다.

경기장보다는 교통수단이 더 위험

보통 생각하는 것과는 달리 경기장은 꽤 안전하다. 경기 당일에는 수많은 경찰과 안전요원이 주변을 지키고 있기 때문. 오히려 경기장을 오가는 교통수단이 더 위험한 경우가 많다. 소매치기도 있을 수 있고, 특히 여성이라면 치근거리는 남성들로 인해 더 스트레스를 받을 수 있다. 따라서 경기장엔 조금 일찍 도착하도록 하자. 아직 사람이 많이 붐비기 전이기 때문에 교통수단도 여유롭게 이용할 수 있고 경기장 부근을 둘러보기도 좋다.

경기가 끝난 후는 상황에 따라 움직일 수 있는데, 낮 경기라면 느긋하게 선수들을 기다려 사인을 받는 것을 생각할 수도 있지만, 밤 경기라면 치안 문제도 있고, 차가 끊길 수도 있으니 최대한 빨리 빠져나오는 것을 목표로 삼자.

쓸데없는 시비에 휘말리지 않도록

시스템이 아무리 안전하게 마련되어도 본인이 조심하지 않으면 소용이 없다. 축구장에는 많은 현지인들이 몰려드는 데다 종종 술에 취한 사람도 있어 괜히 근처에서 서성이다가는 싸움에 휘말릴 수도 있다. 현지인과 즐거운 시간을 보내는 것도 좋지만 가능하면 술자리는 피하는 것이 좋으며 최대한 시비가 발생할 상황은 만들지 않도록 조심하자.

짐은 숙소에

경기장에 가는 날엔 짐이 될 만한 것들은 모두 숙소에 두고 가자. 날이 달린 것이나 유리병 등 경기장에 반입이 되지 않는 물건들도 많으니 짐을 많이 가져갈 필요도 없다. 특히 귀중품은 소매치기의 위험이 있으니 반드시 두고 갈 것. 현장에서 쓸 돈과 카메라 등 꼭 필요한 것만 가져가자.

문제가 생겼을 경우 안내요원의 도움을 받자

최근 유럽의 축구 경기장을 방문하는 외국인 관람객들이 증가하면서 각 구단에서는 외국인 팬들을 위한 서비스에 많은 신경을 쓰기 시작했다. 만약 현지 경기장에서 문제가 발생했을 경우 형광색 조끼를 입은 안전요원에게 도움을 요청하도록 하자. 경찰을 찾는 것도 좋은 방법이다.

경기장 내부는 외부에 비해 안전하다

유럽의 축구 경기장들은 장내에 출입할 때 철저한 보안 검사를 진행한 후 입장시킨다. 그러므로 경기장 안에 들어오면 어느 정도 안전을 보장받은 상태에서 경기를 즐길 수 있다고 보면 된다. 경기장 안은 수만 명의 인파로 붐비지만 생각보다 안전하다.

스탠딩석을 제외한 좌석은 무조건 앉아서 관람

1989년 셰필드에서 일어난 '힐스보로 참사(리버풀과 노팅엄 포레스트의 경기 도중 흥분한 관중들이 몰려 펜스가 붕괴, 이 펜스에 깔려 96명이 사망한 사건)' 이후, 영국 정부는 모든 축구장의 입석 응원을 금지하고, 입석이 있던 자리에는 좌석을 설치하였다. 즉, 영국에서는 축구 경기를 앉아서 보도록 '법으로 규정'하고 있다. 이 역시 이곳의 축구 문화이니 차분히 앉아 경기 자체를 즐기도록 하자. 물론 골이 터졌을 때나 본능적으로 일어나게 될 때의 상황을 제지하지는 않는다.

라이벌 팀의 아이템 착용은 위험

유럽 축구에는 유명한 라이벌 구단이 많다. 그리고 이 구단의 유니폼이나 액세서리 등을 하고 다니는 것은 생각보다 위험할 수도 있다. 그러므로 내가 방문할 도시의 경기장에 라이벌 팀의 유니폼 및 액세서리 등은 착용하지 말자. 비단 경기장뿐만 아니라 거리에서도 주의할 것. 사실상 현지 사람들을 도발하는 행위라고 할 수 있다.

모든 안전의 기본은 '눈에 띄지 않는 것'

안전한 축구 여행의 기본은 '눈에 띄지 않는 것'이다. 아무래도 동양인인 만큼 외모가 다르기 때문에, 복장이나 행동에서라도 최대한 튀지 않도록 하는 것이 좋다. 가능하면 경기장에선 해야 할 일만 한 뒤 바로 돌아오는 것, 돈은 필요한 만큼만, 귀중품은 숙소에, 이런 '당연한' 것들을 잘 지킨다면 안전한 축구 여행을 즐길 수 있을 것이다. 여행을 즐기는 것도 중요하지만, 본인의 '안전'이 다른 무엇보다 최우선임을 잊지 말자.

캄프 누 출입 전에 철저한 보안 검색이 이뤄지는 장면. 매번 수만 명의 축구팬이 오가지만 큰 사고가 없었던 명문팀의 노하우는 여기서도 빛을 발한다.

물론 골이 터졌을 때 본능적으로 일어서는 것까지 막을 수는 없다. 현지 팬들과 함께 환호성을 질러보자.

로쏘네리(AC 밀란의 애칭)의 분위기가 가득한 이곳에서 인터밀란의 유니폼을 입고 있다는 것은 예의가 아닐 뿐만 아니라 위험한 상황을 발생시킬 수도 있으므로 자제하도록 하자.

경기장을 찾아가는 요령

숙소도 좋은 안내소

한인민박의 주인이나 호스텔, 호텔의 리셉션 직원들에게 문의하는 것도 좋은 방법이다. 축구로 유명한 도시라면 축구를 보기 위해 방문하는 이들도 많아 이들을 위한 정보를 가지고 있는 경우가 많기 때문.

2km 이내는 도보로

경기장이 2km 이내에 있다면 대중교통을 이용하기보다는 걷는 것을 추천. 보통 축구장이 시야에 들어오는 거리인데다 이 정도 거리라면 표지판도 잘되어 있는 경우가 많아 가장 정확한 방법이기도 하다. 천천히 걸어가며 주변 풍경을 감상하는 것도 좋은 추억을 만드는 또 다른 길이 된다.

스마트폰의 '구글 지도'를 활용하자

길을 헤매지 않으려면 미리 스마트폰의 지도를 이용하는 것도 좋다. 특히 '구글 지도'가 가장 상세한 지도를 제공하기 때문에 추천. 데이터 로밍을 이용하지 않거나 현지 심카드를 쓰지 않는 경우에는 Wi-Fi가 가능한 곳에서 미리 목적지 인근의 지도를 다운받아서 오프라인으로 이용하는 것도 좋은 방법이다.

특히 밤에 경기장을 찾아가야 하는 상황이라면 더더욱 큰 길로 다녀야 한다. 유럽은 어디를 가든지 우리나라보다 어둡기 때문이다.

길 찾기를 가볍게 생각하지 말자

유럽 여행을 계획하면서 각 장소 간의 이동을 간단한 것으로 생각하면 곤란하다. 특히 우리나라처럼 대중교통이 잘되어 있지 않은 곳이 많은 만큼 길을 찾는 것에 조금 더 '겸손하게' 접근할 필요가 있다. 대부분의 여행자는 주요 관광지 인근을 둘러볼 테니 그나마 어려움이 덜하겠지만, 경기장을 방문하기 위해 도시 외곽을 자주 방문하게 되는 축구 여행자들은 더 꼼꼼하게 '길 찾는 방법'을 공부해야 한다.

관광 안내소부터 찾자

바로 숙소에 들어가야 할 정도로 다급한 상황이 아니라면, 도시에 도착한 후엔 가장 먼저 관광 안내소부터 찾자. 이곳에선 최신의 현지 지도를 입수할 수 있을뿐더러 직원을 통해 경기장의 위치, 이동 방법, 대중교통 이용 방법 등을 알 수 있다. 운이 좋다면 신설된 노선이나 현지 주민들만 알 수 있는 교통편에 대해 들을 수도 있을 것이다. 단, 관광 안내소는 대부분 아침 9시경에 문을 열어, 오후 5시 이후에는 문을 닫는 경우가 많다는 점은 주의하자.

가능하다면 지하철을 이용한다

경기장을 찾아갈 때 지하철과 버스 모두 이용이 가능하다면 지하철을 이용하는 편이 좋다(지하철 대신 트램이 있다면 트램도 좋다. 사실상 지하철과 크게 다를 것이 없다). 버스에 비해 방향이 명확하고, 외국인이 이용하기에도 편리하기 때문. 특히 경기장과 지하철이 연결되어 있는 경우도 많아 훨씬 더 편리하게 경기장에 접근할 수 있다. 보통 버스보다 요금은 조금 비싼 편이지만, 종종 안내 방송도 제대로 해주지 않는 버스를 이용하다 길을 잃는 것보다는 약간의 비용을 더 지불하는 것이 오히려 합리적일 것이다.

무조건 크고 쉬운 길로

초행길인 만큼 지름길을 이용하려고 한다거나, 확실하지 않은 대중교통 노선을 이용하려는 욕심은 금물이다. 걸을 때는 넓고 표지판도 잘되어 있는 길로 다니고, 교통편은 가장 확실한 것만 이용하도록 하자. 특히 기차를 잘못 타서 엉뚱한 곳에 내리거나 한 경우, 새로운 길을 찾지 말고 왔던 곳으로 되돌아가서 확실한 경로로 이동하는 것이 가장 안전하다. 물론 최근에는 스마트폰의 구글 지도를 이용해서 여행하는 경우가 늘었기 때문에 예전처럼 길을 잃는 경우는 많이 줄었다.

스타디움 투어

스타디움 투어?

스타디움 투어는 축구 여행의 또 다른 재미를 찾을 수 있는 곳으로 이제는 축구 여행의 필수 코스라고 해도 과언이 아니다. 선수들의 라커룸과 같이 평소에 들어가볼 수 없었던 경기장 곳곳을 돌아보고, 구단에서 준비한 체험 프로그램도 즐기고, 구단의 박물관도 돌아보며 경기 못지 않은 즐거움을 느낄 수 있다. 대부분의 구단이 스타디움 투어를 운영하고 있으며, 비영어권이라도 명문팀들은 영어 가이드 프로그램을 운영하는 경우가 많기 때문에 꼭 방문해보자.

편한 시간에 방문하자(단, 사전 예약 권장)

보통 각 구단의 홈페이지를 통해 예약을 받고 있지만, 세계적인 명문 구단의 경우에도 굳이 예약이 필요하지 않을 정도로 항상 여유가 있다. 세계적인 명문 구단의 경우 보통 오전 9-10시부터 오후 5-6시 사이에 약 30분-1시간 간격으로 프로그램을 진행하고 있으니 편한 시간에 방문하면 된다. 그러나 최근에 주요 명문팀들은 방문객들이 늘어나면서 사전 예약을 권장하는 경우가 많아졌으므로 예약하는 것이 좋다. 단, 경기가 치러지는 날은 운영시간이나 프로그램, 방문 구역 등 여러 부분에서 제한적으로 운영이 되거나 아예 투어가 운영되지 않는 경우도 있으니 가능하면 경기 당일은 피하도록 하자.

아는 만큼 재미있다

한 가지 주의할 점은, 해당 구단에 대한 애정이나 지식이 없다면 재미가 없을 수도 있다는 것이다. 스타디움 투어의 많은 부분을 차지하는 것이 바로 구단의 역사와 관련된 이야기이기 때문. 더군다나 외국어로 설명을 하는 만큼, 언어를 이해할 수 없다면 재미가 떨어진다는 점도 간과할 수 없다.

요금과 투어 시간은

대부분의 투어 요금은 성인 기준 20-25유로 정도이고, 팀마다 차이가 있긴 하지만 가장 비싼 편인 FC 바르셀로나의 경우도 26유로 정도로 아주 큰 차이가 있지는 않다. 일부 구단들은 학생 할인 등의 제도를 운영하기도 하니 참고할 것. 대체로 1시간-1시간 30분의 시간이 소요되고 일부 구단의 경우 투어 진행 전 보안 검색을 하는 경우도 있으니 참고하도록 하자.

레전드 투어?

일부 구단이긴 하지만 구단의 전설적인 은퇴 선수들이 직접 가이드가 되어 진행하는 투어를 운영하기도 한다. 요금은 일반 투어의 몇 배에 달하고 함께 저녁식사를 할 수 있는 프로그램은 가격이 더 올라가게 된다. 다만 전설적인 선수라고 해도 우리 입장에서는 잘 알지 못하는 선수들인 경우가 대부분이기 때문에 조금 신중할 필요는 있을 것이다.

> **오렌지군의 축구 여행 TIP**
>
> 구단 유료 멤버십 가입자는 스타디움 투어를 할인해주는 경우가 꽤 많다
> 만약 내가 해당 구단의 유료 멤버십 카드를 가지고 있다면, 반드시 현장에 지참하고 가는 것이 좋다. 대부분의 구단은 멤버십 카드 소지자에게 할인 혜택을 주기 때문이다.

스타디움 투어로 경험할 수 있는 일들

경기장에서의 A to Z

유럽 축구 여행이 단순히 경기 자체만을 보는 것이 전부는 아닐 것이다. 경기장에 들어가기 전, 유럽 축구에서만 느낄 수 있는 그 독특한 분위기를 체험한 후 경기장에 들어가면 더 풍부한 축구 여행을 만들 수 있을 것이다. 이를 위해서는 경기 시작 약 1시간 30분-2시간 정도 전에는 경기장에 도착하는 것이 좋다.

영어가 전 세계 공용어라고 해서, 유럽에서 다 쓴다고 생각하면 오산이다. 아직도 영어 표기를 보기 어려운 경기장이 많다.

경기장 구조상 선수들이 탑승한 차량 모습만 보고 돌아갈 수밖에 없는 곳도 많다.

프로그램 책자는 영국 축구 여행을 즐기는 분을 위한 선물과도 같다. 저렴하니 꼭 한 권 구입해 보자.

가장 먼저 할 일, 출입구의 확인

경기장에 도착해 가장 먼저 해야 할 일은 들어갈 출입구를 정확히 확인하는 것이다. 다른 관광지들과 달리, 경기장은 영어 병기가 되어 있지 않은 곳이 많다. 알아 두는 것이 좋은 단어를 표로 정리해 두었으니 참고하도록 하자.

한국어	영어	독일어	프랑스어	스페인어	이탈리아어
경기장	Stadium (스타디움)	Stadion (슈타디온)	Stade(스타드)	Estadio (에스따디오)	Stadio (스따디오)
축구	Football(풋볼)	Fußball(푸스발)	Football(풋볼)	Fútbol(풋볼)	Calcio(칼초)
티켓	Ticket(티켓)	Ticket(티켓)	Billet(비예)	Billete(비예떼)	Biglietto (빌리에또)
역(기차)	Station (스테이션)	Bahnhof (반호프)	Gare(갸흐)	Estación (에스따시온)	Stazione (스따지오네)
경기일	Matchday (매치데이)	Spieltag (슈피엘탁)	Journée (쥬흐네)	Jornada (호르나다)	Giornata (죠르나타)
입구	Entrance (엔트렌스)	Eingang (아인강)	Entrée (앙트헤)	Puerta (뿌에르따)	Ingresso (인그레쏘)
블록	Turnstiles (턴스타일스)	Block(블록)	Bloc(블로끄)	Sector(섹또르)	Sector(섹또르)
열	Row(로우)	Reihe(라이허)	Rangée(항줴)	Fila(필라)	Fila(필라)
좌석	Seat(시트)	Sitz(지츠)	Place(플라스)	Asiento (아시엔또)	Posto(뽀스또)
가격	Price(프라이스)	Preis(프라이스)	Prix(프리)	Precio (쁘레시오)	Prezzo(쁘레쪼)
날짜	Date(데이트)	Datum(다툼)	Jour(주흐)	Fecha(페차)	Data(다따)
시간	Time(타임)	Zeit(자이트)	Heure(에흐)	Hora(오라)	Ore(오레)

선수들을 미리 만나보자

홈 경기를 치르는 선수들은 대부분 개인 차량을 이용해 들어오기 때문에 만나기가 쉽지 않지만, 원정 경기를 치르는 팀은 보통 구단 버스를 이용해 한 번에 들어온다. 그리고 가이드라인을 따라 팬들이 이 선수들을 볼 수 있도록 해주고 있는 경우가 많다. 보통 킥오프 전 1시간-1시간 30분 사이에 도착하니 여유 있게 와서 선수 출입구(Player's Entrance)를 찾아가자.

프로그램 책자 구매

다음으로 할 일은 '프로그램 책자'를 구매하는 것이다. 주로 영국에서 만날 수 있는데, 보통 권당 3.5-4파운드, 중요한 경기는 5파운드 정도로 저렴한 가격은 아니지만, 프린팅도 깔끔하고 약 70여 쪽의 분량에 주요 선수들의 인터뷰 등 내용도 충실하기 때문에 기념 삼아서라도 한권 정도는 사도록 하자. 영국을 제외한 나라들에서는, 주로 경기장 앞 거리에서 무료로 나눠주는 무가지 신문 정도를 받아볼 수 있다.

역사적인 조형물을 찾아보자

오랜 역사를 가진 만큼 유럽의 경기장 근처에는 기념할 만한 조형물들이 많이 있다. 산책 삼아 경기장 근처를 돌며 탐방해보자. 축구 여행의 깊이가 달라질 것이다. 볼 만한 조형물 근처에는 항상 많은 관광객들이 몰려 있으니 찾기는 어렵지 않다.

공식 기념품 매장을 방문하자

경기 당일 공식 용품을 구매하기 위해 공식 기념품 매장을 방문하면, 발 디딜 틈이 없을 정도로 인산인해를 이루고 있는 것을 발견할 수 있다. 따라서 가능하면 아예 일찍 가거나, 경기가 없는 날에 방문하면 좋다(경기 종료 후에도 매장을 운영하나, 보통 종료 후 1시간 정도까지만 운영하는 경우가 많다). 현금이나 카드는 미리 준비할 것.

출입 과정이 까다로운 유럽의 구장들

유럽의 경기장들은 우리나라와 달리 출입 시 보안 검색 절차가 까다롭다. 반입이 되지 않는 물건들도 많으니 주의하자. 정치적인 문구가 있는 인쇄물, 뾰족한 도구들, 음료가 들어 있는 병 등이 반입되지 않고 우산이나 고급 카메라도 반입이 금지된다. 대체로 따로 보관을 하다가 경기 종료 후 다시 돌려주긴 하지만, 금지 품목은 가능하면 숙소에 두고 출발하는 것이 좋다.

경기 후 선수들의 사인을 받자

유럽에서 뛰고 있는 유명 선수들의 사인을 받기 가장 좋은 때가 바로 경기 종료 후이다. 선수들도 정리를 한 후 경기장을 나오니 적당히 기념사진을 찍을 시간은 있다. 경기장을 나오면 사람들이 많이 몰려 있는 곳을 찾자. 이곳에서 현지 팬들과 함께 기다리다가 원하는 스타의 사인을 받으면 된다. 간혹 사인을 받지 못하는 경우도 있지만, 대체로 사인과 기념사진 요청에 잘 응해주는 편이니 잊지 못할 추억을 만들 수 있을 것이다.

> **오렌지군의 축구 여행 TIP**
>
> 비록 유럽의 높은 축구 수준에 비해 조금 격이 떨어지는 것이 경기장의 먹거리이지만, 현지의 간식을 먹어보는 것도 하나의 즐거움일 것이다. 가장 흔히 만날 수 있는 것은 프랑크 소시지를 샌드위치 빵에 넣은 것으로 가격은 4~5파운드 정도이다(경기장 내의 매점에서는 더 비싸다). 대체로 조금 짠 편이니, 짠 것을 싫어한다면 피하는 것이 좋다. 이 외에 각 구단의 매점에서만 만날 수 있는 특별한 간식들도 있으니 축구 여행의 또 다른 재미로 삼아보자(맛은 크게 특별하지 않으니 참고).
>
> **맥주를 찾는다면?**
> 일반적으로 경기장 밖에서 4~5유로 정도면 맥주 한 잔을 맛볼 수 있다. 안전을 위해 플라스틱 잔에 담아서 판매하는데, 각 나라마다 정책에 차이가 있으니 참고하자. 경기장 내에서는, 영국의 경우 맥주를 관중석 안으로 가져갈 수 없으며 이탈리아에서는 아예 술을 판매하지 않는다. 독일은 맥주의 나라답게 자유로이 맥주를 즐길 수 있고, 스페인의 경우 무알콜 맥주를 판매하고 있다.

경기 전에 펍에서 미리 한 잔 즐기는 맨체스터 유나이티드 FC의 팬들. 술은 경기 전이나 후에 경기장 밖에서 마시는 것이 가장 현명한 방법이다.

경기 취소에 관한 돌발 변수를 대비하자

경기가 연기 또는 취소될 경우, '당연히' 구단 홈페이지를 통해서 공지가 된다. 그러므로 경기 날짜가 가까워지면, 반드시 구단 홈페이지를 통해 경기 개최 여부를 다시 한 번 확인하도록 하자.

캄프 누의 계단까지 물이 쏟아져 내릴 정도로 많은 비가 오고 있다. 하지만 이런 날에도 경기는 정상적으로 치러졌다. 웬만한 날씨에는 경기가 열리는 스포츠가 축구다.

많은 눈이 내리는 가운데 열렸던 산 시로에서의 AC 밀란 홈 경기. 축구는 전천후 스포츠이다.

티켓에 문제가 생겼을 시 매표소를 찾거나 연락을 해봐야 한다. 해결이 된다는 보장은 없지만 다른 방법이 없다.

경기가 취소되는 기준

축구는 비교적 날씨 등에 영향을 적게 받는 스포츠지만, 그래도 경기가 취소되는 경우는 종종 발생한다.

첫 번째, 선수와 관중의 안전 보장을 위해. 엄청난 폭설로 교통이 마비되고, 경기장의 열선으로도 눈을 녹일 수 없어 선수들의 안전에도 심각한 영향을 끼칠 경우. 혹은 테러 위협, 자연재해 등으로 안전이 보장되지 않는 경우 해당 경기는 즉시 취소된다.

두 번째, 자연재해급의 눈이나 비는 아니지만, 공이 제대로 구를 수 없을 정도로 눈이나 비가 올 경우에도 경기가 취소된다. 단, 토너먼트와 같이 촉박한 일정의 경기라면 경기가 치러지기도 한다.

세 번째, 선수들의 시야가 보장되지 않을 경우. 흔치는 않지만 눈이나 비로 인해, 혹은 심한 안개로 인해 선수들이 제대로 된 플레이를 하기 어려울 정도로 시야 확보가 어렵다면 경기가 취소되기도 한다. 다만, 이 경우는 보통 날씨가 좋아지기를 기다리는 경우가 많다.

취소가 된 경기는 가까운 시일 내엔 만날 수 없다

위와 같은 이유로 경기가 취소될 경우, 구단 홈페이지 등을 통해 공지가 된다. 그리고 이렇게 취소된 경기는 보통 적어도 한달 뒤에나 다시 만날 수 있다. 리그 일정이 이미 매우 빡빡하게 잡혀 있기 때문. 한정된 기간 안에 여행을 다녀오는 여행자 입장에서 취소된 경기를 다시 보는 것은 사실상 어렵다고 봐야 한다.

티켓을 들고 매표소로 가자

경기가 연기됐다면, 일단 티켓을 환불받기 위한 온갖 노력을 해봐야 한다. 본인의 잘못이 아닌 천재지변 등으로 인한 것이므로 티켓의 환불이 가능하다. 단, 여전히 까다롭고 체계적이지 못하기 때문에 상당한 스트레스를 각오해야 하고, 현실적으로 환불이 어려운 것은 여전하다. 일단 구단 매표소로 티켓과 신분증을 가지고 가서 자초지종을 이야기하고 환불을 요청하자. 보통 티켓의 '실물'을 반환해야 가능하므로 티켓은 반드시 챙겨야 한다. 환불 처리 기간은 대략 2~3주 정도 또는 그 이상. 물론 앞서 말했듯이 환불이 쉽지는 않으므로 '선처를 바란다'는 생각으로 접근하는 편이 좋다.

현장 판매 티켓 구매와 원정석에 대해서

'현장 구매'를 생각한다면

인터넷을 통한 예매가 많이 활성화되었지만 여전히 많은 구단은 '현장 판매'에 의존한다. 일반적으로 경기장의 티켓 오피스를 통해 구매가 가능한데, 이때 매표소 직원보다는 암표상들을 먼저 만날 확률도 꽤 높다. 이들은 티켓이 매진되어 매표소에서 티켓을 살 수 없다는 이야기를 하며 여행자들을 꼬드기는데, 절대 속지 말자. 가짜 티켓을 받거나 바가지를 쓸 확률이 꽤 높다. 이미 매진된 경기라면 암표상이 접근하지도 않으니 그냥 매표소로 향하도록 하자.

원정석 티켓 구매에 관하여

축구 여행을 준비하다 보면 종종 원정석 티켓 구매를 검토해야 할 때가 있다. 그러나 원정 응원석은 극히 소수의 티켓만 배정이 되기 때문에 축구 여행에 매우 익숙한 사람이 아니라면 추천하기 어려운 방법이다. 일단 관람이 쉽지 않은 구석 자리에 원정석이 배치되는 경우가 많은데, 이러한 상황임에도 매우 빠른 시간 내에 매진이 된다. 특히 세계적인 명문팀의 원정석이라면 말할 필요도 없을 것이다.

게다가 원정석 티켓 역시도 시즌권, 멤버십 소지자들에게 우선권이 있으므로 구매 자체가 어렵다. 그리고 간혹 티켓을 원정팀의 매표소에서 지급하는 경우도 볼 수 있는데, 이 말은 런던으로 원정을 가는 스완지 시티의 티켓을 수령하기 위해 스완지까지 다녀와야 하는 상황이 발생할 수도 있다(최근 이런 경우는 많이 감소했다).

그래도 구매를 원한다면

그럼에도 불구하고 구매를 해야겠다면 원정팀의 홈페이지를 통해 정보를 얻자. 유럽은 원정을 가는 팀이 원정석의 티켓을 판매한다. 그리고 앞서 말했듯, 좋은 자리에서 관람하는 것은 포기하는 편이 좋다. 원정석은 홈 팀이 직접 블록을 지정하여 배정하고, 대체로 경기를 보기에 가장 좋지 않은 자리를 배정하는 것이 대부분이다. 이 점을 감안해서 티켓 구매에 도전하도록 하자.

현장 판매가 진행되는 경기는 대체로 매표소 앞이 바쁘다. 혹시나 매표소 앞에서 누가 자꾸 말을 걸고 이상한 소리를 하면 무시하자. 이런 얘기가 나오는 것은, 보나마나 아직 티켓이 매진되지 않았다는 얘기이기 때문이다.

레알 마드리드의 홈구장을 찾은 보루시아 도르트문트의 원정 팬들. 경기장 구석의 가장 높은 층에 마련된 원정석에서 응원에 한창이다.

아틀레티코 마드리드의 원정석. 시야도 좋지 않은데 그물까지 설치되어 있다.

DRAMA

DRAMA

DRAMA

CHAPTER

2

유럽 축구 여행 시작하기

2019-2020 시즌

프리미어리그
출전 팀 배치도

❶ 뉴캐슬 지역 **뉴캐슬 유나이티드 FC**

❷ 번리 지역 **번리 FC**

❸ 리버풀 지역 **리버풀 FC**
　　　　　　 에버턴 FC

❹ 맨체스터 지역 **맨체스터 유나이티드 FC**
　　　　　　　 맨체스터 시티 FC

❺ 셰필드 지역 **셰필드 유나이티드 FC**

❻ 울버햄튼 지역 **울버햄튼 원더러스 FC**

❼ 버밍엄지역 **아스톤 빌라 FC**

❽ 레스터 지역 **레스터 시티 FC**

❾ 노리치 지역 **노리치 시티 FC**

❿ 왓포드 지역 **왓포드 FC**

⓫ 런던 지역 **아스널 FC**
　　　　　 첼시 FC
　　　　　 토트넘 홋스퍼 FC
　　　　　 웨스트햄 유나이티드 FC
　　　　　 크리스탈 팰리스 FC

⓬ 본머스 지역 **AFC 본머스**

⓭ 사우샘프턴 지역 **사우샘프턴 FC**

⓮ 브라이턴 호브 지역 **브라이턴 & 호브 앨비언 FC**

EUROPEAN LEAGUE

PREMIER
LEAGUE

영국 축구 마스터하기

TRAVEL GUIDE

영국의 국가 정보

국명	그레이트 브리튼 북아일랜드 연합왕국 United Kingdom of Great Britain and Northern Ireland
수도	런던
면적	242,495㎢
인구	약 6,700만명(2019 기준)
종교	기독교 60%(주로 영국 성공회)
시차	−9시간(서머타임 기간 −8시간)
국가 번호	44

특징

그레이트 브리튼 섬과 북아일랜드 및 그 주위의 섬과 해외령을 영토로 하는 국가로 본래 잉글랜드, 스코틀랜드, 웨일즈, 아일랜드가 각각 독립된 국가로서 존재하였으나 1284년 웨일즈, 1707년 스코틀랜드, 1800년 아일랜드 순으로 잉글랜드에 합병되었다. 그 뒤 1922년 아일랜드가 독립하면서 현재의 영토를 갖추게 되었다. 18−19세기에는 전 세계에 걸쳐 광활한 식민지를 지배하였고, '산업 혁명'을 통해 사회·경제적으로 거대한 변화를 일으키게 된다. 현재 영국의 명문 축구팀들도 주로 이 당시 '공장 노동자'들의 축구 모임에서 시작되었다.

언어

전 세계의 공용어인 영어가 탄생한 곳으로 영어를 모국어로 사용한다. 그러나 지역별로 지역 언어도 따로 존재한다. 스코틀랜드의 게일어, 웨일즈의 웨일즈어 등이 대표적인 예로, 해당 지역에서는 영어와 지역 언어를 병기하고 있는 경우도 볼 수 있다. 그러나 기본적으로 어느 곳이든 영어로 소통이 가능하다.

날씨

영국은 날씨 변화가 매우 심한 것으로 유명하다. 비와 구름도 잦아 햇볕으로 인해 땀을 흘릴 일은 많지 않다. 한여름인 7−8월에도 낮 기온 20−25도 안팎의 시원한 날씨이고, 겨울은 한국과 비교해 조금 따뜻한 편이다. 다만 연 평균 3일에 하루는 비가 올 정도로 비가 잦고, 특히 겨울에 비와 바람이 많아 겨울의 체감 온도는 실제 온도보다 더 낮다. 남부에 속하는 런던에 비해서 맨체스터나 리버풀과 같은 북부 지방은 더 추운 편이며 남부보다 더 불규칙하고 거친 날씨가 계속된다. 따라서 여름에는 가벼운 긴팔과 얇은 외투를 준비하는 것이 좋고, 겨울에는 두꺼운 외투를 잘 챙겨 따뜻하게 입는 것이 좋다. 특히 축구 경기 관람 시에는 제자리에 오랜 시간 있어야 하므로 머플러, 모자 등으로 최대한 따뜻한 옷차림을 하는 것이 좋다. 경기장 대부분의 좌석은 지붕이 씌워져 있어 비로 인한 걱정을 할 필요는 없는 경우가 대부분이다.

통화

영국의 통화는 영국 파운드화로 공식 명칭은 파운드 스털링(Pound sterling)이며 기호는 £로 표기한다. 1파운드는 100펜스

(Pence)에 해당하며 지폐는 5, 10, 20, 50파운드를, 동전은 1, 2, 5, 10, 20, 50펜스, 1, 2파운드를 사용한다. 잉글랜드와 스코틀랜드, 웨일즈, 북아일랜드에서 각각 독자적인 지폐를 발행하여 각 형태의 차이가 있으나 단위는 동일하고, 영국 전역에서 통용된다.

전압

3구의 G타입의 플러그를 사용하므로 멀티 어댑터 혹은 코드 변환 어댑터가 필요하다. 전압 또한 230V/50Hz로 이를 지원하지 않는 전자기기는 사용할 수 없다.

로밍(분당 요금)

국제전화	약 2,900원
국내전화	약 600~700원
휴대폰 수신 요금	약 400원

* 각 통신사별로 휴대폰 로밍 요금에 차이가 있다.

비자/출입국

대한민국 국적을 가진 사람은 관광 목적인 경우 6개월간 무비자로 입국 가능하다. 2019년 5월 20일부터 대한민국 국적 소지자는 영국에서 '자동출입국심사'를 이용할 수 있어 입국이 매우 편리해졌다. 입국카드를 작성할 필요없이 바로 자동 입국 게이트를 통과하면 끝. 단, 어학연수 등 별도의 비자를 발급받은 경우에는 기존처럼 유인 심사대를 이용해야 한다. 출국 시에는 별도의 출국 심사가 없다.

국경일/공휴일

1월 1일	New Year's Day(새해 첫날)
4월 19일	Good Friday
5월 6일	Early May Bank Holiday
5월 27일	Spring Bank Holiday
8월 26일	Summer Bank Holiday
12월 25일	Christmas
12월 26일	Boxing Day

* 2019년 기준. 영국 각 지역별 공휴일이 별도로 존재한다.

대한민국 대사관

주소: 60 Buckingham Gate, London, SW1E 6AJ
전화번호: [대표]+44-(0)20-7227-5500
[근무시간 외 긴급전화] +44-(0)78-7650-6895
이메일: koreanembinuk@mofa.go.kr
근무시간: 월-금
업무시간: 09:00-12:00/14:00-16:00
비자업무: 10:00-12:00(방문 접수)/14:00-16:00(전화 문의)
찾아가는 길: 버킹엄 궁전과 세인트제임스 파크 인근에 자리하고 있다. 지하철은 런던 언더그라운드 Circle, District 라인의 St. Jame's Park 역이 가장 가까우며 Westminster 역에서도 걸어갈 수 있는 정도의 거리이다. 버스는 St. Jame's Park 역으로 가는 버스를 타고 지하철역 앞에서 하차하면 된다.

프리미어리그를 만나기 전에, 미리 알아 두자

세계 최고의 인기 프로리그

잉글랜드의 1부 리그로 1888년부터 시작되었고 1992년 현재의 '프리미어리그'라는 이름으로 개편된 후 급속도로 발전하여 현재 세계에서 가장 인기 있는 리그로 성장하였다.

2005년 박지성 선수의 이적으로 한국에서도 폭발적인 인기를 끌기 시작했으며, 잉글랜드 리그이지만 카디프, 스완지 등 일부 웨일스 팀들도 참가하고 있다. 총 20개팀이 참여하며 1~4위는 다음 시즌 유럽 챔피언스리그 진출권을, 5~7위는 다음 시즌 유로파리그 진출권을 획득하고, 18~20위는 하부 리그인 챔피언십으로 강등된다.

잉글랜드 축구 관람 개요

현지 시간 토요일 오후 3시를 기준으로 경기를 분산 배치하고, 대부분의 주말 경기를 낮에 치름으로써 아시아 지역의 축구 팬들이 주말 늦은 저녁 프리미어리그를 관람할 수 있도록 하였다. 직접 관람할 때는 '잦은 일정 변경'과 '어려운 티켓 구매 문제'에 신경을 써야 하는데, 프리미어리그는 TV중계와 각종 컵대회 일정 등으로 인해 일정 변경이 잦아 일정 변경을 감안하여 여행을 준비하는 것이 좋다. 또한, 시즌권 보유자-유료 멤버십 회원-일반 판매 순으로 이어지는 티켓 판매 덕분에 여행자 입장에선 티켓 구매가 쉽지 않지만 외국인 여행자들이 늘고 있어서 각 구단이 많이 배려해 주는 추세이다.

현지 관람 문화

잉글랜드의 프로축구 역사에는 유독 대형 인명사고 등의 가슴 아픈 역사가 많이 있다. 이러한 참사 이후 영국 정부가 축구장 안전에 대해 과감한 정책을 시행함으로써 현재는 전 유럽 중에서도 가장 쾌적한 경기 관람이 가능한 곳이 되었다. 입석 폐지, 현지 경찰 동원을 통한 원정 응원단의 격리, 경기장 곳곳에 배치되는 안전요원 등이 대표적인 예이다.

경기장의 먹거리

음식에 대해서는 자랑할 것이 아예 없다시피 한 영국인 만큼 경기장에서 만날 수 있는 음식 또한 이웃 국가의 것이 대부분이다. 그나마 생선 튀김과 감자튀김을 함께 먹는 Fish & Chips가 영국 전통 음식의 대표격인데, 특별한 맛은 기대하지 않는 것이 좋다. 우리의 만두와 같이 다진 고기 등 다양한 속을 채워 넣은 파이도 전통적인 간식이지만 우리 입맛과는 맞지 않는 경우도 많다. 경기장의 간식들은 대체로 핫도그와 햄버거가 주를 이룬다. 맥주는 관중석 내부로 가지고 갈 수 없으니 관중석으로 들어가기 전 모두 마시고 가야 한다.

영국 펍에서 현지 사람들과 TV로 응원하자

펍에서 축구를 즐기는 즐거움

영국의 펍(Pub) 문화는 한국에서도 많은 분들이 알고 있을 정도로 유명하다. 특히 티켓을 구하지 못한 경우 가까운 펍에서 경기를 보는 것은 좋은 대안이 될 수 있을 것이다. 펍에서 축구를 보기 위해서는 축구 관람이 가능한 펍을 찾아야 한다.

스카이 스포츠의 펍 파인더(Pub Finder)

프리미어리그의 영국 현지 중계권은 스카이 스포츠와 BT Sport가 가지고 있다. 하지만, 스카이 스포츠가 많은 경기를 중계하는 편이어서 펍에서 축구를 보기 위해서는 스카이 스포츠 시청이 가능한 펍을 찾는 것이 무난하다. 펍 파인더(pubfinder.sky.com)를 이용하면 편리하게 펍을 찾을 수 있다.

펍에서 축구를 즐기는 일반적인 방법

일단 펍에 도착하면 직원이 있는 바(bar)를 찾아가 술을 주문한다. 카드 결제도 가능하지만 카드보다는 미리 현금을 준비하는 것이 좋다. 대형 펍이 아니라면 맥주 한 잔만 주문하고 축구를 보기에는 조금 눈치가 보인다고 하니, 경기 중간 한 잔씩 주문하면 즐거운 관람이 가능할 것이다. 영국의 펍은 먹을 만한 안주가 많지 않으니 참고하도록 하자. 앉을 자리가 없다면 바를 돌아다니며 현지인들과 경기를 즐기는 것도 좋은 추억이 될 것이다.

시비에 휘말리지 않도록 주의

영국의 술 문화는 한국과 달리 가볍게 한잔 하는 편에 가깝지만 그래도 취하는 사람은 있게 마련이고, 외국인, 특히나 동양인인 경우 시비에 휘말릴 가능성이 더욱 높다. 현지 문화를 존중하며 조용히 함께 즐긴다는 생각으로 방문한다면 잊지 못할 축구 펍 여행을 만들 수 있을 것이다.

TRAVEL TIP
내가 원하는 위치의 펍 찾기

STEP 01 | '펍 파인더' 사이트 접속

펍 파인더의 메인 화면에 접속. 펍을 찾기 위해서는 상단의 'Find your nearest Sky pub' 부분에 원하는 지역의 우편번호를 입력한다.

STEP 02 | 우편번호 검색 결과를 보고 펍 찾기

우편번호를 넣고 검색하면 지도 또는 리스트로 펍의 위치를 파악할 수 있다. 구글 지도로 펍을 찾을 수 있고 리스트 뷰로 이곳에서 볼 수 있는 경기 리스트도 함께 확인할 수 있어 편리하다.

TRAVEL TIP
유명 구단 경기장의 우편번호

맨체스터 시티 FC(에티하드 스타디움): M11 3FF/아스널 FC(에미레이트 스타디움): N7 7AJ/토트넘 홋스퍼 FC(토트넘 홋스퍼 스타디움): N17 0BX/첼시 FC(스탬포드 브릿지): SW6 1HS/웨스트햄 유나이티드(런던 스타디움) E20 2ST/맨체스터 유나이티드 FC (올드 트래포드) M16 0RA/리버풀 FC(안필드): L4 0TH/에버턴FC(구디슨 파크): L4 4EL/선더랜드 AFC(스타디움 오브 라이트): SR5 1SU/뉴캐슬 유나이티드 FC(세인트 제임스 파크): NE1 4ST/사우샘프턴 FC (세인트 메리스 스타디움) SO14 5FP

영국 도시 간 이동 교통수단

영국은 기차 및 버스 노선들이 거미줄처럼 빽빽하게 도시와 도시를 연결해 주고 있고 국토의 크기가 크지 않아 축구 여행을 다니기에 좋은 나라이다. 그러므로 본인의 일정에 맞게 기차와 버스를 선택해 여행할 수 있는 즐거움이 있다. 잉글랜드 내의 이동은 가장 먼 거리도 버스로 6~7시간, 기차로는 3~4시간이면 가능해 국내선 비행기를 이용할 일은 많지 않다. 다만 런던에서 스코틀랜드나 북아일랜드 지역으로 이동할 때는 항공 교통편이 매우 유용하다.

얼리 버드(Early Bird)

'일찍 예약할수록 티켓의 가격이 저렴해지는' 정책으로 다른 유럽 국가에서도 시행 중인 제도지만 영국은 특히 가격 편차가 커 저렴한 대중교통 이용을 위해서는 유념할 필요가 있다. 예약 시기에 따라 100파운드의 티켓을 10파운드에 살 수도 있는가 하면 그 반대 또한 가능하기 때문에 미리 여행 계획을 잘 짜서 이동한다면 상당히 저렴한 여행을 즐길 수 있다.

TRAVEL TIP Nationalrail.co.uk를 이용한 영국 기차 티켓 예약법

STEP 01 | '내셔널레일' 사이트 접속

www.nationalrail.co.uk 홈페이지에 접속하면, 바로 검색창을 발견할 수 있다. Where from?(❶)에는 출발지, Where to?(❷)에는 목적지를 넣고, 원하는 날짜 및 탑승 인원 수를 입력한다. 그리고, 이 검색은 '편도'기준이므로, 왕복 티켓을 원할 경우에는 Return(❸)을 체크하도록 한다. 목적지를 적을 때에는 해당 역 이름을 알고 있다면 역 이름을, 그렇지 않다면 All Stations 를 선택한다.

STEP 02 | 시간과 티켓 가격 체크

검색이 끝나면 해당 구간의 시간과 티켓 가격등이 표시가 된다. 같은 노선을 운행하는 기차라도 티켓 가격과 조건이 천차만별이므로, 꼼꼼하게 살펴봐야 한다. Off-Peak, Advance, Anytime등(❶) 여러 조건이 있는데, 대체로 특정 기차만 이용할 수 있는 Advance가 저렴하며, 하루종일 같은 노선의 어떤 기차라도 이용할 수 있는 Anytime이 비싸다. 어차피 해당 기차를 무조건 이용하고자 한다면 Advance를 선택하자. 내가 원하는 기차를 골랐다면, Buy Now를(❷) 클릭하자.

STEP 03 | 철도 회사 홈페이지로 연결

이제 해당 노선이 운영되는 철도 회사의 홈페이지로 연결된다. 왜냐하면 National Rail은 영국의 모든 철도를 통합해서 찾아주는 홈페이지이기 때문이다. 참고로, 이후 과정은 각 회사별로 조금씩의 차이가 있지만 거의 대동소이하다.

STEP 04 | 기차와 티켓 가격 확인

이제 새로 바뀐 홈페이지에서, 내가 선택한 기차(❶)와 티켓 가격(❷)이 맞는지 다시 한 번 확인해 본다. 그리고, 나머지 옵션을 선택한다. 특별한 옵션이 필요없을 경우 그대로 놔두고 진행해도 상관없다. 이후 다음 과정을 진행한다.

STEP 05 | 회원가입

이제 회원 로그인창이 등장한다. 회원 가입을 하지 않고 진행해도 상관은 없으나, 안정적인 진행을 위해서 회원 가입을 하고 로그인 하는 것을 권장한다.

STEP 07 | 최종확인

이제 최종적으로 내가 원하는 기차가 맞는지 티켓 가격 및 수령법은 맞는지 확인해보자. 그리고 티켓의 조건을 정확하게 확인해보자. 위의 티켓은 환불이 불가하고, 해당 기차만 이용할 수 있음을 공지하고 있다. 기차 좌석은 랜덤으로 지정되며, 원하는 경우 변경할 수 있다. 이 모든 내용이 다 원하는대로 지정이 되었다면, 다음 과정을 진행하도록 하자.

STEP 09 | E-ticket확인

티켓은 E-ticket의 경우 위와 같은 형태이며, PDF 파일로 받을 수 있다. 정상적인 티켓에는 QR코드 또는 바코드가 있으니 반드시 확인하도록 하자. 모바일 티켓에도 마찬가지로 QR 코드 또는 바코드가 있다.

STEP 06 | 티켓 수령 방법 선택

이제 티켓 수령 방법을 선택한다. 우편 배송, 기차역 발권기 수령, e-Ticket, 스마트폰 등의 다양한 방법을 선택할 수 있다. 우편 배송을 제외하고 나머지 방법 중 원하는 것으로 선택하도록 한다. 티켓과 관련된 사항은 모두 이메일로 배달되므로, 이메일 주소를 정확하게 입력하도록 하자.

STEP 08 | 신용 카드로 결제

다시 한 번 티켓 가격을 확인하고, 결제를 진행하도록 하자. 신용카드 결제가 완료되면 티켓 또는 티켓과 관련된 컨펌 내용을 담은 이메일이 도착할 것이다.

영국 도시 간 이동 교통수단

TRAVEL TIP
기차 탑승 방법

STEP 01 | 기차 정보 확인

역에 도착해 좌측과 같은 전광판에서 본인이 탈 기차를 확인한다. 가장 위의 09:20은 출발 시간, 그 옆은 플랫폼 번호(표시되지 않은 경우 아직 플랫폼이 정해지지 않은 것으로, 조금 기다리면 된다). 두 번째 줄은 해당 기차의 종착역, 세 번째 줄은 현재 상태(Now boarding이라고 표시되면 탑승 가능하다). Calling at 이하의 줄들은 중간 기착지이다. 가장 아래 부분은 해당 기차를 운영하는 회사의 명칭.

STEP 02 | 탑승 전 확인

플랫폼에 있는 전광판으로 다시 한 번 확인하고 기차에 탑승한다. 잘 모르겠다면 역무원에게 문의하자.

STEP 03 | 좌석 확인

자신의 좌석 위에 위와 같이 Reserved로 표시되어 있다면 문제 없이 예약한 것으로 자리에 앉으면 된다. 브릿 레일 또는 유레일 패스를 이용하는 경우 Available로 표시된 자리를 이용한다. 기차 출발 직후 티켓 검사를 하므로 구매한 티켓 혹은 패스를 제시한다.

TRAVEL TIP
National Express 티켓 예약법

STEP 01 | '내셔널 익스프레스' 사이트 접속

www.nationalexpress.com/en을 접속하면, 바로 위의 검색창을 만날 수 있다. Travel from에는(❶) 출발지, Travel to에는(❷) 목적지를 넣고, 편도(Single), 왕복(Return), 자유 왕복(Open Return, 돌아오는 버스의 시간은 자유롭게) 옵션 중의(❸) 하나를 고르고, 날짜 및 탑승 인원을 선택하고 Find my journey를(❹) 클릭한다.

STEP 02 | 출발 시간 및 가격 확인

이제 해당 노선의 출발 도착 시간 및 티켓 가격을 확인할 수 있다. 여기에서 Direct는 직행(❶), 1 Change는(❷) 중간에 버스를 한 번 환승해야 하는 것을 의미하므로 주의하자. 원하는 버스를 선택해 보자.

STEP 03 | 정보 확인

버스를 선택하면, 화면 오른쪽에 내가 선택한 버스의 정보가 표시된다. 이 정보를 확인한 후에 Continue를(❶) 클릭한다.

STEP 04 | 티켓 가격 선택

이제 티켓 가격을 선택할 수 있다. 일반적으로 Restricted 는(❶) 환불 및 취소가 불가능하나 가장 저렴한 티켓이며, Standard는(❷) 환불 및 취소는 불가능하나 추가 수수료를 내면 변경할 수 있는 티켓이며, Fully flexible은(❸) 환불 및 취소가 가능하며, 수수료없이 변경도 가능한 티켓이다.

STEP 05 | 추가 옵션 사항

다음 과정에서 여행자 보험 가입 및 짐 추가에 관한 옵션을 만날 수 있다. 여행자 보험은 외국인들과는 관련이 없는 내용 이며, 버스는 일반적으로 1명당 2개까지의 캐리어를 짐칸에 실을 수 있다. 그러므로 짐 추가 옵션은 일반적으로 사용할 일이 없을 것이다.

STEP 06 | 구매 방식 선택

화면 오른쪽에 내가 선택한 버스와 티켓 가격이 표시되고 있다. 만약 아마존 페이나 페이팔로(❶) 구매를 하는 경우에는 해당 버튼을 클릭하고, 그렇지 않은 경우에는 Continue를(❷) 클릭해서 다음 단계를 진행한다.

STEP 07 | 개인 정보 입력

나의 개인 정보 및 티켓 수령 방법에 대한 안내가 나온다. 티켓은 이메일로 받게 되므로, 반드시 주의해서 이 정보를 모두 입력하도록 한다. 그리고 오른쪽의 예약 정보를 다시 한 번 정확하게 확인하고 난 후에, Pay with card를 클릭해서 결제를 진행한다.

STEP 08 | 신용카드로 결제

최종적으로 신용카드 정보를 입력하고, Confirm and pay를 클릭하면, 모든 티켓 예약 과정이 완료되며, 곧 이메일로 티켓을 발급받을 수 있다.

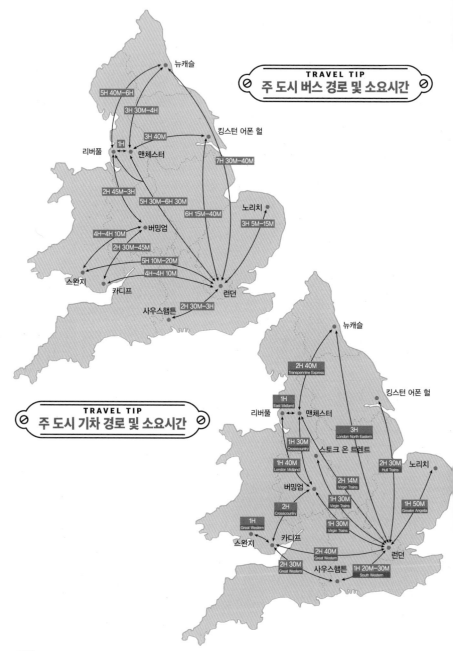

TRAVEL TIP
주 도시 버스 경로 및 소요시간

뉴캐슬

5H 40M–6H

3H 30M–4H

3H 40M

킹스턴 어폰 헐

리버풀 1H 맨체스터

7H 30M–40M

2H 45M–3H

5H 30M–6H 30M

노리치

3H 5M–15M

6H 15M–40M

버밍엄

4H–4H 10M

2H 30M–45M

5H 10M–20M

스완지

4H–4H 10M

런던

카디프

사우스햄튼 2H 30M–3H

TRAVEL TIP
주 도시 기차 경로 및 소요시간

뉴캐슬

2H 40M
Transpennine Express

킹스턴 어폰 헐

1H
East Midland

리버풀 맨체스터

3H
London North Eastern

1H 30M
Crosscountry

스토크 온 트렌트

2H 30M
Hull Trains

노리치

1H 40M
London Midland

2H 14M
Virgin Trains

1H 50M
Greater Angelia

버밍엄

1H 30M
Virgin Trains

2H
Crosscountry

1H 30M
Virgin Trains

1H
Great Western

런던

스완지 카디프

2H 40M
Great Western

2H 30M
Great Western

사우스햄튼

1H 20M–30M
South Western

메가버스를 통해서 영국 시외버스 여행하기

내셔널 익스프레스만으로도 영국 버스 여행은 충분히 가능하다. 그러나 한 푼이 아쉬운 여행자들이라면 저가 버스의 대명사인 메가버스(Megabus)를 이용하는 것도 여행 비용을 줄일 수 있는 좋은 방법이 될 것이다. 좌석이 좁고 운행 편수와 도시가 적은 편이지만 일찍 예약하면 너무나 저렴한 요금으로 버스를 이용할 수 있기 때문. 최근에는 유럽에서 다른 지역으로 가는 국제 버스도 운행하고 있다. 단, 저렴한 티켓은 대체로 환불이 불가능하다.

⊘ TRAVEL TIP 메가버스 예약하기 ⊘

STEP 01 | 메가버스 접속 및 티켓 검색

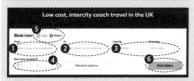

메가버스 홈페이지(uk.megabus.com)에 접속하면 검색창이 뜬다. 검색창에 From은(①) 출발지 To에는(②) 목적지를 넣은 뒤 일정 및 시간(③), 탑승인원(④) 등을 지정한다. Single(편도) 및 Return(왕복)을(⑤) 선택한 후에 Continue 버튼을(⑥) 클릭해서 다음 단계로 넘어간다.

STEP 03 | 티켓 정보 확인

해당 노선의 정보와 티켓 가격 등이 다시 한 번 소개된다. 내가 원하는 버스가 맞는지 재차 확인하고 다음 단계를 진행한다.

STEP 02 | 도착 시간 및 가격 확인

해당 구간의 다양한 버스의 출발, 도착 시간 및 가격을 만날 수 있다. 이 중에서 0 Change가 환승이 필요 없는 버스이며, 각 버스는 경유지에 따라서 운행 시간의 차이가 있으므로 감안해서 선택하도록 하자. 선택이 완료되었다면 Add to Basket 버튼을 클릭하자.

STEP 04 | 신용카드로 결제

로그인 창이 뜨긴 하나 로그인 없이도 진행 가능하다. 내 개인정보와 신용카드 결제정보를 정확하게 입력하도록 한다. 특히 티켓은 이메일로 배송되니 메일 주소는 더욱 신경을 쓰자. 카드 결제가 완료되면 바로 이메일을 통해서 티켓을 받을 수 있을 것이다.

잉글랜드 국가대표팀 경기 티켓 구매법

웸블리 스타디움에서 열리는 잉글랜드 국가대표팀의 경기를 감상하는 것도 좋은 방법이다. 축구 협회에서 직접 티켓을 판매하고 있으며 대부분 일반 판매로 진행되기 때문에 A매치 기간 동안 런던에 체류하게 된다면 이 경기를 선택하는 것도 훌륭한 방법이다.

STEP 01 | 홈페이지 접속 및 경기 선택

홈페이지(ticketing.thefa.com)에 접속하면 현재 판매 중인 경기 리스트를 확인할 수 있다. Public Sale인 경기는 이미 판매되고 있는 경기이므로 이 중에서 골라 GET TICKETS를 클릭한다. 로그인이 필요한 경우 회원가입 및 로그인을 진행한다.

STEP 04 | 신용카드 결제

모든 과정을 정상적으로 잘 진행했다면 카드 번호를 넣고 결제만 진행하면 티켓 구매가 완료된다. 티켓 구입 정보는 이메일로 발송되니 참고하도록 하자.

STEP 02 | 원하는 블록 선택

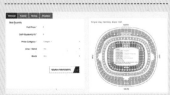

해당 경기의 좌석 배치도를 볼 수 있다. 좌석 배치도에 각 좌석별 티켓 가격이 표시되니 확인해 보자. 확인 후 왼쪽 옵션에서 티켓의 숫자 및 원하는 블록을 선택한다. 참고로 블록까지만 선택할 수 있으며 세부 좌석 번호까지 선택하는 것은 불가능하다.

STEP 03 | 좌석 및 배송수단 확인

내가 선택한 티켓의 좌석번호와 나의 개인 주소 등을 확인할 수 있다. 여기에서 가장 신경 써야 할 부분은 Delivery Method이다.

모든 과정을 정상적으로 잘 진행했다면 카드 번호를 넣고 결제만 진행하면 티켓 구매가 완료된다. 티켓 구입 정보는 이메일로 발송되니 참고하도록 하자.

EUROPEAN FOOTBALL LEAGUE

LONDON

아스널 FC, 첼시 FC, 토트넘 홋스퍼 FC

LIVERPOOL

리버풀 FC, 에버턴 FC

MANCHESTER

맨체스터 유나이티드 FC, 맨체스터 시티 FC

PREMIER LEAGUE TEAMS

런던
LONDON

영국을 대표하는 아름다운 템즈
강변의 대도시

런던으로 가는 길

맨체스터에서 출발: 기차 맨체스터 피카
디리역 ▶ 런던 유스턴역(약 2시간 15분
소요 / 매일 15~20분 간격 배차)
버스 5시간-5시간 30분 / 매일 약 2시
간 간격 배차

리버풀에서 출발: 기차 리버풀 라임 스
트리트역 ▶ 런던 유스턴역(약 2시간 15
분 소요 / 매일 약 1시간 간격 배차)
버스 약 5시간-5시간 30분 소요 / 하루
약 6회 운행

버밍엄에서 출발: 기차 버밍엄 뉴 스트리
트역 ▶ 런던 유스턴역(약 1시간 30분-2
시간 소요/매일 15~20분 간격 배차)
버스 약 3시간-3시간 30분 소요 / 매일
약 1시간 간격 배차

뉴캐슬에서 출발: 기차 뉴캐슬역 ▶ 런
던 킹스 크로스역(약 3시간 10분 소요 /
매일 30분 간격 배차)
버스 약 7시간 30분-8시간 소요 / 매일
3회 운행

히스로 국제공항

한국에서 출발한 여행자들이 영국에 도
착할 때 만나는 국제공항. 총 5개의 터미
널을 가지고 있다. 유럽에서 가장 바쁜
공항이다. 공항 내에 버스 터미널이 있어
영국의 각 지방으로 즉시 이동할 수 있
다. 대한항공과 아시아나항공, 영국항공
이 매일 직항 항공편을 운영하고 있으며,
유럽 및 주요 아시아 항공사들이 한국에
서 출발하여 환승 후 런던에 도착하는
수많은 항공편을 운영한다.

도시, 어디까지 가봤니?   LONDON TOUR

● 도시 소개

영국의 수도이며 유럽을 대표하는 대도시 중 하나. 도시를 가로지르
는 템즈강의 인상적인 절경과 다양한 관광지로 유럽을 방문하는 배
낭여행자들이 빼놓지 않고 찾아가는 도시이다. 또한 거리 곳곳에서
중세 시대의 멋을 느낄 수 있는 전통의 도시이자 더 샤드를 비롯한
새로운 건축물이 공존하는 도시이기도 하다. 무엇보다 전 세계를 주
름잡는 명문팀들이 많은 '축구의 도시'로도 유명한데 런던에만 수많
은 축구 클럽이 있고 매 시즌 런던의 많은 팀이 프리미어리그에서 뛴
다. 아스널 FC, 토트넘 홋스퍼 FC, 첼시 FC, 웨스트햄 유나이티드
FC 등이 런던을 대표하는 명문팀이며 런던 근교에도 많은 팀들이 자
리하고 있다.

● 도시 내에서의 이동

트래블카드 또는 교통카드인 오이스터 카드를 구입하여 대중교통
을 이용한다. 이제 런던의 버스는 현금을 받지 않기 때문에 이런 카
드 구입은 필수이다. 일반적으로 오이스터 카드를 구입해 충전하며
사용하는 것이 가장 편리하고 저렴한 방법이다. 런던의 대중교통에
는 각 구간별 다른 요금이 책정되는 존(Zone)의 개념이 존재한다. 또
한 Peak와 Off-Peak 시간에 따라 요금이 다르다. 단, 버스의 경우는
'존'이 적용되지 않으며 모든 구간의 요금이 동일하다.

언더그라운드는 우리나라의 지하철과 탑승 시스템이 같으므로 승하
차 시에 카드를 터치하면 된다. 버스의 경우 손을 흔들어서 반드시
탑승 의도를 기사에게 확실히 표현하는 것이 좋으며, 버스는 탑승할
때만 카드를 터치하면 된다.

오이스터 카드에는 보증금이 있는데 언더그라운드 역의 자판기를 통
해 잔액과 함께 환불받을 수 있다.

런던의 대중교통에는 Capping이라는 제도가 있다. 각 존별로 하루

제한 금액이 있는데 만약 해당 제한액이 채워지면 그날 아무리 대중교통을 이용해도 추가 금액이 지불되지 않는다. 단, Capping은 오이스터 카드를 이용할 때만 해당된다.

○ 런던 대중교통 요금 안내: 언더그라운드, DLR, 오버그라운드, TfL 레일

※ Peak: 월~금 06:30~09:30, 16:00~19:00(2019년 기준)

Zone	Cash	Pay as you go			TravelCard		
		Single		Capping	Day Anytime	Day Off-Peak	7Days
		Peak	Off-Peak	Daily Cap			
Zone 1	£4.90	£2.40	£2.40	£7.00	£13.10	£13.10	£35.10
Zone 1-2	£4.90	£2.90	£2.40	£7.00	£13.10	£13.10	£35.10
Zone 1-3	£4.90	£3.30	£2.80	£8.20	£13.10	£13.10	£41.20
Zone 1-4	£5.90	£3.90	£2.80	£10.10	£13.10	£13.10	£50.50
Zone 1-5	£5.90	£4.70	£3.10	£12.00	£18.60	£13.10	£60.00
Zone 1-6	£6.00	£5.10	£3.10	12.80	£18.60	£13.10	£64.20

○ 런던 대중교통 요금 안내: 버스

1회권	£1.5	
1일 Day Cap	£4.5	
버스&트램패스	1일권 £5.00	
	7일권 £21.20	

● 숙소 잡기

세계적인 도시인 만큼 여행자들을 위한 숙소도 전국 곳곳에 마련되어 있다. 또한 대중교통 시스템이 완벽하게 마련되어 있는 만큼, 어느 지역을 숙소로 지정해도 큰 문제가 없다. 다만, 대중교통을 많이 이용하는 런던 여행의 특성상 지하철과 주요 버스 정류장이 인접한 곳에 위치한 숙소들을 추천. 경기장들은 대체로 외곽에 있기 때문에, 경기장 인근 숙소보다는 시내에서 대중교통을 이용하는 것이 좋다. 가능하면 1존 이내의 숙소를 찾아보는 것이 좋고, 1존 안으로 들어간다면 대중교통 요금 및 시간이 절약되므로 합리적이다. 공항과 가까운 곳이나 개인 생활을 즐길 수 있는 곳을 찾는다면 패딩턴역 인근의 저렴한 호텔들을 이용해도 좋다.

런던에는 한인민박이 매우 많고, 이곳 대부분은 한식 아침 정도의 식사를 제공한다. 한식을 먹으며 여행하고 싶다면 좋은 방법. 대도시인 만큼 호스텔도 많으나 수준이 천차만별이기 때문에 가능하면 조금이라도 비용을 더 들여 크고 좋은 호스텔을 찾아가기를 권한다.

주소: Longford, TW6
홈페이지: www.heathrow.com
대중교통: 히스로 익스프레스, TfL 레일 엘리자베스 라인, Heathrow Airport 역, 런던 언더그라운드 Heathrow Terminal 1, 2, 3역, Heathrow Terminal 5역
시내 이동 비용(성인 기준. 단위 £-파운드)

히스로 익스프레스(Heathrow Express) – 편도: 25 / 왕복: 37(런던 패딩턴역 직통, 약 15분)

TfL 레일 엘리자베스 라인
피크 타임 10.2, 그 외 10.1(성인 기준)(약 30분 (런던 패딩턴역 ▶ 히스로 공항))
지하철 – 현금: 6 / 오이스터 카드: 3.1~5.1(런던 시내 전역, 약 1시간)

> **런던 가트윅 국제공항**

주로 저가항공을 이용할 때 찾게 되는 공항. 대표적인 저가항공인 이지젯이 주로 이 공항을 쓰고 있으며, 런던 남부에 자리하고 있다. 런던 시내 교통편이 없어 시외 교통편을 이용해야 한다.
주소: Horley, Gatwick, RH6 0NP
홈페이지: www.gatwickairport.com
대중교통: 가트윅 익스프레스 기차(Gatwick Express) 런던 빅토리아(London Victoria) 역 / 고속버스 빅토리아 코치 스테이션(Victoria Coach Station)
시내 이동 비용(성인 기준. 단위 £-파운드)

가트윅 익스프레스(Gatwick Express) – 편도: 17.8 / 왕복: 32.7(온라인 예매 기준)

런던 여행의 필수품. 오이스터 카드

패딩턴 역

히스로 공항으로 가장 빠르게 이동할 수 있는 히스로 익스프레스의 발착역. TfL 레일 엘리자베스 라인 역시 이곳에서 출발하며, 주로 런던 서부에 위치한 도시들을 커버한다. 카디프와 스완지를 비롯한 웨일즈 지역으로 향하는 기차도 운행된다.

주소: Praed Street, London, W2 1HQ
대중교통: 지하철 Bakerloo, Circle, District, Hammersmith&City 라인 Paddington 역 / 버스 7, 23, 27, 36, 46, 205, 332, N7, N27, N205번

유스턴 역

영국의 주요 축구도시인 맨체스터와 리버풀을 갈 때 반드시 찾게 되는 기차역. 주로 버밍엄 등 잉글랜드 중부 지역과 북서부 지역을 커버한다.

주소: Euston Road, London NW1 2RT
대중교통: 지하철 Northern, Victoria 라인 Euston 역 / 오버그라운드 Euston 역 / 버스 18, 30, 59, 68, 73, 91, 168, 205, 253, 390, N73, N91, N205, N253

세인트 판크라스 인터내셔널

주로 벨기에, 프랑스 쪽으로 이동하는 유로스타를 타기 위해서 찾게 되는 기차역. 유로스타 외에도 레스터나 루튼 등 잉글랜드 중부 지역으로 가는 기차가 운행된다.

주소: Euston Road, London, N1C 4QP
대중교통: 지하철 Circle, Hammersmith& City, Metropolitan, Northern, Picadilly, Victoria 라인 Kings Cross St. Pancras 역 / 버스 17, 30, 73, 91, 205, 214, 259, 390, N73, N91, N205

빅토리아 코치 스테이션

런던의 유일한 종합 시외버스 터미널. 런던에서 출발하고 도착하는 시외버스를 타려면 이곳만 찾으면 된다. 빅토리아 기차역 뒤편에 위치하고 있다.

주소: 16472 Buckingham Palace Road, London, SW1W 9TP
대중교통: 지하철 Victoria 역에서 도보 10분 / 버스 11, 44, 170, 211, C1, C10, N11, N44

● 추천 여행 코스 - 5일간

1일차: 빅 벤 & 웨스트민스터 사원-버킹엄 궁전(근위병 교대식)-더 몰-피카디리 서커스-리전트 스트리트-SOHO-카나비 스트리트-본드 스트리트-마블 아치-하이드 파크

2일차: 캠든 락 시장-경기 관람-그리니치 천문대

3일차: 스트랏포드 시티-뱅크-타워 브릿지-런던 탑-코번트 카든-트라팔가 광장

4일차: 국립 자연사, 빅토리아&알버트 박물관-로얄 알버트 홀-해럿 백화점-켄싱턴 가든

5일차: 포토벨로 로드 마켓-셜록 홈즈 박물관-스타디움 투어 및 구단 기념품 구매

○ 눈길 닿는 곳마다 관광 명소

런던은 전 유럽에서도 볼거리가 가장 많은 도시로 유명하다. 축구 1경기만 관람하더라도 4박 5일의 일정은 되어야 제대로 된 여행이 가능. 특히 경기장 대부분이 시 외곽에 있어 경기 관람만으로도 반나절 정도가 소요되므로 이를 감안해 계획을 세워야 한다. 경기장은 대개 지하철로 이동해야 하니, 아예 하루 정도는 가고 싶었던 경기장을 돌아보는 일정으로 만드는 것도 좋다.

● 웸블리 스타디움(Wembley Stadium)

'축구 예배당(The Church of Football)'이라고도 불리는 세계적인 축구 성지. 현재 잉글랜드 국가대표팀의 홈 구장이며 2010-2011, 2012-2013 시즌 UEFA 챔피언스리그 결승전이 열리기도 했던, 유럽 대륙을 대표하는 경기장 중 하나이다. 로비 윌리암스 등의 세계적인 아티스트들의 공연장으로도 활용되고 있으며, 잉글랜드 내에서 열리는 각종 축구 결승전 경기를 소화하는 경기장으로도 유명하다. 투어 프로그램을 운영하고 있어, 경기장 내부의 시설들을 감상할 수 있다. 투어 예약 가능. 자체적으로 운영하고 있는 메가스토어에서는 잉글랜드 국가대표팀 및 FA컵과 관련된 주요 용품들을 판매하고 있다.

홈페이지: bookings.wembleytours.com

● 릴리화이트 - 피카디리 서커스(Lillywhites)

다양한 구단의 축구 용품을 구매하고 싶지만 시간이 부족하다면 릴리화이트 피카디리 서커스 지점이 적절한 선택이 될 것이다. 런던 여행의 중심지 피카디리 서커스에 자리하고 있어서 각 구단의 용품점을 일일이 찾을 시간이 없는 여행자들이 가볼 만하다. 다양한 구단의 용품을 취급하고 있으므로 보는 재미도 쏠쏠하다.

홈페이지: www.lillywhites.com/london-piccadilly-store-0602

● 런던 스타디움(London Stadium)

2012 런던 올림픽의 주경기장으로 사용되었던 경기장이 웨스트햄 유나이티드 FC의 홈구장으로 변신하였다. 런던 북동부의 퀸 엘리자베스 올림픽 공원 안에 자리하고 있다.

홈페이지: www.london-stadium.com

● 크레이븐 코티지(Craven Cottage)

런던 풀럼 지역의 전통 명문팀인 풀럼 FC의 홈구장. 1896년에 개장해 19세기 영국 축구장의 전형을 보여주는 만큼, 축구를 관람하지 않더라도 여행지를 방문한다는 기분으로 찾아볼 만하다. 축구장인 동시에 영국의 중요 문화재이기도 하다.

홈페이지: www.fulhamfc.com/visit-accessibility/craven-cottage

● 프리메이슨스 암스(The Freemasons Arms)

1863년 10월 26일 당시의 코번트 가든 인근 프리메이슨스 태번(Freemason's Tavern)이라는 펍에서 The FA의 첫 모임이 있었다. 그리고 이곳에서 현대 축구의 첫 규정이 만들어졌다. 옛 모습은 남아있지 않지만 프리메이슨스 암스라는 이름의 펍은 운영 중이다. 펍 내부에서 관련 역사에 대한 간단한 안내를 볼 수 있다.

홈페이지: www.freemasonsarmscoventgarden.co.uk

웸블리 스타디움
주소: Wembley, London, HA9 0WS
대중교통: 지하철 Metropolitan, Jubillee 라인 Wembley Park 역에서 도보 10분 거리
웸블리 스타디움 투어
투어 시간: 약 75분
요금: 성인: £19 / 청소년(만 16세 미만) £12 / 가족 티켓: £54 / 시니어(만 65세 이상): £12 / 만 5세 미만 무료

릴리화이트 - 피카디리 서커스
주소: 24-36, Regent Street, London, SW1Y 4QF
대중교통: 지하철 Picadilly Circus 역에서 하차
운영시간: 월-금 10:00-21:00, 토 09:30-21:00, 일 12:00-18:00

런던 스타디움
주소: Queen Elizabeth Olympic Park, London, E20 2ST
대중교통: 도크랜드 경전철(DLR) 및 지하철 Stratford 역, Stratford International 역에서 도보 15분

크레이븐 코티지
주소: Stevenage Road, London SW6 6HH
대중교통: 지하철 District 라인 Putney Bridge 역 하차 후, 도보 약 20분 / 버스 74, 220, 414, 430, N33, N72, N74 Bishops Park 또는 Lambrook Terrace 정류장 하차

프리메이슨스 암스
주소: 81-82 Long Acre, Covent Garden, London, WC2E 9NG
대중교통: 지하철 Picadilly 라인 Covent Garden 역

프리메이슨스 암스의 내부 풍경

아스널 FC

ARSENAL FC

구단 소개

THE GUNNERS

창단연도
1886년 10월(다이얼 스퀘어)

홈구장
에미레이트 스타디움

주소
Emirates Stadium, Hornsey Rd,
London N7 7AJ

구단 홈페이지
www.arsenal.com

구단 응원가
Come on Arsenal

아스널 FC의 시초는 1886년에 창단된 다이얼 스퀘어(Dial Square)다. 런던 남동부 지역, 그리니치에서 가까운 울위치의 로얄 아스널이라는 곳에서 일하던 노동자들이 만든 축구클럽이다. 1893년 울위치 아스널(Wolwich Arsenal)로 이름을 바꾸고 풋볼 리그(Football League)에 가입하게 되면서 프로팀으로서의 역사가 시작되었다. 하지만 울위치 아스널의 연고지가 외진 곳에 있다 보니 관중 수가 적을 수밖에 없었고, 이로 인해 구단 재정에 문제가 발생해 파산 직전에 이르게 되었다. 1910년에 구단을 인수한 헨리 노리스는 결국 연고지를 다른 곳으로 옮기기로 결정했고 1913년에 '하이버리'로 이전하게 됐다. 그 다음 해에 구단명에서 '울위치'를 삭제함으로써 현재 우리에게 널리 알려진 '아스널 FC'로서의 길을 새로이 열게 되었다.

아스널 FC는 100여 년의 긴 역사 속에서 13번의 리그 우승을 거뒀으며 FA컵에서는 11번의 우승을 이룬 명문팀이자 잉글랜드 1부 리그에 가장 오랫동안 잔류하고 있는 기록을 세우고 있는 팀이다. 2004년 프리미어리그 때에는 무패 우승의 역사를 거두었고 2006년 UEFA 챔피언스리그에서는 준우승을 차지했다. 2006-2007 시즌부터는 새 홈구장으로 에미레이트 스타디움을 사용하고 있다.

홈구장 및 연습구장

역대 우승 기록들

UEFA컵 위너스컵

1회(1994)

**프리미어리그
(풋볼리그 시절 포함)**

13회(1931, 1933, 1934, 1935,
1938, 1948, 1953, 1971, 1989,
1991, 1998, 2002, 2004)

잉글리시 FA컵

13회(1930, 1936, 1950, 1971,
1979, 1993, 1998, 2002, 2003,
2005, 2014, 2015, 2017)

EFL컵

2회(1987, 1993)

**FA 커뮤니티실드
(채리티실드 포함)**

15회(1930, 1931, 1933, 1934,
1938, 1948, 1953, 1991, 1998,
1999, 2002, 2004, 2014, 2015,
2017)

에미레이트 스타디움은 2006년에 완공돼 현재까지 약 10여 년의 역사를 쌓아 온 경기장으로서 하이버리 스타디움의 영광을 뒤로한 채 아스널 FC의 새 홈구장이 되었다. 런던 북부 홀로웨이 지역에 자리 잡고 있으며 영국 내에서 세 번째로 큰 축구 전용구장으로 약 6만 명을 수용할 수 있다.

이 새로운 경기장은 완공되기 전까지 애쉬버튼 그로브(Ashburton Grove)라는 이름으로 불렸으나, 두바이 항공사 에미레이트 항공에서 구단 명명권을 사들이고 메인 스폰서가 되면서부터 '에미레이트 스타디움'이란 이름을 갖게 되었다.

경기장 곳곳에 아스널 FC의 역사를 살펴볼 수 있는 흔적들이 많이 남아 있어 볼거리가 많고, 하이버리 스타디움이 있던 위치로부터 그리 멀리 있지 않기 때문에 아스널 팬들에게는 새 경기장인 동시에 추억을 상기시키는 경기장이기도 하다.

● 홈구장

에미레이트 스타디움(Emirates Stadium)			
UEFA 주관 대회의 명칭	아스널 스타디움(Arsenal Stadium)		
개장일	2006년 7월 22일		
수용 인원	60,260명	**경기장 형태**	축구 전용 구장
UEFA 스타디움 등급	카테고리4	**그라운드 면적**	105mX68m

● 연습구장

아스널 트레이닝 센터(Arsenal Training Centre)	
주소	Bell Ln, London Colney, Shenley, St Albans AL2 1DR
대중교통	St. Albans City 또는 Radlett 기차역에서 602번 타고 Bell Lane Cottages에서 하차

하늘 위에서 내려다본 하이버리와 에미레이트 스타디움

역대 레전드들이 어깨동무를 하고 있는 에미레이트 스타디움의 외벽

티켓 구매

티켓 구매 관련 팁

● 티켓 구매 전쟁에서 어떻게 해야 살아남을까?

아스널 FC는 영국 내에서도 인기가 좋은 팀이기 때문에 티켓 판매가 '일반 판매'까지 내려오는 일이 많지 않아 티켓 구매 전쟁이 발생한다. 이 치열한 전쟁터에서 살아남기 위해서 아스널 FC 팬들은 무조건 멤버십 카드를 소지하고 있어야 한다. 프리미어리그의 경우 '멤버십 카드' 소지자 선에서 티켓 판매가 완료되는 편이며 챔피언스리그 조별리그나 FA컵, 카라바오 컵처럼 리그컵이나 컵대회의 경우 혹은 상대팀이 약팀일 경우에 일반 판매로 티켓이 풀리는 일이 더러 있으나 그 확률이 높지 않다는 점을 감안해보면 결국 '멤버십 카드'가 정답이다. 하지만 이 멤버십 카드가 티켓 구매를 '무조건' 보장하지는 않기 때문에 내가 보고자 하는 경기가 멤버십 카드를 통해 티켓 구매가 가능한 경기인지 우선적으로 체크해야 한다. 멤버십 카드 1장당 티켓 1장의 구매가 가능하며 아스널 FC는 카드 그 자체로 '충전식 티켓'의 역할(우리나라 교통카드와 같은 방식)을 하므로 대부분의 경우 멤버십 카드는 구매해야 할 것이다.

아스널 FC는 플래티넘/골드/실버/레드 이렇게 총 4단계의 멤버십 체계를 갖추고 있다. 이 중에서 플래티넘/골드/실버는 시즌권 개념이기 때문에 우리가 티켓 구매 시에 활용할 수 있는 가입 단계는 '레드'뿐이다. 또한 플래티넘/골드/실버/레드/일반 순으로 티켓 판매를 진행하기 때문에 우리는 구매 순위 4위에 속한다. 맨유, 리버풀과의 경기 같은 빅매치의 경우 레드 단계로 내려오기도 전에 티켓이 매진되고 설사 그렇지 않은 경기라 할지라도 1층의 좋은 자리는 이미 다 팔리고 없다.

● 멤버십에 이미 가입한 상태인데 티켓이 매진된다면?

마지막 기회는 바로 '티켓 익스체인지(Ticket Exchange)'다. 티켓 익스체인지란 일종의 중고 장터 개념으로, 시즌권 소지자들이 개인적인 사정으로 인해 내놓은 티켓들을 유료 멤버십 가입자들이 구매할 수 있는 곳을 말한다. 일반 판매에서 티켓이 매진되더라도 티켓 익스체인지에서 티켓 구매에 성공하는 때가 많다. 물론 빅매치는 예외다. 빅매치의 경우 어느 정도 행운이 따를 때에만 티켓 익스체인지로 기회를 얻을 수 있다는 기회를 얻을 수 있다. 그리고 티켓 익스체인지는 추가 수수료가 발생하기 때문에 가격이 비싸질 수 있다는 점도 알아두자.

● 티켓 구매 전 알아야 할 사항은?

내가 보고자 하는 경기의 티켓이 매진되었다고 해도 놀라지 말자. 아

스널 FC는 매진 후 티켓 익스체인지가 시작되므로 이후 수시로 시즌
권 소지자들이 내놓은 티켓이 보이기 시작한다.

멤버십 카드가 한국으로 배송되는 데 걸리는 기간은 보통 2주~1달이
다. 늦어도 28일 전에는 배송이 완료된다고 아스널 FC 구단 측에서
공지하고 있으므로 이 점을 주의해야 한다. 그러므로 멤버십은 미리
사두는 것이 안정적이다. 만약 출국 일정으로 인해 멤버십 카드를 받
지 못했다면 구단에 미리 연락해두거나 컨펌 메일, 결제 시 사용한 신
용카드, 여권 등을 지참하여 매표소에서 티켓 구입 여부를 확인받고
조치를 받도록 하자.

경기 당일에 티켓 관련 문제가 있다
면 티켓 수령 창구(Collections Office)
에 문의해서 도움을 받도록 하자.

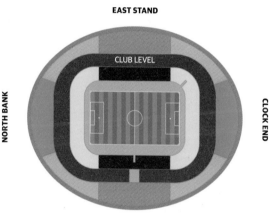

EAST STAND

CLUB LEVEL

NORTH BANK

CLOCK END

WEST STAND

티켓 가격

오렌지군의 티켓 구입 TIP

에미레이트 스타디움은 1층과 2층 사
이에 CLUB LEVEL 좌석이 있다. VIP
좌석에 해당하므로 이 책의 가격표에
는 언급되어 있지 않다.

각 경기의 상대팀에 따라 A~C등급으
로 분류되며, 컵 대회의 경우 별도의
카테고리를 공지한다.

1층 앞자리에서 본 시야

3층 뒷자리에서 본 시야

※ 2019~2020 시즌 프리미어리그 기준, 예약 수수료 별도

유료 멤버십 가격/일반 판매 가격	카테고리A	카테고리B	카테고리C
Upeer Tier(2층)			
Centre Upper Back	£95,50/£97	£55,50/£56,5	£38,50/£39,5
Next to Centre Upper	£95,50/£97	£55,50/£56,5	£38,50/£39,5
Next to Centre Upper Back	£84/£85,5	£49,50/£50,5	£34,50/£35,5
Wing Upper	£84/£85,5	£49,50/£50,5	£34,50/£35,5
Wing Upper Back	£74,50/£76	£43/£43,5	£30,50/£31
Corner	£84/£85,5	£49,50/£50,5	£34,50/£35,5
Upper Behind Goal	£90/£92	£52,50/£53,5	£36,50/£37,5
Upper Behind Goal Back	£74,50/£76	£43/£43,5	£30,50/£31
Lower Tier(1층)			
	£70,50/£71,5	£40/£40,5	£28,50/£29
Wing Lower	£64/£65,5	£36,50/£37,5	£26/£27
Corner Lower	£64/£65,5	£36,50/£37,5	£26/£27
Goal Lower	£64/£65,5	£36,50/£37,5	£26/£27

<table>
<tr><td>

아스널 FC
ARSENAL FC

</td><td>

티켓 구매 프로세스
아스널 FC 홈페이지에서 티켓을 구매하는 방법

</td></tr>
</table>

STEP 01 | 아스널 FC 홈페이지 접속

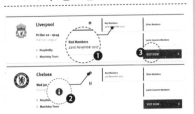

아스널 FC 홈페이지에 접속해 TICKETS&MEMBERSHIP을 클릭하면 위와 같이 각 경기별 티켓 판매 일정 정보를 얻을 수 있다. 이때 레드 멤버십 대상 티켓 판매가 언제부터인지 확인하는 것이 우선이며(❶) i 버튼을(❷) 클릭해서 구단의 공지를 꼼꼼하게 확인한다. 그리고 해당 경기의 Buy Now 버튼(❸)을 클릭하자.

STEP 03 | 유료 가입 시 티켓 확인 가능

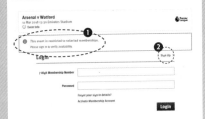

멤버십 판매 기간에는 유료 멤버십 소지자만이 티켓 잔여 상황을 볼 수 있다(❶). 그러므로 유료 멤버십 가입부터 진행하도록 하자(❷).

STEP 04 | 회원 가입 후 로그인

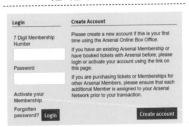

회원 가입이 완료되었다면 이제 로그인을 하도록 한다.

STEP 02 | 경기 일정 확인

내가 원하는 경기의 View availability를(❶) 클릭한다. 만약 내가 원하는 모든 경기가 표시되지 않았다면 우측 상단의 View all matches를(❷) 클릭한다.

위와 같이 현재 티켓을 구입할 수 있는 각 멤버십 레벨이 표시된다. 여기에 RED가(❸) 기재되어 있을 때 티켓 구매가 가능하다.

STEP 05 | 좌석 배치도 확인

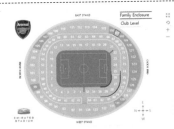

로그인 후에는 위와 같은 창이 뜬다. 일반적으로 티켓이 매진되지 않았다면 잔여 좌석을 확인할 수 있을 것이다. 만약 내가 원하는 좌석이 풀려 있지 않은 상태라면 티켓 익스체인지를 이용해야 한다. 티켓 익스체인지는 티켓이 전부 매진된 후에 시작한다. 그리고 티켓 익스체인지가 시작되면 위의 화면에서 티켓 익스체인지로 전환할 수 있는 옵션이 생기거나 별도의 안내가 뜬다. 따라서 원하는 좌석이 없다면 티켓 익스체인지가 될 때까지 기다려야 한다.

STEP 06 | 원하는 블록 선택

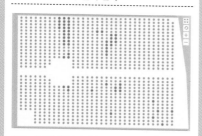

원하는 블록을 선택하면 위와 같은 화면이 생성된다. 회색 자리는 이미 티켓이 판매된 좌석. 파란색 자리는 현재 선택할 수 있는 좌석이다.

STEP 08 | 좌석 선택

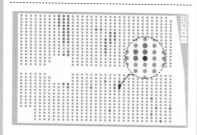

내가 클릭한 좌석이 빨간색으로 바뀌면서 홈페이지 하단에 티켓 가격 및 Buy Tickets 버튼이 활성화된다. Buy Tickets 버튼을 클릭하도록 하자.

STEP 10 | 결제 진행

How would you like to pay?	
Debit/Credit card	
Order Summary	
Booking Fees	£3.10
Ticket Fees	£1.00
Total:	**£94.10**
	Review order

마지막으로 자신의 신용카드 정보를 넣고 결제까지 진행하면 티켓 구입 과정이 모두 완료된다. 티켓은 구입 완료와 동시에 멤버십 카드로 자동 충전된다.

STEP 07 | 티켓 가격 클릭

Please select your tickets ✕
1 Price Type Available
Prices do not include transaction fees.

Block: 123
Row
22

Internet Adult Member £90.00

자리를 선택하면 티켓의 블록 및 열이 표시되고 티켓 가격이 나온다. 티켓 가격을 클릭하자.

STEP 09 | 좌석 및 티켓 가격 확인

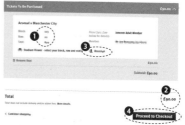

최종적으로 내가 선택한 자리(❶)와 티켓 가격(❷)이 맞는지 꼼꼼하게 확인해 보자. 만약 한번에 여러 장의 티켓을 구입하는 경우라면 멤버십 1장당 1장의 티켓만 구입 가능하므로 Reassign 버튼을(❸) 클릭해 경기 관람에 함께할 사람의 멤버십 정보를 추가 입력하도록 하자. 그다음 Proceed to Checkout 버튼을(❹) 클릭한다.

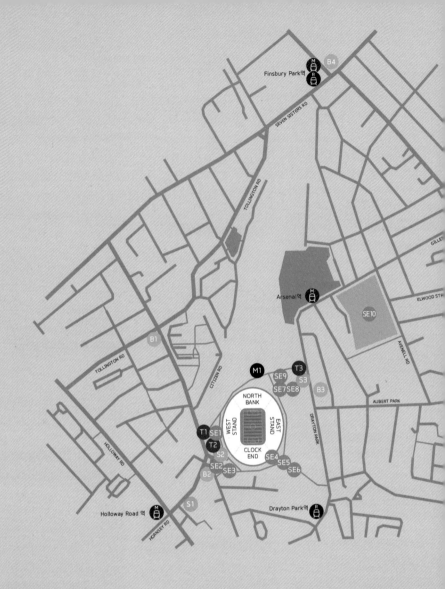

B1	The Tollington Arms 115 Hornsey Rd, London N7 6DN	★★★★
B2	Little Wonder Cafe 48 Hornsey Rd, Islington, London N7 7BP	★★★★✦
B4	The Twelve Pins 263 Seven Sisters Rd, Harringay, London N4 2DE	★★★★
B5	The Gunners 204 Blackstock Rd, London N5 1EN	★★★★✦

EMIRATES STADIUM

ARSENAL FC
아스널 FC

M1	아스널 FC 박물관
SE1	데니스 베르캄프 동상
SE2	아스널 대포, 아모리 스퀘어
SE3	티에리 앙리 동상, 셀러브레이션 코너
SE4	아스널 시계
SE5	허버트 채프먼 동상
SE6	대니 피츠먼 다리
SE7	토니 아담스 동상
SE8	노스뱅크 테라스 갤러리
SE9	켄 프라이어 다리
SE10	하이버리 스퀘어
B1	The Tollington Arms
B2	Little Wonder Cafe
B3	한국 불고기 바게트 샌드위치 `경기 당일만 해당`
B4	The Twelve Pins
B5	The Gunners
S1	The Match Day(사설 용품숍)
S2	메가스토어 'The Armoury'
S3	메가스토어 'Highbury House'

경기장으로

경기 당일에는 경기장 주변 곳곳에 임시 판매대가 열린다. 경기장 안에서도 일부 용품을 판매한다.

경기장에서 볼 수 있는 Chapman's 키오스크. 이곳에서 커피 및 간단한 간식을 구입할 수 있다. 키오스크의 외벽에도 구단의 역사가 안내되어 있으니 한 번 읽어보자.

○ 구단 공식용품점 ○

THE ARSENAL - THE ARMOURY

주소: The Armoury, Emirates Stadium, Hornsey Road, London N7 7AJ
가까운 지하철 역: 런던 지하철 Picadilly 라인 Holloway Road 역
운영 시간: 월-토 09:00-18:00, 일 10:00-16:00, 경기 당일은 운영시간이 달라짐

THE ARSENAL - HIGHBURY HOUSE

주소: Arsenal FC, Highbury House, 75 Drayton Park, London, N5 1BU
가까운 지하철 역: 런던 지하철 Picadilly 라인 Arsenal 역
운영 시간: 월-토 09:00-18:00, 일 10:00-16:00, 경기 당일은 운영시간이 달라짐

THE ARSENAL - FINSBURY PARK

주소: Unit 6/9, Station Place, Finsbury Park, London, N4 2DH
가까운 지하철 역: 런던 지하철 Picadilly, Victoria 라인 Finsbury Park 역
운영 시간: 월-토 09:00-18:00, 일 10:00-16:00, 경기 당일은 운영시간이 달라짐

○ 하이버리 스퀘어(Highbury Square) ○

하이버리 스타디움은 역사 속으로 사라졌지만, 다행히도 곳곳에 흔적들이 그대로 남아 있다. 경기장 동쪽 스탠드의 외관을 그대로 유지한 채 아파트로 재개발되어 '하이버리 스퀘어(Highbury Square)'라는 이름으로 재탄생했다. 원래 피치가 있던 곳을 광장처럼 꾸며놓았고, 경기장 동쪽 스탠드 관중석은 그 모양 그대로 아파트로 변신했다. 그래서 아스널 FC 팬들은 하이버리 스타디움의 옛 모습 그대로 기념 촬영을 할 수 있다. 아스널 FC 구단 역사상 가장 영광스러운 기록으로 남아 있는 '프리미어리그 무패 우승'도 바로 이곳에서 만들어졌다.

하이버리 스타디움의 흔적은 서쪽 스탠드 방향에도 남아 있다. 원래는 경기장 서쪽 좌석의 출입구였던 이곳도 예전 모습 그대로 남아 있다. 이제는 평범한 주택으로 변신을 했지만 겉모습만은 그대로 유지하고 있어서 아스널 팬들의 마음을 따뜻하게 해준다.

○ 구단 레전드 '허버트 채프먼'의 동상 ○

아르센 벵거 이전, 가장 화려한 역사를 만든 레전드를 꼽으라면 바로 '허버트 채프먼(Herbert Chapman)'이다. 1925~1934년까지 아스널 FC를 지도했던 허버트 채프먼은 1930년대 초반 아스널 FC의 리그 우승을 두 차례나 이끈 주인공으로서 WM 포메이션을 개발해 세계 축구계에 센세이션을 일으킨 전술의 달인이다. 허버트 채프먼의 요청으로 지하철 역 이름을 '아스널(Arsenal)'로 바꿨다는 일화도 있다.

○ 레전드 '토니 아담스'의 동상 ○

토니 아담스(Tony Adams)는 1983~2002년까지 무려 20여 년 동안 아스널 FC 선수로 뛰면서 역대 최고의 아스널 FC 수비수로 통했다. 요즘 시대에 흔치 않은 '원 클럽 맨'이자 영원한 아스널의 주장이다. 1980년대부터 1990년대, 2000년대까지 주장 완장을 차고 리그 우승을 차지한 선수는 잉글랜드 축구 역사상 토니 아담스가 최초라고 한다.

○ 레전드 '데니스 베르캄프'의 동상 ○

데니스 베르캄프(Dennis Bergkamp)는 볼 컨트롤의 달인이자 머리가 좋기로 유명했던 공격수다. 비행공포증 때문에 해외 원정 경기에서 빠지는 등 반쪽짜리 선수라는 평을 듣기도 했지만 경기 중에는 항상 '미친 존재감'을 보여주었던 선수다. 아스널에서는 1995~2006년까지 뛰었으며 티에리 앙리와 환상적인 팀워크를 이루면서 1990년대 중반~2000년대 중반까지 아스널 FC의 전성기를 이끌었던 주인공이다.

옛 모습을 그대로 유지하고 있는 서쪽 스탠드의 출입구

구단 박물관에서도 만날 수 있는 허버트 채프먼

토니 아담스 동상 옆의 '노스 뱅크 테라스에도 주목해보자. 팬들의 사랑이 듬뿍 담긴 스톤들로 만들어진 계단이다.

아르센 벵거 전 감독의 동상은 아직 세워지지 않았지만, 스타디움 투어를 하게 되면 흉상은 만나볼 수 있다.

오렌지군의 축구 여행 TIP

아스널 FC의 경기장에는 워낙 많은 동상과 역사적인 흔적들이 있기 때문에, 책에 나와 있는 내용 외에도 좀 더 많은 공부를 하고 가면 더욱 흥미롭게 경기장을 감상할 수 있을 것이다. 구단 박물관을 미리 관람하고 나서 경기장 주변을 감상하는 것도 괜찮은 방법이다.

셀러브레이션 코너의 풍경

켄 프라이어 브릿지를 건너가면 만날 수 있는 아스널 FC의 건물. 이 건물 지하에 박물관이 마련되어 있다.

○ 구단 레전드 '티에리 앙리'의 동상 및 셀러브레이션 코너 ○

가장 최근의 구단 레전드로 티에리 앙리(Thierry Henry)를 빼놓을 수 없다. 앙리는 1999~2007년까지 아스널 FC 소속으로 뛰었으니 그 기간은 다른 레전드들에 비해 길지 않지만, 그가 세운 기록은 매우 화려하다. 앙리는 아스널 FC 소속으로 371번의 경기에 뛰면서 228골을 넣었고 4회 연속 프리미어리그 득점왕이라는 기록을 세웠다. 또한 프리미어리그에서 두차례 우승컵을 들어올렸는데, 그중 한 번이 무패 우승에 빛나는 2003-2004 시즌이다. 티에리 앙리 동상 옆에는 '셀러브레이션 코너'라는 곳이 마련되어 있다. 이곳에는 앙리를 포함해 아스널 레전드들이 골을 넣고 환호하는 모습을 사진으로 만나볼 수 있다.

○ 켄 프라이어 브릿지 ○

아스널 FC의 전 단장인 켄 프라이어(Ken Friar)의 이름을 딴 다리다. 클럽 박스 오피스에서 구단 박물관 쪽으로 향하는 길을 연결하기 위한 용도로 만들어져 있고, 이 다리의 양쪽에는 그동안 아스널 FC를 빛냈던 레전드들의 사진이 걸려 있다.

○ 켄 프라이어의 어린 시절 동상 ○

켄 프라이어 브릿지가 끝날 무렵 어린아이의 동상을 만나게 된다. 바로 이 다리의 주인공인 켄 프라이어의 어린 시절 동상이다. 어렸을 때 그는 티켓 오피스에서 티켓 파는 일을 하다가 추후 축구계에서 인정받아 꾸준히 명성을 올리며, 결국 단장까지 하게 된 입지전적인 인물이다. 아스널 FC에 무려 60년 이상 재직할 정도로 인생 전체가 '아스널'이었던 사람으로, 2000년도에는 축구계에 기여한 공로를 인정받아 훈장을 받았다.

스타디움 투어중에 만날 수 있었던 켄 프라이어의 흉상

○ 노스 뱅크 테라스 & 아모리 스퀘어의 스톤 ○

아스널 FC는 에미레이트 스타디움을 건축할 때 노스 뱅크 테라스와 아모리 스퀘어라는 공간을 만들었다.
그리고 이 공간에 들어갈 대리석돌
들을 팬들에게 팔았다. 즉, 팬들에게
돈을 받아 원하는 메시지를 돌에 새
겨 놓았던 것이다. 지금도 여전히 아
스널은 이 돌을 판매하고 있다. 돌에
새겨진 아스널 팬들의 메시지를 하나하나 읽어보는 맛이 쏠쏠하다.

○ 아모리 스퀘어의 대포 ○

아스널 FC의 상징인 대포다. '아스널'
이라는 단어 자체가 원래 '병기창'을
의미하는데 실제로 아스널 FC는 '왕
립 병기창(Royal Arsenal)'에서 일하
던 노동자들이 만든 클럽으로 알려
져 있다. 그래서 그런지 아스널 FC
의 메가스토어가 있는 아모리 스퀘어에는 이런 대형 대포가 자리하
고 있다.

○ 아스널 시계(The Arsenal Clock) ○

하이버리 스타디움에 있는 아스널
시계는 팀만큼이나 유명한 존재였다.
1930년부터 하이버리에 자리했던 이
시계는 에미레이트 스타디움으로 이
전하게 되면서 함께 이사를 왔다. 현
재 에미레이트 스타디움에는 2개의
아스널 시계가 있는데, 경기장 바깥과 경기장 내부에 각각 하나씩 있
으며 바깥 시계가 오리지널이다. 대니 피츠먼 브릿지에서 경기장을
바라보면 이 오리지널 시계를 쉽게 찾을 수 있을 것이다.

○ 로열 아스널(Royal Arsenal) ○

아스널 FC에 대해서 깊이 있게 들어가고자 한다면 런던 시티 공항 인
근의 울위치 아스널(Woolwich Arsenal) 역을 방문해보자. 역 인근의
로열 아스널(Royal Arsenal)에서 1886년 아스널 FC가 다이얼 스퀘어
라는 이름으로 탄생한 곳을 만날 수 있다. 현재 이곳에는 기념 동상
과 함께 옛 건물을 그대로 활용한 Dial Arch라는 펍이 있으므로 아스
널 FC의 역사적인 장소도 만나보고 식사도 즐기면 좀 더 수준 높은
축구 여행이 될 것이다.

경기장 내부 통로에도 볼거리가 꽤
많다.

로열 아스널의 다이얼 스퀘어와 다이
얼 아크

로열 아스널
주소: Woolwich, London SE18 6GH
대중교통: DLR Woolwich Arsenal
역에서 도보 5분

런던 언더그라운드 Arsenal 역의 모습

경기 당일에 만날 수 있는 노점상들
이 파는 기념품도 볼만하다.

경기 당일에는 경기장 주변 간이 판
매대에서 파는 프로그램 책자를 구
입해보자. 가격에 비해 볼거리가 많
은 편이다.

경기 당일에 경기장 주변 노점상에서
사먹을 수 있는 핫도그. 영국 경기장
에서 가장 흔한 간식거리다.

아스널 FC는 주머니에 들어갈 정도
크기의 카메라만 반입이 가능하며,
DSLR은 반입이 금지되어 있다는 것
을 주의하자.

경기 관람
ENJOY FOOTBALL MATCH

PREMIER LEAGUE TEAM

● 경기 관람 포인트 및 주의 사항

1. 경기가 있는 시간에는 경기장 주변 모든 거리가 사람들로 붐빈다. 대중교통을 이용해 경기장으로 찾아가도록 한다.

2. 런던 버스의 느린 속도와 경기 당일의 교통체증을 감안하면, 언더그라운드를 이용하는 것이 가장 합리적인 방법이다.

3. 경기장 주변에 볼거리가 많으니 아예 일찌감치 찾아가거나, 경기가 끝난 후에 잊지 말고 관람하자.

● 경기장 찾아가는 법
○ **교통수단**
런던 언더그라운드 Arsenal 역, 또는 Finsbury Park, Holloway Road 역 또는 기차 Drayton Park, Finsbury Park 역
○ **이동시간**
시내에서 약 20분, 아스널역에서 도보로 2-3분

축구팀 이름이 지하철역에 들어가 있는 일은 전 세계적으로 흔치 않은 일이지만 아스널 FC가 바로 그런 경우에 속한다. 아스널(Arsenal)이라는 이름을 지하철 노선도에서 찾아보도록 하자. 아스널역은 런던 중심부에서 살짝 동북부 쪽으로 떨어진 곳에 위치하고 있다. 인근의 핀스버리 파크(Finsbury Park)역이나 홀로웨이 로드(Holloway Road)역에서 내려도 경기장에 도착할 수 있으나 초행길에 가장 쉽게 찾아갈 수 있는 역은 바로 아스널 역이다.

아스널 역에 내리면, 우측과 같이 에미레이트 스타디움으로 가는 방향이 친절하게 안내되어 있다. 화살표를 따라 오른쪽 길로 가면 되는데 약 2-3분이면 경기장에 도착할 정도로 가깝다. 조금만 걷다 보면 경기장이 보인다. 매표소 옆에 있는 계단을 따라 올라가면 웅장한 에미레이트 스타디움을 만날 수 있다

스타디움 투어

PREMIER LEAGUE TEAM

아스널 FC의 스타디움 투어는 기본적으로 가이드가 따로 없는 셀프-가이드 투어이다. 즉, 구장 내에 표시된 동선을 따라서 스스로 즐기면 된다. 스타디움 투어 요금에 오디오 가이드가 포함되어 있어 입장 시에 제공받아 이어폰을 통해 설명을 듣게 된다. 구단 박물관은 별도의 건물에 자리하고 있으므로 스타디움 투어를 즐긴 이후 또는 투어 전에 방문할 수 있다.

스타디움 투어에서는 VIP석, 선수 출입구, 벤치, 홈팀 드레싱룸, 피치 사이드 등을 만날 수 있으며 온라인 예매와 오프라인 구매의 가격 차이가 없으므로 현장에서 구매해 스타디움 투어를 즐겨도 문제없다. 단, 갑자기 사람들이 몰릴 수 있기 때문에 온라인 예매를 하면 상대적으로 여유 있게 즐길 수 있다.

박물관 입장료가 콘텐츠에 비해서 비싸다. 그렇기 때문에 박물관만 보고 싶다고 하더라도 '스타디움 투어&박물관' 구성으로 입장료를 지불하여 스타디움 투어와 박물관을 함께 관람하는 게 훨씬 효율적이다.

● 입장료

	성인	16세 미만	학생	5세 미만	만 60세+
스타디움 투어&박물관	£25	£16	£20	무료	£20
레전드 투어	£40	£20	£30	무료	£30
매치데이 투어	£35	£25	£30	무료	£30
박물관	£10	£7	£8	무료	£8

● 구단 공지사항

여행용 캐리어 및 큰 가방은 반입이 불가능하다.
스타디움 투어 내에 음식을 구입할 수 있는 곳이 없다. 단, 스타디움 아모리 스퀘어 앞에 자리하고 있는 Chapman's 키오스크에서 샌드위치, 파니니 등의 빵과 음료를 구입할 수 있다.

오렌지군의 축구 여행 TIP

경기 전날 및 경기 당일에도 스타디움 투어를 운영하는 경우가 많지만 경기 준비 관계로 일부 구역을 방문할 수 없는 경우가 대부분이니 주의하도록 하자. 홈페이지에 관련 정보를 안내하니 참고하자.

스타디움 투어
홈페이지: www.arsenal.com에서 메뉴 상단 STADIUM TOURS 클릭

운영 시간
〈스타디움 투어〉
월~토 09:30~18:00(마지막 입장 17:00), 일 10:00~16:00(마지막 입장 15:00)

〈박물관〉
월~토 10:30~18:30(마지막 입장 18:15), 일 10:30~16:30(마지막 입장 16:15)

오디오 가이드 지원 언어
영어, 네덜란드어, 프랑스어, 독일어, 이탈리아어, 스페인어, 포르투갈어, 중국어, 일본어

아스널 박물관
타 구단과 달리 별도의 건물에 마련되어 있으니 주의하자.

첼시 FC

CHELSEA FC

구단 소개

THE BLUES

창단연도
1905년 3월 10일

홈구장
스탬포드 브리지

주소
Fulham Rd, Fulham, London SW6
1HS

구단 홈페이지
www.chelseafc.com

구단 응원가
Blue is the Colour

첼시 FC는 영국 런던의 풀럼을 연고지로 하는 세계적인 축구팀이다. 1905년에 창단된 역사가 깊은 구단이지만 괄목할 만한 성적을 거두기 시작한 것은 비교적 최근부터이다. 첼시는 프리미어리그 6회 우승, UEFA 챔피언스리그 우승 등을 차지하며 세계적인 명문팀으로 자리 잡았지만 이 업적은 대부분 2000년대 중반 이후에 이루어졌다. 이는 현 구단주인 로만 아브라모비치가 구단을 인수해서 운영하기 시작한 시기와 일치한다. 로만이 팀을 인수하던 시기는 클라우디오 라니에리가 팀을 이끌던 시기로서, 그가 리그 준우승을 이끌었음에도 불구하고 로만은 라니에리를 경질하고 직전 시즌에 FC 포르투를 이끌고 UEFA 챔피언스리그 우승을 차지한 조세 무리뉴를 새 감독으로 선임했다. 무리뉴는 2004-2005 시즌에 25경기 클린 시트, 최다 승리, 최다 승점 등 그동안의 프리미어리그 기록들을 모두 갈아엎으면서 완벽하게 리그 우승을 만들어냈다. 무리뉴가 이끌던 팀은 다음 시즌인 2005-2006 시즌에도 우승을 하며 2연패를 달성했다.

이후로도 첼시 FC는 꾸준히 프리미어리그 우승을 차지하는 강호로 자리 잡아 전 세계 축구팬들의 마음을 뒤흔들고 있다.

역대 우승 기록들

UEFA 챔피언스리그
(유러피안컵 시절 포함)
1회(2012)

UEFA 유로파리그
(UEFA컵 시절 포함)
2회(2013, 2019)

UEFA컵 위너스컵
2회(1971, 1998)

UEFA 수퍼컵
1회(1998)

프리미어리그
(풋볼리그 시절 포함)
6회(1955, 2005, 2006, 2010,
2015, 2017)

잉글리시 FA컵
8회(1970, 1997, 2000, 2007,
2009, 2010, 2012, 2018)

EFL 컵
5회(1965, 1998, 2005, 2007,
2015)

FA 커뮤니티실드
(채리티실드 포함)
4회(1955, 2000, 2005, 2009)

첼시 FC의 홈구장인 스탬포드 브리지는 영국 내에서 가장 오래된 경기장 중 하나로 꼽힌다. 1877년에 완공된 이 경기장은 중간중간 여러 차례의 증·개축 공사를 거쳐 현재 약 40,000여 석을 갖춘 큰 규모의 경기장이 되었다.

19세기에 지어졌음에도 불구하고 런던 시내 한복판의 금싸라기 땅을 차지하고 있다. 또한 경기장 근처에 지하철역이 자리하고 있어 도심 속 경기장을 만나는 독특한 체험을 할 수 있을 것이다.

여러 차례의 증·개축으로 인해 비대칭의 관중석을 갖춘 기형적인 구조를 이루고 있으나 스탬포드 브리지는 전 유럽의 수많은 유명 경기장을 설계했던 아치발드 리치(Archibald Leitch)의 작품이기도 하다. 경기장 내에 위치한 호텔 및 바가 또 하나의 볼거리이다.

● 홈구장

스탬포드 브리지(Stamford Bridge)			
개장일	1877년 4월 28일	수용 인원	40,853명
경기장 형태	축구 전용 구장	그라운드 면적	103mX67m

● 연습구장

코밤 트레이닝 센터(Cobham Training Centre)	
주소	64 Stoke Rd, Stoke D'Abernon, Cobham KT11 3PT
대중교통	Cobham&Stoke d'Abernon 기차역 앞

초기의 스탬포드 브리지, 트랙이 있는 작은 종합 운동장이었다.

모형으로 구현한 현재의 스탬포드 브리지

티켓 구매

첼시 FC의 2019-2020 시즌 멤버십 카드

오렌지군의 티켓 구입 TIP

기본적으로 유료 멤버십 1장당 티켓 1장을 구입할 수 있다. 유료 멤버십 판매 기간에 매진되지 않은 경기들 중에는 티켓 2장 추가 구매도 가능하니 공지사항을 참고하도록 하자.

오렌지군의 티켓 구입 TIP

첼시 FC의 티켓 익스체인지는 티켓이 나오면 텍스트로 좌석의 위치와 번호, 티켓 가격만 안내된다. 그러므로 이 책에 안내된 배치도와 가격표를 보고 대강의 위치를 파악해야 한다.

스탬포드 브리지는 약 4만 석의 '적당한' 규모를 갖춘 축구 전용구장이다. 이 얘기는 어느 좌석에 앉아도 만족스러운 경기를 관람할 수 있다는 뜻과 같다.

티켓 구매 관련 팁

● 티켓 구매 전쟁에서 어떻게 해야 살아남을까?

첼시 FC는 세계적인 명문팀으로 자리를 잡은 만큼 일반 판매로 티켓을 구입하는 것이 사실상 어려워졌다. 하지만 유료 멤버십 및 티켓 익스체인지 시스템이 잘 구축되어 있는 구단이기 때문에 유료 멤버십에 가입하면 최소한 티켓 익스체인지를 통해서라도 티켓 구입이 가능한 편이다. 빅매치도 티켓 익스체인지를 통해 가끔 티켓이 올라오곤 하므로 도전해볼 만하다. 단, 이 경우에는 티켓 구입을 보장할 수는 없으며 다소 운이 따라야 한다. 일반 판매에서는 주로 유럽 대회나 컵 대회 등 비중이 낮은 경기의 티켓 정도를 구매할 수 있는 확률이 높다.

● 멤버십에 가입한 후에 티켓 구입에 도전하려면?

멤버십에 가입하더라도 무조건 티켓 구입이 보장되는 것은 아니다. 우선 원하는 경기의 공지사항을 정확하게 확인한 뒤 티켓 구입에 도전하는 것이 좋다. 단, 첼시는 매 시즌(2018-2019 시즌 기준) 12월까지만 유료 멤버십 가입을 허용했다는 점을 주의해야 한다. 즉, 후반기의 경기 티켓을 구입하려면 미리 멤버십에 가입해둘 필요가 있다. 빅매치가 아닌 경기 기준으로 멤버십 판매일을 체크하고, 멤버십 가입을 한 상태에서 그 날짜에 티켓 구입에 도전해 보도록 하자. 만약 내가 원하는 자리가 있다면 바로 구입하고, 그렇지 않다면 티켓 익스체인지가 오픈될 때까지 기다릴 필요가 있다. 이때 시즌권 소지자들이 내놓는 티켓이 등장하기 때문이다. 좋은 자리가 나올 확률이 있다. 단, 빅매치는 자리가 나오자마자 다른 사람이 구입해갈 가능성이 높으므로 티켓 익스체인지에 대한 기대는 조금 내려놓고 도전해 보는 것이 좋다.

● 티켓 구매 전 알아야 할 사항은?

첼시 FC는 티켓 판매 날짜 및 판매 조건과 관련해 아주 구체적으로 공지한다. 상대팀별 판매 조건에 대한 편차가 크고, 구매 제한이 걸리는 빅매치들이 상당하므로 첼시 FC 팬들이 가장 먼저 해야 할 중요한 일은 구단 공지를 확인하는 것이다. 그리고 티켓 구입 시 티켓 배송에 대한 부분을 꼼꼼하게 체크하도록 하자. 첼시 FC는 아직도 대부분의 티켓을 우편 발송하기 때문이다. 우편 배송은 한국에 도착하는 데 최소 3-4주가 걸린다. 만약 출국 전에 티켓을 받지 못할 경우 구단에서는 멤버십 카드 및 여권을 지참해서 일찍 매표소를 찾아오라고 안내한다. 멤버십 카드도 받지 못한 경우에는 결제 시 사용한 신용카드 및 여권을 지참해서 구단에 티켓을 구입했다는 것을 증명받고 조치를 받도록 하자.

첼시 FC의 UEFA 챔피언스리그, 프리미어리그 종이 티켓

WEST STAND

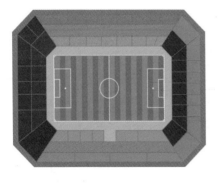

SHED END
SOUTH

MATTHEW HARDING STAND
NORTH

EAST STAND

티켓 가격

각 경기의 상대팀에 따라서 AA~B등급으로 분류되며, 특정 경기의 경우 별도의 카테고리를 공지한다.

1층 좌석의 시야

2층 중간 좌석의 시야

※ 2019-2020 시즌 기준 성인 일반 판매 정가, 예약 수수료 별도

	프리미어리그			UEFA 챔피언스리그			FA컵	리그컵
	AA	A	B	조별	16강	8강/4강		
East Upper	£76	£66	£61	£35	£66	£76	£30	£25
East Lower Family Centre	£53	£49	£44	£35	£49	£53	£30	£25
West Lower	£76	£66	£61	£35	£66	£76	£30	£25
West Upper	£95	£80	£75	£35	£80	£95	£30	£25
Matthew Harding Upper	£70	£65	£60	£35	£65	£70	£30	£25
Matthew Harding Lower	£65	£60	£55	£35	£60	£65	£30	£25
Shed Upper	£70	£65	£60	£35	£65	£70	£30	£25
Shed Lower	£65	£60	£55	£35	£60	£65	£30	£25
Shed Lower(원정석)	£30	£30	£30	£35	£60	£65	£30	£25
Shed Upper(원정석)	£30	£30	£30	£35	£65	£70	£30	£25

첼시 FC
CHELSEA FC

티켓 구매 프로세스
첼시 FC 홈페이지에서 티켓을 구매하는 방법

STEP 01 | 첼시 FC 홈페이지 접속 및 일정 확인

한국에서는 www.chelseafc.com으로 접속하면 자동으로 한국어 홈페이지로 연결되는 경우가 있다. 영어 홈페이지로 접속해야 티켓 구입이 가능하므로 www.chelseafc.com/en 을 통해서 접속하자. 첼시 FC 홈페이지에 접속해 상단의 TICKETS&MEMBERSHIP–Buy Tickets를 클릭하면 경기 일정 소개 화면이 나온다. 내가 원하는 경기를 클릭하자. 위가 홈 팀이고 아래가 원정 팀이므로 첼시 FC의 홈 경기 티켓을 구매하고 싶다면 반드시 위에 첼시 FC가 있는 경기를 선택해야 한다.

STEP 03 | 티켓 관련 정보 확인

Premier League

Saturday 1 September 2018

Kick-off 3pm

Dispatching of tickets

Tickets will be posted out via first class post on **Tuesday 14 August.**

Supporters from the UK who purchase tickets after **Wednesday 29 August** will need to collect their tickets from the ticket office on the day of the match.

Supporters who live in Europe who purchase tickets after **Friday 24 August** will need to collect their tickets from the ticket office on the day of the match.

Supporters outside of Europe who purchase tickets after **Friday 17 August** will need to collect their tickets from the ticket office on the day of the match.

티켓 판매일, 티켓 발송일 등 다양한 정보들을 안내하고 있다. 해외 팬들을 위한 안내도 자세히 되어 있으니 꼭 읽어 보자. 티켓 익스체인지의 시작일과 종료일까지 구체적으로 표시되어 있다.

STEP 04 | 티켓 구매 진행

일정을 모두 확인한 다음 티켓을 구입할 수 있는 시점이라면 해당 부분의 BUY NOW를 클릭한다(❶).

STEP 02 | 해당 경기 정보 확인

내가 원하는 경기의 TICKETS INFO를(❶) 클릭하면 해당 경기 관련 정보를 자세히 확인할 수 있으므로 우선 TICKET INFO부터 클릭해 자세한 정보를 검토하자.

STEP 06 | 로그인하기

일반적으로 유료 멤버십에 가입한 뒤 티켓 구매를 진행하게 될 것이다. 진행 과정 중에 로그인 창이 뜨면 유료 멤버십 번호와 암호를 기입한다. 처음에 암호를 기입할 땐 DDMMYYYY(일/월/년) 순으로 생년월일을 적어 넣으면 된다.

STEP 05 | 남성 팀 외에도 티켓 구매 가능

1군 팀을 비롯하여 지소연 선수의 첼시 레이디스의 홈 경기, 리저브 경기, U19 U16 청소년 팀의 경기 티켓도 예매할 수 있다. 경기 리스트 상단의 Team 메뉴에서(❶) 찾아볼 수 있다.

STEP 07 | Buy Tickets 클릭

로그인이 완료되면 현재 구입할 수 있는 경기 리스트가 표시된다. 여기에서 원하는 경기를 선택하고 Buy Tickets를 클릭한다(❶).

STEP 09 | 좌석 번호 확인 후 진행

좌석을 선택하면 내가 고른 스탠드에서 무작위로 열과 좌석 번호가 지정되었다는 것을 알 수 있다. 이때 열과 번호가 마음에 들지 않는다면 모든 기록을 삭제하고 지금까지의 과정을 처음부터 다시 시작해야 한다. 원하는 자리가 선택되었다면 Continue를 클릭하자(❶).

STEP 11 | 티켓 가격 확인 후 Pay Now 클릭

하단에는 내가 지불해야 할 티켓 가격이 안내되어 있으니, 다시 한 번 체크해 보자. 그다음 Pay Now 버튼을 클릭한다(❶).

STEP 12 | 결제 과정 진행 후 마무리

PAYMENT/BILLING ADDRESS
Please enter your complete billing information as it appears on the payment card that you are using to purchase the tickets.

The mailing address you enter must match the cardholders billing address, otherwise the card transaction will be declined.

첼시 FC는 티켓을 우편으로 배송하기 때문에 주소도 정확히 영어로 기재해야 한다. 그다음 Submit를 클릭(❶)하자. 바로 결제가 진행되면서 티켓 구입 과정이 마무리될 것이다.

STEP 08 | 좌석 확인

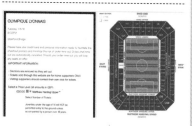

경기장 전체 좌석 배치도와 가격표 리스트를 볼 수 있다. 참고로 첼시 FC는 좌석을 일일이 선택할 수 없으며 원하는 스탠드의 1~2층 정도만 지정할 수 있다(각 경기마다 상황은 조금씩 다를 수 있다). 만약 내가 원하는 자리가 없다면 티켓 익스체인지를 통해 티켓 구입에 도전하는 수밖에 없다.

좌석 배치도를 참고하여 원하는 티켓의 숫자를 지정한다. 참고로 Upper는 2층 좌석, Lower는 1층 좌석을 의미한다.

STEP 10 | 개인정보 및 신용카드 정보 입력

PAYMENT/BILLING ADDRESS
Please enter your complete billing information as it appears on the payment card that you are using to purchase the tickets.

The mailing address you enter must match the cardholders billing address, otherwise the card transaction will be declined.

간단한 개인정보와 신용카드 정보를 입력한다. 이메일로 티켓 구입 관련 컨펌 메일이 발송되므로 반드시 정확한 주소를 넣어야 하며 이때부터는 카드 정보가 들어가므로 반드시 주의해서 진행하자.

TICKET EXCHANGE | 티켓 익스체인지 사용

CHELSEA FC
TICKET EXCHANGE

첼시 FC는 티켓 익스체인지를 별도의 홈페이지에서 운영하고 있다. 그러므로 티켓 익스체인지로 티켓을 구입하고자 하는 사람들은 cfcexchange.pvxgateway.com로 접속해서 멤버십 번호를 넣고 로그인한 후 티켓 구입 과정을 진행하면 된다.

STAMFORD BRIDGE

CHELSEA FC
첼시 FC

M1 스타디움 투어 & 박물관

H1 Millennium & Copthorne Hotels at Chelsea Football Club

H2 La Reserve Hotel

SE1 동쪽 스탠드 외벽

SE2 피터 오스굿 동상

SE3 셰드 월

SE4 보브릴 게이트

B1 Under The Bridge

B2 Frankie's Sports Bar & Diner

B3 The Tea Bar

B4 55 Restaurant

B5 The Butcher's Hook

S1 풀럼 브로드웨이 리테일 센터

S2 메가 스토어

S3 스템포드 게이트 메가 스토어 경기 당일만 해당

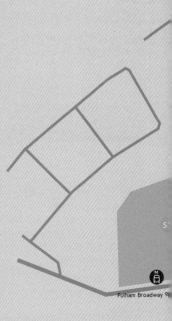

Fulham Broadway 역

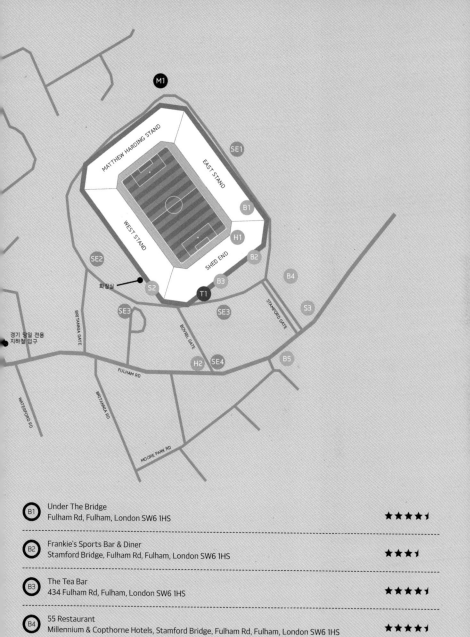

B1	Under The Bridge Fulham Rd, Fulham, London SW6 1HS	★★★★✦
B2	Frankie's Sports Bar & Diner Stamford Bridge, Fulham Rd, Fulham, London SW6 1HS	★★★✦
B3	The Tea Bar 434 Fulham Rd, Fulham, London SW6 1HS	★★★★✦
B4	55 Restaurant Millennium & Copthorne Hotels, Stamford Bridge, Fulham Rd, Fulham, London SW6 1HS	★★★★✦
B5	The Butcher's Hook 477 Fulham Rd, Fulham, London SW6 1HL	★★★★

경기장으로 향하는 풀럼 브로드웨이 역은 쇼핑센터 안에 자리하고 있다. 쇼핑센터와 주변 식당들이 많이 있으므로 이곳에서 식사를 해결하고 경기장으로 향하는 것이 좋다.

스토어에서는 구단에 특별한 일이 있을 때 기념용품들을 파는 경우가 있다. 그러므로 딱히 살 게 없더라도 한번쯤 들어가 보기를 권한다.

피터 오스굿이 사용했던 용품들은 구단 박물관에 전시되어 있다. 레전드의 스토리가 궁금하다면 박물관을 방문해보자.

경기장 주변 볼거리
ENJOY YOUR TRAVEL

PREMIER LEAGUE TEAM

○ 구단 공식용품점 ○

MEGASTORE-STAMFORD BRIDGE

주소: Stamford Gate House, Fulham Rd, Fulham, London SW6 1HS
운영 시간: 월-금 09:00-19:00, 토-일 11:00-17:00
경기 당일: 경기 킥오프 시간에 따라서 운영시간이 달라짐

MEGASTORE - STAMFORD GATE(매치데이 스토어)

주소: Stamford Gate Store, Fulham Rd, Fulham, London SW6 1HS
운영 시간: 경기 당일만 운영, 킥오프 시간에 따라 운영시간이 달라짐

○ 레전드 '피터 오스굿'의 동상 ○

첼시 FC가 자랑하는 스타 피터 오스굿(Peter Osgood)은 1964-1974년까지 첼시 FC 소속으로 380경기에 출장하여 150골을 넣은 특급 공격수였다. 구단에 있는 동안 1970년 FA컵 우승을 차지했는데, 그 대회 모든 경기에서 골을 넣은 유일한 선수로 기록에 남아 있다. 주로 '오시(Ossie)'라는 애칭으로 불리며 스탬포드 브릿지를 지키고 있는 동상에도 이 애칭이 기재되어 있다.

○ 셰드 월(The Shed Wall) ○

스탬포드 브리지는 주변 주택가와 거의 붙어 있을 정도로 가까이 자리하고 있다. 높은 벽을 통해 주변 주택가나 도로로부터 공간을 분리하는데, 이 벽이 바로 셰드 월(The Shed Wall)이다. 명예의 벽은 첼

시 FC를 홍보하는 역할을 톡톡히 하며 구단을 빛낸 레전드들의 사진들이 걸려 있기 때문에 이곳에서 본인이 좋아하는 선수를 찾아보는 재미 또한 쏠쏠히 느낄 수 있을 것이다.

셰드 월에 있는 보브릴 게이트(Bovril Gate). 이 문은 경기 당일에만 오픈된다.

○ 동쪽 스탠드 외벽(East Stand Wall) ○

주변 주택가와 경기장을 통제하는 벽의 역할만 했던 동쪽 스탠드의 외벽이 종종 구단 홍보의 장으로 이용된다. 이 벽의 내용은 매 시즌 바뀔 수 있으며 운영되지 않을 수도 있다는 점을 주의하자.

경기 당일에는 경기장 앞 Fulham Road에서 수많은 노점상들을 만날 수 있다.

○ 첼시 FC의 탄생지 The Butcher's Hook 레스토랑 ○

첼시 FC는 1905년에 지금의 스탬포드 브리지 건너편에 있는 작은 집에서 역사가 시작되었다. 현재 이곳은 The Butcher's Hook라는 이름의 레스토랑으로 운영 중이다. 이 레스토랑의 2층에서 구단이 탄생했다고 하니 첼시 FC의 팬이라면 이곳에서 식사를 즐기고 2층을 구경해도 좋을 것이다.

The Butcher's Hook
주소: 477 Fulham Rd, London SW6 1HL
운영시간: 월-금 11:00-24:00, 토, 일 10:00-24:00
홈페이지: www.thebutchershook.co.uk

브리타니아 게이트 옆에는 다음 경기의 일정을 안내하는 안내판이 설치되어 있다.

○ 브리타니아 게이트 담장 ○

풀럼 브로드웨이 역에서 걸어서 경기장을 향하다 보면 브리타니아 게이트를 만나게 되는데 이 게이트 주변 담장은 인증샷을 찍기 좋은 곳이다. 구단은 매 시즌마다 이 담장을 새롭게 단장하며 공을 들이고 있으므로 이곳에서 스탬포드 브릿지와의 추억을 남겨보자.

첼시 위민스에서 뛰는 우리 지소연 선수의 얼굴도 볼 수 있다!

경기장 주변을 통과하는 경우에도 보안 검사를 거쳐야 한다. 경기가 없는 날에도 마찬가지다.

경기장 주변에 설치된 TICKET TOUTING이라는 메시지, 암표를 구입하지 말라는 권고 메시지가 들어 있다.

경기 당일에는 경기장 주변에 설치된 키오스크를 통해서도 구단 용품을 구매할 수 있다.

경기 당일에는 평소에는 통행할 수 없는 '풀럼 브로드웨이'의 특별한 출입구가 열린다. 경기 당일에 이곳을 통해서 오고 가는 것도 특별한 추억이 된다.

경기 관람
ENJOY FOOTBALL MATCH

PREMIER LEAGUE TEAM

● 경기 관람 포인트 및 주의 사항

1. 스탬포드 브리지 앞에는 왕복 2차선의 도로밖에 없기 때문에 경기 당일에는 매우 혼잡하므로 반드시 지하철을 이용하도록 한다.
2. 경기장 주변은 주택가이고, 길이 매우 좁아서 혼잡하므로 이동 시 안전사고에 유의하도록 하자.
3. 경기장의 일부 스탠드에는 지붕에 전기 스토브가 설치되어 있어서 겨울철에는 조금이나마 추위를 덜 수 있다.
4. 스탬포드 브리지는 영국 내 경기장 중 가장 비대칭한 구조로 이루어져 있다. 이로 인해 각 방향별 스탠드의 모양이 다르므로, 한 번쯤 구경할 만하다.

● 경기장 찾아가는 법

○ **교통수단**

지하철(Underground) 디스트릭트 라인(District Line) 풀럼 브로드웨이(Fulham Broadway) 역 또는 런던 오버그라운드 기차, West Brompton, Imperial Wharf 역

○ **이동시간**

시내에서 약 20분 소요, 풀럼 브로드웨이 역에서 도보로 1분, 런던 오버그라운드 West Brompton, Imperial Wharf 역에서는 도보로 약 20분

전 세계에서 가장 찾아가기 쉬운 경기장 중 하나가 바로 스탬포드 브리지이다. 시내에서 매우 가까운 경기장이기도 하다. 언더그라운드를 타고 풀럼 브로드웨이(Fulham Broadway) 역에서 내려 출구로 나와 좌회전해, 약 1분 정도만 걸어가면 부자 동네 중심에 자리하고 있는 스탬포드 브리지를 만날 수 있을 것이다. 런던 오버그라운드 및 기차를 이용해 West Brompton, Imperial Wharf 역에서 내려도 되지만 조금 걸어야 한다. 버스는 도로가 통제되기 때문에 추천하지 않는다.

스타디움 투어

PREMIER LEAGUE TEAM

스타디움 투어 홈페이지
www.chelseafc.com/en/stamford-bridge/stadium-tours-and-museum0

첼시 FC의 스타디움 투어는 스탬포드 브리지를 한 바퀴 돌아보는 스타디움 투어와 구단 박물관 감상으로 구성되어 있다. 스타디움 투어는 60-90분의 길이로 진행되며 구단 박물관까지 관람하는 것까지 감안하면 최소 1시간 30분-2시간 정도가 소요된다. 구단 가이드가 스타디움 투어를 직접 진행하며 별도의 오디오 가이드를 추가로 지급한다. 드레싱룸과 기자실, 선수들이 입장하는 터널, 피치사이드 및 벤치 등을 감상할 수가 있으며 사전 예약 시에 조금이나마 할인받을 수 있으므로 미리 구단 홈페이지를 통해 예약 후에 방문하는 것이 좋다. 첼시 FC는 오디오 가이드를 중심으로 한 스타디움 투어를 운영하고 있으며, 기존의 구단 가이드가 인솔하며 진행하는 투어는 하루 2회만 운영하고 있다.

● 입장료

	성인	5-15세	학생/시니어	5세 미만
스타디움 투어&박물관	£24	£15	£16	무료
박물관만 관람	£12	£10	£11	무료
클래식 가이드 투어&박물관	£30	£22	£23	무료

● 구단 공지사항

스타디움 투어는 경기장 뒤편의 Matthew Harding Stand 건너편에 위치한 별도의 건물에서 시작된다. 투어는 약 60-90분간 진행된다. 16세 미만의 청소년은 단독 입장이 불가능하고 여행용 캐리어 및 가방은 반입할 수 없다.

● 투어 프로그램

MULTIMEDIA STADIUM TOUR	TOUR AND LUNCH PACKAGE
약 60-90분, 오디오 가이드와 함께 경기장 곳곳을 돌아본다.	60-90분간의 풀 스타디움 투어 포함
드레싱룸, 선수 입장 터널, 피치사이드 등 관람	드레싱룸, 선수 입장 터널, 피치사이드 등 관람
첼시 FC 구단 박물관	첼시 FC 구단 박물관
첼시 FC 메가 스토어	첼시 FC 메가 스토어
	Frankie's Sports Bar&Diner에서의 2코스 점심 식사 포함

운영 시간
〈멀티미디어 스타디움 투어〉
매일 10:00-15:00, 또는 16:00, 17:00
(각 계절마다 운영시간 변경)

〈클래식 가이드 투어〉
매일 2회 09:45, 16:15(또는 17:15)

〈박물관〉
매일 09:30-17:00, 또는 17:30, 18:30 까지(각 계절에 따라 차이가 있음)

경기 당일은 투어가 축소 또는 취소될 수 있으므로 정확한 스케줄은 구단 홈페이지에서 확인한다.

오렌지군의 축구 여행 TIP

특별한 투어를 원한다면
〈Legends Tour〉
· 첼시 FC의 레전드와 함께 경기장 곳곳을 돌아본다.
· 드레싱룸, 선수 입장 터널, 피치사이드 등 관람
· 첼시 FC 구단 박물관
· 첼시 FC 메가 스토어
· 첼시 FC 레전드와 함께 사진 촬영 및 Q&A의 시간

첼시 FC의 구단 박물관

토트넘 홋스퍼 FC

TOTTENHAM HOTSPUR FC

구단 소개

THE SPURS

창단연도
1882년 9월 5일

홈구장
토트넘 홋스퍼 스타디움

주소
Tottenham Hotspur Stadium,
748 High Road, Tottenham,
London, N17 0AP

구단 홈페이지
www.tottenhamhotspur.com

구단 응원가
Glory Glory Tottenham Hotspur

북런던을 연고로 1882년 '홋스퍼 풋볼 클럽'이라는 이름으로 창단된 프리미어리그의 강자. 아스널 FC와 북런던 라이벌 관계로서 아스널 FC가 프리미어리그 무패 우승 등 화려한 역사를 보낸 것과 달리 토트넘 홋스퍼 FC의 전성기는 짧은 편이다. 가장 화려했던 시기는 리그 우승을 차지했던 1951, 1961년인데 레전드 빌 니콜슨의 맹활약으로 리그, 컵 대회에서 수많은 우승 트로피를 들어올렸다. 그 이후에는 이렇다 할 성적을 기록하지 못했으나 프리미어리그 대표 강호로 다시 일어선 때는 21세기 들어서면서부터다. 이 시기에 토트넘은 중상위권에서 유럽 무대 출전권을 획득하는 등 탄탄한 전력을 과시하며 당시 빅4를 위협하는 대항마 중 한 팀으로 자리 잡게 된다.

그러나 이 구단의 진정한 전성기는 바로 지금부터일지도 모른다. 아르헨티나 출신의 포체티노 감독이 지휘봉을 잡은 이후 유럽 대회 출전을 넘어 리그 우승을 노릴 정도의 강팀으로서 유럽 축구계에 매 시즌 화제의 팀으로 떠오르고 있는 중이다. 특히 2018-2019 시즌은 토트넘의 새 시대를 여는 의미 있는 시즌으로 기록되었는데, 팀 역사상 최초의 UEFA 챔피언스리그 결승 진출의 대업을 이뤄냈고 세계 최고 수준의 대형 축구 전용 구장인 '토트넘 홋스퍼 스타디움'을 개장했기 때문이다. 이 역사적인 시즌의 중심에 슈퍼손 손흥민 선수가 있었기에 토트넘 홋스퍼 FC는 앞으로 더 많은 대한민국 축구팬의 관심을 받을 듯하다. 손흥민 선수는 팀의 첫 UEFA 챔피언스리그 결승 진출에 매우 중요한 역할을 했으며 새 경기장의 프리미어리그 및 UEFA 챔피언스리그 역대 첫 골의 주인공으로 팀 역사의 한 페이지를 장식하게 되었다.

2019년 4월 3일 토트넘 홋스퍼 FC와 크리스탈 팰리스 FC의 프리미어리그 경기 시작으로 토트넘의 역사적인 새 경기장 '토트넘 홋스퍼 스타디움'이 개장했다. 기존 홈구장이었던 화이트 하트 레인을 철거한 자리에 세워진 대형 경기장으로 약 62,000여 명을 수용할 수 있다. 2018-2019 시즌을 앞두고 완공될 예정이었으나 여러 차례 지연된 끝에 시즌이 끝나기 전 공식 개장 경기를 치를 수 있게 되었다.

새 홈구장은 최신 시설을 갖춘 최첨단 경기장이며 NFL 미식축구 경기를 유치하기 위해 이동식 피치를 설치했다. 또한 약 35,000여 개의 타일이 경기장을 둘러싸고 있어 우아한 분위기가 연출된다. 홈 팬들의 만족도를 높이기 위한 설계로써 피치와 관중석 스탠드의 거리는 4.9-7.9m에 불과하며 경기장 내에 32개의 엘리베이터와 7개의 에스컬레이터가 설치되어 있다. 가장 인상적인 곳은 총 17,500명을 수용하는 홈 서포터즈의 자리인 'South Stand'이다. 영국 내에서는 가장 많은 관중을 수용할 수 있는 단층 스탠드로 기록되었다. 이 스탠드에서 만들어지는 팬들의 퍼포먼스는 홈 경기 때마다 장관을 이룰 것으로 예상된다. 이외에도 토트넘 홋스퍼 스타디움은 유럽에서 가장 큰 오피셜 숍(리테일 스토어)과 가장 긴 바(Bar, South Stand, 65m)를 갖추면서 미래의 축구 경기장 모델로 자리 잡았다. 경기 당일에는 경기장 내에 있는 60여 곳의 매점에서 맛있는 먹거리들을 즐길 수 있다.

● 홈구장

토트넘 홋스퍼 스타디움(Tottenham Hotspur Stadium)			
개장일	2019년 4월 3일	수용 인원	62,062명
경기장 형태	다용도 경기장	그라운드 면적	105mX68m
UEFA 스타디움 등급		카테고리 4	

● 연습구장

엔필드 트레이닝 센터(Enfield Training Centre)	
주소	Hotspur Way, Whitewebbs Ln, Enfield EN2 9AP
대중교통	기차역 Turkey Street 역에서 도보 약 30분

토트넘 홋스퍼 스타디움의 외관

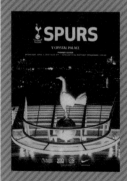

토트넘 홋스퍼 스타디움 구장 개장 기념으로 발간되었던 오피셜 프로그램

티켓 구매

2019-2020 시즌 구단 멤버십 카드
(스타디움 액세스 카드)

하늘에서 내려다본 토트넘 홋스퍼 스
타디움

● 티켓 구매 전쟁에서 어떻게 해야 살아남을까?

화이트 하트 레인 시절부터 매 경기 매진 사례를 기록하는 인기 팀이므
로 사전 예약은 필수다. 그리고 구단은 티켓 구매를 위한 유료 멤버십
가입을 적극 권장하고 있는 상황이다. 매 시즌 초에 각 경기별 티켓 판
매 일정을 공지하기 때문에 우선 일정부터 확인하는 것이 매우 중요하
다. (프리미어리그 기준, 컵 대회는 추첨 이후에 별도로 공지한다.) 이 일
정에 맞춰서 티켓 구매에 도전한다면 홈 경기 관람은 충분히 가능하다.
토트넘 홋스퍼 FC는 One Hotspur+와 One Hotspur라는 구단 멤버십
을 운영하고 있다. 멤버십 소지자들은 티켓 구매 우선권을 가지며, 티
켓은 멤버십 소지자들을 대상으로 하는 판매 기간에 대부분 팔린다.
그러므로 토트넘 경기를 보기 위해서는 멤버십 가입은 사실상 필수다.
멤버십은 한 시즌 동안 유효하며 하나당 1장의 티켓을 구매할 수 있다.
만약 멤버십 판매 기간에 티켓이 매진되지 않을 경우, 멤버십 가입자
에 한해 Guest Sale 기간에 추가로 티켓을 더 구입할 수 있는 권한이
주어지며, 이 과정까지 진행된 후에도 매진되지 않은 경우에만 일반
판매가 진행되므로, 일반 판매 가능성은 매우 희박하다고 할 수 있다.

● 매진된 후에 티켓 구입에 도전하려면?

구단에서 운영하는 티켓 익스체인지에서 시즌권 구입자들이 내놓은
잔여 티켓을 구입할 수 있는 기회가 주어진다. 유료 멤버십 가입자들
은 이 기회를 통해 구입을 노릴 수 있다. 멤버십 판매 기간에 티켓 구입
에 실패하더라도 티켓 익스체인지를 통해서 티켓을 구입할 수 있으므
로 침착하게 준비하도록 한다. 북런던 더비 등의 전 세계가 주목하는
빅 매치를 제외하고는 충분히 가능할 것이다. 단, 티켓 익스체인지는
모든 티켓이 매진된 후부터 가능하다는 점을 주의하자. 지난 시즌에는
이 티켓 익스체인지를 통해 경기당 약 2,500장의 티켓이 판매되었다.

● 티켓 구매 전 알아야 할 사항은?

구단에서는 지난 시즌 모든 리그 홈 경기에서 일반 판매가 이뤄지지
않았음을 강조하고 있다. 즉, 멤버십 가입이 중요하다는 뜻이다. 보통
One Hotspur+가 One Hotspur보다 하루 먼저 티켓을 구입할 수 있는
권한이 주어지며, 경기 약 50일 전부터 One Hotspur+를 위한 티켓
판매가 시작된다. 멤버십 간의 가격 차이는 5파운드이므로 이왕이면
+를 선택해서 조금이라도 더 안정적으로 가는 것이 좋지만, 자리 위
치가 그렇게 중요하지 않다면 One Hotspur로도 충분히 원하는 티켓

을 구입할 수 있다. 그리고 두 멤버십 모두 티켓 익스체인지에 접근할 수 있는 권한이 있다.

멤버십에 가입하면 스타디움 액세스 카드(Stadium Access Card)를 발급받을 수 있다. 이 카드는 경기 티켓 역할도 하므로 티켓을 구입하면 이 카드에 충전되며 별도의 티켓 배송이 이뤄지지 않는다. 만약 배송 기간 문제로 멤버십 카드를 받지 못했다면 컨펌 메일, 결제 시 사용한 신용카드, 여권 등을 지참해서 매표소를 찾아가도록 하자. 단, 구단은 앱을 통한 티켓 다운로드를 권장하고 있다.

오렌지군의 티켓 구입 TIP

만약 카드도 못 받고, 앱도 이용할 수 없는 상황이라면, 구단에서는 매표소를 찾는 것을 권장하고 있다. 매표소는 경기 4시간 전부터 운영되므로 이 때 여권을 지참하고 일찍 방문해서 조치를 받도록 하자. 확인 후 대체 티켓을 받을 수 있을 것이다. 멤버십 번호를 미리 메모해서 방문한다면 좀 더 수월하게 과정을 진행할 수 있을 것이다.

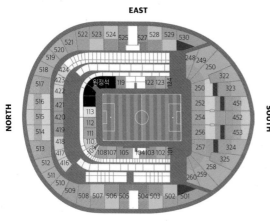

EAST

NORTH

SOUTH

WEST

티켓 가격

골대 쪽 가장 위층 좌석에서 내려다 본 시야

본부석과 본부석 반대편 스탠드의 구조

※ 2019-2020 시즌 프리미어리그 홈 경기 기준 티켓 가격(온라인 발권 수수료 별도)

※ 시니어: 만 65세 이상, 영 어덜트: 만 21세 이하, 주니어: 만 17세 이하

블록 / 등급별 가격표(카테고리 A~C)	성인	시니어	영 어덜트	주니어
109, 110	£52/£43/£30	£26/£22/£15	£39/£32.50/£22.50	£26/£22/£15
451-453, 514-516	£56/£47/£35	£28/£24/£18	£42/£35.50/£26.50	£28/£24/£18
110	£58/£48/£37	£29/£24/£18	£43.50/£36/£28	£29/£24/£18
111, 451-453, 513-517	£60/£50/£40	£30/£25/£20	£45/£37.50/£30	£30/£25/£20
113	£60/£50/£40	£30/£25/£20	£45/£37.50/£30	£30/£25/£20
248-250, 258-260, 322-325, 510-512, 518-520	£62/£52/£42	£31/£26/£21	£46.50/£39/£31.50	£31/£26/£21
101, 108, 112, 124, 248-252, 254, 256-260, 508, 509, 513, 517, 521, 522	£65/£55/£45	£32/£28/£23	£49/£41.50/£34	£32/£28/£23
252, 254, 256, 416-418, 422-424, 514-516	£70/£60/£50	£35/£30/£25	£52.50/£45/£37.50	£35/£30/£25
251, 252, 254, 256, 257, 322-325, 419-421, 451-453, 501, 502, 507, 508, 522, 523, 529, 530	£75/£65/£55			
102, 107, 123	£78/£68/£58			
502, 503, 506, 507, 523, 524, 528, 529	£80/£72/£60			
103, 105, 119, 122, 503-506, 524, 525, 527, 528	£88/£80/£65			
104, 105, 504, 505, 527	£98/£95/£80			
504, 505, 525, 527	판매하지 않음			
323, 324, 451, 453, 501, 502, 529, 530	판매하지 않음			

토트넘 홋스퍼 FC
TOTTENHAM HOTSPUR FC

티켓 구매 프로세스
토트넘 홋스퍼 FC 홈페이지에서 티켓을 구매하는 방법

STEP 01 | 토트넘 홋스퍼 FC 홈페이지 접속

토트넘 홋스퍼 FC 구단 홈페이지(www.eticketing.co.uk/tottenhamhotspur)에 접속한다.

STEP 04 | 로그인

로그인해야 한다. SIGN IN/REGISTER 버튼을(❶) 클릭한다.

STEP 05 | 회원 가입 및 로그인

기존에 가입한 계정이 있다면 Sign in에서 로그인을 진행한다. 계정이 없다면 Not Registered? Sign up을 통해 계정을 만든 뒤 로그인한다.

STEP 02 | 홈 경기 티켓 현황 확인

화면 하단 메뉴에서 현재 판매되고 있는 홈 경기의 티켓 정보를 확인할 수 있다. 원하는 경기의 View availability를(❶) 클릭한다. 또는 FIND TICKETS를 클릭한다.

STEP 03 | 경기 선택

해당 경기의 티켓 상태를 확인할 수 있다. 이곳의 정보를 확인한 후에 티켓 구입이 가능하다고 판단되는 경우 FIND TICKETS를 클릭한다.

STEP 06 | 좌석 배치도 확인 및 블록 선택

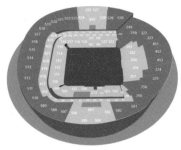

경기장의 좌석 배치도를 볼 수 있다. 회색 표시는 매진된 블록이고 파란색 표시는 현재 잔여석이 있는 블록이다. 파란색 블록 중에서 원하는 블록을 선택하자.

STEP 07 | 세부 좌석 확인

해당 블록이 확대되면서 세부적인 잔여석을 확인할 수 있다. 파란색 점으로 표시된 좌석이 현재 남아있는 좌석이므로 이 중에서 원하는 자리를 선택하도록 한다. 빨간색 테두리가 있는 좌석은 Ticket Exchange로 풀린 좌석을 의미하며 구매 가능하다.

STEP 10 | 좌석 선택

가격을 선택하면 화면 하단에 티켓의 수와 가격이 표시되는 것을 확인할 수 있다. 확인하고 BUY TICKETS를(①) 클릭한다.

STEP 12 | 결제 및 배송 옵션

티켓 결제 및 배송 옵션을 선택하고, 결제를 진행하면 티켓 구입 과정이 마무리된다. 결제는 신용카드로 가능하며 관련 정보를 넣도록 하자. 배송 옵션(Delivery option)은 집에서 티켓을 프린트할 수 있는 Print at home과(①) Stadium Access Card 충전 중에서 선택할 수 있다. 단, 일반적인 프리미어리그 경기는 스타디움 액세스 카드에 바로 충전되므로 별도의 선택 옵션이 없는 경우를 보게 될 것이다.

STEP 08 | 좌석 선택

선택한 좌석은 빨갛게 표시되므로 바로 확인할 수 있다.

STEP 09 | 좌석 번호 확인

선택한 좌석의 번호와 각 연령 등급별 가격을 확인할 수 있다. 여기서 나에게 맞는 가격을 선택하자.

STEP 11 | 티켓 정보 확인

해당 티켓의 정보를 다시 한 번 확인한다. 내가 선택한 티켓이 맞는지 체크한 후에 PROCEED TO CHECKOUT 버튼을(①) 클릭한다.

STEP 13 | 티켓 수령

멤버십 가입 후 티켓을 구입했다면 별도의 배송이 이뤄지지 않는다. 구단 멤버십 가입 시 지급되는 스타디움 액세스 카드에 자동으로 티켓이 충전되는 개념이다. 만약 카드를 배송받지 못한 상황이라면 'Tottenham Hotspur' 공식 앱에서 모바일 티켓 형식으로 티켓을 발급받아 입장하면 된다.

TOTTENHAMHOTSPURSTADIUM

TOTTENHAM HOTSPUR FC
토트넘 홋스퍼 FC

M1	스타디움 투어
M2	구단박물관
SE1	PAXTON TERRACE
SE2	The Cockerel Crows(수탉 동상)
SE3	워밍턴 하우스
SE4	PARK LANE SQUARE
B1	Tennessee Express London
B2	DE DANDANUS
B3	The Bricklayers
B4	Top Wok - Fish & Chips And Chicken
B5	3 Points Cafe
B6	The M
B7	The Antwerp Arms
B8	No.8 Tottenham
S1	구단 용품점
MA1	Sainsbury's 슈퍼마켓

Alexandra Palace Wood Gree.
무료 서틀버스 승하차 장소
(Haringey Sixth Form College)

CREIGH

B7

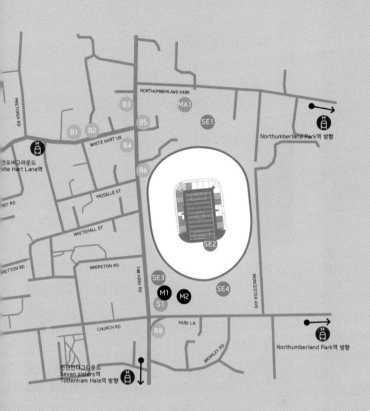

B1	Tennessee Express London 30 White Hart Ln, Tottenham, London N17 8DP	★★★★
B3	The Bricklayers 803 High Rd, Tottenham, London N17 8ER	★★★★✦
B4	Top Wok - Fish & Chips And Chicken 434 Fulham Rd, Fulham, London SW6 1HS	★★★
B5	3 Points Cafe 804A High Rd, Tottenham, London N17 0DH	★★★★
B6	The M 748 High Road, Tottenham, London, N17 0AP	★★★★★
B7	The Antwerp Arms 168-170 Church Rd, Tottenham, London N17 8AS	★★★★✦
B8	No.8 Tottenham 724-726 High Rd, Tottenham, London N17 0AG	★★★★

○ 구단 공식용품점 ○

TOTTENHAM EXPERIENCE STORE

주소: Tottenham Experience, Tottenham High Road, Tottenham, N17 0AP
운영 시간: 월-토 10:00-17:00, 일 10:30-16:30(변경 가능), 경기 당일 오픈 시간은 킥오프 시간에 따라 다르며 운영 종료는 대체로 경기 종료 후 약 1시간

○ 경기장에 새겨진 토트넘 홋스퍼의 엠블럼들 ○

새롭게 단장한 토트넘 홋스퍼 스타디움에는 인증 샷을 남길 장소가 많다. 경기장 곳곳에 자리하고 있는 구단 엠블럼들을 찾아보는 것이 포인트. West Atrium, South Stand 외벽에 구단 엠블럼이 숨어 있다.

○ 워밍턴 하우스(Warmington House) ○

구단 스토어가 있는 '토트넘 익스피리언스' 건물 중앙에 눈에 띄는 오래된 건물이 자리하고 있다. 최신식 건물로 지어진 스타디움과 전혀 다른 분위기로 이질감이 느껴지는 이 건물은 '워밍턴 하우스'라는 곳이다.

1828년에 세워져 1851-1876년까지 이 집을 소유했던 농부이자 상인인 제임스 워밍턴(James Warmington)의 이름을 땄다고 한다. 1963-1989년에는 구단 서포터즈들을 위한 건물로 사용되었고 팬들에게 술, 구단 용품을 파는 장소로도 활용되었다. 워밍턴 하우스 앞 가판대는 팬들이 오피셜 프로그램을 구입하는 곳이자 만남의 장소이기도 했다. 현재의 워밍턴 하우스는 당시 화이트 하트 레인 앞에 있었던 건물을 복원하여 다시 세워놓은 것이며, 구단의 역사를 검색해 볼 수 있는 구단 자료관으로 운영되고 있다. 토트넘 익스피리언스에서 박물관과 연계하여 감상하면 좋다.

경기장에서 찾아볼 수 있는 엠블럼

경기가 없는 날에는 경기장 밖의 The M 카페에서 구단의 엠블럼을 보면서 식사를 즐겨보는 것도 의미 있는 경험이 될 것이다. 단, 경기 당일에는 일반 개장을 하지 않으니 주의하자.

○ 동쪽 스탠드 외벽의 수탉 동상(East Stand Wall) ○

토트넘 홋스퍼의 상징. 엠블럼에 등장하는 수탉 동상이 화이트 하트 레인에 이어서 토트넘 홋스퍼 스타디움에도 설치되었다. 기존 동상보다 스케일이 커져 약 4.5m의 높이로 South Stand의 지붕 위에 설치되어 있다. 경기장 밖에서는 거의 보이지 않는다. 화이트 하트 레인의 East Stand에 설치되어 있던 옛 수탉 동상은 구단에서 보관하고 있으며 스타디움 투어와 박물관 등을 통해 만날 수 있을 것이다.

○ 파크 레인 스퀘어(Park Lane Square) ○

토트넘 홋스퍼 스타디움은 화이트 하트 레인이 있던 공간에 만들어진 경기장이다. 그래서 많은 공간이 기존의 경기장이 있던 공간과 일치한다. 주로 현재의 South Stand에 해당하는 공간이다. South Stand 앞의 파크 레인 스퀘어에는 이곳에 화이트 하트 레인이 있었음을 증명하는 기념물들이 자리하고 있으니 잘 찾아보자. 바닥에 화이트 하트 레인의 센터 스팟과 페널티 스팟이 있던 자리 그리고 코너 플래그의 흔적 등을 만나볼 수 있다. 실제 그 자리를 그대로 기록해 남겨둔 센스가 돋보인다.

○ 퍼시 하우스(Percy House) ○

1740년대에 완공되어 270년의 역사를 가지고 있는 유서 깊은 건물. 리노베이션 공사로 지금의 모습을 되찾았다. 원래는 노섬버랜드 테라스(Northumberland Terrace)로 알려진 주택단지 안에 있던 집이었고 주로 런던에서 일하는 상인 및 전문가들을 위해서 임대해 주던 곳이었다. 이후 긴 기간 동안 다양한 목적으로 사용되다가 토트넘 홋스퍼 스타디움의 완공과 함께 리노베이션 공사를 진행하여 현재는 토트넘 홋스퍼 재단의 사무실로 사용되고 있다.

○ 경기장 내 통로의 다양한 그림들 ○

토트넘 홋스퍼 스타디움은 경기장 내부 통로도 적극적으로 활용하여 팬들을 즐겁게 해주고 있으며 벽 하나하나를 모두 작품으로 만들어 놓았다. 이 통로의 그림들을 보기 위해서라도 경기장에 미리 들어갈 필요가 있다. 각 층별로 다양한 예술작품들이 벽을 장식하고 있다.

파크 레인 스퀘어로 가는 작은 광장에도 볼거리가 많다. 다양한 나라의 언어의 인사말이 적힌 기둥에서 '환영합니다'를 찾아보자.

오렌지군의 축구 여행 TIP

센터 스팟을 제외한 나머지 볼거리는 순차적으로 조성될 예정. 파크 레인 스퀘어는 경기장 구조상 경기가 없는 날에는 주변 통로가 통제될 수 있으므로 경기 당일에만 만나볼 수 있을 가능성이 높다.

토트넘 홋스퍼 스타디움은 경기장 내부 통로를 보는 재미도 쏠쏠하다.

토트넘 홋스퍼 스타디움이 개장하면서 경기장까지 연결되는 무료 셔틀버스가 생겼다. 경기 당일에만 운영되고 기차역 Alexandria Palace 역, 언더그라운드 Picadilly 라인 Wood Green 역, 경기장 인근의 Haringey Sixth Form College를 연결한다. 무료로 운영되지만 반드시 사전 예약을 해야 하며 킥오프 3시간 - 경기 종료 후 2시간까지, 15분 간격으로 운영된다.

셔틀버스 예약 홈페이지
tottenhamhotspur.firsttravelsolutions.com

오버그라운드 White Hart Lane 역. 경기장에서 가장 가까운 역이다.

경기 당일에는 경기장 주변 도로가 통제되므로 육상 교통으로 찾아가기가 어렵다.

경기장 앞에서 구매한 토트넘 홋스퍼의 오피셜 프로그램. 이 책을 구입해서 읽어보는 것도 쏠쏠한 재미다.

경기 관람
ENJOY FOOTBALL MATCH

PREMIER LEAGUE TEAM

● 경기 관람 포인트 및 주의 사항
1. 경기장 주변 도로가 좁은데 수만 명의 관중이 모이기 때문에 소지품 관리에 유의하며 현지 팬들과 충돌하지 않도록 한다.
2. 토트넘 홋스퍼 스타디움은 세계 최초의 노 캐쉬(No Cash) 스타디움이다. 현금 사용이 불가능하므로 해외 결제가 가능한 신용카드 또는 체크카드를 지참하자.
3. 사실상 대부분의 가방 반입이 불가능하다. 최대한 몸을 가볍게 하고 경기장을 찾는 것이 좋다.

● 경기장 찾아가는 법
○ 교통수단
런던 오버그라운드 White Hart Lane 역에서 도보 3분 / 기차 Northumberland Park 역에서 도보 15분 / 런던 언더그라운드 Victoria 라인 Seven Sisters 역에서 도보 약 30분/ Tottenham Hale 역에서 도보 약 25분/ 버스 149, 259, 279, 349번 타고 경기장 앞 하차

런던 시내에서 경기장으로 가는 가장 쉽고 합리적인 방법은 리버풀 스트리트(London Liverpool Street) 역에서 출발하는 체스훈트(Cheshunt) 또는 엔필드 타운(Enfield Town)행 런던 오버그라운드 기차를 타고 화이트 하트 레인(White Hart Lane) 역에 내리는 것이다. 경기 당일에는 추가 열차도 운영된다.
또는 스트랏포드(Stratford) 역에서 출발하는 기차를 타고 노섬버랜드 파크(Northumberland Park) 역에 내려서 걸어가는 방법이 있으나 도보로 약 15분 정도가 소요된다.
런던 언더그라운드를 이용할 경우 가장 가까운 역은 빅토리아(Victoria) 라인의 세븐 시스터즈(Seven Sisters) 역이며 경기장까지 도보로 약 30분 정도가 소요되므로 버스로 환승하여 경기장을 찾아갈 필요가 있다.
경기장 주변 도로가 매우 좁고 경기 당일에는 통제되는 구간이 많으므로 되도록 오버그라운드를 통해서 화이트 하트 레인 역으로 바로 이동할 것을 추천한다. 버스 등 육상교통 수단은 경기 당일에는 권하지 않는다.

스타디움 투어

PREMIER LEAGUE TEAM

토트넘 홋스퍼 FC는 경기가 없는 날에도 관광객을 끌어 모으기 위해 새로운 경기장의 스타디움 투어에 많은 공을 들였다. 관광객은 구단 가이드의 인솔하에 90분 동안 경기장 곳곳을 돌아보게 된다. 다양한 각도에서 스타디움을 감상할 수 있고 경기 당일 선수단이 사용하는 드레싱룸과 입장 터널, 선수단의 벤치 등을 만날 수 있다. 경기장 통로에 만들어진 아름다운 예술작품 감상과 함께 전문 가이드의 상세한 설명을 들으며 토트넘 홋스퍼 스타디움의 모든 것을 담아갈 수 있다. 투어는 영어로 진행되며 다양한 언어로 된 '셀프 가이드 스타디움 투어'가 진행될 예정에 있다. 또한 구단 레전드가 진행하는 '레전드 투어'도 만나볼 수 있을 것이다.

스타디움 투어는 새 구장 개장 효과로 매우 큰 인기를 끌고 있다. 그러므로 구단 홈페이지를 통해서 반드시 사전 예약을 하고 방문하기를 권한다. 구단에서는 약 6~8주 전에 예약하라고 권유한다. 그리고 경기장 지붕까지 올라가서 걸을 수 있는 스카이 워크(SkyWalk) 프로그램도 있다(유료). 구단 스토어 내에는 구단 박물관 및 자료관이 무료로 운영되고 있으니 감상해 볼 것을 추천한다.

● 입장료

스타디움 투어	성인	만 65세 이상	어린이	유아(만 5세 미만)
	£30	£27	£15	무료
	유료 멤버십 가입자			
	성인	만 65세 이상	어린이	
	£27	£24	£14	

리버풀

LIVERPOOL

축구와 비틀즈가 있는
영국 대표 문화 도시

리버풀로 가는 길

런던에서 출발: 기차 런던 유스턴역 ▶ 리버풀 라임 스트리트역(약 2시간 15분 소요 / 약 1시간 간격 배차)
버스 5시간 30분~6시간 소요 / 매일 약 2~3시간 간격으로 운행

맨체스터에서 출발: 기차 맨체스터 피카디리역 ▶ 리버풀 라임 스트리트역(약 1시간 소요 / 매일 15~20분 간격 배차)
버스 약 1시간~1시간 30분 소요 / 매일 약 30분 간격으로 운행

버밍엄에서 출발: 기차 버밍엄 뉴 스트리트역 ▶ 리버풀 라임 스트리트역(약 1시간 45분 소요 / 매일 30분 간격 배차)
버스 약 2시간 40분 소요 / 매일 약 2시간 30분~3시간 간격으로 운행

뉴캐슬에서 출발: 기차 뉴캐슬역 ▶ 리버풀 라임 스트리트역(약 3시간 소요 / 매일 1시간 간격 배차)
버스 약 5~6시간 소요 / 매일 3회 운행

라임 스트리트 기차역

리버풀에서 가장 큰 기차역. 접근성이 매우 좋아 기차를 이용해서 리버풀을 오고 갈 경우 이 역만 알고 있어도 문제가 없다. 리버풀의 명소인 세인트 조지 홀 (St. George's Hall) 바로 건너편에 위치.
주소: Lime Street, Liverpool, L1 1JD
대중교통: 버스 8, 8E, 9, 10, 10A, 10B, 12, 14A, 15, 17, 18, 21, 86, 86A, 86C, 699, CBT

리버풀 원 버스 스테이션

알버트 독 건너편에 위치한 리버풀의 중심 버스 터미널. 이곳에서 타 지역으로 가는 시외버스와 다양한 시내버스를 탑승할 수 있다.
주소: Canning Pl., Liverpool, Merseyside, L1 8JX

도시, 어디까지 가봤니?　LIVERPOOL TOUR

● 도시 소개

영국 서부의 항구 도시로 세계적인 밴드인 비틀즈(Beatles)가 탄생한 도시이다. 비틀즈와 함께 리버풀 FC와 에버턴 FC라는 명문팀의 연고 도시여서 수많은 관광객들이 찾는 문화의 도시이다.

● 도시 내에서의 이동

리버풀은 시내가 넓지 않다. 그러므로 시내 여행은 대부분 도보로 가능하며 경기장으로 이동할 때는 버스를 이용해야 한다. 1일권이 상대적으로 저렴하므로 1일권을 끊고 자유롭게 타고 다니면 좋다. 티켓은 버스 기사를 통해 현금으로 구입할 수 있다.

○ 리버풀 시내버스 요금 안내(성인. Stagecoach 기준. 단위: £-파운드)

1회권	2.3
1일권	4.4

● 숙소 잡기

축구장 인근에도 숙소가 있으나 괜찮은 숙소들은 대부분 리버풀 시내에 있다. 편의시설이 많고 생활하기에도 좋은 시내에 숙소를 잡고 경기장은 버스를 타고 다녀오자.

추천 여행 코스 및 가볼 만한 곳　LIVERPOOL TOUR

● 추천 여행 코스 - 3일간

1일차: 라임 스트리트 기차역-세인트 조지홀-퀸스퀘어-매튜스트리트-케번 클럽-알버트 독-비틀즈 스토리-시청사

2일차: 차이나타운-리버풀 대성당-경기 관람

3일차: 안필드 스타디움 및 구디슨 파크 투어-시내 여행 및 일정 마무리

리버풀 원 버스 스테이션

○ 축구 여행이라면 조금 더
시내와 알버트 독 사이 약 2km 거리 내에 관광지가 위치해 있어 만 하루 정도면 도보 여행으로 여유 있게 돌아볼 수 있다. 하지만 축구 여행의 경우는 상황이 조금 달라지는데, 리버풀 FC와 에버턴 FC라는 두 명문 구단이 서로 얼굴을 맞대고 있는 스탠리 파크는 버스를 타고 따로 방문해야 한다. 그러므로 경기 일정을 포함하여 2박 3일 정도 체류하는 일정이면 대체로 적절. 기본적인 리버풀의 볼거리들을 모두 감상할 수 있다.

캐번 클럽
주소: 10 Mathew St, Liverpool L2 6RE, UK
운영시간: 월-목 09:30-24:00, 금-일 10:00-02:00(+1)
대중교통: 리버풀 라임 스트리트 역에서 도보 10분

● 캐번 클럽(The Cavern Club)
리버풀에서 가장 유명한 거리이자 '펍의 골목'인 메튜 스트리트(Matthew Street)에 자리한 'The Cavern Club'은 비틀즈가 탄생한 클럽으로 유명하다. 클럽 건너편의 존 레논(John Lennon) 동상은 여행자들의 필수 코스. 건너편의 The Cavern Pub도 들러보자.

홈페이지: www.cavernclub.com

리버풀 대성당
주소: St. James Mount, Liverpool, L1 7AZ
운영시간: 월-금 08:00-18:00, 토 10:00-17:00, 일 12:00-14:00, 16:00-18:00
대중교통: 리버풀 차이나타운 옆. 라임 스트리트역에서 도보로 약 15분
요금: 무료

● 리버풀 대성당(Liverpool Cathedral)

리버풀의 세인트 제임스 언덕 위에 자리하고 있는, 현재 세계에서 두 번째로 긴 성당. 리버풀에 방문한다면 꼭 봐야 할 성당으로 화려한 실내 모습을 자랑한다.

홈페이지: www.liverpoolcathedral.org.uk

로얄 알버트 독
주소: 3-4 The Colonnades, Liverpool L3 4AA, UK
대중교통: 버스 4, 4A, 25, 101, CBT
요금: 무료(알버트 독 안의 일부 박물관 및 시설은 유료)

알버트 독 인근 '리버풀 박물관(Museum of Liverpool)'을 방문해서 지역팀인 리버풀 FC와 에버튼 FC의 스토리를 Football Show라는 짧은 영화로 감상할 수 있다. 입장료는 무료다.

● 로얄 알버트 독(Royal Albert Dock)
본래 항구였으나 박물관으로 재탄생하였다. 테이트 리버풀(TATE Liverpool), 비틀즈 스토리(the Beatles Story), 머지사이드 해양 박물관(Merseyside Maritime Museum) 등이 자리하고 있고 박물관과 함께 놀이기구와 다양한 식당 등이 있는 명소이다.

홈페이지: www.albertdock.com

리버풀 FC

LIVERPOOL FC

구단 소개

THE REDS

창단연도
1892년 6월 3일

홈구장
안필드

주소
Anfield Rd, Liverpool L4 0TH

구단 홈페이지
www.liverpoolfc.com

구단 응원가
You'll never walk alone

리버풀 FC는 맨체스터 유나이티드와 함께 영국에서 가장 성공적이고 화려한 역사를 간직하고 있는 팀이다. 총 18회의 리그 우승과 6회의 UEFA 챔피언스리그 우승 기록을 가지고 있는데 UEFA 챔피언스리그의 경우 영국 내 최다 우승 기록으로 남아 있다. 1892년에 창단된 리버풀 FC는 1900~1950년대까지 5번의 리그 우승을 기록하는 등 전통적인 강호의 모습을 보이다가 1950년대에 2부 리그를 전전하는 팀이 되었으나, '빌 샹클리(Bill Shankly)'가 구단을 이끌기 시작하면서 세계적인 명문팀으로 거듭나게 되었다. 이때 리버풀 FC는 3번의 리그, 2번의 FA컵, 1번의 UEFA컵 우승이라는 기록을 달성하게 된다. 이후 1977~1984년 사이에 UEFA 챔피언스리그에서 무려 4번이나 우승을 차지하게 되면서 잉글랜드의 세계적인 명문팀으로 자리하게 되었다. 한편 구단은 헤이젤 참사와 힐스보로 참사를 겪으며 하향세를 겪기도 했지만 2000년대에 '스티븐 제라드'라는 레전드와 함께 2001년 UEFA컵 우승, 2005년 '이스탄불의 기적'이라고 불리는 UEFA 챔피언스리그에서의 다섯 번째 우승을 달성해 화려하게 부활했다. 최근에 위르겐 클롭 감독이 팀을 성공적으로 이끌면서 UEFA 챔피언스리그 우승을 이끄는 등 다시 한 번 전성기를 맞이하고 있다.

홈구장 및 연습구장

기적의 스토리를 만들어내고 경기장 내에서 울려퍼지는 'You'll Never Walk Alone'으로 팬들의 심금을 울리는 안필드 스타디움은 1884년에 완공되었으며 약 54,000여 석의 관중석을 가지고 있다. 안필드 스타디움을 가장 먼저 사용한 구단인 에버턴 FC가 1891년 구디슨 파크 완공 전까지 이곳을 잠시 사용했으며 그 후 당시 새로 창단한 리버풀 FC가 이 경기장을 차지하게 됐고 그 역사가 지금까지 계속되고 있다. 안필드의 응원석 스탠드는 콥(Kop)이라고 불리며 그 이름마저도 축구 팬들에게 유명할 정도로 리버풀 FC의 홈구장 곳곳은 살아 있는 축구 역사의 장과 같다. 구단 레전드인 빌 샹클리 전 감독의 동상이 구장을 지키고 있고 리버풀 FC의 수많은 역사를 기록한 볼거리도 꽤 많은 경기장이다. 최근에 메인 스탠드 확장 공사를 마무리하면서 더 많은 팬들이 안필드에서 환상적인 순간을 맞이할 수 있게 되었다.

● 홈구장

안필드(Anfield)			
개장일	1884년		
수용 인원	54,074명	경기장 형태	축구 전용 구장
UEFA 스타디움 등급	카테고리4	그라운드 면적	101mX68m

● 연습구장

멜우드 트레이닝 그라운드(Melwood Training Ground)	
주소	Bell Ln, London Colney, Shenley, St Albans AL2 1DR
대중교통	리버풀 원 버스 스테이션에서 12, 13번 버스 타고 약 30분. Crown Road에서 하차

역대 우승 기록들

UEFA 챔피언스리그
(유러피안컵 시절 포함)
6회(1977, 1978, 1981, 1984, 2005, 2019)

UEFA 유로파리그
(UEFA컵 시절 포함)
3회(1973, 1976, 2001)

UEFA 수퍼컵
4회(1977, 2001, 2005, 2019)

프리미어리그
(풋볼리그 시절 포함)
18회(1901, 1906, 1922, 1923, 1947, 1964, 1966, 1973, 1976, 1977, 1979, 1980, 1982, 1983, 1984, 1986, 1988, 1990)

잉글리시 FA컵
7회(1965, 1974, 1986, 1989, 1992, 2001, 2006)

EFL 컵
8회(1981, 1982, 1983, 1984, 1995, 2001, 2003, 2012)

FA 커뮤니티실드
(채리티실드 포함)
15회(1964, 1965, 1966, 1974, 1976, 1977, 1979, 1980, 1982, 1986, 1988, 1989, 1990, 2001, 2006)

The Kop 스탠드 건너편에서 바라본 안필드의 모습

티켓 구매

리버풀 FC의 경기 종이 티켓

리버풀 FC 멤버십 카드

● 티켓 구매 전쟁에서 어떻게 해야 살아남을까?

리버풀 FC는 한 시즌에 두 차례(약 7월, 11월) 모든 홈 경기의 티켓을 시즌권 소지자 및 유료 멤버십 가입자들을 대상으로 한번에 판매한다(빅매치 제외). 그러므로 이때 구입을 시도하는 것이 가장 좋은 방법이다. 유료 멤버십 판매 기간에 모든 경기의 티켓이 매진된다.

● 멤버십에 이미 가입한 상태인데 티켓이 매진된다면?

모든 경기의 티켓이 매진되었다고 해도 실망할 필요는 없다. 시즌권 소지자들이 내놓은 티켓을 판매하는 추가 판매 기간이 있기 때문이다. 대체로 경기 전 약 6주부터 추가 판매가 진행되는데 유료 멤버십 소지자를 대상으로 하는 판매는 약 2-4주 전이다. 우선시되어야 하는 일은 해당 경기의 공지사항을 확인하는 것이다. 빅매치들은 유료 멤버십 가입 외에 추가적인 제한을 걸어놓을 가능성이 높기 때문이다. 그러므로 일단 유료 멤버십에 미리 가입해두고 구단의 공지에 따라서 추가 판매를 노리는 방법이 우리가 선택할 수 있는 최선이다. 일반적으로 빅매치가 아닐 경우 추가 판매를 통해서 티켓을 구입할 수 있다. 구단의 공지는 수시로 업데이트가 되므로 꾸준히 체크하는 것이 중요하다.

● 티켓 구매 전 알아야 할 사항은?

추가 티켓 판매 공지가 뜬 경기의 티켓 판매 기간이 시작되면 최대한 빨리 티켓을 구입해야 한다. 이때를 기다리는 많은 팬들이 티켓 구입을 시도하기 때문에 조금이라도 늦으면 좋은 자리가 일찌감치 판매 완료될 수 있다. 그러므로 추가 판매 기간 전에 미리 유료 멤버십에 가입해 놓는 것이 좋다. 티켓은 멤버십 카드에 자동 충전되는 방식이기 때문에 별도의 티켓 배송이 이뤄지지 않는다. 카드로 바로 입장하면 된다. 만약 배송 문제로 멤버십 카드를 받지 못했다면 멤버십 카드 번호, 여권, 티켓 구입 시 받은 컨펌 메일을 지참해 경기 당일에 구단 매표소를 방문하도록 하자. 티켓 구입만 정확하게 확인된다면 매표소에서 종이 티켓을 수령할 수 있다.

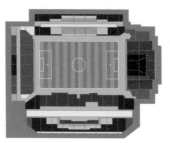

KENNY DALGLISH STAND

ANFIELD ROAD STAND

THE KOP

MAIN STAND

○ 프리미어리그&UEFA 챔피언스리그

Tier	Stand	Adult	Over 65	Junior	Young adult
1	MAIN STAND	£59.00	£44.00	£9.00	£29.50
2	KENNY DALGLISH/MAIN STAND	£57.00	£43.00	£9.00	£28.50
3	KENNY DALGLISH/MAIN STAND	£55.00	£41.00	£9.00	£27.50
4	ANFIELD RD UPPER/KENNY DALGLISH/MAIN STAND	£53.00	£40.00	£9.00	£26.50
5	ANFIELD ROAD	£48.00	£36.00	£9.00	£24.00
6	ANFIELD ROAD	£47.00	£35.00	£9.00	£23.50
7	ANFIELD ROAD LOWER/MAIN STAND	£46.00	£34.50	£9.00	£23.00
8	KOP	£43.00	£32.00	£9.00	£21.50
9	KOP	£42.00	£31.50	£9.00	£21.00
10	KOP	£39.00	£29.00	£9.00	£19.50
11	KOP	£37.00	£28.00	£9.00	£18.50
12	MAIN STAND UPPER	£9.00	£9.00	£9.00	£9.00

○ FA컵&카라바오컵

※ 성인 기준. 상대 팀의 소속 리그에 따라 가격이 달라짐

Tier	Stand	Premier League	Championship	League 1	League 2/ Lower
1	MAIN STAND	£59.00	£35.00	£30.00	£25.00
2	KENNY DALGLISH/MAIN STAND	£57.00	£34.00	£29.00	£24.00
3	KENNY DALGLISH/MAIN STAND	£55.00	£33.00	£28.00	£23.00
4	KENNY DALGLISH/MAIN STAND	£53.00	£32.00	£27.00	£22.00
5	MAIN STAND	£46.00	£29.00	£24.00	£19.00
6	ANFIELD ROAD/KOP	£43.00	£28.00	£22.00	£18.00
7	ANFIELD ROAD/KOP	£42.00	£27.00	£20.00	£17.00
8	ANFIELD ROAD/KOP	£39.00	£26.00	£19.00	£16.00
9	ANFIELD ROAD/KOP	£37.00	£25.00	£16.00	£15.00
10	MAIN STAND UPPER	£9.00	£9.00	£9.00	£9.00
	JUNIORS	£9.00	£5.00	£5.00	£5.00

티켓 가격

1층 앞자리에서 바라본 시야

1층 앞자리 골대 뒤에서 바라본 시야

2층에서 내려다본 시야

Welcome to Anfield

티켓 수령에 문제가 있다면, 경기 당일에 경기장에 조금 일찍 매표소를 찾아가서 조치를 받도록 하자.

리버풀 FC
LIVERPOOL FC

티켓 구매 프로세스
리버풀 FC 홈페이지에서 티켓을 구매하는 방법

STEP 01 | 리버풀 FC 홈페이지 접속

리버풀 FC 홈페이지(www.liverpoolfc.com/tickets/tickets-availability)에 접속하면 예정된 경기의 티켓 판매 정보를 확인할 수 있다. 리버풀 FC의 티켓을 구입하기 전에 우선 티켓 판매 정보를 꼼꼼히 확인하는 것이 중요하다. 티켓 구매 자체가 불가능한 경기들이 있기 때문이다. 일단 리스트에서 내가 원하는 경기를 선택하자.

STEP 02 | 티켓 구매 시 공지사항 확인

위 같은 경기의 경우에는 일단 유료 멤버십 소지자들 중에서 지난 시즌에 13경기 이상 리버풀 FC의 홈 경기를 봤던 팬들에게(❶) 구입 우선권을 주고, 그다음 유료 멤버십 소지자들을(❷) 대상으로 티켓을 판매하는 것을 알 수 있다.

TICKET AVAILABILITY

HOSPITALITY - **PACKAGES**

MATCH TICKET - **DISABLED MEMBERS (WHEELCHAIR USERS ONLY)**
Who have recorded 4+ Premier League home games from Season 2018/19

MATCH TICKET - **DISABLED MEMBERS (AMBULANT SUPPORTERS ONLY)**
Who have recorded 4+ Premier League home games from Season 2018/19

MATCH TICKET - **MEMBERS**
Who have recorded 13+ Premier League home games from season 2018/19

MATCH TICKET - **MEMBERS**
Who have recorded 4+ Premier League home games from season 2018/19

빅매치는 복잡한 제한이 걸리는 경우가 있다. 이 제한 사항을 꼼꼼히 확인해야 한다. 만약 Local Member Sale이라는 문구가 보인다면 우편번호에 'L'이 들어가는 로컬 팬들을 위한 일정이니 주의하자. All Members 또는 Additional Members Sale 등이 우리가 구입할 수 있는 조건이다.

STEP 03 | 유료 멤버십 판매 기간에 도전

해당 공지를 참고하여 유료 멤버십 판매 기간까지 기다렸다가 Buy Now가 뜨면 바로 티켓 구입에 도전해 보도록 하자. 이미 유료 멤버십에 가입되어 있어야 한다.

STEP 04 | 접속자 수가 많을 때

티켓 오픈 시점에 구매를 시도하면 아무래도 수많은 사람들이 한번에 몰려들기 때문에 바로 접속할 수 없는 경우가 많다. 이 경우에는 위와 같은 대기 문구가 뜨게 되는데 이때 창을 지우지 말고 그대로 놔두고 기다리도록 하자.

STEP 05 | 원하는 경기 선택

LIVERPOOL V EVERTON
Date: 10/12/2017 Time: 14:15PM
You need to have purchased the required sales criteria
Ticket Availability: Sold Out

LIVERPOOL V WEST BROMWICH ALBION
Date: 13/12/2017 Time: 8:00PM
You need to have purchased the required sales criteria
Ticket Availability: Limited

성공적으로 접속을 했다면 위와 같은 내용을 만날 수 있다. 여기에서 내가 원했던 경기를 클릭하자.

STEP 06 | 좌석을 빠르게 선택할 것

해당 경기의 옵션을 클릭하면 위와 같이 현재 남아 있는 좌석의 수를 확인할 수 있다. 초록색 블록은 현재 잔여석이 많은 경기, 빨간색 블록은 잔여석이 많지 않은 경우이다. 리버풀 FC는 세계적인 인기 팀이기 때문에 좌석들이 빠른 시간 내에 사라진다. 그러므로 최대한 빨리 내가 원하는 자리를 골라야 한다.

STEP 09 | 결제하기

Checkout

본인의 신용카드 정보를 입력한 후에 CONFIRM 버튼을(❶) 눌러서 결제를 진행하면 티켓 구입 과정이 모두 완료된다. 정보를 입력할 때에 Issue Number는(❷) 우리나라의 신용카드에서는 사용하지 않는 정보이므로 넣지 않아도 된다.

STEP 07 | 블록 선택 후 세부 좌석 선택

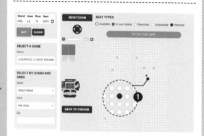

내가 원하는 블록을 선택하면 위와 같은 화면이 나타난다. 빨간색 테두리로 되어 있는 하얀색 자리가 바로 현재 선택할 수 있는 자리이다. 내가 좌석을 선택하면 그 자리는 빨간색 동그라미로 바뀌게 된다.(❶)

그리고 왼편에 내가 선택한 자리의 위치가 표시된다. 잘 선택했는지 다시 한 번 확인하고 BUY를 클릭하자.

STEP 08 | 로그인 후 티켓 구매하기

Basket

IMPORTANT: Please update your basket before navigating away from this page to save any changes you have made

티켓 구입을 할 수 있는 창이 뜬다. 우선 LOGIN TO PURCHASE 버튼을(❶) 클릭하고 로그인하자.

로그인되면 Customer란에 나의 멤버십 번호와 이름이 뜨게 된다. 정상적으로 잘 진행이 되었는지 확인하고 Checkout 버튼을(❷) 클릭하여 다음 단계로 넘어가자.

ANFIELD

LIVERPOOL FC
리버풀 FC

M1   안필드 스타디움 투어

SE1   팬존 경기 당일만 해당

SE2   존 호울딩 흉상

SE3   안필드 포에버

SE4   리버풀 메모리얼

SE5   선수단 출입구

SE6   빌 샹클리 동상

SE7   페이슬리 게이트웨이

SE8   SS Great Eastern의 깃대

SE9   빌 샹클리 게이트

B1   The Twelfth Man

B2   스튜디오 허브 경기 당일만 해당

B3   패밀리 파크 경기 당일만 해당

B4   The Albert

B5   벤 모어 푸드허브 경기 당일만 해당

B6   The Park Pub

B7   The Kop Bar

B8   The Boot Room Sports Cafe

B9   스케리스 푸드허브 경기 당일만 해당

B10   Homebaked 빵집

B11   The Sandon

B12   Arkles

S1   스타디움 스토어

PA1   스탠리 파크

버스정류장 – Sandhills역 방향
(SOCCER 버스, 501번 버스)

SLEEPERS ST.

리버풀시내 방향

917번
리버풀행 버스 정류장
(경기 당일 종료후)

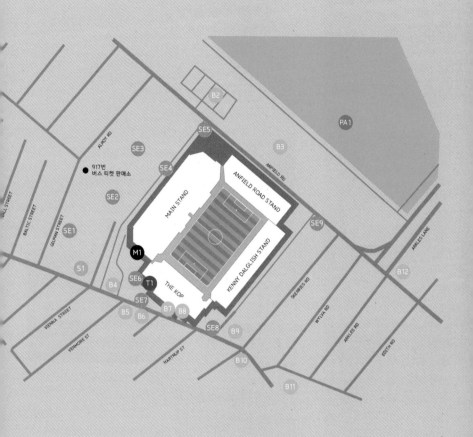

B1	The Twelfth Man 121 Walton Breck Rd, Liverpool L4 0RD	★★★★✦
B4	The Albert 185 Walton Breck Rd, Liverpool L4 0RE	★★★★✦
B6	The Park Pub 216-218 Walton Breck Rd, Liverpool L4 0RQ	★★★★
B8	The Boot Room Sports Cafe Liverpool Football Club, Anfield Road, Liverpool L4 0TH	★★★★✦
B11	The Sandon 178-182 Oakfield Rd, Liverpool L4 0UH	★★★★
B12	Arkles 77 Anfield Rd, Liverpool L4 0TJ	★★★★

○ 구단 공식용품점 ○

Stadium Store

주소: 181 Walton Breck Rd, Liverpool L4 0RE
위치: 안필드 앞
운영 시간: 월-토 09:00–17:30, 일 10:00–16:00, 경기 당일 및 계절별 시간은 킥오프에 따라 달라질 수 있음

안필드 스토어 내부의 풍경. 웅장한 규모의 복층 건물로 구성되어 있으며 2층에는 작은 카페도 마련되어 있다.

LFC STORE-LIVERPOOL ONE

주소: Liverpool ONE, 7 S John St, Liverpool L1 8BU
위치: 리버풀 원(Liverpool ONE) 쇼핑몰 안
운영 시간: 월-금 09:30–20:00, 토 09:00–19:00 일 11:00–17:00,

경기 당일에는 안필드 주변 가판대에서 구단의 최신 소식을 담은 프로그램 책자를 구매해 보자.

LIVERPOOL FC STORE-WILLIAMSON SQUARE

주소: 11 Williamson Square, Liverpool L1 1EQ, UK
위치: 라임 스트리트 역에서 도보 5분. 윌리엄슨 광장 한 편에 자리하고 있음
운영 시간: 월-토 09:00–17:30, 일 10:00–16:00

경기장 주변은 평범한 주택가이기 때문에 고급 호텔은 없다는 점을 참고하자. 리버풀 시내에 숙소를 잡은 다음 버스를 타고 경기장을 방문하는 것이 가장 좋다.

LIVERPOOL FC STORE-BIRKENHEAD

주소: High Street, Birkenhead, Wirral CH41 2RA
위치: 버켄헤드 피라미드 쇼핑 센터(Pyramids Shopping Centre) 안에 자리하고 있음
운영 시간: 월-토 09:00–17:30, 일 10:00–16:00

○ 안필드 포에버(Anfield Forever) ○

메인 스탠드의 확장 공사 이후 스탠드 앞 광장이 생겼다. 이곳에서는 리버풀 FC를 빛낸 레전드들의 기록이 담겨 있는 의자, 팬들이 구입해 메시지를 담은 스톤 등을 만날 수 있다.

○ 구단 창립자 '존 호울딩'의 흉상 ○

안필드 포에버 한켠에 1892년 리버
풀 FC를 창단한 존 호울딩의 흉상
이 마련되어 있다. 존 호울딩은 에버
턴 FC가 임대료 인상에 불만을 갖고
안필드를 떠난 후 빈 경기장을 활용
하고자 직접 리버풀 FC를 창단하게
된다.

○ 페이슬리 게이트웨이(Paisley Gateway) ○

The Kop 스탠드 바로 앞에 있는 출
입문에는 리버풀 FC의 또 다른 레전
드인 밥 페이슬리(Bob Paisley)의 이
름이 붙어 있다. 리버풀 FC가 가장
사랑한 빌 샹클리 감독조차도 이루
지 못했던 업적이 바로 유로피안컵
(현 UEFA 챔피언스리그) 제패다. 밥 페이슬리는 감독 재임 기간 동안
무려 3번이나 우승 트로피(빅 이어)를 들어 올렸는데, 리버풀 FC가
총 5회의 빅 이어를 들어올렸던 것을 감안하면 구단의 역사 속에 남
아 있는 영광스러운 기록들 대부분은 페이슬리가 만들었다 할 수 있
다. 1999년에 이 문을 개장했는데 빌 샹클리 게이트처럼 미망인 제
시(Jessie)가 개장식에 참여했다.

○ THE KOP 스탠드의 리버풀 로고 ○

안필드 스타디움에 도착하면 가장
먼저 만나는 것이 리버풀 FC의 응원
석인 The Kop이다. The Kop을 상
징하는 문구와 리버풀 FC 로고가
붙어 있다. 딱히 특별한 볼거리가 딱
히 있는 것은 아니지만, 리버풀 FC
팬들에게 'The Kop'의 존재는 리버풀 그 자체이므로 잊지 말고 한 번
쯤 이 로고를 감상해보자.

○ 빌 샹클리 동상(Bill Shankly) ○

리버풀 FC의 가장 위대한 감독 빌 샹클리의 동상이 구단 스토어 바로
앞에 위치하고 있다. 빌 샹클리는 1959-1974년까지 구단을 이끌면서
리버풀 FC를 지금의 자리에 올려놓은 감독이라 할 수 있는데 1959-

안필드 포에버에서 만날 수 있는 의
자. 구단이 자랑하는 역사적인 스토
리가 담겨있다.

페이슬리 게이트웨이에서 만날 수 있
는 페이슬리 전 감독의 얼굴

The Kop 스탠드 오른쪽 구석에 낯선
깃대가 하나 서 있는데 19세기 영국
의 화려한 역사를 함께한 증기선 SS
Great Eastern의 깃대이다.

더 샌든(The Sandon)

1974년까지의 장기 집권 동안 구단에 수많은 트로피를 안겨줬다. 그가 재임하는 동안 리버풀 FC는 3회의 리그 우승, 2회의 FA컵 우승, 1회의 UEFA컵 우승을 기록하는 등 전성기를 보냈고 "폼은 일시적이지만, 클래스는 영원하다", "어떤 사람들은 축구를 생사가 걸린 문제라고 생각한다. 하지만 나는 이런 태도에 실망을 감출 수 없다. 다시 말하지만 축구는 그보다 훨씬 더 중요한 것이다" 등의 명언들을 쏟아낸 카리스마 넘치는 감독이었다. 빌 샹클리의 동상은 1997년에 이 Kop 스탠드 앞에 자리 잡았다.

○ 빌 샹클리 게이트(Bill Shankly Gate) ○

빌 샹클리의 흔적은 반대편 스탠드 쪽에도 있다. 리버풀 FC를 상징하는 문구인 "You'll Never Walk Alone(너는 절대 혼자 걷지 않으리)"이 새겨져 있는 이 문의 이름이 바로 빌 샹클리 게이트(Bill Shankly Gate)다. 이 문은 1982년에 만들어졌는데, 당시 빌 샹클리의 미망인 '네스(Ness)'가 참여하여 이 문을 개방하는 행사를 열었다고 한다. 메인 스탠드 확장 공사 이후, Anfield Road Stand로 이전하였다.

○ 리버풀 메모리얼(Liverpool Memorial) ○

확장한 메인 스탠드에는 항상 꽃다발이 가득한 추모의 장소가 있다. 리버풀 FC 구단 역사상 가장 충격적인 사건이라 할 수 있는 힐스보로 참사(Hillsborough Disaster)에서 사망한 축구 팬 96명을 기리는 공간이다.

1989년 4월 15일 잉글랜드 셰필드의 '힐스보로 스타디움'에서 열렸던 "리버풀 FC:노팅엄 포레스트"의 FA컵 결승전 경기 도중 리버풀 FC 팬들의 자리였던 원정석 스탠드로 많은 팬들이 갑자기 몰리는 바람에 96명이 압사당했던 사고가 바로 힐스보로 참사이다. 이 사건 이후 영국의 모든 스타디움에는 입석이 금지되었고 모든 응원석에 좌석을 설치하게 되었다.

경기 관람
ENJOY FOOTBALL MATCH

PREMIER LEAGUE TEAM

● **경기 관람 포인트 및 주의 사항**

1. 안필드 스타디움 안필드 스타디움 주변에 볼거리와 먹거리가 많이 늘었다. 일찌감치 경기장에 방문해 다양한 콘텐츠를 즐겨 보도록 한다.
2. 선수들이 입장할 때 울려퍼지는 You'll Never Walk Alone과 Kop Stand에서 들려오는 축구 팬들의 합창 소리를 감상해보자.
3. 메인 스탠드에서 경기를 관람한다면 스탠드 내 통로의 볼거리에도 관심을 가져보자.

● **경기장 찾아가는 법**

○ **교통수단**

퀸 스퀘어 버스 스테이션(Queen Square Bus Station)에서 17번 탑승, 리버풀 원 버스 스테이션에서 26, 27번 탑승. 경기 당일에는 세인트 존스 가든 앞에서 917번 버스도 가능

○ **이동시간**

시내에서 약 20-30분(경기 당일에는 교통 체증 있음)

경기 당일에 안필드 스타디움에 찾아가는 가장 쉬운 방법은 라임 스트리트 건너편, 세인트 조지홀 옆의 세인트 조지 가든 정류장에서 917번 버스를 탑승하는 것이다. 안필드로 바로 데려다주는 직행버스다. 이 버스는 킥오프 2시간 전부터 운행되며 버스가 이미 대기하고 있으니 찾기 쉽다. 버스 정류장에는 Match Day Service라는 문구가 적혀 있으니 참

고해서 찾아가자. 돌아올 때도 이 버스를 이용해야 하므로 티켓은 1일권을 끊는 것이 좋고, 기사에게 직접 현금을 내고 구입할 수 있다.

경기가 없는 날에는 라임 스트리트 역 건너편에 있는 퀸 스트리트 버스 스테이션(Queen Street Bus Station)을 찾아가 안필드행 버스를

안필드 주변의 노점상에서 가장 흔하게 만날 수 있는 핫도그. £3.5면 따끈한 핫도그를 맛볼 수 있다.

경기 당일에는 다양한 문화 공연 및 임시 푸드코트를 만날 수 있다. 일찌감치 경기장에 방문해 많은 볼거리와 먹거리를 즐겨 볼 것을 추천한다.

안필드는 여러분을 도와주기 위해 기다리고 있다. 문의할 내용이 있다면 i 포인트와 노란 점퍼를 입은 안내요원들을 찾아보자.

The Kop 스탠드 건너편의 길 모서리에 있는 'Homebaked' 빵집도 한 번 가보자. 콥들이 오랫동안 사랑한 파이를 맛볼 수 있는 곳이다.

메인 스탠드의 티켓을 예매했다면 통로에 마련된 다양한 편의시설을 즐겨보자. 인증샷을 남길 곳도 많다.

탑승하도록 하자. 17번 버스가 안필드로 가는 대표적인 시내버스 노선이다. 리버풀 원 버스 스테이션(Liverpool ONE Bus Station)에서도 26번을 타면 안필드로 갈 수 있다. 버스에 탑승하기 전에 현지인 또는 버스기사에게 확인하고 탑승하는 것이 좋은 방법이며, 티켓은 버스기사에게서 바로 구입할 수 있다.

스타디움 투어

PREMIER LEAGUE TEAM

리버풀 FC의 스타디움 투어는 크게 셀프 오디오 가이드 스타디움 투어 및 레전드 투어, 박물관 투어로 나뉜다. 여기에 경기 당일에 운영되는 매치 데이 스타디움 투어가 추가된다. 리버풀 FC는 메인 스탠드의 확장 공사를 진행할 때 가이드가 없는 셀프 가이드 투어 시스템을 완성했으며 이제는 가이드 없이 자유롭게 본인 스타일로 스타디움 투어를 즐길 수 있다. 그러므로 스타디움 투어는 경기가 없는 날에 찾아가는 것이 가장 좋다. 스타디움 투어에서는 안필드의 피치와 메인 스탠드, 새롭게 단장한 홈&어웨이 드레싱룸, 새로운 기자실 등을 만날 수 있으며 유명한 Anfield 사인이 있는 선수 출입 터널을 만날 수 있다. 단, 경기 당일에 펼쳐지는 매치 데이 스타디움 투어는 가이드 투어로 진행되며 경기 준비 작업 때문에 홈&어웨이 드레싱룸 또는 기자실을 들어갈 수 없다. 경기 당일의 투어는 시간도 짧고 들어갈 수 없는 지역도 있지만 오히려 입장료가 비싸다. 그렇기 때문에 부득이한 사정이 있는 경우를 제외하고 경기가 없는 날에 경기장을 방문하여 스타디움 투어를 즐기길 권한다. 가끔 구단 사정으로 일부 구역을 들어갈 수 없는 경우가 발생하니 리버풀 FC 스타디움 투어 홈페이지에서 미리 확인해야 한다. 스타디움 투어에는 박물관 관람이 포함되어 있으며 박물관만 별도로 관람할 수도 있다.

● 입장료

※ 청소년은 성인과 동반 필수(만 16세 미만)

투어 종류	성인	학생/시니어	청소년
LFC Stadium Tour(스타디움 투어+박물관)	£20	£15	£12
LFC Matchday Stadium Tour(스타디움 투어+박물관)	£22	£18	£14
Legends Q&A(레전드 투어+박물관)	£40	£30	£20
The Liverpool FC Story(박물관만 관람)	£10	£8	£6

● 구단 공지사항

스타디움 투어는 1시간 30분-2시간 정도가 소요된다. 오디오 가이드는 9개 국어(영어, 스페인어, 독일어, 프랑스어, 이탈리아어, 아랍어, 태국어, 인도네시아어, 중국어)를 지원하며, 한국어는 포함되어 있지 않다. 운영 스케줄은 약 8주 전에 발표/확정되므로 방문 전에 홈페이지를 통해 일정을 확인하고 투어를 예약하는 것을 권장한다. 여행용 캐리어 및 큰 가방을 들고 스타디움 투어에 입장할 수 없다. 스타디움 내에 짐 보관소가 없으므로 라임 스트리트 역의 짐 보관소(Left Luggage)에 맡기고 경기장을 찾기를 권한다.

● 투어 프로그램

LFC 스타디움 투어	LFC 매치 데이 스타디움 투어
60분간 오디오 가이드를 통해 경기장 곳곳을 살펴본다	45분간 경기 당일에 스타디움을 투어할 수 있다
새롭게 단장한 홈&원정 드레싱룸, 기자실, 선수 입장 터널 등 관람	새로운 선수 입장 터널, 감독 자리 등 관람
유명한 THIS IS ANFIELD 그림을 터치해 보자	유명한 THIS IS ANFIELD 그림을 터치해 보자
The Liverpool Story 구단 박물관	The Liverpool Story 구단 박물관
메인 스탠드의 가장 높은 층에서 내려다보는 시티뷰와 피치뷰	

STADIUM TOUR
스타디움 투어 주요 하이라이트

구단 박물관

인터뷰 룸

드레싱 룸

벤치에서 바라본 안필드

홈페이지: stadiumtours.liverpoolfc.com/tours

안필드의 The Kop과 Main Stand 사이 모서리에 있는 스타디움 투어 출입구

운영 시간
〈스타디움 투어〉
매일 10:00-16:00(마지막 입장 15:00)

〈박물관/The Liverpool FC Story〉
매일 09:00-17:00(마지막 입장 16:00)

❗ 경기 당일에는 킥오프 30분 전까지(마지막 입장 킥오프 1시간 전)

리버풀 FC 선수들이 경기 전에 터치하고 지나가는 것으로 유명했던 경기장 입장 통로의 THIS IS ANFIELD 사인. 하지만 메인 스탠드의 확장 공사와 함께 이 공간이 사라지는 대신 새로운 경기장 출입구 위에 설치되었다. 새로운 사인은 스타디움 투어를 통해 만나볼 수 있다.

안필드 박물관에서는 영국 내 최다인 5개의 빅이어 트로피(UEFA 챔피언스리그 우승 트로피)를 반드시 구경해야 한다.

에버턴 FC

EVERTON FC

구단 소개

THE TOFFEES

창단연도
1878(세인트 도밍고 FC)

홈구장
구디슨 파크

주소
Goodison Rd, Liverpool L4 4EL

구단 홈페이지
www.evertonfc.com

구단 응원가
Forever Everton

에버턴 FC는 같은 지역 구단인 리버풀 FC의 붉은색 유니폼과는 달리 파란색 유니폼을 쓰고 있는 프리미어리그의 명문팀이다. 잉글랜드 축구 클럽 중 1부 리그에 참여한 역사가 가장 긴 클럽으로 알려져 있다. 1부 리그에서 총 9회의 우승을 차지해 잉글랜드 축구 클럽 중 4번째로 많은 우승 기록을 지니고 있으며 1992년 프리미어리그 창설 이후 한 번도 강등되지 않았던 팀이기도 하다. 또한 1888년 창설된 풋볼 리그의 원년 멤버라는 자랑스러운 기록을 가지고 있고 리그 첫 우승이 1891년이니 전통 하나만큼은 어느 클럽에도 뒤지지 않는다. 1989년까지 리그 우승을 종종 차지했던 잉글랜드 대표 명문팀이었지만 에버턴 FC가 가장 최근에 들어올렸던 트로피가 1995년의 FA컵이었다는 사실을 생각해보면 최근의 성적은 아쉬움이 있다. 2000년대의 에버턴 FC는 비록 최고의 자리는 차지하지 못했으나 적은 투자에 비해 꽤 괜찮은 성적을 거둬 알토란 같은 클럽으로 자리 잡았다. 데이빗 모예스가 이끌던 시기에 '쉽게 지지 않는 에버턴 FC'라는 이미지를 완성시켰지만 모예스 감독이 떠난 후로 꾸준히 하향세를 기록하고 있어서 반전이 절실하다. 에버턴 FC는 리버풀 FC와 스탠리 파크를 사이에 두고 '머지사이드 더비'를 이루고 있다.

UEFA컵 위너스컵
1회(1985)

**프리미어리그
(풋볼리그 시절 포함)**
9회(1891, 1915, 1928, 1932, 1939, 1963, 1970, 1985, 1987)

잉글리시 FA컵
5회(1906, 1933, 1966, 1984, 1995)

**FA 커뮤니티실드
(채리티실드 포함)**
9회(1928, 1932, 1963, 1970, 1984, 1985, 1986, 1987, 1995)

영국 내에서 19세기의 아름다운 축구장을 만나려면 에버턴 FC의 홈 구구장인 구디슨 파크(Goodison Park)를 찾아야 한다. 1892년에 완공된 이 홈구장은 전 세계에서 가장 오래된 축구장 중 하나로 기록되어 있다. 긴 역사를 거치며 확장 공사가 여러 차례 진행돼 현재는 약 39,572명의 관중을 수용할 수 있게 되었다. 에버턴 FC의 팬들은 이곳에 'The Grand Old Lady'라는 애칭을 붙여 부르곤 한다. 잉글랜드에서 가장 많은 1부 리그가 열린 경기장인 동시에, 1966 FIFA 월드컵의 개최지이기도 했는데 8강전에서 에우제비오가 이끄는 포르투갈 대표팀이 8강 진출에 성공한 북한 대표팀을 5:3으로 역전승한 역사의 현장이기도 하다. 경기장 내부는 앉을 때부터 삐걱거리는 나무 의자로 오랜 세월을 느낄 수 있으며 시야를 가리는 대형 기둥으로 인해 마치 19세기의 축구 경기를 보는 듯한 착각을 불러일으킨다. 영국 내에서 경기장 분위기가 가장 좋은 곳으로 통하기도 한다.

구디슨 파크 외벽에 붙어있는 대형 에버턴 FC 엠블럼. 경기장의 중요한 볼거리 중 하나이다.

● 홈구장

구디슨 파크(Goodison Park)			
개장일	1892년 8월 24일	수용 인원	39,572명
경기장 형태	축구 전용 구장	그라운드 면적	100.48mX68m

구디슨 파크 주변에서는 The People's Club이라는 문구를 자주 만나게 된다. 에버턴 FC의 애칭 중 하나이다.

● 연습구장

에버턴 FC 트레이닝 아카데미-USM 핀치 팜(USM Finch Farm)	
주소	Finch Farm Training Complex, Finch Ln, Halewood, Liverpool L26 3UE
대중교통	기차역 Harewood 역에서 도보 약 25분

티켓 구매

에버턴 FC는 빅매치가 아닐 땐 현장에서 티켓을 구입할 수 있는 경우도 많다. 프리미어리그 팀들 중 비교적 티켓 구입이 수월한 팀들에 속한다. 그러므로 적극적으로 관람을 검토해볼 만하다.

티켓 가격

구디슨 파크의 지붕을 지탱하는 기둥은 유난히 두껍다. 그래서 꽤 시야를 방해하므로 티켓 구매 시에 Obstructed View는 피하도록 하자. 잘못하면 기둥만 보다 돌아올 수도 있다.

오렌지군의 티켓 구입 TIP

스텁헙 홈페이지 - 에버턴 FC
www.stubhub.com 접속 후 검색창에서 Everton 입력

● 티켓 구매 전쟁에서 어떻게 해야 살아남을까?

에버턴 FC는 대부분의 경기가 일반 판매가 진행되므로, 머지사이드 더비 등의 빅매치를 제외하고는 일반 판매가 시작되면 구입하면 된다. 만약 매진된 경우라면 스텁헙(Stubhub)이라는 티켓 중개 사이트를 통해 다시 한번 도전할 수 있는 기회가 있다. 해당 업체와 구단이 공식 공급 계약을 맺고 있기 때문이다. 스텁헙에는 머지사이드 더비 경기도 종종 올라오는 편이므로 빅매치 관람도 기대해볼 만하다.

● 티켓 구매 전 알아야 할 사항은?

에버턴 FC는 구단 홈페이지 및 스텁헙이 모두 e-Ticket 서비스를 제공하기 때문에, 티켓 수령에 대한 부담이 없다. PDF 파일로 티켓을 받는 방법과 우편으로 받는 방법을 선택할 수 있으며, PDF 파일로 티켓을 받아 바로 집에서 프린트하여 경기장에 가져가면 된다.

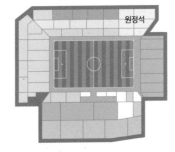

BULLENS STAND & PADDOCK

MAIN STAND & TOP BALCONY, FAMILY ENCLOSURE

※ 2019-2020 시즌 프리미어리그 기준

	ADULT	CONCESSION	JUNIOR
FAMILY ENCLOSURE	£35	£30	£15
LOWER BULLENS	£43	£30	£20
HOWARD KENDALL GWLADYS STREET END/LOWER	£43	£30	£20
TOP BALCONY	£43	£30	£20
HOWARD KENDALL GWLADYS STREET END/UPPER	£43	£30	£20
PADDOCK	£35	£30	£20
MAIN STAND	£49	£30	£20
UPPER BULLENS	£49	£30	£20
SIR PHILIP CARTER PARK STAND	£49	£30	£20

에버턴 FC
EVERTON FC

티켓 구매 프로세스
에버턴 FC 홈페이지에서 티켓을 구매하는 방법

STEP 01 | 에버턴 FC 홈페이지 접속 및 로그인

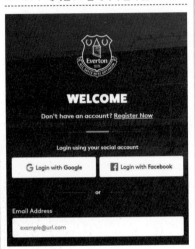

에버턴 FC 홈페이지(tickets.evertonfc.com)에 접속하면 로그인하라는 창이 뜬다. 계정이 있으면 바로 로그인하고, 계정이 없으면 새로 만들어서 로그인부터 완료한다.

STEP 04 | 좌석 선택 옵션

바로 티켓 구매 과정을 진행해 보면 두 가지 옵션이 뜬다. 왼쪽 옵션은(❶) 실제 경기장의 좌석 배치도를 보면서 티켓 구입을 진행하는 것이고, 오른쪽 옵션은(❷) 구단에서 임의로 지정한 좋은 자리를 예매하는 것이다. 왼쪽 옵션을 통해서 진행하는 것이 좋다.

STEP 02 | 홈 경기 선택

로그인을 진행한 후에 화면 상단에 있는 HOME TICKETS를 선택하여 에버턴 FC의 홈 경기 티켓 구매에 도전해 본다(❶).

STEP 03 | 경기 리스트 확인

위와 같이 예정된 다음 경기 리스트를 살펴볼 수 있다. 이 중에서 내가 원하는 경기의 Tickets from: ○○을(❶) 선택한다.(구단의 티켓 판매 상황에 따라서 위와 같은 화면이 나오지 않을 수도 있다. 화면을 잘 확인하고 상황에 맞춰서 진행할 필요가 있다.)

STEP 05 | 블록 선택

화면상에 구디슨 파크의 전경이 들어온다. 여기에서 음영 처리가 되어 있는 블록은 이미 티켓 판매가 완료되어서 티켓을 구입할 수 없는 블록이다. 음영 처리된 블록들을 제외한 나머지 좌석을 선택할 수가 있다.

STEP 06 | 블록 상세히 확인하기

LB4

£ 18 - £ 38

Categories available

CHOOSE YOUR SEATS

블록을 선택할 때 위와 같이 3D 입체화면으로 해당 블록의 시야를 간접적으로 느껴볼 수 있다. 구디슨 파크는 경기장의 지붕을 지탱하는 두꺼운 기둥이 시야를 가린다는 점에 유의해야 한다.

STEP 07 | 좌석 선택

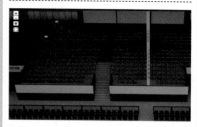

원하는 블록을 선택하면 위와 같은 화면을 만날 수가 있는데, 녹색으로 표시된 좌석이 현재 남아있는 자리이다. 녹색 자리 중에서 내가 원하는 좌석을 선택하자.

STEP 08 | 가격 확인

● Lower Bullens Restricted View
LOWER BULLENS - Block LB4 Row R
Seat 206

Note: Obstructed View

Selected ✔

❶ £ 38.00

Adult ▼

🗑 **EMPTY CART** **UPDATE**

좌석을 선택한 후에는 해당 좌석의 티켓 가격이 표시되는 것을 알 수 있다(❶).

STEP 09 | 좌석 확인

화면이 바뀌며 내가 선택한 좌석의 번호와 티켓 가격 등을 확인할 수 있다.

STEP 10 | 배송 옵션 선택

배송 옵션을 선택할 수 있다. Digital Ticket은 PDF 형태의 티켓으로서 바로 프린트할 수 있다. International Delivery는 우편 배송을 의미한다. Digital Ticket을(❶) 선택하여 안정적으로 진행하기를 권한다. 이후 결제까지 마무리하면 티켓 구입 과정이 모두 마무리된다.

GOODISON PARK

EVERTON FC
에버턴 FC

SE1   하워드 켄달, 앨런 볼, 콜린 하비의 동상

SE2   세인트루크 교회

SE3   에버턴 자이언트

SE4   구디슨 로드 리셉션(스타디움 투어 시작지점)

SE5   에버턴 프리 스쿨(에버턴 매치 데이 허브)

SE6   에버턴 Fan Zone

SE7   에버턴 리멤버스

SE8   딕시 딘 동상

B1   The Brick

B2   The Winslow Hotel 식당

B3   Hot Wok

S1   Everton One 메가스토어

S2   간이 스토어 **경기 당일만 해당**

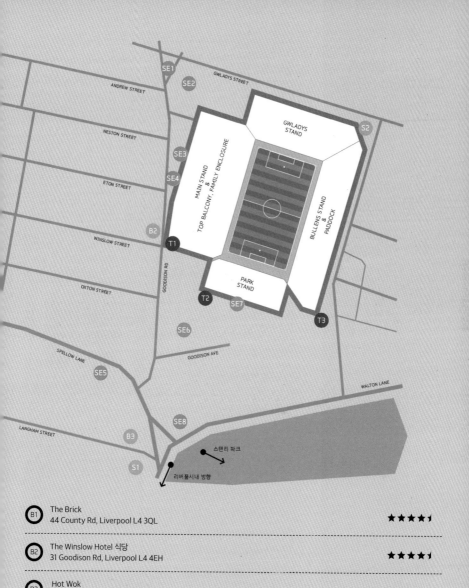

B1	**The Brick** 44 County Rd, Liverpool L4 3QL	★★★★✦
B2	**The Winslow Hotel 식당** 31 Goodison Rd, Liverpool L4 4EH	★★★★✦
B3	**Hot Wok** 87 Langham St, Liverpool L4 4DA	★★★★

오렌지군의 축구 여행 TIP

주요 식당들이 경기장에서 주택가 쪽으로 한 블록 넘어가서 있는 버스 정류장에 집중되어 있다. 즉, 경기 전후에 식당을 찾고자 한다면 버스 정류장이 있는 County Road 쪽을 찾아가는 것이 좋다.

영국 경기장에서 만나게 되는 기마 경찰도 우리에게는 독특한 볼거리다. 물론, 구경만 하도록 하자. 바닥에는 이미 말들의 분비물이 가득할 것이기 때문이다.

경기 당일에는 일찍 방문해서 팬 파크에서 시간을 보내다가 경기장에 들어가는 것도 좋은 방법이다.

구디슨 파크의 외벽은 에버턴 FC 역사를 소개하는 큰 박물관 역할을 한다. 구디슨 파크에 도착하면 시간을 여유 있게 두고 외벽의 볼거리들을 감상하는 것도 축구 여행의 한 방법이다.

○ 구단 공식용품점 ○

EVERTON ONE

주소: 183–189 Walton Ln, Liverpool, L4 4HH
위치: 구디슨 파크에서 리버풀 시내 방향 도보 5분
운영 시간: 월-금 09:30–17:30, 토 09:00–18:00, 일 10:00–16:00, 경기 당일 오픈 시간은 킥오프 시간에 따라 달라질 수 있음

EVERTON TWO

주소: 11 South John Street, Liverpool, L1 8BU
위치: 리버풀 원(Liverpool ONE) 쇼핑몰 안
운영 시간: 월-금 09:30–20:00, 토 09:00–19:00, 일 11:00–17:00

○ 레전드 딕시 딘(Dixie Dean)의 동상 ○

경기장 앞에 탄탄한 몸매를 자랑하며 공을 들고 가는 선수의 동상이 있다. 에버턴 FC의 레전드 딕시 딘(Dixie Dean)의 동상이다. 원래 이름인 '윌리엄 딘'보다 성과 별명을 합친 '딕시 딘'이란 이름으로 더 유명한 선수이며 경력의 대부분이 에버턴 FC 선수로 채워져 있다. 1925–1937년까지 뛰는 동안 리그 2회, FA컵 1회 우승을 차지하기도 했다. 1927–1928 시즌에는 1부 리그에서 39경기 60골을 기록한 득점 기계였고 아직도 이 기록은 깨지지 않고 있다 한다. 1932–1933 시즌부터 영국 축구에 '등번호 시스템'이 도입되었는데 이때 딕시 딘이 9번을 최초로 달았고, 딕시 딘의 활약 덕분에 지금까지도 9번은 스트라이커의 등번호로 인식되고 있다.

○ 하워드 켄달, 앨런 볼, 콜린 하비의 동상 ○

에버턴 FC의 화려했던 역사를 만든 세 명의 레전드가 하나의 동상으

로 만들어졌다. 세인트 루크 교회 바로 앞의 작은 광장에 만들어진 동상의 주인공은 선수와 감독으로 에버턴에서 모두 우승컵을 들어올린 하워드 켄달, 1969-1970 시즌 리그와 FIFA 월드컵 우승의 주역 앨런 볼, 현역 시절 '하얀 펠레'라는 애칭을 얻었던 콜린 하비다. 동상의 받침대에 이 레전드들의 업적이 간단하게 소개되어 있으니 읽어보도록 하자.

○ 세인트 루크 교회(Church of St Luke the Evangelist) ○

구디슨 파크의 메인 스탠드 왼쪽 구석에 세인트 루크 교회가 있다. 에버턴 FC와 깊은 유대관계를 유지하면서 '에버토니안'들에게 사랑을 받고 있다. 킥오프 2시간 전-30분 전까지 교회를 개방하여 서포터즈들에게 따뜻한 차와 쉴 자리를 제공한다. 에버턴 FC는 예배에 대한 배려로 일요일 이른 시간에는 홈 경기를 개최하지 않는다.

○ 에버턴 자이언트 명판(Everton Giants Plaque) ○

에버턴 FC는 2000년부터 팀의 역사를 빛낸 레전드를 선정하여 '에버턴 자이언츠'라 명명하고 있다. 그리고 레전드의 이름을 사인과 함께 명판으로 만들어 구디슨 파크 외벽 곳곳에 붙여 놓았다. 이 명판을 찾는 재미가 쏠쏠하다.

○ 에버턴 리멤버스(Everton Remembers) ○

구디슨 파크의 파크 스탠드(Park Stand)에 있는 리셉션 출입구 옆에는 힐스보로 참사로 희생된 리버풀 FC 서포터즈 96인을 추모하는 명판이 있다.

○ 프린스 루퍼트 타워(Everton Lock-up) ○

구디슨 파크에서 차를 타고 리버풀 시내 쪽으로 들어오다 보면 에버턴 파크(Everton Park)라는 공원이 있다. 공원 안에는 프린스 루퍼트 타워(Prince Rupert's Tower)라는 독특한 모양의 작은 탑이 하나 있다. 공식 명칭은 Everton Lock-Up인데 에버턴 지역의 랜드마크로서 1938년부터 에버턴 FC의 엠블럼에 꾸준히 등장하고 있다.

에버턴 자이언트 명판

에버턴 리멤버스

프린스 루퍼트 타워

주소: 19 Netherfield Rd S, Liverpool L5 4LS
대중교통: 버스 14, 14A, 14B, 14X, 17, 19, 21번. 리버풀 시내에서 도보로 약 20분

프린스 루퍼트 타워

시내버스 요금은 기사에게 직접 지불. 1일권과 왕복티켓의 가격이 비슷하므로 1일권을 구입하여 사용하는 것이 합리적이다.

안필드 바로 옆에 위치한 스탠리 파크에서 발견된 구디슨 파크. 두 경기장은 걸어서 이동할 수 있을 정도로 가까운 거리에 있으므로 한 번 이동할 때 두 경기장을 함께 관람하는 것이 좋다.

구디슨 파크의 통로는 정말 좁다. 두 명이 지나가기도 힘들 정도로 좁은 곳도 많다. 이런 상황이기에 가능하면 화장실은 경기 전에 미리 다녀오고 90분 내내 경기에 집중하도록 하자. 화장실을 가는 것 자체가 전쟁이다. 물론 모든 스탠드의 사정이 이런 것은 아니다.

구디슨 파크에서는 아직도 삐걱대는 나무 의자를 만날 수가 있다. 구디슨 파크의 엄청난 역사를 느낄 수 있다.

경기 관람
ENJOY FOOTBALL MATCH

PREMIER LEAGUE TEAM

● 경기 관람 포인트 및 주의 사항

1. 최근 들어 경기장 주변의 볼거리가 많이 늘어났다. 그러므로 경기 시작 전 일찍 도착해서 구경하도록 하자.
2. 구디슨 파크는 매우 오래된 경기장으로서 내부 시설이 매우 열악하다. 그러므로 식사는 미리 해결하고 입장하기를 권한다.

● 경기장 찾아가는 법

○ 교통수단

퀸 스퀘어 버스 스테이션에서 19, 19A, 20, 21번 타고 이동. 경기 당일에는 라임 스트리트 역 건너편의 St. John's Lane에서 919번 버스 탑승하고 이동

○ 이동시간

시내에서 약 20분

구디슨 파크에 찾아갈 때는 리버풀 FC와 마찬가지로 가장 먼저 퀸 스퀘어 버스 스테이션(Queen Square Bus Station)을 찾아가야 한다. 퀸 스퀘어 버스 스테이션의 건너편에 있는 버스 정류장에서 구디슨 파크로 가는 버스를 탑승하면 된다. 버스 탑승 시에 구디슨 파크로 가는 버스인지 기사에게 확인하고 탑승한다. Bullens Road, Eton Street, Ludlow Street 등이 내려야 할 정류장이며 19번을 제외하고 경기장이 잘 보이지 않는 주택가에서 내려야 하므로 기사에게 내려야 할 곳을 정확하게 묻고 내리는 것이 좋다. Lowelll Street-Oxton Street로 이어진 사잇길이 많다. 이 사잇길 속에 주택가가 밀집되어 있기 때문에 경기장이 쉽게 눈에 띄지 않는다. 경기 당일에는 919번 버스가 St. John's Lane에서 출발하며 경기장 바로 앞에 세워주기 때문에 큰 고민 없이 경기장에 도착할 수 있다.

스타디움 투어

PREMIER LEAGUE TEAM

스타디움 투어
홈페이지: www.evertonfc.com/
content/tickets/stadium-tour-
experience

구디슨 파크는 영국의 오래된 축구장의 형태를 제대로 감상할 수 있는 기회를 제공한다. 머지 않은 때에 에버턴 FC는 노후화된 구디슨 파크를 떠나서 새 경기장으로 이전할 예정이므로, 그 전에 꼭 구디슨 파크의 스타디움 투어를 감상해 보자.

운영 시간
〈스타디움 투어〉
운영 시간: 지정일 10:00, 11:30, 13:00, 14:30
소요 시간: 약 60분

- - - - - - - - - - - - - - - - - -

〈레전드 투어〉
비정기적이므로 구단 공식 홈페이지 참조, 대체로 매월 2차례 정도만 열리며 어떤 레전드가 출연하는지는 따로 공지되지 않고 있다.

에버턴 FC의 구디슨 파크 투어는 일반 스타디움 투어와 레전드 투어로 나뉜다. 레전드 투어는 한 달에 1~2차례 열리는 정도이고 우리에게 익숙한 레전드를 만날 수 없기 때문에 일반 스타디움 투어를 즐기는 것을 권장한다.

스타디움 투어는 사전 예약이 필수이고 비정기적으로 진행되기 때문에 미리 홈페이지의 일정을 체크하고 적절한 시간대를 정해서 예약할 필요가 있다. 가이드가 투어를 진행하며 약 1시간 정도 소요되며, 투어 중에는 선수들이 직접 사용하는 드레싱룸, 입장 터널 및 벤치 등을 직접 걸어가면서 만날 수 있다. 또한 자유롭게 사진 촬영을 하며 즐거운 추억을 만들 수 있다.

● 입장료

※ 할인 가격은 만 60세 이상 또는 만 22세 미만 적용/ 만 4세 미만 무료

투어 종류	성인	할인 가격	청소년 U-16
스타디움 투어	£15	£10	£5
레전드 투어	£99	£79(시니어만)	£49

● 구단 공지사항

스타디움 투어는 약 60분, 레전드 투어는 약 90분이 소요된다. 여행용 캐리어 및 큰 가방은 반입이 불가능하며 스타디움 투어 입장 시 경기장 안전 문제로 보안 검사를 진행한다. Goodison Road에 있는 리셉션에서 시작되며 투어 시작 15분 전에 도착해야 한다. 경기장 내 카메라 반입 및 촬영이 가능하다. 단, 비디오 카메라는 반입 시 별도의 허가가 필요하다. 투어 중에는 음식물 섭취가 불가능하다. 경기장 전 지역은 금연이다.

에버턴 FC는 1888년에 창설된 세계 최초의 축구 리그인 '풋볼 리그'의 창립 멤버이다. 그래서 팀의 역사를 그대로 담은 구디슨 파크를 돌아보는 것은 매우 의미 있는 경험이 될 것이다.

● 투어 프로그램

스타디움 투어
홈&원정 팀의 드레싱룸, VIP석 Director's BoX 및 Dixie Dean Suite, 선수 입장 터널 및 양 팀 벤치, 피치 관람

맨체스터

MANCHESTER

맨유와 맨시티, 그리고,
국립 축구 박물관이 있는 '축구 관광 도시'

맨체스터로 가는 길

런던에서 출발: 기차 런던 유스턴역 ▶ 맨체스터 피카디리역(약 2시간 15분 소요 / 매일 약 20분 간격 배차)
버스 5시간-5시간 30분 소요 / 매일 약 30분-1시간 간격으로 운행

리버풀에서 출발: 기차 리버풀 라임 스트리트역 ▶ 맨체스터 피카디리역(약 1시간 소요 / 매일 약 10-15분 간격 배차)
버스 약 1시간 30분 소요/매일 약 30분 간격으로 운행

버밍엄에서 출발: 기차 버밍엄 뉴 스트리트역 ▶ 맨체스터 피카디리역(약 1시간 45분 소요 / 매일 30분 간격 배차)
버스 약 3시간 소요 / 매일 약 1시간 간격으로 운행

뉴캐슬에서 출발: 기차 뉴캐슬역 ▶ 맨체스터 빅토리아 역(약 2시간 20분 소요 / 매일 약 30분 간격 배차)
버스 약 4-5시간 소요 / 매일 3회 운행

맨체스터 국제공항

시내와의 접근성이 매우 좋고, 버스 터미널이 공항과 함께 있어 주변 도시로도 쉽게 이동 가능하다. 히스로 공항에 비해 항공편이 적어 입국 시간이 절약되는 장점도 있다. 한국에서의 직항편은 없지만, 주요 유럽, 중동 항공사의 환승편을 이용할 경우 이곳을 이용하는 것도 고려해볼 만하다.
주소: Manchester, M90 1QX
홈페이지: www.manchesterairport.co.uk
대중교통: 기차, 메트로링크 Manchester Airport 역
시내 이동 비용(성인 기준, 단위 £-파운드)
기차(편도): 4.6-5.2(맨체스터 피카디리 역까지 약 20분 소요)

도시, 어디까지 가봤니?
MANCHESTER TOUR

● 도시 소개

산업혁명의 중심도시. 반면 관광자원은 부족해 여행자들이 잘 찾지 않는 도시였으나 맨체스터 유나이티드 FC와 맨체스터 시티 FC가 세계적인 인기를 끌면서 영국을 대표하는 '축구 관광 도시'로 발돋움하고 있는 맨체스터이다. 국립 축구 박물관도 바로 이곳 맨체스터에 자리하고 있다.

● 도시 내에서의 이동

볼거리는 시내 중심부에 집중되어 있다. 웬만한 명소는 도보로 이동 가능하나 경기장은 외곽에 위치해 대중교통을 이용해야 한다. 메트로링크라는 트램을 자주 이용하게 될 것이며 트램의 티켓은 각 정류장 자동판매기에서 구입 가능하다. 1회권은 비싸므로 1일권을 구입해 자유롭게 돌아다닐 것을 권장한다. 맨체스터 시내의 경우 메트로셔틀(MetroShuttle)이라는 무료 버스가 다니기 때문에 비용을 절약하고자 하는 축구팬은 적극적으로 이 버스를 활용하도록 하자.
이용 기간 및 지역에 따라 매우 다양한 교통패스가 존재하는 도시이다. 그러므로 www.tfgm.com/tickets-and-passes 홈페이지에 접속하여 내 일정에 알맞은 교통패스를 정해 보는 것도 좋은 방법이다.

○ 맨체스터 메트로링크 요금 안내

※ 싱글 티켓은 2시간 유효

※ Off-Peak 1일권은 평일 09:30부터 사용 가능. 주말 및 공휴일은 종일 사용 가능

※ 맨체스터 시내 중심부는 1존, 맨유&맨시티 구장은 2존, 맨체스터 공항은 4존

티켓 종류	싱글(Single)	1일권(Off-Peak)	1일권(종일)
1개존(1, 2, 3, 4)	£1.40	£1.80	£2.60
2개존(1+2)	£2.80	£3.40	£4.20
3개존(2+3 / 3+4)	£2.40	£3	£3.40

티켓 종류	싱글(Single)	1일권(Off-Peak)	1일권(종일)
3개존(1+2+3)	£3,80	£4,20	£6
3개존(2+3+4)	£3,20	£3,80	£4,60
4개존(1+2+3+4)	£4,60	£4,80	£7

● 숙소 잡기

주요 관광지가 아닌 만큼 한인민박은 매우 드물다. 단, 시내에 저렴한
호스텔 및 호텔이 꽤 있으므로 이 숙소들을 이용하면 좋다. 피카디리
가든에서 가까운 숙소를 정하면 기차역과 버스터미널이 매우 가까우
므로 여러모로 편리하다.

추천 여행 코스 및 가볼 만한 곳   MANCHESTER TOUR

● 추천 여행 코스 - 3일간

1일차: 맨체스터 피카디리역-피카디리 가든-차이나타운-맨체스터
타운 홀-국립 과학 산업박물관
2일차: 국립 축구 박물관 및 맨체스터 대성당 관람-**경기 관람**
3일차: 맨체스터 유나이티드 스타디움 투어-살포드 항구 및 시내 구경

○ 축구 여행이라면 조금 더

볼거리가 많지 않아 시내 여행은 1-2일 정도면 충분하다. 하지만 맨
체스터 유나이티드와 맨체스터 시티라는 두 명문팀이 있는 만큼 축
구 관련 일정을 소화하려면 추가 일정이 필요하다. 축구 관련 일정과
시내 여행 일정을 분리하여 계획을 짜고, 축구 일정을 미리 소화한
뒤 남는 시간에 시내 구경을 해도 충분하다.

● 맨체스터 타운 홀(Manchester Town Hall)

맨체스터의 랜드마크로 반드시 방문
해야 할 관광 명소 중 하나. 네오 고
딕 양식으로 지어진 아름다운 건축
물은 인증샷을 남기기에 최적의 조
건을 제공한다. 겨울에는 타운홀 앞
광장에서 크리스마스 마켓이 열리기
도 하는데 내부는 현재 공사 중이며 2023년에 마무리될 예정이다.

홈페이지: www.manchester.gov.uk/townhall

맨체스터 코치 스테이션

맨체스터 타운 홀

주소: Town Hall, Albert Square, Manchester, M60 2LA
대중교통: 메트로링크 St. Peter's Square 정류장

맨체스터 대성당의 내부 모습

맨체스터 대성당

주소: Victoria Street, Manchester, M3 1SX
운영시간: 월-목, 일 08:30-18:30, 금, 토 08:30-17:30
요금: 무료
대중교통: 기차, 메트로링크 Manchester Victoria 역에서 도보 3분

피카디리 가든

주소: Piccadilly Gardens, Manchester, M1 1RG
대중교통: 메트로링크 Picadilly Gardens 정류장

맨체스터 차이나타운

주소: Chinatown, 19-21 George Street, Manchester, M1 4HE
대중교통: 트램 Picadilly Gardens 정류장에서 도보 5분

멘체스터 차이나 타운

게이 빌리지

주소: Canal St, Manchester
대중교통: 맨체스터 피카디리 역에서 도보 2분

● 맨체스터 대성당(Manchester Cathedral)

본래의 이름은 'Cathedral and Collegiate Church of St.Mary, St.Denys and St.George in Manchester'로 빅토리아 역 인근에 위치해 있다. 1421년 건축을 시작해 1882년에야 완공되었는데, 세계대전 때에 일부분이 파괴되기도 했다. 어웰 강(River Irwell)이 바로 앞에 있어 은은한 분위기를 연출한다.

홈페이지: www.manchestercathedral.org

● 피카디리 가든(Picadilly Gardens)

산업도시인 맨체스터 시내의 한복판에서 만날 수 있는 녹지 공간으로 맨체스터 여행의 시작과 끝이 맺어지는 곳이다. 트램을 비롯한 수많은 교통편이 연결되는 인터체인지와 같

은 장소이며, 빅토리아 여왕의 동상 등 볼 만한 풍경들도 많이 자리하고 있다. 여행자들에겐 편안한 휴식 공간이 되기도 한다.

● 맨체스터 차이나타운(Manchester Chinatown)

리버풀의 차이나타운과 함께 유럽 내에서 가장 규모가 큰 곳으로 꼽히는 차이나타운이다. 2차 세계대전 이후 중국인들의 수가 본격적으로 늘어나 1970년대 이후 지금과 같은 규모를 갖추게 되었다. 중국 식당뿐만 아니라 다양한 아시아의 음식들을 즐길 수 있는 곳이다.

홈페이지: manchesterchinatown.org.uk

● 게이 빌리지(Gay Village, Canal Street)

맨체스터의 카날 스트리트(Canal Street)를 중심으로 게이 빌리지가 형성되어 있다. 게이 바 등이 있는 곳이지만 운하를 배경으로 아름다운 카페, 펍, 식당들도 자리하고 있기 때문에 편견을 잠시 내려놓고 낮 시간에 부담없이 한 바퀴 돌아보자.

NATIONAL

축구의 종가의 자존심, 국립 축구 박물관

FOOTBALL MUSEUM

영국 맨체스터 시내 한복판 맨체스터 빅토리아 역 바로 옆에 있는 어비스 빌딩에 잉글랜드를 대표하는 대형 축구 박물관 '국립 축구 박물관(National Football Museum)이 자리하고 있다. 2012년에 맨체스터로 확장 이전을 했으며 개장 후 매년 약 60만 명 이상이 찾아오는 맨체스터의 대표적인 관광 명소로 자리를 잡았다.

축구 종가가 만든 박물관답게 희귀한 전시품들이 축구팬들을 기다리고 있다. 1863년에 만들어진 세계 최초의 축구 규정이 담긴 문서를 비롯해 가장 오래된 잉글리시 FA컵 트로피, 1930년 제1회 FIFA 우루과이 월드컵에 사용되었던 볼 등을 만날 수 있다.

각 테마별 다양한 방식으로 해석한 축구 콘텐츠뿐만 아니라 각종 체험 공간도 다양해서 볼거리가 풍부하다. 현대식 축구 박물관의 전형을 보여주는 곳이라 할 수 있고 전 층이 모두 박물관으로 사용되고 있다. 국립 축구 박물관 안에는 식당 및 펍, 기념품 숍이 마련되어 있다.

● 입장료

※ 맨체스터 거주자 무료(신분증 필수)

성인	£10
어린이(만 15세이하, 어른 동반 필수)	£5
어린이(만 5세 미만)	무료
가족(성인2인+어린이2인)	£25

● 층별 안내

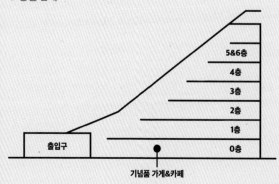

국립 축구 박물관

주소: National Football Museum, Urbis Building, Cathedral Gardens, Manchester, M4 3BG

대중교통: 기차 및 메트로링크 Manchester Victoria 역 / 버스 41, 59, 113, 135번

운영시간: 매일 10:00~17:00(마지막 입장 16:30)

관람 소요시간: 약 2~3시간

입장료 포함사항: 박물관 관람료 + 프리미어리그 및 FA컵 트로피 사진 촬영권+체험 공간 이용권(Pass Master, Shot Stopper, Match of the Day Commentary Challenge 등)

참고사항: 체험 공간 중 Penalty Shootout은 유료. £2에 3번의 페널티킥 이용 가능

국립 축구 박물관의 외관

각종 체험 코너

HALL OF FAME

CAFE FOOTBALL

THE GAME

FANS

STADIUMS

○ 0층

입구 앞 광장 바닥에 있어 누구나 무료로 감상할 수 있다. 영국 출신의 스포츠 전문 아티스트 폴 트레빌리온(Paul Trevilion)이 그린 일러스트와 함께 세계 축구를 빛낸 슈퍼스타들을 만나볼 수 있다.

* * *

HALL OF FAME

박물관에 입장한 후 가장 먼저 만나게 되는 공간. 잉글랜드 축구를 빛낸 선수, 매니저, 팀을 만나게 된다. 명예의 전당 멤버는 매년 새롭게 추가 중이다.

* * *

SHOP

박물관 방문을 마무리한 후 숍을 방문해보자. 각종 서적 등을 비롯한 다양한 기념품들을 만나볼 수 있는 공간이다.

* * *

CAFE FOOTBALL

배가 고프다면 스토어 옆에 있는 '카페 풋볼'을 방문하자. 버거, 파이, 샐러드를 비롯해서 다양한 디저트 및 음료 등을 맛볼 수 있다.

○ 1층

BBC RADIO COMMENTARY COLLECTION

축구 역사상 위대한 순간을 함께한 BBC 라디오 중계를 들어볼 수 있다.

THE GAME

현대 축구의 규정이 만들어졌을 때부터 축구의 역사를 깊이 있게 소개한다.

* * *

FANS

팬이 없는 축구 경기는 상상할 수 없다. 팬들과 함께한 다양한 전시품들을 구경하자.

* * *

COMPETITION

수많은 축구 대회들의 역사를 다양한 트로피 및 콘텐츠들과 함께 볼 수 있다.

* * *

ENGLAND ON THE WORLD STAGE

세계 무대에서 활약한 잉글랜드 대표팀의 역사를 만날 수 있다.

STADIUMS

축구의 무대. 축구 예배당으로 불리는 위대한 스타디움들을 만날 수 있다.

* * *

MEDIA

현대 축구에 빠질 수 없는 존재가 된 미디어에 대한 다양한 이야기를 다룬다.

CLUBS

축구 클럽이 생겨나면서 급속도로 축구는 발전하기 시작한다. 클럽의 역사를 만나보자.

PLAYERS

축구라는 게임을 만들어가는 존재인 선수들을 만나보도록 한다.

* * *

OUR BEAUTIFUL GAME(영화)

'우리들의 아름다운 게임'. 축구를 소개하는 15분 길이의 단편 영화. 영화를 감상하면서 축구의 매력에 빠져보자.

○ **2층**

TOYS & GAMES

축구가 인기를 끌면서 축구를 모델로 한 다양한 장난감 및 게임들이 출시되었다. '축구 놀이'의 변천사를 알아본다.

* * *

LAWS

규칙이 없는 축구는 축구가 아니다. 각종 콘텐츠를 통해 축구의 규정을 배워본다.

FOOTBALL FOR ALL

모두를 위한 축구. 누구나 즐기는 축구에 대한 콘텐츠가 전시되어 있다.

* * *

MANAGERS

축구라는 명곡을 연주하는 지휘자. 세계 축구를 빛낸 명장 감독들을 만나본다.

* * *

THE TEAM

다양한 선수들이 모여 하나의 팀이 만들어진다. 어떤 팀이 최고의 팀일까?

* * *

KIT

유니폼. 축구공. 축구화 등 축구경기가 열리기 위해 필요한 각종 용품들을 살펴볼 수 있다.

* * *

PERFORMANCE

선수들은 컨디션이 좋아야 피치에서 좋은 퍼포먼스를 뽐낼 수 있다. 선수들의 건강관리에 대한 콘텐츠들을 만날 수 있다.

○ **3층**

기간이 정해진 특별 전시가 열리는 공간이다.

○ **5-6층**

THE RABBIT IN THE MOON

미슐랭 스타셰프 마이클 오헤어(Michael O'Hare)의 유명 식당

FOOTBALL FOR ALL

MANAGERS

THE TEAM

KIT

PERFORMANCE

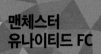

맨체스터
유나이티드 FC

MANCHESTER
UNITED FC

구단 소개

THE RED DEVILS

창단연도
1878년(뉴튼 히스 LYR FC)

홈구장
올드 트래포드

주소
Sir Matt Busby Way, Stretford,
Manchester, M16 0RA

구단 홈페이지
www.manutd.com

구단 응원가
Glory Glory Man United

전 세계에 수억 명의 팬을 가지고 있는 최고의 인기 팀. 바로 맨체스터 유나이티드 FC(이하 '맨유')다. 세계에서 가장 인기 있는 축구 구단이자 잉글랜드 축구 역사상 가장 많은 평균 관중 수를 기록하고 있는 인기 구단이다. 잉글랜드 1부 리그에서 총 20번을 우승하면서 역사상 가장 많은 리그 우승을 갖고 있는 팀이기도 하고 박지성 선수가 전성기를 보냈던 팀이기에 우리나라에서 특히 많은 사랑을 받고 있는 구단이다. UEFA 챔피언스리그에서도 총 3회의 우승을 차지한 바가 있다. 맨유의 역사는 맷 버스비 시대와 알렉스 퍼거슨 시대로 나눌 수가 있다. 이 두 감독이 이끌던 시대가 가장 화려한 역사를 쌓았던 시기라고 할 수 있는데, 구단이 획득한 대부분의 트로피는 바로 이 두 감독이 팀을 이끌던 때에 받았던 것들이다. 알렉스 퍼거슨 감독이 현역에서 물러난 이후 다소 부침을 겪고 있는 맨유지만 여전히 맨유는 잉글랜드를 대표하는 전통 명문의 자리를 지키며 수많은 팬들을 모으고 있다. 홈구장 올드 트래포드는 전 세계 축구 여행자들이 평생에 꼭 한 번쯤은 가 보고 싶어 하는 성지이다.

'꿈의 극장(Theatre of Dreams)'이라는 애칭으로도 유명한 올드 트래
포드 스타디움은 수용 인원이 75,957석에 달해 영국 내에서 두 번째
로 큰 경기장이며, 유럽 전체로 따져보면 9번째에 해당한다. 1910년
에 완공된 후 제2차 세계대전 때 폭탄 투하로 인해 좌석이 파괴되는
등의 어려운 시기를 극복해내고 현재 100년이 넘는 역사를 자랑하고
있다. 맨유는 역사적인 스토리가 많은 구단으로 꼽히는데 올드 트래
포드 스타디움 곳곳에서 그 역사의 흔적들을 쉽게 찾아볼 수 있다.
최근에는 한쪽 스탠드를 알렉스 퍼거슨 스탠드로 명명하기 시작해
과거의 역사를 넘어 현대의 역사까지 기록하는 명소가 되었다. 이 유
서 깊은 홈구장에서 유럽 최고의 경기들을 개최하기도 했는데 1996
FIFA 월드컵, 유로 96, 2003 UEFA 챔피언스리그 결승전, 2012 런던
올림픽의 주요 축구 경기 등의 굵직한 경기들을 유치했다. 특히 2012
런던 올림픽에서 우리나라 대표팀이 치렀던 브라질과의 준결승전도
이곳에서 펼쳐졌었다.

● 홈구장

올드 트래포드(Old Trafford)			
개장일		1910년 2월 19일	
수용 인원	74,994명	경기장 형태	축구 전용 구장
UEFA 스타디움 등급	카테고리4	그라운드 면적	105mX68m

● 연습구장

에이온 트레이닝 컴플렉스(Aon Training Complex)	
주소	Carrington, Manchester M31 4BH
대중교통	적절한 대중교통이 없다. 맨체스터 시내에서 택시로 약 30-40분 정도

역대 우승 기록들

UEFA 챔피언스리그
(유러피안컵 시절 포함)
3회(1968, 1999, 2008)

UEFA 유로파리그
(UEFA컵 시절 포함)
1회(2017)

UEFA 컵 위너스 컵
1회(1991)

UEFA 수퍼컵
1회(1991)

프리미어리그
(풋볼리그 시절 포함)
20회(1908, 1911, 1952, 1956,
1957, 1965, 1967, 1993, 1994,
1996, 1997, 1999, 2000, 2001,
2003, 2007, 2008, 2009, 2011,
2013)

잉글리시 FA컵
12회(1909, 1948, 1963, 1977,
1983, 1985, 1990, 1994, 1996,
1999, 2004, 2016)

EFL 컵
5회(1992, 2006, 2009, 2010,
2017)

FA 커뮤니티실드
(채리티실드 포함)
21회(1908, 1911, 1952, 1956,
1957, 1965, 1967, 1977, 1983,
1990, 1993, 1994, 1996, 1997,
2003, 2007, 2008, 2010, 2011,
2013, 2016)

올드 트래포드의 알렉스 퍼거슨 스탠드

티켓 구매

맨체스터 유나이티드의 종이 티켓

경기장 곳곳에서 기마경찰 및 보안요
원들을 만날 수 있다. 최근 들어 암표
단속이 강화되고 있으니 반드시 구단
홈페이지를 통해 티켓을 구입하자.

● 티켓 구매 전쟁에서 어떻게 해야 살아남을까?

맨유는 프리미어리그의 경우 티켓 구매 시 유료 멤버십 소지가 필수
며 시즌 개막 전에 대부분의 티켓이 판매된다. 이때 구매해 두는 것이
가장 좋은 방법이다. 단, 빅매치는 상황이 다르다. 구단이 지정한 빅매
치는 구단이 정한 날짜에 구매 신청을 받아서 추첨을 통해 티켓을 판
매한다.

모든 홈 경기는 대부분 시즌 개막 전에 매진된다. 하지만 시즌권 소지
자들이 내놓는 표가 있기 때문에 구단에서는 추후에 판매를 다시 진
행한다. 그러므로 SOLD OUT이 보인다고 해서 일찌감치 포기할 필요
가 없으며, 빅매치가 아닌 경우에는 유료 멤버십 가입을 통해 티켓을
구매할 가능성이 높다. 물론 유료 멤버십 가입이 티켓 구입을 무조건
보장하는 것은 아니라는 점, 원하는 자리가 없을 수 있다는 점은 감
안하자.

맨체스터 유나이티드는 킥오프 약 6주~1주 전까지 추가 티켓을 판매
한다고 공지하고 있다. 그러므로 해당 경기의 공지부터 확인하고, 나
중에 추가 티켓을 판다는 표시가 보이면 일단 기다리는 것이 좋다.
그리고 경기 약 6주 전부터 수시로 홈페이지를 체크한 뒤 판매가 시
작되면 바로 구매하도록 하자. 이때가 현실적으로 티켓 구매 가능성
이 가장 높은 시기다. 물론 경기마다 상황은 달라지기 마련이므로 각
경기별 공지를 꾸준히 체크하는 것이 중요하다.

● 티켓 구매 전 알아야 할 사항은?

티켓 구매에 성공하면 일반 판매의 경우는 우편, 멤버십 판매는 카드에 충전되는 형태로 배송이 진행된다. 만약 이런저런 이유로 멤버십 카드나 티켓을 수령할 수 없는 상황이라면 최대한 빠른 시일 내에 구단에 통보하는 것이 좋다. 자초지종을 얘기하면 구단 측에서는 모른 척하지 않고 잘 들어준다. 일반적으로 결제 시 사용했던 신용카드와 여권 그리고 결제 내역 등을 출력해놓는 것이 좋다. 특히 멤버십 번호는 메모해 두자(멤버십 구매 시에 멤버십 번호가 발급된다). 즉 내가 본인이며 해당 신용카드를 사용해서 결제했다는 사실을 증명하는 것이 가장 중요하다. 경기장 옆에 있는 Ticketing & Membership Service라는 건물에 가면 깔끔한 조치를 받을 수 있을 것이다.

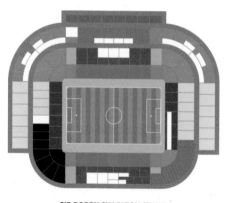

SIR ALEX FERGUSON STAND

STRETFORD END

EAST STAND

SIR BOBBY CHARLTON STAND

※ 2019-2020 시즌 프리미어리그 기준, 유료 멤버십 회원만 구입 가능.

※ 만 나이 기준, 예약 수수료 별도

AREA	Adult(21~64)	18~20	16~17/65+	16세 미만
	£58	£45.50	£28	£18
	£55	£43.25	£28	£18
	£52	£41	£28	£18
	£50	£39.50	£28	£18
	£46	£36.50	£27	£18
	£45	£35.75	£26.50	£18
	£43	£34.25	£25.50	£18
	£42	£33.50	£25	£18
	£36	£29	£22	£18

티켓 가격

1층 골대 쪽 자리에서 바라본 시야

가장 윗층 자리에서 바라본 시야

원정석에서 바라본 시야

티켓 관련 서비스를 제공하는 Ticketing & Membership Service 건물. 별도의 건물에 있으며, 티켓에 문제가 있을 때에는 이곳에 무조건 찾아가면 된다.

맨체스터 유나이티드 FC
MANCHESTER UNITED FC

티켓 구매 프로세스
맨체스터 유나이티드 FC 홈페이지에서 티켓을 구매하는 방법

STEP 01 | 맨체스터 유나이티드 FC 홈페이지 접속

맨체스터 유나이티드 FC 홈페이지(www.manutd.com)에 접속하여 좌측 상단 메뉴 TICKETS의(❶) MATCH TICKETS 메뉴를 클릭해서 티켓 구입 과정을 진행할 수 있다. 만약 티켓 구입 메뉴를 찾아가기 어렵다면 바로 www.eticketing.co.uk/muticketsandmembership/Events/Index로 접속하자.

STEP 02 | 티켓 판매 현황 확인

위와 같이 각 경기의 티켓 판매 현황이 표시된다. APPLICATIONS OPEN이라고 표시되어 있는 경기는(❶) 현재 티켓 추첨을 신청할 수 있는 경기고, TICKETS ON SALE이라고 표시되어 있는 경기는(❷) 별도의 추첨 없이 티켓 구입이 바로 가능한 경기이다. 두 경우 모두 유료 멤버십을 가입한 상태에서 티켓 구입에 도전할 수 있다.
단, 위에 표시되는 화면은 모든 경기의 정보가 표시되어 있는 것은 아니므로 우측 상단의 View all matches를(❸) 클릭하여 모든 경기의 정보를 확인하도록 한다.

STEP 03 | 티켓 매진과 관련된 팁 1

만약 티켓이 이미 매진된 상황이라면 좌측처럼 표시된다. 하지만 같은 매진이라도 맨체스터 유나이티드 FC는 두 가지 방식으로 표시되기 때문에 좀 더 꼼꼼하게 볼 필요가 있다. 위와 같이 ALL MATCH TICKETS HAVE NOW BEEN SOLD라고 표시되어 있다면 이 경기는 아예 매진된 경기를 의미하며 더 이상 티켓이 나올 가능성이 없다는 것을 의미한다.

같은 매진이라도 좌측처럼 SELECT 'MORE INFO' TO REGISTER FOR FUTURE RELEASES라고 표시되는 경기가 있다. 이 경기는 앞으로 시즌권 소지자들이 푸는 추가 티켓이 나온다는 얘기이다. 즉, 이 단계에서는 미리 포기할 이유가 없다. 빅매치를 제외하고는 대부분 이렇게 표시되기 때문에 희망을 가져보자.

STEP 04 | 티켓 매진과 관련된 팁 2

매진되었지만 앞으로 티켓이 풀릴 가능성이 있는 경기의 MORE INFO를 클릭하면 위와 같은 안내를 만나볼 수 있다. VIP 티켓은 바로 예약할 수 있다는 안내와 함께 유료 멤버십에 가입해 놓으면 나중에 티켓이 풀릴 때 티켓 구매가 가능하다는 내용이 공지되어 있다. 더불어 나중에 티켓이 풀리면 이메일 안내해 줄 테니 관련 정보를 등록하라고 안내되어 있다. 여기에서 REGISTER INTEREST를 클릭하면(❶)

REGISTER YOUR INTEREST IN 2017/18 MATCH TICKETS
Match tickets for all Premier League home games will be sold exclusively to Official Members. In fact, it's likely that this will also apply to some cup games. To be here at Old Trafford and see the team live in action, become an Official Member and secure the tickets you've been waiting for. If the fixtures you are looking to attend are not currently on sale, register your interest below to be notified when tickets are released. Don't delay, become an Official Member and join us at Old Trafford for our 2017/18 campaign.

If you are a supporter with accessible seating requirements or a disability, please visit manutd.com/accessibility to learn more about how to apply for tickets. Please do not complete the form below.
* Denotes a mandatory field

BECOME AN OFFICIAL MEMBER

위와 같은 안내창이 뜬다. 이 창과 함께 개인정보를 입력하는 창이 뜨는데 이곳에 정보를 입력해 놓으면 나중에 티켓 잔여 좌석이 뜰 때에 이메일로 통보가 된다. 티켓 잔여석이 뜨면 빠른 시일 내에 판매되기 때문에 메일이 오면 바로 티켓 구입을 할 수 있도록 미리 준비하자.

오렌지군의 티켓구입 TIP | 티켓 관련 주의사항

여기에 언급된 내용 외에도 경기별 상황에 따라 실시간으로 다양한 공지가 뜬다. 그러므로 구단의 공지를 수시로 체크하는 것이 중요하다. 빅매치는 '추첨'으로만 티켓 판매가 진행된다는 점을 다시 한번 상기하자.

STEP 05 | 티켓은 유료 멤버십 가입자들만

현재 티켓이 판매되고 있는 경기에는 위와 같은 안내가 뜬다. 지금 티켓을 팔고 있지만 유료 멤버십 가입자들만 티켓을 구입할 수 있다는 것을 알 수가 있다. 일반적으로 이럴 때는 따로 멤버십에 가입하거나 티켓 구입과 함께 멤버십에 가입하는 식으로 진행한다. 멤버십에 가입하지 않아도 티켓 잔여 상황은 확인할 수 있다.

STEP 07 | 좌석 선택하기

원하는 블록을 선택하면 화면이 확대되어 현재의 잔여석을 확인할 수 있다. 파란색 좌석 중 하나를 선택하자.

STEP 09 | 최종 결제하기

최종 결제만 진행하면 티켓 구입이 마무리된다. 신용카드 종류와 정보 등을 입력하고 Review Order 버튼을(❶) 클릭해서 신용카드 결제를 완료한다.

STEP 06 | 티켓 잔여 블록 확인

위와 같이 티켓 잔여 현황을 확인할 수 있다. 회색 블록은 이미 티켓 판매가 완료된 구역이고, 파란색 블록은 현재 잔여 좌석이 있는 블록이다. 파란색 블록 중에서 하나를 선택하자.

STEP 08 | 좌석 및 가격 확인

좌석을 선택하면 각 나이별로 티켓 가격을 선택할 수 있다. 멤버십 가입도 같이 진행할 수 있는 티켓도 있다. 나의 나이에 맞는 티켓을 선택하도록 한다. 참고로 Adult를 제외한 나머지 연령대의 할인 티켓은 경기장 입장 시 나이를 증명할 수 있는 신분증(여권)을 지참해야 한다는 점을 잊지 말자. 원하는 연령을 선택한 후, 다음 단계를 진행한다.

티켓을 선택하고 확인한 후에 Process to Checkout을 클릭하여(❶) 다음 단계로 넘어가자.

로그인 창이 뜨면 로그인한다. 만약 계정이 없다면 새 계정을 만든 후 로그인을 완료한다.

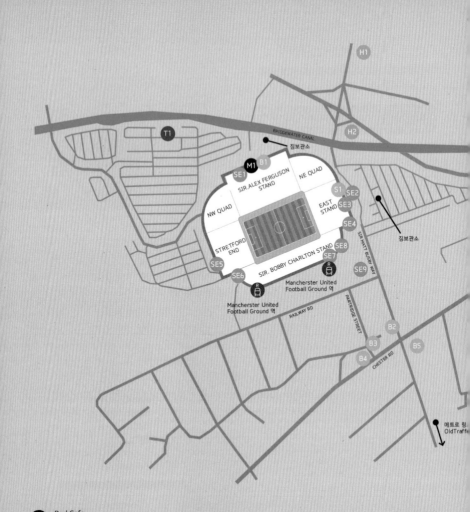

B1	Red Cafe 26 Sir Matt Busby Way, Stretford, Manchester M16 0RA	★★★★✦
B2	United Cafe 672 Chester Rd, Stretford, Manchester M32 0SF	★★★✦
B4	The Bishop Blaize 708 Chester Rd, Stretford, Manchester M32 0SF	★★★★✦
B5	The Trafford 699 Chester Rd, Stretford, Manchester M16 0GW	★★★★✦

메트로링크
Exchange Quay 역

OLD TRAFFORD

MANCHESTER UNITED FC
맨체스터 유나이티드 FC

M1	올드 트래포드 스타디움 투어 & 박물관
H1	Premier Inn Manchester Old Trafford
H2	Hotel Football Old Trafford
SE1	알렉스 퍼거슨 동상
SE2	삼위일체 동상
SE3	맷 버스비 경의 동상
SE4	뮌헨 참사 메모리얼
SE5	스트렛포드 엔드 스탠드 역사자료
SE6	맷 버스비 경의 명판
SE7	뮌헨 터널
SE8	뮌헨 참사 추모시계
SE9	제임스 W.깁슨의 명판
B1	Red Cafe
B2	United Cafe
B3	Fish&Chips 및 핫도그 등을 파는 가게들
B4	The Bishop Blaize
B5	The Trafford
S1	메가 스토어
T1	Ticketing & Membership Services Office

경기장으로

경기장 주변 볼거리
ENJOY YOUR TRAVEL

오렌지군의 축구 여행 TIP

맨체스터 유나이티드의 메가스토어

Stretford End 스탠드의 외벽에 있는 맷 버스비 경의 명판

맷 버스비 경의 당당한 모습이 잘 표현되어 있는 동상이다.

삼위일체 동상 뒤편의 담장에서 맨유를 빛낸 레전드의 사진들을 만날 수 있다.

◦ 구단 공식용품점 ◦

MEGASTORE-OLD TRAFFORD

주소: Sir Matt Busby Way, Stretford, Manchester M16 0RA
위치: 올드 트래포드 스타디움 East Stand
운영 시간:
경기가 없는 날 월–토, 뱅크 홀리데이 09:30–18:00, 일 11:00–17:00
경기 당일(※ 경기 중에는 문을 닫음)
킥오프 시간에 따라 개장 및 폐장 시간이 변경되므로 구단 홈페이지에서 최신 정보를 확인하도록 한다.

◦ 맷 버스비 경의 동상과 명판(Sir. Matt Busby) ◦

1945–1969년까지 맨유의 감독으로 유럽 축구계를 지배했던 구단 최고의 레전드. 알렉스 퍼거슨 전 감독에 이어 2번째로 긴 기간 동안 팀을 지휘한 기록을 보유하고 있다. '뮌헨 참사' 시절의 감독이었으며 당시 던컨 에드워즈를 비롯한 주전 선수 8명을 잃었고 자신도 중상을 입었지만, 극적으로 살아남아 팀을 재건하고 1968년 맨유를 유럽 최고의 자리에 올려놓았다. 전 세대의 맨유 팬들에게 사랑받는 감독으로 지금까지 기록되어 있다. Sir. Bobby Charlton Stand 통로 쪽에 있는 맷 버스비 경의 명판도 만나보자. 명판에서는 맷 버스비 경의 생전의 모습을 사진으로 만날 수 있다.

◦ 삼위일체 동상(조지 베스트, 데니스 로, 보비 찰튼의 동상) ◦

명장 '맷 버스비'와 함께 맨유를 빛낸 세 명의 레전드가 한 공간에 자리하고 있다. 1960–1970년대를 풍미한 이 세 선수들은 1968년 (현재의) UEFA 챔피언스리그인 유러피안컵에서 클럽 역사상 최초로 우승을 이뤄낸다. 세 선수 모두 공격수였다.

○ 뮌헨 참사 추모 시계 ○

1958년 2월 6일 당시 서독 뮌헨의 뮌헨-리엠 공항에서 활주로의 녹은 눈 때문에 항공기가 이륙하지 못해 발생한 항공사고가 바로 '뮌헨 참사'다. 당시 '버스비 세대'라고 불리던 맨유의 선수들과 서포터 및 기자들이 비행기에 타고 있었는데, 승무원을 포함한 총 44명 중 23명이 목숨을 잃었다. 이 사고로 맨유의 많은 주전 선수들이 목숨을 잃었다. 살아남은 맷 버스비 감독이 영화처럼 팀을 재건하기는 했지만, 이때의 충격은 아직도 많은 맨유 팬들에게 아픔으로 남아 있다. 올드 트래포드 스타디움 곳곳에는 뮌헨 참사를 추모하는 의미의 조형물이 꽤 있는데 이 시계도 그중 하나이다. 사고가 발생한 1958년 2월 6일 날짜가 적혀 있으며 뮌헨의 영문 명칭인 MUNICH이 새겨져 있다.

○ 뮌헨 참사 추모 명판 ○

시계를 보다가 고개를 살짝 돌려보면, 피치 모양으로 생긴 대형 액자 조형물이 보인다. 이 액자에는 당시 사고 때 운명을 달리한 맨유 선수들과 직원들의 명단이 적혀 있다.

○ 뮌헨 터널(Munich Tunnel) ○

뮌헨 참사 50주년이었던 2008년 보비 찰튼 경 스탠드의 통로에 '뮌헨 터널'이 설치되었다. 희생자를 추모하는 명판 및 각종 역사 자료들을 살펴볼 수 있다.

○ 알렉스 퍼거슨 경 스탠드와 동상 ○

25년간 맨유를 이끌면서 수많은 우승 트로피를 들어올려 역대 최고의 감독으로 추앙받고 있는 알렉스 퍼거슨 경의 공간이 한쪽 스탠드에 마련되어 있다. 알렉스 퍼거슨 경의 이름을 딴 스탠드를 비롯해 근엄한 모습의 동상도 함께 자리하고 있다. 알렉스 퍼거슨 경이 맷 버스비 경과 함

경기장 인근 가게에서 햄버거를 맛볼 수 있다.

경기장 인근에 있는 각종 가게들. 다양한 간식 거리부터 메가스토어에서 볼 수 없는 기념품들도 만날 수 있다.

뮌헨 참사 50주년이었던 2008년에 설치된 추모의 불꽃

오렌지군의 축구 여행 TIP

뮌헨 참사의 실제 장소에 추모비가 설치되어 있다(P.331 참조).

뮌헨 터널에서 만난 비운의 스타 '던컨 에드워즈'의 모습

경기가 없는 날에도 경기장의 화장실을 이용할 수 있다. 남자 화장실은 E34, 여자 화장실은 E31 게이트 옆에 자리하고 있다. 물론 경기 당일에는 경기장 내의 화장실을 이용하면 된다.

제임스 W.깁슨의 명판이 있는 Sir. Matt Busby Way의 다리

호텔 풋볼(Hotel Football)
주소: Old Trafford, 99 Sir Matt Busby Way, Stretford, Manchester M16 0SZ
호텔 등급: ★★★★
홈페이지: hotelfootball.com

운하를 건너 살포드 키에서 올드 트래포드를 바라보자. 낭만적인 사진을 남길 수 있다.

께 구단 역사상 최고의 감독으로 인정받은 것을 의미하는 장소다.

○ 스트렛포드 엔드 스탠드 역사 자료 ○

맨체스터 유나이티드는 올드 트래포드의 완공 100주년을 기념하여 '스트렛포드 엔드 스탠드'의 역사 자료를 스탠드 외부 통로에 설치해 놓았다. 올드 트래포드의 옛 모습을 사진으로 보고 싶다면 이곳을 방문해보자.

○ 제임스 W.깁슨의 명판 ○

경기장으로 향하는 Sir. Matt Busby Way의 다리 위에 작은 빨간색 명판이 설치되어 있다. 이 명판은 1931-1951년까지 맨유의 구단주였던 제임스 W. 깁슨을 기리기 위해 설치한 것이다. 깁슨은 파산의 위기를 맞은 맨

유를 구했으며, 전쟁으로 파괴된 올드 트래포드를 복원하고, 유스 클럽을 창설하는 등 현재의 맨유가 존재할 수 있는 기반을 만든 인물이다.

○ 호텔 풋볼(Hotel Football) ○

올드 트래포드를 바라보며 낭만이 가득한 하루를 보낼 수 있는 호텔이 있다. 이름부터 축구 사랑이 듬뿍 느껴지는 4성급 호텔 '호텔 풋볼'이다. 올드 트래포드의 동쪽 스탠드 바로 앞에 있는 호텔 풋볼은 현재 세계에서 축구장과 가장 가까운 호텔이라고 한다. 이 호텔 소유주는 라이언 긱스, 폴 스콜스, 니키 버트, 필 네빌, 그리고 게리 네빌이다. 즉, 맨유의 레전드들이 세운 호텔이며 옥상에 작은 풋살장이 마련되어 있는 것이 특징이다.

○ 올드 트래포드의 야경 ○

올드 트래포드는 야경이 참 아름다운 경기장이다. 동쪽 스탠드(East Stand)가 특히 매력적이므로 이 야경을 배경으로 기념사진 한 장을 남길 기회를 놓치지 말자.

경기 관람
ENJOY FOOTBALL MATCH

PREMIER LEAGUE TEAM

경기 당일에는 경기장 주변 상점들도 활기를 되찾는다. 이런 분위기를 감상하는 것 또한 축구 여행의 묘미 중 하나이다.

출입구에서 보안 검색 절차를 진행한다. 남녀 보안요원이 온몸을 검색하고 난 다음 티켓을 검사하고 입장한다.

최근 들어 프리미어리그는 경기장 내 반입이 금지된 물품들이 많이 늘었다. 맨유의 경우 카메라는 주머니에 넣을 수 있는 정도의 크기만 반입되며, 짐 보관소가 따로 있지만 보관료를 별도로 받고 있다. 즉, 가능하면 짐은 줄이고 경기장을 찾는 것이 좋다.

경기 당일에만 운영되는 Manchester United Football Ground 역의 출입구

● 경기 관람 포인트 및 주의 사항

1. 경기를 관람하고 돌아올 때는 트램 티켓을 구매하기 어려우므로 맨체스터 시내에서 출발할 때 반드시 왕복 티켓을 구매하도록 하자.
2. 올드 트래포드 주변에는 볼거리가 많다. 다소 여유 있게 경기장을 찾아서 볼거리도 즐기고 현장의 뜨거운 분위기도 느껴 보도록 하자.
3. 숙소로 돌아가는 길에 트램 정류장에서 한참 동안 내 탑승 차례를 기다려야 하는 상황이 벌어진다. 올드 트래포드 스타디움 근처는 항상 바람이 많이 불어 춥기 때문에 따뜻하게 껴입고 추위에 대비하는 것이 필수다.

● 경기장 찾아가는 법
○ 교통수단

Altrincham행 트램 타고 Old Trafford 하차. Eccles 또는 MediaCityUK행 트램 타고 Exchange Quay 하차. 경기 당일은 기차를 타고 Manchester United Football Ground 역 하차.

○ 이동시간

트램으로 약 10–15분 소요. 정거장에서 도보로 약 10–15분 소요. 기차역은 경기장과 바로 연결된다.

맨체스터의 가장 대표적인 교통수단은 메트로링크(MetroLink)라는 트램이다. 올드 트래포드 스타디움으로 가는 트램 정거장은 Old Trafford와 Exchange Quay가 있다. 두 정거장 모두 경기장과 매우 가까운 곳에

위치하고 있으므로 본인의 상황에 따라 선택하면 된다. 거리상으로는 Exchange Quay 정거장이 조금 더 가깝다. 하지만 TV에서 보던 넓은 길을 통해 경기장으로 걸어가는 팬들의 행렬을 보고자 한다면, Old Trafford 정거장 쪽으로 가야 할 것이다.

경기 당일에는 경기장 바로 옆에 있는 임시 기차역 Manchester United Football Ground 역이 오픈하므로 기차를 타고 가는 방법도 있다. Manchester Picadilly 역 및 Manchester Oxford 역에서 출발한다. 기차는 킥오프 90분 전부터 총 3대, 경기 종료 후 60분까지 총 3대가 운영된다.

홈페이지: www.manutd.com ▶
OLD TRAFFORD ▶ Museum &
Stadium Tours

운영 시간
〈스타디움 투어〉
운영 시간: 매일 첫 투어 09:40, 마지
막 투어 16:30 시작, 경기 당일 휴무

〈박물관〉
월~토 09:30~17:00(마지막 입장
16:30), 일 09:30~16:00, 경기 당일
휴무

스마트세이브

www.smartsave.com에서 스타디움 투
어 20% 할인 바우처를 다운로드 받을
수 있다.

알렉스 퍼거슨 스탠드에 있는 박물관
& 투어 센터. 이곳에서 스타디움 투
어 티켓을 구입하고 입장할 수 있다.
Red Cafe의 출입구이기도 하다.

박물관을 자유롭게 구경하고 사진
속 공간에서 대기하다가 투어 시작
시간이 되면 가이드가 등장하며 투
어가 시작된다. 표에 적혀 있는 투어
시작 시간을 잘 체크하자.

스타디움 투어

PREMIER LEAGUE TEAM

맨체스터 유나이티드 FC 스타디움 투어는 매일 많은 사람들이 줄을
서서 관람할 정도로 인기가 많은 콘텐츠이다. 갈수록 방문객들이 늘
어나고 있으므로 사전 예약을 하고 방문하길 권한다. 스타디움 투어
는 박물관을 먼저 감상하고 이후 내부 대기실에서 대기하다가 예약
된 시간에 투어 가이드를 만나 설명을 듣는 방식으로 진행된다. 맨체
스터 유나이티드 FC는 워낙 화려한 역사를 가진 팀이고 올드 트래포
드 스타디움 자체에도 많은 스토리가 있다. 또한 다른 구장의 스타디
움 투어에 비해 내용도 수준이 꽤 높다. 투어는 영어로 진행되지만 워
낙 많은 외국인들이 방문하는 구장이기 때문에 알아듣기 쉽게 설명
해 주며 경험이 많은 가이드들이 진행하기 때문에 재미도 있다. 박지
성 선수가 뛰었던 구장이기 때문에 한국인 팬들에게도 반가운 체험
이 될 것이다. 박지성 선수가 이용했던 드레싱룸, 기자실과 빨간색 벽
돌로 쌓은 벽 위에 있는 것이 인상적인 양 팀 벤치에 앉아볼 수 있고
경기장 피치의 바로 앞에서 경기장을 감상할 수도 있다.

● 입장료

투어 종류	성인	할인 가격
스타디움 투어&박물관	£25	£15~16(청소년 등 할인 대상)
OT 익스피리언스	£37	£24(16세 미만)
레저 크루즈 투어	£35	£20(어린이)
레전드 투어	£140	

● 구단 공지사항

스타디움 투어는 Sir. Alex Ferguson Stand의 Museum and Tour
Centre에서 시작된다. 약 70분이 소요된다. 만약 예정된 시간에 늦는
경우 이후 시간에 재배정이 불가능하다. 그러므로 투어 시작 약 1시
간 전에 도착할 것을 권장한다.

투어 중에는 3층에 있는 Red Café에서 음료, 스낵 및 음식들을 즐길
수 있다(박물관 바로 앞 위치). 상업적인 이용을 제외하고 자유롭게
사진 및 비디오 촬영이 가능하고 여행용 캐리어 및 큰 가방은 반입이
불가능하다.

● 투어 프로그램

STADIUM TOUR	THE OLD TRAFFORD EXPERIENCE
약 70분간 전문 가이드가 진행하는 스타디움 투어	약 70분간 전문 가이드가 진행하는 스타디움 투어
셀프 구단 박물관 관람, 기자실 및 호스피탈리티, VIP 관련 시설, 홈&원정 팀의 드레스룸, 선수 입장 통로 및 양 팀 벤치 방문	셀프 구단 박물관 관람, 기자실 및 호스피탈리티, VIP 관련 시설, 홈&원정 팀의 드레스룸, 선수 입장 통로 및 양 팀 벤치 방문
스타디움 곳곳에서 기념 사진 촬영 가능	스타디움 곳곳에서 기념 사진 촬영 가능
맨체스터 유나이티드 FC 메가 스토어	맨체스터 유나이티드 FC 메가 스토어
	Red Café에서 식사 포함

LEGEND TOURS	LEISURE CRUISE TOURS
구단 레전드가 진행하는 스타디움 투어	약 70분간 전문 가이드가 진행하는 스타디움 투어
셀프 구단 박물관 관람, 기자실 및 호스피탈리티, VIP 관련 시설, 홈&원정 팀의 드레스룸, 선수 입장 통로 및 양 팀 벤치 방문	셀프 구단 박물관 관람, 기자실 및 호스피탈리티, VIP 관련 시설, 홈&원정 팀의 드레스룸, 선수 입장 통로 및 양 팀 벤치 방문
스타디움 곳곳에서 기념 사진 촬영 가능	스타디움 곳곳에서 기념 사진 촬영 가능
맨체스터 유나이티드 FC 메가 스토어	맨체스터 유나이티드 FC 메가 스토어
레전드와의 기념 사진 및 Q&A 시간	맨체스터 시내~살포드 키 사이를 이동하는 크루즈 탑승

STADIUM TOUR
스타디움 투어 주요 하이라이트

구단 박물관

스타디움 투어 미팅 포인트

정면에서 바라보는 알렉스 퍼거슨 경 스탠드

1층에서 바라본 알렉스 퍼거슨 경 스탠드

기자실

호스피탈리티 구역의 편의시설

구단 박물관에서 만날 수 있는 '뮌헨 참사'를 보도한 당시의 신문이다.

열정적으로 올드 트래포드를 설명하고 있는 스타디움 가이드. 영어로 진행되어서 부담스럽지만 고퀄리티의 설명을 들을 수 있어서 만족스럽다. 맨체스터 유나이티드 FC의 가이드 투어는 영국 내 최고 수준이다.

스타디움 투어가 종료된 후 메가 스토어 한 쪽에 마련된 코너에서 스타디움 투어 인증서를 발급받을 수 있다. 무료지만 인증서를 보관할 별도 케이스 및 선수 사진 등은 유료이다.

스타디움 투어가 마무리된 후 마지막 코스는 '메가 스토어' 방문이다. 이곳에서 올드 트래포드 방문을 추억할 다양한 기념품을 구입해 보자.

스타디움 투어에 참여하면 구단에서 무료로 오디오 가이드 장비를 빌려준다. 한국어도 포함되어 있어 좀 더 깊이 있는 투어를 즐길 수 있을 것이다.

구단 박물관에서 기념 동전을 구입할 수 있다. 작은 금액으로 추억을 간직할 수 있는 좋은 방법이다.

박지성 선수처럼 엠블럼 앞에서 사진을 찍어보자.

올드 트래포드의 피치를 배경으로 인증샷! 잊지 못할 추억을 만들어줄 것이다.

홈팀 드레싱룸 ➡ 원정팀 드레싱룸

양팀 벤치 앉아보기 ➡ VIP석 감상

MUSEUM TOUR
박물관 주요 하이라이트

UEFA 챔피언스리그, 프리미어리그 우승 트로피 ➡ 1999년 트레블의 기록 'THE TREBLE'

맨유를 빛낸 레전드의 자료 ➡ 잊을 수 없는 아픔, '뮌헨 참사' 보도자료

1999년 UEFA 챔피언스리그 결승전의 자료 ➡ 맷 버스비와 알렉스 퍼거슨의 자료들

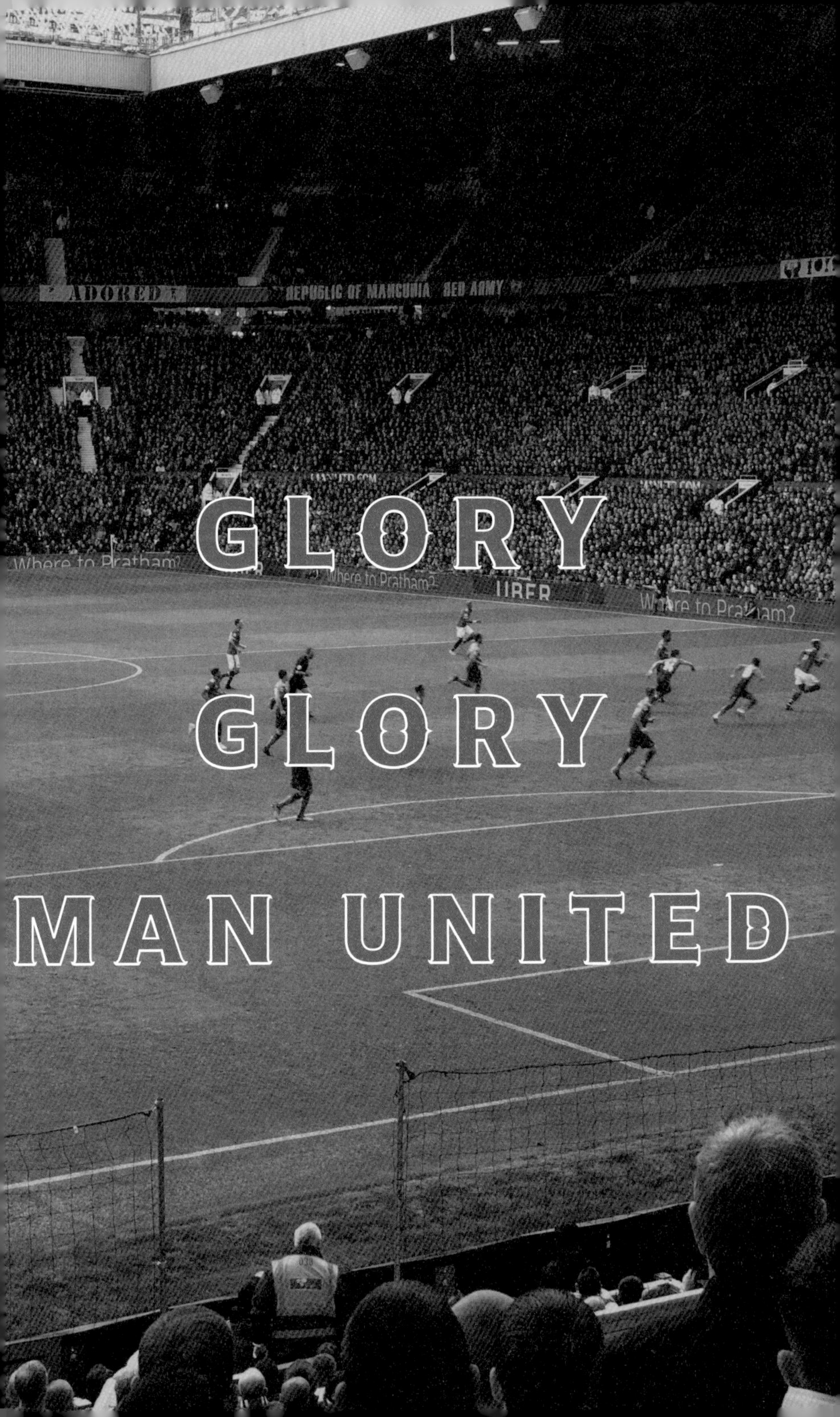
ADORED
REPUBLIC OF MANCUNIA
RED ARMY
Where to Pratham?
UBER
GLORY
GLORY
MAN UNITED

맨체스터 시티 FC

MANCHESTER CITY FC

구단 소개

THE CITIZENS

창단연도
1894년 4월 16일

홈구장
에티하드 스타디움

주소
Ashton New Rd, Manchester M11
3FF, UK

구단 홈페이지
www.mancity.com

구단 응원가
Blue Moon

맨체스터 시티 FC는 최근 들어 거대 자본을 통해 세계적인 명문 구단으로 떠오르고 있는 팀이다. 1894년에 창단한 맨체스터 시티 FC는 '신흥 강호'라는 말이 어색할 정도로 2000년대 이전 이미 두 차례의 리그 우승이 있었던 만만찮은 구단이었으나, 현재의 화려한 팀 컬러를 갖게 된 것은 아부다비의 자본이 들어오기 시작한 2010년 정도부터라고 할 수 있다. 이제는 프리미어리그의 강력한 우승 후보 중한 팀이지만 1990-2000년대만 해도 3차례의 강등을 당해 3부 리그까지 떨어진 적이 있으며 매 시즌 강등을 걱정할 정도로 중하위권 순위를 유지했던 맨체스터 시티 FC였다. 그러던 중 2007년 태국의 전 총리 탁신 친나왓이 구단을 인수하면서 새 시대를 열기 시작했다. 2008년에는 만수르가 중심이 되어 아부다비의 자본이 맨체스터 시티 FC에 쏟아지게 되면서 명문팀으로 확고히 자리를 잡게 되었다. 세계적인 선수들을 쓸어모으다시피 하며 전력을 강화한 이 구단은 2011-2012 시즌에 극적인 우승 트로피를 들어올리며 44년 만에 1부 리그를 다시 제패하는 쾌거를 이루었고 2010년대에만 무려 4차례나 우승을 차지하면서 신흥 강호로 자리를 잡았다. 같은 도시의 명문팀인 맨체스터 유나이티드 FC와 함께 맨체스터를 축구의 도시로 만드는 데 한몫하고 있으며 두 팀이 펼치는 맨체스터 더비는 전 세계가 주목하는 더비 매치가 되었다.

홈구장 및 연습구장

맨체스터 시티 FC의 홈구장인 에티하드 스타디움은 현재 에티하드 항공이 구장 명명권을 사들여 '에티하드 스타디움'이라는 공식 명칭을 얻게 되었다. 2002년에 완공된 이 경기장의 첫 목표는 2000년에 개최되는 올림픽의 유치였으나 개최에 실패하면서 자연스럽게 커먼웰스용 경기장으로 방향이 선회되었다. 커먼웰스 대회가 끝난 이후 트랙이 있던 공간에 좌석을 설치하는 독특한 공사가 이루어졌고, 그 결과 47,000여 석을 갖춘 에티하드 스타디움의 모습이 갖춰졌다. 이후 맨체스터 시티가 세계적인 팀으로 발전하면서, 경기장의 확장 공사가 진행되었고, 지난 2015-2016 시즌부터 이 경기장은 55,000여석의 좌석을 갖춘 대형 경기장으로 거듭났다.

● 홈구장

에티하드 스타디움(Etihad Stadium)			
UEFA 주관 대회의 명칭	에티하드 스타디움		
개장일	2002년 7월 25일		
수용 인원	55,097명	경기장 형태	축구 전용 구장
UEFA 스타디움 등급	카테고리4	그라운드 면적	105mX68m

● 연습구장

시티 풋볼 아카데미(City Football Academy)	
주소	Academy Stadium, 400 Ashton New Rd, Manchester M11 4TQ, UK
대중교통	맨체스터 시내에서 Ashton-under-Lyne행 메트로링크 타고 Velopark 하차. 에티하드 스타디움 옆

역대 우승 기록들

유러피안컵 위너스컵
1회(1970)

프리미어리그
(풋볼리그 시절 포함)
6회(1937, 1968, 2012, 2014, 2018, 2019)

잉글리시 FA컵
6회(1904, 1934, 1956, 1969, 2011, 2019)

풋볼리그 컵
6회(1970, 1976, 2014, 2016, 2018, 2019)

FA 커뮤니티실드
(채리티실드 포함)
6회(1937, 1968, 1972, 2012, 2018, 2019)

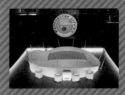

구단 박물관에서 만난 에티하드 스타디움의 모형

맨체스터 시티가 획득한 우승 트로피들. 대부분은 바로 이 에티하드 스타디움의 시대에 수집한 것이다.

에티하드 스타디움 바로 인근에 자리하고 있는 시티 풋볼 아카데미의 아카데미 스타디움

티켓 구매

오렌지군의 티켓 구입 TIP

빅매치의 경우에도 티켓 익스체인지가 발동된다. 이때는 티켓 구입에 특별한 제한이 걸리지 않는다. 단, 시즌권 소지자들이 내놓는 티켓 수가 적은 편이기 때문에 티켓 익스체인지를 통해서 빅매치의 티켓을 구입하려면 어느 정도는 운이 필요하다.

경기일이 약 열흘 정도 남았을 때 토트넘 홋스퍼와의 '빅매치' 티켓 잔여 현황. 많은 수는 아니지만 티켓이 조금씩 나오기 시작한다는 것을 알 수 있다.

오렌지군의 티켓 구입 TIP

만약 10명 이상의 그룹이 맨체스터 시티 경기를 보고자 한다면 구단에 문의해보자. 맨체스터 시티는 프리미어리그의 강팀들 중에서 유일하게 '그룹 티켓 예약(Group Booking)'을 지원하고 있다. 단, 구단에서는 그룹 티켓 예약 시 최소 경기 21일 전까지는 구입이 완료되어야 한다고 안내하고 있으므로 최소 1달 전에는 문의하고 절차를 진행해야 경기 관람이 가능할 것이다.

홈페이지: www.mancity.com/ticket-information/group-bookings/manchester-city
이메일: group.bookings@mancity.com

● 티켓 구매 전쟁에서 어떻게 해야 살아남을까?

맨체스터 시티 FC는 빅매치를 제외하면 잔여석이 항상 있는 편이다. 경기일이 가까워질수록 시즌권 소지자들이 내놓은 티켓들로 잔여 티켓 수가 많아진다. 내가 원하는 좌석이 없다면 기다리는 것도 좋은 방법이다. 하지만 빅매치의 경우 상황이 다를 수 있는데, 우선 티켓 구입에 제한이 걸려있지 않은지 확인하고 가능하다면 멤버십 가입을 통해 미리 티켓을 구입하는 것이 합리적인 방법이다.

● 티켓 구매 전 알아야 할 사항은?

맨체스터 시티 FC는 빅매치의 경우 티켓 구입에 제한을 걸어놓을 때가 많다. 그러므로 내가 원하는 경기의 티켓 판매 공지부터 먼저 확인하는 것이 중요하다. 빅매치를 제외하고 대부분의 티켓이 일반 판매로 풀리지만 잔여석이 많지는 않을 것이다. 맨체스터 시티 FC는 티켓이 매진된 후나 경기 7일 전에 티켓 익스체인지가 발동된다고 안내한다. 일단 티켓 상황을 확인한 후 원하는 자리가 있다면 바로 구매하고 그렇지 않으면 티켓 익스체인지에 도전해 볼 필요가 있다. 모든 경기에 해당된다고 할 수는 없지만 대체로 경기를 며칠 앞두고 구매하면 더 많은 좌석들 중에서 선택 가능하다.

에티하드 스타디움은 축구 전용구장으로서 어느 자리에서 경기를 보더라도 만족스러운 시야를 즐길 수 있다는 것이 장점이다. 그러므로 본인의 주머니 사정을 감안하여 적절한 선에서 타협한 자리의 티켓을 구입하더라도 수준 높은 프리미어리그 경기를 즐기기에 부족함이 없다. 그리고 다른 구단들과 마찬가지로 빅매치는 다른 경기에 비해 상대적으로 높은 가격이 책정되어 있으므로 조금 수준이 낮은 팀과의 경기를 감상하는 것도 합리적인 가격의 축구 여행을 만드는 데 도움이 된다. 또한 FA컵, EFL컵 등의 컵 대회는 상대에 따라 매우 저렴하게 티켓 가격이 책정될 수도 있다는 점도 참고하자.

EAST STAND

FAMILY STAND

SOUTH STAND

THE COLIN BELL STAND

※ 2019-2020 시즌 프리미어리그 경기 티켓 가격/예약 수수료 별도

※ 각종 컵 대회, 빅매치 등은 별도의 가격 배정

스탠드	블럭	성인	만 66세 이상	만 18-21세	만 18세 미만
COLIN BELL STAND	121-132	£41.50-£49.50	£31.50-£39.50	£31.50-£39.50	£20.50-£28.50
	221-223	£58.50-£66.50	£45.50-£53.50	£45.50-£53.50	£35.50-£43.50
	227-231	£48.50-£56.50	£35.50-£43.50	£35.50-£43.50	£25.50-£33.50
	322-330	£41.50-£49.50	£31.50-£39.50	£31.50-£39.50	£20.50-£28.50
EAST STAND	101-110, 140, 142	£41.50-£49.50	£31.50-£39.50	£31.50-£39.50	£20.50-£28.50
	201, 202, 204, 242	£48.50-£56.50	£35.50-£43.50	£35.50-£43.50	£25.50-£33.50
	207, 209, 210	£58.50-£66.50	£45.50-£53.50	£45.50-£53.50	£35.50-£43.50
	301-309	£41.50-£49.50	£31.50-£39.50	£31.50-£39.50	£20.50-£28.50
FAMILY STAND	134-139	£38.50-£46.50	£28.50-£36.50	£28.50-£36.50	£18.50-£26.50
	232-241	£40.50-£48.50	£30.50-£38.50	£30.50-£38.50	£20.50-£28.50
SOUTH STAND	111-120	£38.50-£46.50	£28.50-£36.50	£28.50-£36.50	£18.50-£26.50
	211-220	£40.50-£48.50	£30.50-£38.50	£30.50-£38.50	£20.50-£28.50
	313-318	£38.50-£46.50	£28.50-£36.50	£28.50-£36.50	£18.50-£26.50

1층 앞자리에서 바라본 시야

가장 윗층 자리에서 바라본 시야

경기장 1층 뒷자리에서 바라본 시야

맨체스터 시티 FC
MANCHESTER CITY FC

티켓 구매 프로세스
맨체스터 시티 FC 홈페이지에서 티켓을 구매하는 방법

STEP 01 | 맨체스터 시티 FC 홈페이지에서 경기 일정 확인

맨체스터 시티 FC 홈페이지(tickets.mancity.com)에 접속하면 판매가 예정된 경기의 티켓 정보를 한눈에 볼 수 있다. 해당 페이지에서 현재 티켓을 어떻게 팔고 있는지, 한 번에 몇 장까지 살 수 있는지 알 수 있다. 가장 기본적이지만 중요한 정보이므로 꼼꼼하게 확인해 보도록 하자.

STEP 03 | 잔여 좌석 확인

티켓 구입이 가능한 경기의 BUY TICKETS를 클릭하면 위와 같이 현재 선택이 가능한 좌석을 확인할 수 있다. 여기에서는 하늘색으로 표시되어 있는 블록이 선택 가능한 블록이다. 원하는 블록을 클릭해 보자.

STEP 02 | 제한이 걸린 경기들을 확인하자

각 경기별로 티켓 구입 옵션이 다르기 때문에 경기별 이 정보를 꼼꼼하게 체크해 봐야 한다. 위의 경기는 티켓 판매 시점 외에도 총 6장까지 티켓이 구입 가능하다는 내용을 안내하고 있다.

맨체스터 유나이티드 FC와의 빅매치는 아예 내용 자체가 다르다. Cityzens Matchday 멤버십 대상으로만 티켓을 판매한다고 되어 있고(❶), 일반 판매는 진행하지 않는다고 안내되어 있다. 또한 2017년 6월 1일 이전에 에티하드 스타디움에서 경기를 본 기록이 있어야 한다는 추가 옵션도 달려 있다(위 이미지는 이해를 돕기 위한 목적으로 제시하였으며 이번 시즌과는 차이가 있을 수 있다).

STEP 04 | 블록 선택하기

블록을 선택하면 화면 오른쪽에 해당 블록의 티켓 가격을 확인할 수 있으며 3D로 가상의 좌석 시야를 감상할 수 있다.

STEP 05 | 3D 화면으로 시야 확인

3D 화면을 확대해 전체 화면으로도 볼 수 있다. 가상 화면이므로 100% 정확하다고 할 수 없지만 좌석을 선택할 때 큰 도움이 된다. 내가 원하는 좌석이 맞다면 SELECT를 클릭해서 다음 단계로 진행하며 그렇지 않다면 다른 블록을 선택한다.

STEP 06 | 좌석 선택

잔여 좌석이 남아 있는 블록을 선택하면 위와 같이 세부 블록이 뜬다. 하늘색으로 표시된 좌석이 현재 선택이 가능한 자리다. 원하는 좌석을 선택해 보자.

STEP 07 | 좌석 확인하기

좌석을 선택하면 화면 하단에 선택한 자리가 뜬다. 그리고 연령을 지정할 수 있는데, 함께 갈 일행의 연령을 감안하여 옵션을 선택하고 다음 단계를 진행하자.

STEP 08 | 티켓 가격 확인하기

다시 한 번 티켓 가격 및 좌석 위치를 확인한다. 이때 표시되는 가격이 실제로 내가 지불해야 하는 가격이다. 티켓의 환불 및 교환은 사실상 불가능하기 때문에 내가 선택한 좌석과 가격이 만족스러운지 다시 한 번 검토해 보고 다음 과정을 진행하도록 한다.

STEP 10 | 신용카드로 최종 결제하기

로그인이 진행되며 이후 정보를 다시 한 번 확인한 후에 PAY 버튼을 클릭해서 결제를 진행하도록 하자. 결제가 완료된 후 컨펌 메일이 이메일 주소로 발송될 것이다. 정확하게 컨펌 메일이 발송되었는지 확인하자. 만약 e-Ticket으로 배송 옵션을 선택할 경우에도 이메일로 e-Ticket 배송 관련 공지가 통보될 것이다. e-Ticket은 결제 즉시 발권이 되지 않는 경우도 있으므로 만약 발권이 되지 않았다면 조금 기다려 보면 바로 티켓을 받을 수 있을 것이다.

STEP 09 | 티켓 배송 옵션 확인

티켓 배송 옵션을 확인한다. 일반적으로 POST로 옵션이 강제 지정되어 있는 경우가 많으며, 경우에 따라서 e-Ticket을 선택할 수 있다. e-Ticket은 별도의 수령 과정 없이 바코드가 붙은 티켓을 직접 집에서 프린트해 입장하는 티켓을 말한다. POST는 일반 우편 배송을 의미한다. 만약 선택이 가능한 경우라면, 반드시 e-Ticket을 선택하는 것이 좋다. 배송 옵션까지 확인하고 CHECKOUT을 클릭한다.

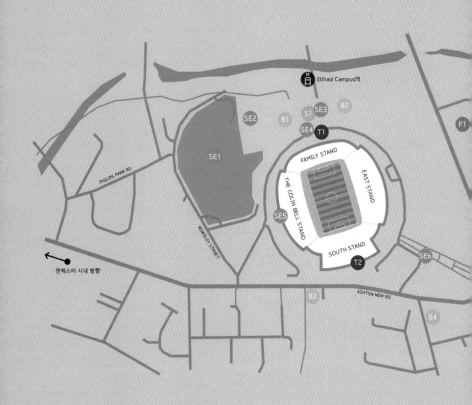

	Maine Road Cafe	
B3	284 Ashton New Road, Manchester, M11 3HY	★★★★★

	Mary D's Beamish Bar	
B4	13 Grey Mare Ln, Manchester M11 3DQ	★★★★⸴

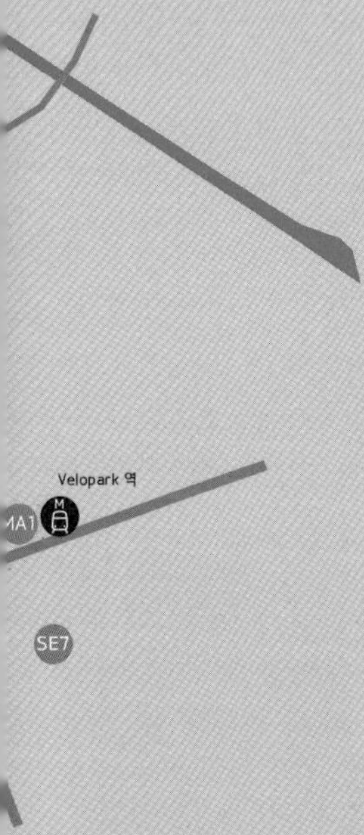

ETIHAD STADIUM

Manchester City FC
맨체스터 시티 FC

SE1   Manchester Regional Arena

SE2   National Squash Centre

SE3   조 머서의 모자이크

SE4   City Square

SE5   선수단 출입구

SE6   City Circle

SE7   시티 풋볼 아카데미

F1   맥도날드

B1   Blue Moon Cafe

B2   Summerbee Bar

B3   Maine Road Cafe

B4   Mary D's Beamish Bar

MA1   ASDA Superstore

S1   메가 스토어 (스타디움 투어 시작 지점)

Velopark 역

MA1

SE7

에티하드 스타디움은 경기장 주변 볼거리가 많지 않다. 그래도 경기장 외벽에서 볼 수 있는 구단의 역사는 볼 만하다. 경기장 주변을 한 바퀴 돌면서 세계적인 구단으로 변신한 맨체스터 시티의 역사적인 순간들을 만나보자.

만약 경기 당일에 에티하드 스타디움을 찾는다면 시티 스퀘어의 볼거리도 놓치지 말자. 이 무대에서는 매주 새로운 밴드가 라이브 무대를 열며 각종 행사들이 경기 전에 개최된다.

만약 지금 쓰고 있는 구단 엠블럼을 보지 못해 아쉽다면 콜린 벨 스탠드 앞으로 달려가자. 출입구 앞 바닥에 새겨진 맨체스터 시티의 현재 엠블럼을 만날 수 있다.

경기 당일에 경기장 앞 Blue Moon Cafe, Summerbee Bar에서 현지인들과 한잔하며 현장 분위기를 즐기는 것도 좋은 방법이다.

○ 구단 공식용품점 ○

CityStore

주소: Etihad Campus, Ashton New Rd, Manchester M11 3FF
가까운 대중교통: 메트로링크 Etihad Campus 역
운영시간: 월-토 09:00-18:00, 일 10:30-17:00, 경기 당일 연장 운영

○ 조 머서(Joe Mercer)의 모자이크 ○

시티스토어 앞 광장에 트로피를 들고 있는 레전드 '조 머서'의 모습을 담은 모자이크가 세워져 있다. 조 머서는 맨체스터 시티를 지휘하며 1968년 리그 우승을 비롯하여 FA컵, 리그컵, 유럽 컵 위너스컵을 들어올린 감독이다.

○ 시티 서클(City Circle) ○

2015년에 에티하드 스타디움에서 아카데미 스타디움으로 향하는 다리 앞 바닥에 시티 서클이라는 장소가 만들어졌다. 이곳에는 맨체스터 시티의 이전 엠블럼과 함께 팬들이 구입해서 메시지를 담은 디스크로 이루어진 원형 구조물이 있는데, 여기에는 'Blue moon, You saw me standing alone'이라는 구단 주제의 가사가 적혀 있다. 디스크에 새겨진 팬들의 메시지를 읽어보고 인증샷을 남겨보자. 에티하드 스타디움과 함께 기념 사진을 남기기에 좋은 포토 스팟이다.

경기 관람
ENJOY FOOTBALL MATCH

PREMIER LEAGUE TEAM

메트로링크 Velopark 역 앞에는 ASDA라는 대형 슈퍼마켓이 있으므로 참고하자.

● 경기 관람 포인트 및 주의 사항

1. 맨체스터 시티 FC는 매 경기 전에 다양한 장외 행사를 연다. 그러므로 경기장에 일찍 도착해 행사들을 즐겨볼 것을 권한다.
2. 경기장 주변에는 식사를 할 만한 식당이 없으므로 시내에서 해결하고 경기장을 찾는 것이 좋다.

● 경기장 찾아가는 법
○ 교통수단
Ashton-Under-Lyne 방향 메트로링크 타고 Etihad Campus 정류장 하차. Velopark 정류장에서 내려서 걸어가도 좋다.
○ 이동시간
맨체스터 시내에서 트램 타고 약 15분 소요

시간적인 여유가 있다면 Velopark 정류장에서 내려 육교를 타고 경기장으로 향하기를 권한다. 아카데미 스타디움도 구경할 수 있고 에티하드 스타디움을 가장 멋지게 사진에 담을 수 있는 구도를 만날 수 있기 때문이다.

맨체스터 시티 FC의 경기장을 찾는 법은 아주 간단하다. 시내의 St. Peter's Square, Picadilly Gardens, Picadilly 등에서 Ashton-under-Lyne행 메트로링크를 타고 Etihad Campus 정류장에서 하차하면 경기장 바로 앞이다. Velopark 역에서 걸어가도 상관없다.

맨체스터 시티 FC의 연습구장이 있는 시티 풋볼 아카데미(City Football Academy)를 둘러보는 것도 좋다. 에티하드 스타디움 인근에 자리하고 있다.

메트로링크 정류장에는 자동판매기가 설치되어 있지만 경기 당일에는 매우 혼잡하므로 출발할 때 돌아오는 것까지 감안해 티켓을 미리 구입하도록 하자.

홈페이지: hospitality.mancity.com/
tours/tours-landing-page

운영 시간
〈스타디움 투어〉
매일 10:30, 11:30, 12:30, 13:30,
14:30, 15:30
(일요일 및 뱅크 홀리데이, 마지막 입
장 15:00)

스타디움 투어의 하이라이트는 역시
피치 앞까지 가서 경기장을 감상하는
것이다.

스타디움 투어에는 오디오 가이드가
포함되어 있다. 반갑게도 한국어 가
이드가 포함되어 있어서 영어에 익숙
하지 않은 한국 여행자들에게 큰 도
움을 준다.

에티하드 스타디움의 공식 스토어
CityStore 내부에 있는 스타디움 투어
티켓 매표소

스타디움 투어

PREMIER LEAGUE TEAM

최근 들어 구단에서 최신 기술을 이용해 다양한 콘텐츠를 보강하고 있
다. 이 점을 감안해서 스타디움 투어를 즐기길 권한다. 또한 맨체스터
시티 FC는 잉글랜드의 수준 높은 축구 인프라를 볼 수 있는 '시티 풋
볼 아카데미' 그리고 1군 선수들의 생활을 그대로 체험해 볼 수 있는
'퍼스트팀 익스피리언스'라는 프로그램을 제공한다. 기회가 된다면 비
용을 투자하여 즐겨볼 만하다. 인터넷 예약 시 할인되며 일반 스타디
움 투어는 약 90분, 매치 데이 투어는 약 60분이 소요된다. VIP 레전드
투어와 퍼스트팀 익스피리언스는 약 3시간 정도 소요되지만 자주 진
행하지 않으므로 구단 홈페이지를 통해서 일정을 확인하길 권한다.

● 입장료

※ 인터넷 예약 요금/현장 요금

투어 종류	성인	만 65세 이상	만 18~21세	18세 미만
스타디움 투어	£25/£27	£15/£18	£17~20	£15/£18
스타디움 투어(경기일)	£17.5	£12	£11	무료
스타디움+ 시티 풋볼 아카데미 투어	£23.5/£24	£17/£18	£16/£17	무료
VIP 레전드 투어	£95			
퍼스트팀 익스피리언스	£199			

● 구단 공지사항

인터넷으로 사전 예약하는 것이 좋고 현장에서 예약할 때는 구단
공식 스토어인 CityStore에서 진행할 수 있으며 구입 후 바로 티켓
을 프린트해서 준비하면 된다(월~토 09:00~17:30). 스타디움 투어는
CityStore의 2층에서 시작되며 시작시간 약 15분 전에 도착해야 한
다. 상업적으로 사용되지 않는 사진 및 비디오 촬영의 경우에만 허가
하며 여행용 캐리어 및 큰 가방을 들고 경기장에 들어 올 수 없다. 스
타디움 투어 주변에서 음식과 음료를 먹을 수 없으며 모든 구역은 금
연이다.

● 투어 프로그램

맨체스터 시티 스타디움 투어	VIP LEGENDS TOUR
약 90분 소요	약 180분 소요
인터랙티브 전시장, Tunnel Club 호스피탈리티 구역, 원정 팀 드레싱룸, 1군 워밍업 구역, 홈 팀 드레싱룸, 선수 입장 터널, 피치사이드 방문 및 선수단 벤치, 기자 인터뷰실, 믹스드존 인터뷰 구역 관람	인터랙티브 전시장, Tunnel Club 호스피탈리티 구역, 원정 팀 드레싱룸, 1군 워밍업 구역, 홈 팀 드레싱룸, 선수 입장 터널, 피치사이드 방문 및 선수단 벤치, 기자 인터뷰실, 믹스드존 인터뷰 구역 관람
구단 용품 스토어 CityStore 10% 할인	구단 용품 스토어 CityStore 10% 할인
	구단 레전드와의 기념 촬영 및 플래티넘 박스에서 레전드와 함께 식사

스타디움&시티 풋볼 아카데미 투어	
약 180분 소요	인터랙티브 전시장 관람
카트 타고 시티 풋볼 아카데미로 이동하여 아카데미 스타디움 감상	연습 구장, 실내 구장에서 진행되는 1군 훈련, 미디어 센터 프레스룸 관람
에티하드 스타디움으로 이동하여 Tunnel Club 호스피탈리티 구역, 원정 팀 드레싱룸, 1군 워밍업 구역, 홈 팀 드레싱룸, 선수 입장 터널, 피치사이드 방문 및 선수단 벤치, 기자 인터뷰실, 믹스드존 인터뷰 구역 관람	구단 용품 스토어 CityStore 10% 할인

매치 데이 투어
약 60분간의 축소된 가이드 투어
호스피탈리티 구역, 터널, 피치사이드, 벤치 등 관람(드레싱룸, 기자실 등은 포함되지 않음)
구단 용품 스토어 City Store 10% 할인

STADIUM TOUR
스타디움 투어 주요 하이라이트

원형 스크린으로 만나보는 구단의 역사

홈팀 드레싱룸

'펩' 감독과의 아이 컨택트

호스피탈리티 좌석

오렌지군의 축구 여행 TIP

스마트세이브 홈페이지에서 맨시티를 비롯한 다양한 팀의 스타디움 투어 할인 쿠폰을 다운받을 수 있다.

스마트세이브 홈페이지
www.smartsave.com

스마트세이브에서 스타디움 투어 할인 쿠폰을 다운로드 받을 수 있으며,

- 맨체스터 시티 FC
- 맨체스터 유나이티드 FC
- 첼시 FC
- 웨스트햄 유나이티드 FC
- 웸블리 스타디움 투어
- 뉴캐슬 유나이티드 FC

스마트세이브에서 다운로드 받은 맨체스터 시티 스타디움 투어 20% 할인 바우처

오렌지군의 축구 여행 TIP

스마트세이브 홈페이지에서 스마트폰으로 다운로드 받거나 프린트하여 제시하면 1인당 3~4파운드 정도 아낄 수 있다. 단, 모든 구단의 할인 쿠폰을 제공하지는 않으며 대부분 현장 구매 시에만 이용할 수 있다는 점 주의하자.

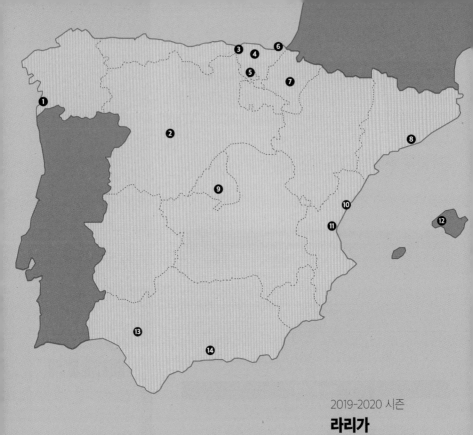

2019-2020 시즌

라리가
출전 팀 배치도

1 비고 지역 레알 클럽 셀타 데 비고

2 바야돌리드 지역 레알 바야돌리드

3 빌바오 지역 아틀레틱 클루브

4 에이바르 지역 SD 에이바르

5 비토리아 지역 데포르티보 알라베스

6 산세바스티안 지역 레알 소시에다드

7 팜플로나 지역 CA 오사수나

8 바르셀로나 지역 RCD 에스파뇰

　　　　　　　　　 FC 바르셀로나

9 마드리드 지역 아틀레티코 마드리드

　　　　　　　　 헤타페 CF

　　　　　　　　 CD 레가네스

　　　　　　　　 레알 마드리드 CF

10 비야레알 지역 비야레알 CF

11 발렌시아 지역 레반테 UD

　　　　　　　　 발렌시아 CF

12 마요르카 지역 레알 마요르카

13 안달루시아 세비야 지역 레알 베티스 발롬피에

　　　　　　　　　　　　 세비야 FC

14 그라나다 지역 그라나다 CF

EUROPEAN LEAGUE

LALIGA

스페인 축구 마스터하기

TRAVEL GUIDE

스페인 국가 개요

스페인의 국가 정보

국명	Reino de España
수도	마드리드
면적	505,990㎢
인구	약 4,700만 명
종교	가톨릭
시차	−8시간(서머 타임 시기에는 −7시간)
국가 번호	34

특징

공식 명칭은 에스파냐 왕국이지만 사실상 연방의 형태를 갖추고 있다. 역사적으로 여러 민족들이 점령해 왔기 때문에 각 지역별 문화가 다양하다. 덕분에 여행자들로서는 각 지역의 특색을 느끼며 다양한 여행을 즐길 수 있는 곳이 되었고, 오늘날 스페인은 세계적으로 인기 있는 관광 대국이 되었다.

언어

공식 언어는 스페인어지만, 각 지역별로 자체 언어가 많은 나라가 스페인이다. 바르셀로나를 포함한 카탈루냐 지역은 카탈루냐어를 사용하고, 발렌시아는 발렌시아노를 사용하는 등 각 지역별 언어가 제각각이다. 하지만 모든 지역의 기본 언어는 스페인어이므로, 결국 모든 사람들이 스페인어를 할 줄 안다고 보면 된다. 관광 관련 직종에 종사하는 분들을 제외하고는 영어가 약한 편이다.

날씨

남쪽 나라답게 한여름에는 낮 기온이 30도 이상 올라가는 곳이 많으므로 최대한 얇게 입는 것이 좋다. 특히 마드리드의 경우 내륙에 위치해 습도는 낮지만 직사광선이 매우 강하니 주의할 필요가 있다.

하지만 축구 경기의 경우 늦은 밤에 시작하는 경우가 대부분이라는 점을 감안해 복장에 신경 쓰는 것이 좋다. 겨울은 한국보다 온화한 편이고 영하로 내려가는 경우가 없지만 그래도 추운 편이며 비가 자주 내리므로 이에 대비하도록 한다. 약한 비가 계속해서 내리는 영국과는 달리 스페인에서는 꽤 굵은 빗줄기를 만날 수 있다. 각 지역별 기후 차이가 크므로 반드시 사전에 지역별 기온을 확인하고 여행하도록 하자.

통화

유로(EURO)화를 사용한다. 기호는 €로 표기. 1유로는 100센트에 해당하며 지폐는 5, 10, 20, 50, 100, 200유로, 동전은 1, 2유로, 1, 2, 5, 10, 20, 50센트가 있다. 200유로 이상의 지폐는 잔돈 문제로 꺼려하는 경우가 있고, 1, 2, 5센트 동전 또한 자판기에 들어가지 않는 경우가 많다는 점을 참고하자.

전압

콘센트의 형태는 우리나라와 동일하며 전압은 220V/50Hz이다. 우리나라의 전자제품을 그대로 사용할 수 있으나 일부 특별한 상황을 감안해 예비용 멀티 어댑터를 별도로 준비하는 것이 좋다.

로밍

국제전화	약 2,400원
국내전화	약 600~900원
휴대폰 수신 요금	약 300~400원

* 각 통신사별로 휴대폰 로밍 요금에 차이가 있다.

비자/출입국

대한민국 국적을 가진 사람은 관광 목적인 경우 6개월 중 90일간 무비자로 입국 가능하다. 따라서 따로 비자를 만들 필요는 없다. 입국 시에는 일반적으로 여권 확인 절차만 거친 후 입국이 허가된다. 여권에 문제가 없다면 입국 심사는 매우 간단히 끝난다.

국경일/공휴일

1월 1일	Año Nuevo(신년)
1월 6일	Día de Epifanía del Señor (동방박사의 날)
2월 28일 (안달루시아 지역)	Día de Andalucia (안달루시아의 날)
4월 초	Semana Santa(부활절: 성주간 목요일부터 부활주일까지)
4월 2일 (카탈루냐 지역)	Lunes de Pascua(성 월요일)
5월 1일	Fiesta del Trabajo(노동절)
5월 2일 (마드리드)	Día de la Comunidad de Madrid(마드리드의 날)
6월 3일 (안달루시아 지역)	Día de Corpus Christi (성체축일)
8월 15일	Asunción de la Virgen (성모 승천일)
9월 11일 (카탈루냐 지역)	Fiesta nacional de Catalunya(카탈루냐의 날)
10월 12일	Fiesta Nacional de España (신대륙발견 기념 국경일)
11월 1일	Día de todos los santos (모든 성인의 날)
11월 9일 (마드리드)	Día de Nuestra Señora de la Almudena(수호 성인의 날)
12월 6일	Día de la Constitución(제헌절)
12월 8일	Inmaculada Concepción (성령수태일)
12월 15일	Natividad del Señor(성탄절)

대한민국 대사관

주소: Calle González Amigó, 15, 28033 Madrid

전화번호: [대표]+34+(0)91-353-2000

이메일: embspain.adm@mofa.go.kr

근무시간: 월-금

업무시간: 09:00-14:00/ 7-8월은 09:00-14:00 근무 / 주재국 공휴일 및 삼일절, 광복절, 개천절, 한글날은 대사관 휴무.

찾아가는 길: Arturo Soria 역(4호선)이나 Plaza de Castilla 역(1, 9 10호선)에서 Arturo Soria 방향의 70번 버스를 탑승. Arturo Soria con Añastro 정류장에서 하차한 뒤 인근 Asador Pepito's Restaurant 건물을 끼고 González Amigó 길(입구에 대사관 안내 표지판 있음)로 들어간다.

라리가를 만나기 전에, 미리 알아 두자

세계 최고의 축구리그

1929년에 시작해 현재 유럽 최강의 리그로 자리 잡았다. 레알 마드리드, FC 바르셀로나 등 세계적인 명문팀들이 속한 리그로 총 20개팀이 참여한다. 일반적으로 8월 중순부터 하순에 시즌이 시작되어 다음 해 5월 중순에서 하순에 종료된다. 18-20위는 2부 리그인 라리가2로 강등되고, 라리가2의 1, 2위와 3-6위간의 플레이오프에서 승리한 1개 팀이 라리가로 승격된다.

스페인 축구 관람 개요

최근 들어 라리가는 아시아 시장을 감안해 낮부터 밤까지 다양한 시간대에 경기를 배정하고 있다. 주말 경기는 금요일 밤-주말 낮밤-월요일 밤으로 분산 개최되며 최종 일정은 약 한 달 전에 확정되는 편이다(단, 여름에는 낮 경기가 없다). 티켓 구매는 비교적 수월하여 엘 클라시코와 같은 빅매치를 제외하고 대부분 수월한 편이고 인터넷 예매 후 경기장을 찾으면 된다.

현지 관람 문화

스페인의 축구 문화는 '뜨겁지만 과하지 않은' 문화로 평가할 수 있다. 서포터즈가 주도하는 함성은 많지 않지만, 경기를 즐기는 관람객의 자연스러운 함성을 즐길 수 있다. 경기시간이 다 되어야 경기장을 채울 정도로 늦게 입장하는 경향이 있고, 예전에는 같은 블록이면 아무 자리나 앉아도 되는 분위기였는데 최근에는 외국인 관광객들이 늘어나면서 문화가 많이 바뀌었다. 내가 원하는 좌석을 예약하고 가는 것이 무난하다.

경기장의 먹거리

맛있는 음식이 많기로 유명한 스페인이지만, 경기장에서 만날 수 있는 음식은 매우 한정적이다. 가장 흔히 만날 수 있는 것은 견과류로 보통 성인 남성 손만한 봉투에 포장된 상태이며 약 2-3유로에 판매된다. 핫도그, 햄버거 외에 경기장에서 배를 채울 만한 음식은 거의 없으므로 미리 식사를 마치고 경기장을 찾는 것이 좋다. 스페인 사람들은 햄버거 또는 견과류를 먹으며 축구를 즐긴다.

TRAVEL TIP
경기장 매점의 음식 판매 가격

견과류	2-3
햄버거	4-8
팝콘	3-4
커피	2-3
음료	3-5

(단위:유로)

스페인 도시 간 이동 교통수단

영토는 매우 넓지만 고속 열차인 AVE가 잘 연결되어 있고 버스도 매우 촘촘히 연결되어 있어 대중교통을 잘 이용하면 매우 편리한 여행이 가능하다. 일반적으로 속도가 빠르고 편리한 기차를 우선적으로 고려하고, 기차가 연결되지 않은 곳을 가야 할 경우 차선책으로 버스를 이용하는 것이 좋다. 버스의 가격이 저렴하긴 하지만 보통 기차의 두 배 이상의 시간이 걸리기 때문. 먼 거리를 이동할 경우 항공 여행도 고려할 수 있다. 다양한 저가항공사가 있어 비교적 선택지가 많은 것이 장점이다.

고속버스 이용

스페인은 전 유럽에서 버스 노선이 가장 다양한 나라로 여겨질 정도로 많은 버스가 있다. 그러나 가장 큰 회사가 ALSA이고 웬만한 노선을 커버하니 이 회사의 버스를 알아보자. www.alsa.com를 통해서 티켓 예약이 가능하다.

TRAVEL TIP Renfe를 이용한 스페인 기차 티켓 예약법

STEP 01 | 홈페이지 접속

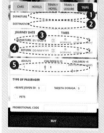

스페인 철도청 홈페이지(www.renfe.com)에 접속한다. 상단 Welcome을(❶) 클릭하면 영어로 언어 설정이 변경된다. 100% 완벽하게 영어를 지원하지는 않으며 종종 스페인어로 바뀌는 경우가 있으니 감안하도록 한다.

STEP 02 | 목적지와 출발시간 등록

DEPARTURE에는(❶) 출발지, DESTINATION에는(❷) 목적지를 입력한다. JOURNEY DATE에는(❸) 탑승하고자 하는 날짜를 입력한다. 왕복 티켓을 구입하고자 하는 경우에는 RETURN도(❹) 입력하자. 이후 탑승 인원을 연령에 맞게 입력하고(❺) 난 후 BUY 버튼을 클릭한다.

STEP 03 | 티켓 종류 및 가격 확인

Departure ↑	Arrival	Duration	Servicio	Price From	Class	Fare	Options
06:10	08.48	2 h. 38 min.	AVE	58.15 € ▸	Turista	Promo	❶ ⊕
06.30	09.28	2 h. 58 min.	AVE	58.15 € ▸	Turista	Promo	⊕
06.45	13.41	6 h. 56 min.	AVE-LD	54.60 € ▸	Turista con enlace	Promo	⊕

해당 구간의 기차 시간 및 종류, 티켓 가격을 확인한다. 티켓 가격은 종류 및 시간에 따라 천차만별이며 일찍 예약할수록 더 할인된 비용으로 구입할 확률이 높아진다. 여기서 원하는 기차의 Options +를(❶) 클릭해 해당 기차의 자세한 정보를 확인하도록 하자.

STEP 04 | 옵션 확인

+를 클릭하면(❶) 보통 Promo, Promo+, Flexible의 티켓을 만날 수가 있는데 Promo가 가장 저렴하다. Promo+는 수수료를 내고 티켓을 변경할 수 있고, Flexible은 추가비용 없이 변경이 자유로운 티켓이다. Class에서는(❷) Turista, Turista Plus, Preferente를 선택할 수 있는데 Turista, Turista Plus는 2등석이며 두 클래스는 좌석 크기가 다르다. Preferente는 1등석에 해당하며 기내식이 제공되기도 한다. 원하는 옵션을 선택하고 NEXT를(❸) 클릭한다.

다음 페이지에 계속됩니다

STEP 05 | 개인 정보 입력 1

개인 정보를 입력한다. 우리는 이 부분에서 특별히 입력할 사항이 없다.

STEP 06 | 개인 정보 입력 2

이 개인 정보는 정확하게 입력해야 한다. 별표가 있는 부분은 필수 입력이다.

STEP 08 | 티켓 정보 확인

화면 오른쪽에는 내가 선택한 기차의 구간과 티켓 가격, 기차 번호, 등급 등이 자세히 안내된다. 내가 원했던 기차가 맞는지 다시 한 번 확인하고 PURCHASE를(①) 클릭한다.

STEP 07 | 개인 정보 입력 3

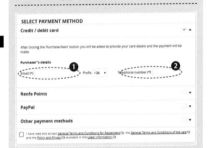

이메일 주소(①) 및 전화번호를(②) 넣어야 한다. 티켓은 이메일로 배송되기 때문에 반드시 정확한 주소를 입력하자. 신용카드 또는 페이팔 등으로 결제할 수 있다.

STEP 09 | 결제

신용카드 결제 정보가 등장한다. Tarjeta에는(①) 카드 번호, Caducidad는(②) 카드 유효 기간, Cod.Seguridad에는(③) 신용카드 뒷면의 CVC코드 세 자리를 입력한다. Pagar를 클릭하면 결제 과정이 마무리된다.

STEP 10 | 티켓 수령

결제가 완료되면 이메일로 티켓이 바로 발송된다. 인쇄한 다음 현지에서 기차에 탑승하면 된다. 별도의 티켓 수령이 필요 없다. 프린트가 불가능한 환경일 경우 모바일 티켓 발급도 가능하며 기차역에서 종이 티켓 발급도 된다. Localizador가 예약 번호이므로 이 번호를 메모해두면 편리하다.

오렌지군의 축구여행 TIP | 꼼비나도 세르카니아스

스페인은 장거리 노선 철도를 이용하면 출발도시 또는 도착도시의 Renfe가 운영하는 대중교통 세르카니아스(Cercanias)의 무료 티켓을 받을 수 있다. 매표기에서 CombinadoCercanias를 선택하고 코드를 넣으면 티켓이 발급된다. 세르카니아스가 없는 도시는 지정된 다른 교통수단을 이용할 수 있다(바르셀로나의 경우는 Rodalies de Catalunya).

스페인 도시 간 이동 교통 수단

빌바오 1H~2H(€7)
산 세바스티안
13H(€52)
3H~4H 30M(€23~35)
팜플로나
비고 8H(€38)
7H 30M~8H 30M(€40~45)
4H 30M~5H(€23~60)
6H~7H(€32~40)
바야돌리드
3H~3H 30M(€10~20)
3H 30M~4H(€16~24)
사라고사
바르셀로나
7H~8H(€25~46)
마드리드
4H~4H 30M(€16~30)
비야레알
발렌시아
4H 30M~6H(€14~47)
8H~10H 30m(€44~60)
2H 30M~3H 30M(€10~14)
엘체
3H 30M~4H(€11~31)
4H~5H(€25~41)
그라나다
세비야
1H 30M~2H(€11~14)
3H~4H(€14~25)
말라가

TRAVEL TIP
주 도시 버스 경로 및 소요시간

ALSA 기준/소요시간 및 가격은 경유 및 서비스에 따라 차이있음

빌바오
산 세바스티안
팜플로나
5H Alsa
5H 20M Alsa
1H 50M Alsa
비고
바야돌리드
1H 30M AVE
1H AVE
1H 30M AVE
사라고사
2H 40M AVE
바르셀로나
마드리드
3H Euromad
2H AVE
비야레알
2H 30M AVE
3H AVE
발렌시아
2H 30M AVE
2H AVANT
엘체
세비야
그라나다
말라가

TRAVEL TIP
주 도시 기차 경로 및 소요시간

FOOTBALL

FOOTBALL

FOOTBALL

EUROPEAN FOOTBALL LEAGUE

MADRID

레알 마드리드 CF, 아틀레티코 마드리드

BARCELONA

FC 바르셀로나

VALENCIA

발렌시아 CF

SEVILLA

세비야 FC, 레알 베티스 발롬피에

LALIGA

마드리드

MADRID

스페인의 수도이자 역사적인 건축물과
현대적인 건축물이 어우러진 아름다운 도시

마드리드으로 가는 길

바르셀로나에서 출발: AVE 기차 바르셀로나 ▶ 마드리드(약2시간 30분–3시간 / 약 30분–1시간 간격 배차)

발렌시아에서 출발: AVE 기차 발렌시아 ▶ 마드리드(약 1시간 40분 소요 / 약 1시간–1시간 30분 간격 배차)

세비야에서 출발: AVE 기차 세비야 ▶ 마드리드(약 2시간 30분 소요 / 약 30분–1시간 간격 배차

마드리드 충전식 교통카드(메트로, 버스용)

Renfe 충전식 종이교통카드(세르카니아스용)

마드리드 메트로 1회권

> **마드리드 바라하스 국제공항**

마드리드 시내에서 북동부로 약 6km 정도 떨어진 곳에 위치한 공항으로 대한항공이 직항편을 운영하고 있다. 공항에서 시내로 가는 교통편도 매우 다양하게 구성되어 있어 접근성이 좋고 공항 인근에 레알 마드리드 구단의 훈련장이 있어 축구 팬들에게는 더욱 매력적인 공항이다.

도시, 어디까지 가봤니?	MADRID TOUR

● 도시 소개

스페인의 수도로 정치·경제·문화의 중심지이면서 유서 깊은 명소와 현대적인 건물들이 어우러진 관광도시이기도 하다. 특히 레알 마드리드의 홈구장인 산티아고 베르나베우 경기장을 비롯해 마드리드권에 위치한 수많은 축구 경기장들을 만날 수 있어 축구 팬들을 더욱 행복하게 만드는 곳이다.

● 도시 내에서의 이동

마드리드는 목적지에 따라 메트로와 세르카니아스를 적절히 번갈아 가며 탑승하는 것이 좋다. 특별히 저렴한 할인권이 없으므로 1회권을 구입해 사용할 것을 권한다. 최근에 메트로와 세르카니아스는 충전식 교통카드와 티켓을 도입했다. 1회권 티켓을 구입하는 경우가 매우 줄어들었기 때문에 반드시 발권기를 통해 교통카드 및 티켓을 구입해 충전해서 사용하도록 한다.

○ 마드리드 대중교통 요금 안내(단위 €-유로)

메트로 1회권(A존):	1.5–2
콤비나도 1회권(메트로+ML)	3
메트로 공항권(메트로+공항)	4.5–6
세르카니아스 1–2존	1.7
세르카니아스 3존	1.85
세르카니아스 4존	2.6

● 숙소 잡기

마드리드 여행의 중심인 솔 광장 인근으로 숙소를 잡으면 여러모로 편리하다. 다양한 숙소들이 밀집되어 있기 때문이다. 그 외에 그랑 비아(Gran Via) 인근이나 공항버스와 기차가 다니는 아또차 역(Puerta de Atocha) 주변의 숙소를 찾아도 좋다. 마드리드는 지하철이 촘촘하게 도시 전체를 관통한다는 점을 참고해서 숙소를 잡는 것이 무난하다.

● 추천 여행 코스 - 3일간

1일차: 아토차역–왕립 식물원–부엔 레티로 공원–프라도 미술관–시벨레스 광장–콜론 광장

2일차: 솔 광장–그랑비아 거리–마요르 광장–알무데나 대성당–마드리드 왕궁–경기 관람(레알 마드리드 홈 또는 아틀레티코 마드리드 홈)

3일차: 스페인 축구 국가대표 박물관–레알 마드리드 스타디움 투어–경기 관람(마드리드 및 마드리드 근교의 다른 경기)

○ 마드리드로 끝이 아니다

마드리드 시내 여행은 1박 2일 정도면 충분하지만, 세고비아, 톨레도 등 여행자들에게 사랑 받는 당일치기 관광지가 있으므로 이를 감안해 일정을 준비한다. 축구 관련 일정은 적어도 하루 반나절 정도 배정하고, 주변 도시를 제외한 마드리드 축구 여행은 2박 3일 정도면 무난하다. 여기에 당일치기 코스를 감안하여 일정을 추가하는 정도로 스케줄을 잡자.

● 시벨레스 광장(Plaza de Cibeles)

솔 광장에서 멀지 않은 시내 중심부에 있는 아름다운 광장이다. 광장의 배경 역할을 하고 있는 하얀색의 시벨레스 궁전(Palacio de Cibeles)이 볼 만하다. 축구팬들은 특히 광장에 있는 시벨레스 분수에 주목하자. 레알 마드리드가 우승을 차지하면 이 분수를 중심으로 카퍼레이드를 벌이기 때문이다.

● 스페인 축구 국가대표팀 박물관(Museo de la Selección Española)

스페인 축구 국가대표팀의 역사를 한눈에 볼 수 있는 박물관. 마드리드 시내 한복판인 그랑 비아(Gran Via)에 자리하고 있으므로 마드리드 시내 여행 중에 둘러보면 좋다. 스페인

주소: Avenida de la Hispanidad, 28042 Madrid
홈페이지: www.aena.es/en/madrid-barajas-airport/index.html
대중교통: 메트로 8호선 Aeropuerto T1–T2–T3 역, Aeropuerto T4 역 / 세르카니아스 C–1 Aeropuerto T4 역 / 버스 공항버스
시내 이동 비용(성인 기준, 단위 €–유로)
메트로: 4.5~6

푸에르따 데 아또차 역

마드리드의 중심 기차역. 바르셀로나를 비롯한 스페인의 대도시로 이동할 수 있는 고속 열차인 AVE가 출발하는 곳으로 다양한 대중교통이 연결되어 있어 매우 편리한 이용이 가능하다.
주소: Calle de Méndez Álvaro, 28045 Madrid
대중교통: 메트로 1호선 Atocha Renfe 역 / 세르카니아스 C–1, C–5, C–7, C–8, C–10.호선 Atocha 역

마드리드 남부 버스 터미널

국내외 2,000여 개 도시로 이동 가능한 스페인 내 최대의 터미널로 메트로 및 각종 기차들로 연결되어 접근성도 좋다. 편의 시설도 수준급.
주소: Calle de Méndez Álvaro, 83, 28045 Madrid
대중교통: 메트로 6호선 Méndez Álvaro 역 / 세르카니아스 C–1, C–5, C–7, C–10 번 Méndez Álvaro 역

시벨레스 광장
주소: Plaza Cibeles, 3, 28014 Madrid
대중교통: 메트로 2호선 Banco de España 역, 세르카니아스 Recoletos 역에서 도보 5분, 솔 광장에서 도보 20분

시벨리스 광장 앞의 분수

스페인 국가대표팀 박물관
주소: Calle Gran Vía, 28, 28013 Madrid
운영시간: 월-토 10:00-21:00, 일, 공휴일 12:00-20:00
대중교통: 메트로 3, 5호선 Callao, 5호선 Chueca, 2호선 Sevilla 역에서 도보 5분, 세르카니아스/메트로 Sol 역에서 도보 10분

캄포 데 풋볼 데 바예카스
주소: Calle del Payaso Fofó, 0, 28018 Madrid
대중교통: 메트로 1호선 Portazgo 역 앞

콜리세움 알폰소 페레스
주소: Av. Teresa de Calcuta, 12, 28903 Getafe, Madrid
대중교통: 메트로 12호선 Los Espartales 역에서 도보 5분, 세르카니아스 Las Margaritas-Universidad 역에서 도보 10분

콜리세움 알폰소 페레스 경기장 바로 옆에는 쇼핑몰 및 카르푸 매장이 있으니 참고하자.

에스타디오 무니시팔 데 부타르케
주소: Calle Arquitectura, s/n, 28918 Leganés, Madrid
대중교통: 세르카니아스 C-5라인 Zarzaquemada 역에서 도보 15분, 메트로 Julian Besteiro 역에서 도보 20분

솔 광장
주소: Puerta del Sol, 7, 28013 Madrid
대중교통: 세르카니아스 C-3, C-4, 메트로 1, 2, 3호선 Sol 역

이 획득한 수많은 트로피들을 만날 수 있다.

홈페이지: www.sefutbol.com/museo-seleccion-espanola (스페인어)

● 캄포 데 풋볼 데 바예카스(Campo de Fútbol de Vallecas)

마드리드 시내에 있는 라리가 소속 라요 바예카노(Rayo Vallecano)의 홈구장. 작고 소박해 보이는 경기장이지만, 낡고 오래된 시설이 오히려 독특한 분위기를 만들어준다. 라요 바예카노 경기까지 볼 수 있다면 색다른 추억이 될 것이다.

홈페이지: www.rayovallecano.es (스페인어)

● 콜리세움 알폰소 페레스(Coliseum Alfonso Pérez)

좀 더 많은 경기를 보고 싶다면 마드리드 근교에 있는 헤타페 CF의 경기 일정을 찾아보자. 이 팀은 라 리가에서 꾸준한 실력을 발휘하고 있는 팀이다. 1998년에 완공된 이 경기장은 약 17,000명을 수용할 수 있는 아담한 규모의 축구 전용구장이다.

● 에스타디오 무니시팔 데 부타르케(Estadio Municipal de Butarque)

마드리드 근교에는 최근 라리가의 신흥 강호로 떠오른 CD 레가네스의 홈구장도 있다. 약 12,000명을 수용할 수 있는 아담한 축구 전용구장이며 1998년에 완공되었다. 마드리드 시내에서 세르카니아스 및 버스로 쉽게 찾아갈 수 있다.

● 솔 광장(Puerta del Sol)

마드리드 여행의 시작과 끝. 일반적으로 줄여서 솔(Sol)이라고 부른다. '태양의 문'이라는 뜻을 가지고 있으며 이곳에서 스페인 전국으로 연결하는 9개의 도로가 시작된다. 그래

서 0km 표지가 바닥에 새겨져 있다. 마드리드의 상징인 곰과 마드로뇨 나무 동상, 광장의 중심에 있는 카를로스 3세의 동상, 티오 페페 간판 등이 주요 볼거리다.

● 마요르 광장(Plaza de Mayor)

마드리드를 대표하는 광장이다. 122m X 94m의 규격으로 광장 주변을 아름다운 건물들이 둘러싸고 있다. 1619년에 최초로 만들어졌으나 여러 차례 화재로 소실되어 지금 모습은 1950년대에 복원한 것이다. 광장 주변은 많은 바르(Bar)와 카페들이 자리하고 있다. 유럽 대항전을 감상하기 위해 마드리드를 찾는 원정 축구팬들이 경기 전에는 주로 이곳에서 시간을 보내곤 한다.

● 왕궁과 알무데나 대성당(Palacio Real de Madrid, Catedral de Almudena)

두 곳은 바로 옆에 붙어 있으므로 함께 즐기는 것이 좋다. 마드리드 왕궁은 스페인 국왕의 공식 관저지만 사실 현재 국왕이 거주하는 곳은 시외각의 사르수엘라 궁전이며, 지금은 이 왕궁이 주요 행사 및 관광용으로 운영되고 있다. 화려한 내부 장식이 인상적인 곳이다.

알무데나 대성당은 마드리드를 대표하는 성당이며 원래 이슬람 모스크가 있던 곳에 세워진 것으로 추측된다. 의외로 비교적 최근인 1993년에 완공되었다.

● 스페인 광장(Plaza de España)

마드리드 왕궁 근처에 있는 이 광장에서 스페인을 대표하는 대문호를 만날 수 있다. 우리에게도 익숙한 소설 "돈키호테"의 저자 세르반테스의 동상이 있고, 그 아래에 돈키호테 주인공인 돈키호테와 로시난테, 산초의 동상을 만날 수 있다.

솔 광장의 하이라이트. 곰과 마드로뇨 나무 동상

마요르 광장
주소: Plaza Mayor, 28012 Madrid
대중교통: 세르카니아스 C-3, C-4, 메트로 1, 2, 3호선 Sol 역에서 도보 5분

왕궁과 알무데나 대성당
주소: Calle de Bailén, s/n, 28071 Madrid
대중교통: 메트로 2, 5호선 Opera 역에서 도보 5분, 세르카니아스 C-1, C-7, C-10호선 Principe Pio 역에서 도보 10분
운영시간: (왕궁) 매일 10:00~20:00, (대성당) 매일 10:00~21:00

운이 좋으면 왕궁 앞에서 열리는 근위병 교대식도 구경할 수 있다.

스페인 광장
주소: Plaza de España, 28008 Madrid
대중교통: 메트로 3, 10호선 Plaza de España 역

스페인 광장의 풍경

레알 마드리드 CF

REAL MADRID CLUB DE FÚTBOL

구단 소개

LOS BLANCOS

창단연도
1902년 3월 6일

홈구장
산티아고 베르나베우 스타디움

주소
Avenida de Concha Espina, 1
28036 Madrid

구단 홈페이지
www.realmadrid.com/en

구단 응원가
Hala Madrid y Nada Mas

전 세계에서 가장 화려한 역사를 쌓은 팀을 꼽으라면 단연 '레알 마드리드'다. 굳이 축구 팬이 아니더라도 이 구단의 이름 정도는 알고 있을 정도로 유명한 레알 마드리드는 FIFA에서 선정한 20세기 최고의 축구 클럽으로 뽑히기도 했다. 이 구단이 만들어 온 축구사의 화려한 기록들은 21세기에도 이어지고 있는데 2016년부터 2018년까지 UEFA 챔피언스리그에서 3연패를 달성하면서 세계 최고의 팀이라는 것을 꾸준히 증명하고 있다.

항상 최고의 자리를 지켜왔기 때문에 우승컵을 들어올리지 못하는 시즌은 '실패한 시즌'이라고 말할 만큼 언제나 최고를 지향하는 클럽이다. 명성만큼 구단의 수입 또한 어마어마해 전 세계에서 많은 수입을 올리는 구단 중 상위권에 속한다.

FC 바르셀로나와 숙명의 라이벌로서 두 팀 간의 대결인 '엘 클라시코'는 세계에서 가장 핫한 경기로 알려져 있다. 축구 여행을 꿈꾸는 사람들에게 가장 보고 싶은 경기가 뭐냐고 물으면 아주 잠깐의 망설임도 없이 레알 마드리드의 홈 경기와 엘 클라시코라고 답할 정도다.

홈구장은 산티아고 베르나베우 스타디움이다. 레알 마드리드 최고의 레전드 '산티아고 베르나베우'의 이름에서 유래되었다. 산티아고 베르나베우는 레알 마드리드 소속으로 700여 경기에 출전해 350골 이상을 넣은 세계적인 스트라이커였고 구단의 회장으로도 역임한 바 있다. 이 선수의 화려한 기록만큼이나 이 홈구장 또한 화려하다.

1947년에 완공되어 현재 81,000여 석의 규모를 갖춘 이 매머드급 경기장은 1982년과 2001년에 두 차례의 리노베이션 공사를 거친 후 2011년까지 관중석을 확장하며 지금에 이르고 있으며 대대적인 리모델링 공사를 통해 업그레이드가 될 예정이다. 1957년, 1969년, 1980년 그리고 2010년에 UEFA 챔피언스리그 결승전을 유치하기도 했으며, 현재의 유럽 선수권 대회인 1964년 유럽 네이션스컵과 1982 FIFA 월드컵의 주요 경기도 이곳에서 열렸다.

● 홈구장

산티아고 베르나베우 스타디움(Estadio Santiago Bernabéu)			
개장일	1947년 12월 14일		
수용 인원	81,044명	경기장 형태	축구 전용 구장
UEFA 스타디움 등급	카테고리 4	그라운드 면적	105m X 68m

● 연습구장

Ciudad Real Madrid	
주소	Parque de Valdebebas, s/n, 28055 Valdebebas, Madrid
대중교통	세르카니아스 C-1 라인 Valdebebas 역 앞(바라하스 국제공항 인근)

UEFA 챔피언스리그 (UEFA 챔피언스컵 포함)
13회(1956, 1957, 1958, 1959, 1960, 1966, 1998, 2000, 2002, 2014, 2016, 2017, 2018)

UEFA 유로파리그 (UEFA컵 시절 포함)
2회(1985, 1986)

UEFA 수퍼컵
4회(2002, 2014, 2016, 2017)

FIFA 클럽 월드컵
3회(2014, 2016, 2017)

라리가
33회(1932, 1933, 1954, 1955, 1957, 1958, 1961, 1962, 1963, 1964, 1965, 1967, 1968, 1969, 1972, 1975, 1976, 1978, 1979, 1980, 1986, 1987, 1988, 1989, 1990, 1995, 1997, 2001, 2003, 2007, 2008, 2012, 2017)

코파 델 레이
19회(1905, 1906, 1907, 1908, 1917, 1934, 1936, 1946, 1947, 1962, 1970, 1974, 1975, 1980, 1982, 1989, 1993, 2011, 2014)

수페르코파 데 에스파냐 (스페인 슈퍼컵)
10회(1988, 1989, 1990, 1993, 1997, 2001, 2003, 2008, 2012, 2017)

박물관에서 만난 수많은 UEFA 챔피언스리그 트로피들. 어떤 팀도 따라갈 수 없는 레알 마드리드의 화려한 역사를 증명한다.

티켓 구매

본부석 2층 앞자리에서 본 시야

골대 스탠드 1층 앞자리에서 본 시야

본부석 반대편 가장 위층에서 본 시야

오렌지군의 티켓 구입 TIP

선수들의 얼굴을 가까이 보려면 1층의 좌석을, 전체적인 경기를 감상하려면 2층 앞좌석을 선택한다. 티켓 가격은 2층 앞좌석이 가장 비싸다.

티켓 가격

티켓 구매 관련 팁

● 티켓 구매 전쟁에서 어떻게 해야 살아남을까?

레알 마드리드는 항상 많은 관중을 몰고 다니는 구단이지만 '엘 클라시코'를 제외한 나머지 경기가 매진되는 확률은 그리 높지 않다. 즉, 현장에서 바로 티켓을 구할 수도 있다는 뜻이다. 하지만 레알 마드리드는 구단 홈페이지를 통한 티켓 예매 시스템이 워낙 잘되어 있는 데다가, 인터넷으로 예매하면 내가 원하는 자리를 일일이 선택할 수 있으니 인터넷 티켓 예매를 적극 추천한다.

티켓 판매 일정이 나오면 구단 홈페이지에 공지되며 클럽 멤버-마드리디스타-일반 판매순으로 티켓 판매가 진행된다. 보통 일반 판매까지 기다려도 티켓이 남아 있는 편이다. 좌석이 많이 남아 있지 않더라도 당황할 필요 없다. 경기일이 가까워지면 시즌권 소지자들이 티켓을 풀어 잔여 티켓이 늘어나기 때문이다.

● 티켓 구매 전 알아야 할 사항은?

구단 유료회원인 마드리디스타에게 티켓 구입 우선권이 주어지며 일반 판매 며칠 전에 티켓 판매가 시작된다. 마드리디스타로 보통 2~6장까지의 티켓을 한번에 구입할 수 있으므로 만약 여러 명이 함께 축구를 관람하고자 한다면 한 명이 대표로 마드리디스타에 가입하고 티켓 구입을 시도하는 것이 좋다. 단, 경기 레벨에 따라서 구입할 수 있는 티켓의 수가 다르다는 점을 주의해야 한다.

웬만해선 일반 판매로 티켓 구입이 가능하다. 차분하게 기다려서 티켓 구입을 시도하면 좋은 결과가 있을 것이다. 그리고 주의해야 할 점은 레알 마드리드가 2017-2018 시즌 후반부터 티켓을 무조건 '모바일 티켓'으로만 발급하고 있다는 것이다. 별도의 종이 티켓이 발급되지 않는다는 점 알아두자.

LATERAL ESTE

€40-
€130-
€110-
€70-
€100-
€110-
€40-
€130-
€120-
€110-
€110-
€110-
€130-

FONDO NORTE

€40-
€130-
€120-
€110-
€110-
€110-
€130-

FONDO SUR

€40-
€120-
€130-
€110-
€110-
€110-
€100-
€40-

LATERAL OESTE

LATERAL OESTE		LATERAL ESTE	
Tier	Cost	Tier	Cost
Grada Baja Central	€110–200	Grada Baja	€110–200
Grada Baja	€95–200	Grada Alta	€110–200
Grada Alta Central	€110–200	Tribuna	€130–240
Grada Alta	€95–200	Primer Anfiteatro	€120–225
Tribuna	€130–240	Segundo Anfiteatro	€100–175
Primer Anfiteatro	€120–225	Tercer Anfiteatro	€70–120
Segundo Anfiteatro	€100–175	Cuarto Anfiteatro	€40–85
Tercer Anfiteatro	€70–120		
Cuarto Anfiteatro	€40–85		

FONDO NORTE		FONDO SUR	
Tier	Cost	Tier	Cost
Grada Baja	€70–120	Grada Baja	€70–120
Grada Alta	€70–120	Grada Alta	€70–120
Tribuna	€90–140	Tribuna	€90–140
Primer Anfiteatro	€80–125	Primer Anfiteatro	€80–125
Segundo Anfiteatro	€60–95	Segundo Anfiteatro	€60–95
Tercer Anfiteatro	€45–85	Tercer Anfiteatro	€45–85
Cuarto Anfiteatro	€30–70	Cuarto Anfiteatro	€30–70

각 경기별로 한번에 구매할 수 있는 티켓 수가 다르다. 일반적인 리그 경기는 1명당 6장까지 티켓을 구입 가능, 빅매치는 1명당 2–4장까지 구입 가능하다.

레알 마드리드 CF
REAL MADRID CLUB DE FÚTBOL

티켓 구매 프로세스
레알 마드리드 CF 홈페이지에서 티켓을 구매하는 방법

STEP 01 | 레알 마드리드 CF 홈페이지 접속

레알 마드리드 FC 공식 홈페이지(www.realmadrid.com/en)
에 접속한다. 만약 영어가 아닌 다른 언어로 접속되어 있다
면 우측 상단의 언어 옵션을 EN으로(❶) 변경한다. TICKETS
메뉴를(❷) 클릭한다. 클릭 후 여러 옵션이 등장할 경우
FOOTBALL을 클릭하면 된다.

STEP 03 | 마드리디스타 계정 정보 입력

만약 마드리디스타 계정을 가지고 있다면 이 과정에서 마드리
디스타 계정에 로그인한다. 일반 판매의 경우 입력할 필요가
없다.

STEP 04 | 스탠드 선택

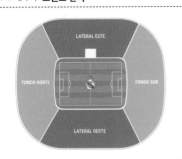

산티아고 베르나베우 경기장의 스탠드가 보인다. 원하는 스탠
드를 선택한다.

STEP 02 | 경기 선택

앞으로 예정된 경기 리스트가 제공된다. 그리고 티켓 판매 시작
일 및 시간도 확인할 수 있다. Madridista는(❶) 마드리디스타 회
원, General public은(❷) 일반 티켓 판매 시작일 및 시간을 의미
한다. 티켓 판매 시작시간이 되면 티켓 구매를 시도하도록 한다.

STEP 05 | 블록 선택

이제 세부 블록을 선택할 수 있다. 원하는 블록을 클릭한다.

STEP 06 | 잔여 좌석 확인

SEGUNDO ANFITEATRO LATERAL OESTE 403

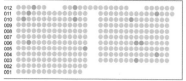

해당 블록의 현재 남아있는 좌석을 확인할 수 있다. 원하는 수만큼의 좌석을 선택한다. CAMPO는 피치가 있는 방향을 말하는 것이므로 좌석 선택 시 참고하자.

STEP 07 | 좌석 선택

좌석을 선택하면 화면 하단에 좌석 번호와 예약 수수료, 티켓 가격 등이 안내된다. 내가 원한 좌석이 맞다면 CONTINUE를 클릭해(❶) 다음 단계로 넘어간다.

STEP 08 | 개인 정보 입력

개인 정보 및 이메일 주소를 영어로 입력한다. 정보를 정확하게 입력해야 하며 특히 티켓은 이메일로 받게 되므로 주의해야 한다. 결제된 후에는 환불 및 교환이 되지 않는다는 점을 주의하며 개인 정보를 입력한다.

STEP 09 | 좌석 정보 및 가격 확인

티켓 배송 수단 및 결제 수단, 티켓의 자리와 가격 정보 등을 다시 한 번 확인하고 CONTINUE를(❶) 클릭한다.

STEP 10 | 결제

신용카드 번호, 카드 유효기간 및 CVV 코드(카드 뒷면에 있는 세 자리 코드)를 입력하고 Accept 버튼을(❶) 클릭하면 신용카드 결제 과정이 진행된다. 이 과정이 지나면 환불 및 취소가 불가능하다.

STEP 11 | 티켓 수령

정상적으로 티켓 구입 과정이 완료되었다면 이메일로 티켓을 배송받게 된다. E-ticket으로 입장할 수 있는 경기인 경우 On your printer 옵션에서 Print tickets now를(❶) 클릭하면 PDF로 된 티켓 파일을 프린트할 수 있다. 모바일 티켓의 경우 On your mobile 부분의 Download ticket을(❷) 클릭하면 다운받을 수 있다. 모바일 티켓으로 받을 시 모바일상에서 이메일을 읽고, 해당 버튼을 클릭하면 바로 스마트폰의 Wallet(아이폰), PassWallet(안드로이드)로 전송된다. 아이폰은 해당 앱이 기본 설치되어 있으며 안드로이드는 앱스토어에서 PassWallet 앱을 설치한 후에 다운로드를 진행하도록 한다.

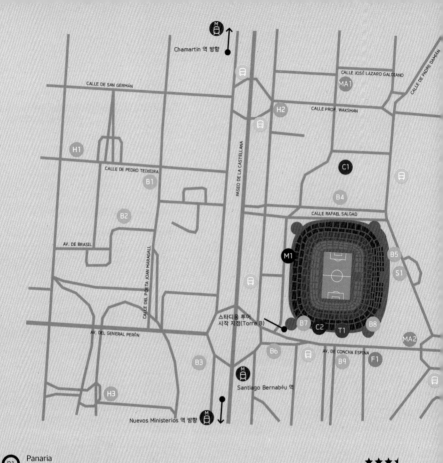

CALLE DE SAN GERMÁN

CALLE DE PEDRO TEIXEIRA

AV. DE BRASIL

AV. DEL GENERAL PERÓN

PASEO DE LA CASTELLANA

CALLE DEL POETA JOAN MARAGALL

CALLE DE PADRE DAMIÁN

CALLE JOSÉ LÁZARO GALDIANO

CALLE PROF. WAKSMAN

CALLE RAFAEL SALGAD

AV. DE CONCHA ESPINA

Chamartín 역 방향

스타디움 투어
시작 지점(Torre B)

Santiago Bernabéu 역

Nuevos Ministerios 역 방향

B1	Panaria Calle del Poeta Joan Maragall, 9, 28020 Madrid	★★★⸂
B2	Kilómetros de Pizza Av. de Brasil, 6, 28020 Madrid	★★★★
B3	Morao Tapas Castellana 95 Paseo de la Castellana, 95, 28046 Madrid	★★★⸂
B4	Restaurante José Luis Calle Rafael Salgado, 11, 28036 Madrid	★★★★
B5	Puerta 57 Estadio Santiago Bernabéu, Calle de Padre Damián, s/n, 28036 Madrid	★★★★⸂
B6	Restaurante Brios Av. de Concha Espina, 4, 28036 Madrid	★★★★
B7	Zen Market Av. de Concha Espina, 1, 28036 Madrid	★★★★
B8	Asador de la Esquina Av. de Concha Espina, 1 Puerta 46, 28036 Madrid	★★★★

PASEO DE LA HABANA

AV. DE CONCHA ESPINA

B9 Alduccio
Av. de Concha Espina, n.8, 28036 Madrid
★ ★ ★ ★

SANTIAGO BERNABÉU

REAL MADRID CF
레알 마드리드 CF

M1	산티아고 베르나베우 스타디움 투어 매표소
H1	Rafaelhoteles Orense
H2	AC Hotel Aitana
H3	Holiday Inn Madrid - Bernabeu
F1	버거킹
B1	Panaria
B2	Kilómetros de Pizza
B3	Morao Tapas
B4	Restaurante José Luis
B5	Puerta 57
B6	Restaurante Brios
B7	Zen Market
B8	Asador de la Esquina
B9	Alduccio
C01	Cafeteria Espasa
C02	RealCafé Bernabéu
MA1	Carrefour Express
MA2	Caprabo
S01	구단 용품점

산티아고 베르나베우의 스토어 내부
풍경

오렌지군의 축구 여행 TIP

레알 마드리드 스토어는 시내 곳곳과
공항에 자리한다. 그러므로 물건만 구
매하고 싶다면 굳이 경기장을 찾아갈
필요는 없다. 가장 큰 규모의 매장은
산티아고 베르나베우의 스토어이다.

마드리드를 대표하는 중심 거리인 푸
에르타 델 솔과 그랑 비아. 이 두 거리
에 세 개의 레알 마드리드 스토어가
위치해 있다.

경기장 주변 볼거리
ENJOY YOUR TRAVEL

LALIGA TEAM

○ 구단 공식용품점 ○

TIENDA BERNABÉU

주소: Estadio Santiago Bernabéu, Entrada
C/ Padre Damián, Puerta 55
운영 시간: 월요일–토요일 10:00–21:00 / 일요
일 11:00–19:30, 경기 당일에는 변경될 수 있음

TIENDA EL CARMEN

주소: Calle del Carmen, 3, Madrid
운영 시간: 월요일–토요일 10:00–21:00 / 일요
일, 공휴일 11:00–20:00

TIENDA GRAN VÍA

주소: Calle Gran Via, 31, Madrid
운영 시간: 월요일–토요일 10:00–21:00 / 일요
일, 공휴일 11:00–20:00

TIENDA ARENAL

주소: Calle Arenal, 6, 28013 Madrid
운영 시간: 월요일–토요일 10:00–21:00 / 일요
일, 공휴일 11:00–20:00

TIENDA LAS ROZAS

주소: Centro Comercial Las Rozas Village
운영 시간: 매일 10:00–22:00

TIENDA AEROPUERTO MADRIDT4SAT/ T4NET

주소: Aeropuerto Madrid T4, Planta (-1) Zona Descarga LT-SO, 28042 Madrid
운영 시간: 매일 07:00-22:30

BARCELONA LAS RAMBLAS

주소: C. Las Ramblas, 114, 08002- Barcelona
운영 시간: 월요일-토요일 10:00-22:00, 일요일 10:00-20:00

○ 레알 마드리드 엠블럼과 창단 100주년 기념 로고 ○

지하철 역에 내려서 가장 먼저 만나게 되는 스탠드가 Lateral Oeste이다. 이 스탠드의 정면에는 레알 마드리드의 엠블럼과 함께 창단 100주년을 기념하여 만들어진 로고가 자리하고 있다.

○ 레알카페 베르나베우(Realcafé Bernabéu) ○

레알카페 베르나베우에서 창문 바깥으로 산티아고 베르나베우를 보면서 즐거운 시간을 보낼 수 있다.

○ 시우다드 레알 마드리드(Ciudad Real Madrid) ○

산티아고 베르나베우 스타디움 주변은 구단 관련 볼거리가 별로 없다. 세르카니아스를 타고 구단 연습구장인 '시우다드 레알 마드리드'를 방문해보자. 다른 팀의 연습구장과 달리 대중교통으로 찾아가기 좋고 바라하스 공항 인근에 있다. 단, 구단 연습구장은 통제되어 있어서 건물 내부로 들어갈 수는 없다.

오렌지군의 축구 여행 TIP

산티아고 베르나베우 스타디움에는 다양한 레스토랑들이 입점해 있다. Puerta 57, La Esquina, ZEN Market 등의 식당을 즐겨보자.

Lateral Oeste 스탠드 외벽의 레알 마드리드 엠블럼

경기 당일이 되면 경기장 주변에서 수많은 노점상들을 만날 수 있다. 노점상들은 공식 스토어에서 팔지않는 독특한 디자인의 제품들도 판매한다.

시우다드 레알 마드리드
주소: Parque de Valdebebas, 402, 28055 Valdebebas, Madrid
대중교통: 세르카니아스 C-1노선 Valdebebas 역, 버스 171, 174번
홈페이지: www.realmadrid.com/en/about-real-madrid/club/ciudad-real-madrid

세르카니아스 열차 내부

서포터즈 석을 채운 통천의 물결. 중
요한 경기에서 종종 볼 수 있는 풍경
이다.

경기장 통로에서 유료로 빌릴 수 있
는 스티로폼 방석. 겨울철에 요긴하게
쓸 수 있고 경기 끝난 후 자리에 그대
로 놔두고 가면 된다.

겨울철에는 경기장 지붕에 설치된 전
기 스토브가 큰 역할을 한다. 1층 좌
석 뒷자리를 선택하면 머리 위에서
발견할 수 있다.

경기 관람
ENJOY FOOTBALL MATCH

LALIGA TEAM

● 경기 관람 포인트 및 주의 사항

1. 경기 시작 약 1시간 전에는 경기장에 입장하는 것이 좋다. 경기장
   배경으로 기념 사진도 남기고 약 30분 전에는 선수들의 몸 푸는 모
   습도 볼 수 있다.
2. 경기 킥오프 직전에는 구단 찬가 Hala Madrid를 들을 수 있다.
3. 레알 마드리드 CF의 출전 선수가 소개될 때 아나운서의 멘트를 들
   어 보자. 발음이 매우 독특해서 듣는 재미가 있다.

● 경기장 찾아가는 법

○ **교통수단**

메트로 10호선 Santiago Bernabeu 역 앞, 세르카니아스 C-1, C-2,
C-3, C-4, C-7, C-10 라인 Nuevos Ministerios 역에서 도보 15분

산티아고 베르나베우 스타디움에서 가장 가까운 대중교통 역은 마드
리드 메트로 10호선의 경기장과 이름이 같은 Santiago Bernabéu 역
이다. 출구로 나오면 바로 경기장과 연결된다. 마드리드 지하철은 내
부가 좁고 경기 당일에는 사람이 많아 소매치기를 당할 위험이 있다.
그러므로 세르카니아스의 Nuevos Ministerios 역을 이용해 이동하는
것도 검토해 볼 만하다. 비교적 내부가 넓고 Sol 광장까지 별도의 환
승 없이 빠르게 연결된다는 장점도 있다.

특히 경기가 끝난 시간에는 더욱 주의하자. 많은 사람들이 같은 시간
에 한꺼번에 몰리기 때문에 소매치기들이 이때를 노린다.

스타디움 투어

L A L I G A   T E A M

'투어 베르나베우'는 마드리드를 여행할 때 꼭 해야 하는 레알 마드리드의 스타디움 투어. 특히 최첨단 기술로 만들어진 다양한 멀티미디어 콘텐츠들이 팬들의 눈길을 사로잡고 있다. 가이드가 없는 셀프-가이드 투어로 진행되므로 경기장 곳곳을 자유롭게 돌아볼 수 있다는 장점이 있고 가장 높은 층에서 내려다보는 파노라믹 뷰로 시작하는 스타디움 투어에서는 구단 박물관, VIP룸, 기자실과 드레싱룸 등을 방문한다. 또한 세계 최고의 선수들이 직접 이용하는 입장 통로와 벤치 등을 직접 만나볼 수 있다.

레알 마드리드의 투어는 유럽 축구팀의 스타디움 투어 중에서 알차기로 유명하다. 그러므로 여유 있게 시간을 두고 차근차근 모든 콘텐츠들을 즐겨 보기를 권한다. 평균적으로 약 90분의 시간이 소요된다. 최근 들어 투어 베르나베우는 유독 많은 사람들의 인기를 끌고 있어 예매하지 않고 방문하면 매표소에서 대기하는 시간이 길어질 수 있으므로 반드시 사전 예매 후 e-Ticket 또는 모바일 티켓을 준비해 방문하자.

● 입장료

※ 마드리디스타 회원에게는 할인 혜택이 있다.

투어 종류	성인	어린이(만 14세까지)
스타디움 투어	€25	€18
스타디움 투어+오디오 가이드	€31	€24

STADIUM TOUR
스타디움 투어 주요 하이라이트

파노라믹 뷰 → 구단 박물관

스타디움 투어
홈페이지: www.realmadrid.com/
en/tickets/bernabeu-tour

운영 시간
〈스타디움 투어〉
운영 시간: 월~토 09:30~19:00(하계 시즌 기준), 일 10:00~18:30(하계 시즌 기준), 경기 당일은 축소 운영 또는 휴무, 12월 25일, 1월 1일 휴무

투어 베르나베우의 티켓, e-Ticket 및 모바일 티켓으로 발급이 가능하다.

7번 게이트 옆에 있는 스타디움 투어 매표소

스타디움 투어의 시작 지점. Torre B 지점을 통과할 때 간단한 보안검사를 한다.

투어 중에 사진 촬영을 하라는 권유를 많이 받는데 유료이며 촬영 후 구단 스토어에서 금액을 지불하면 인화해준다.

경기 당일의 스타디움 투어는 축소 운영이 된다. 그리고 UEFA 챔피언스리그는 경기 전날에도 투어가 영향을 받는 경우가 있으니 반드시 구단 홈페이지를 통해서 공지사항을 꼭 체크해보도록 하자.

투어 중에 자주 만나게 되는 기념동전 자판기. 아이들이 참 좋아한다.

투어 중간에 간단하게 간식을 즐길 수 있는 매점을 만날 수 있다.

구단 박물관에서는 대형 스크린을 활용해 화려한 동영상 콘텐츠를 상영한다. 팬들이 기억하는 영광의 순간들을 이곳에서 만날 수 있다.

최근에 생긴 가상 구단버스 콘텐츠는 흥미롭다. 버스 안에 들어가면 마치 내가 레알 마드리드 선수가 된 듯한 느낌을 받게 된다.

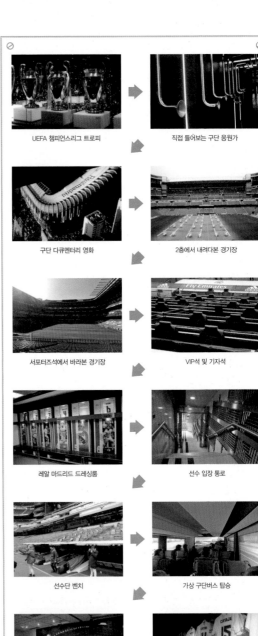

UEFA 챔피언스리그 트로피

직접 들어보는 구단 응원가

구단 다큐멘터리 영화

2층에서 내려다본 경기장

서포터즈석에서 바라본 경기장

VIP석 및 기자석

레알 마드리드 드레싱룸

선수 입장 통로

선수단 벤치

가상 구단버스 탑승

프레스룸 방문

구단 스토어

아틀레티코 마드리드

CLUB ATLÉTICO
DE MADRID
S.A.D

구단 소개

LOS COLCHONEROS

창단연도
1903년 4월 26일

홈구장
완다 메트로폴리타노 스타디움

주소
Avenida de Luis Aragones, 4,
28022, Madrid

구단 홈페이지
en.atleticodemadrid.com

구단 응원가
Himno del Atlético de Madrid

레알 마드리드와 함께 스페인의 수도 마드리드를 지키고 있는 아틀레티코 마드리드는 스페인 라리가의 전통 명문팀이다. 레알 마드리드의 화려한 역사에 가려져 있지만 아틀레티코 마드리드 역시 엄청난 역사를 쌓은 팀이다. 무려 10차례의 라리가 우승, 코파 델 레이 역시 10차례나 우승하였고 1974년에는 유러피언컵 준우승을 차지했다. 디에고 시메오네 감독이 팀을 이끌며 UEFA 챔피언스리그 결승전에 두 차례나 오르면서 신흥 강호로 자리 잡았다. 2014년에는 엘 클라시코의 강력한 양강이 있는 라리가에서 우승 트로피를 들어올리는 업적을 세웠다. 현재 스페인 내에서 '엘 클라시코'의 두 주역인 레알 마드리드와 FC 바르셀로나에 이어 3번째로 많은 서포터즈를 가지고 있는 것으로 알려져 있고, 국내에서도 최근 들어 많은 팬을 만들어내고 있는 인기팀이다. 2017년부터 비센테 칼데론을 떠나 새 구장 완다 메트로폴리타노 스타디움을 홈 경기장으로 쓰고 있다.

마드리드 동부 외곽에 위치한 이 경기장은 세계 육상선수권과 올림픽 개최를 목적으로 1994년에 완공되었다. 하지만 두 대회 모두 개최에 실패하면서 2004년에는 폐장의 운명을 겪을 뻔하였으나 2013년 아틀레티코 마드리드가 대대적인 리모델링 후 홈구장으로 사용하기로 결정하였다. 2017-2018 시즌부터 사용하고 있으며 2018-2019 시즌의 UEFA 챔피언스리그 결승전의 장소로도 활용되었다.

● 홈구장

완다 메트로폴리타노 스타디움 (Estadio Wanda Metropolitano)			
개장일	2017년 9월 16일(재개장일)		
수용 인원	67,829명	경기장 형태	축구 전용 구장
UEFA 스타디움 등급	카테고리 4	그라운드 면적	105m X 68m

● 연습구장

Ciudad Deportiva Atlético de Madrid	
주소	Carr. de Pozuelo, 57, 28220 Majadahonda, Madrid
대중교통	세르카니아스 기차 C-7, C-10라인 Majadahonda 역 하차 후 도보 약 30분

역대 우승 기록들

UEFA 유로파리그
(UEFA컵 시절 포함)
3회(2010, 2012, 2018)

UEFA컵 위너스컵
1회(1962)

UEFA 수퍼컵
3회(2010, 2012, 2018)

FIFA 클럽 월드컵
3회(2014, 2016, 2017)

라리가
10회(1940, 1941, 1950, 1951, 1966, 1970, 1973, 1977, 1996, 2014)

코파 델 레이
10회(1960, 1961, 1965, 1972, 1976, 1985, 1991, 1992, 1996, 2013))

수페르코파 데 에스파냐
(스페인 슈퍼컵)
2회(1985, 2014)

완다 메트로폴리타노 스타디움은 2019 UEFA 챔피언스리그 결승전의 경기장으로 사용되었다.

이제는 추억 속으로 사라진 아틀레티코 마드리드의 '전(前) 경기장' 비센테 칼데론.

티켓 구매

아틀레티코 마드리드의 e-Ticket과
모바일 티켓

아틀레티코 마드리드는 빅매치가 아
닌 경우 매진되는 편은 아니다. 그러
므로 경기를 앞두고 급하게 관람을
결심했다면 구장의 매표소를 바로 찾
아가 보는 것도 좋은 방법이다.

현장 매표소 운영시간
《스타디움》
월~금 09:00~19:00, 토, 일 11:00~
19:00, 경기 당일 10:00부터

- -

《그랑 비아 스토어》
월~목 10:00~21:30, 금, 토 10:00~
22:00, 일 11:00~20:00

티켓 구매 관련 팁

● 티켓 구매 전쟁에서 어떻게 해야 살아남을까?

아틀레티코 마드리드는 각 경기를 개별적으로 기간에 맞춰 티켓을 판
매한다. 그러므로 일단 홈페이지에서 티켓 판매 일정 정보를 확인한
다음, 티켓 구입에 도전하면 된다. 단, 매진되는 일은 거의 없기 때문
에 잔여석을 확인하고 바로 티켓을 구입하면 된다. (단, 빅매치는 상황
이 다를 수 있다.)

웬만한 경우에는 티켓을 바로 쉽게 구입할 수 있을 것이다. 하지만 너
무 늦게 구입을 시도해 잔여석이 별로 없다면 경기일이 가까워지기를
기다리도록 하자. 시즌권 소지자들이 푸는 티켓들이 더 나올 수 있다.

● 티켓 구매 전 알아야 할 사항은?

특정 경기들은 유료 멤버십 가입자들에게 우선권이 주어진다. 그러
나 티켓 구입을 위해 일부러 멤버십에 가입할 필요는 없으므로 일반
판매 일정만 잘 확인해 티켓을 구입하도록 한다.

FC 바르셀로나, 레알 마드리드와 맞대결은 일반 경기와는 상황이 다
를 수 있으므로 주의해야 한다. 일단 다른 경기보다 티켓 가격이 2배
이상 높은 경우가 많고, 이 비싼 티켓이 빠르게 팔려나간다. 그러므
로 빅매치 관람을 노린다면 티켓 판매가 시작되자마자 미리 사두는
것이 중요하다. 아틀레티코 마드리드는 빅매치도 일반 판매로 풀리는
편이다.

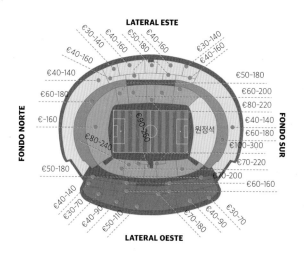

LATERAL ESTE
€30-140 €40-160 €40-160 €30-140
€40-160 €50-180 €40-160
€40-140 €50-180
€60-180 €60-200
€-160 €80-220
€90-260 €40-140
원정석 €60-180
€80-240 €100-300
€50-180 €70-220
€70-200
€60-160
€40-140 €30-70
€30-70 €40-90 €30-70
€40-90 €50-110 €70-180 €40-90
FONDO NORTE
FONDO SUR
LATERAL OESTE

스탠드	층	입장료
LATERAL OESTE (본부석)	Experiencia Banquillo	€100–300
	Grada Baja (1층)	€70–260
	Grada Alta Nivel 1 (2층)	€50–200
	Grada Alta Nivel 2 (3층)	€40–180
	Grada Alta Nivel 3 (4층)	€30–110
LATERAL ESTE (본부석 맞은편)	Grada Baja (1층)	€50–220
	Grada Alta Nivel 1 (2층)	€40–200
	Grada Alta Nivel 2 (3층)	€30–180
FONDOS (골대 스탠드)	Grada Baja (1층)	€50–160
	Grada Media (2층)	€60–180
	Grada Alta (3층)	€40–140

완다 메트로폴리타노 스타디움은 축구 전용구장이기 때문에 어떤 좌
석에서도 만족스러운 시야로 경기를 감상할 수 있다. 티켓 가격의 편
차가 블록별로 큰 편이다. 그러므로 사전에 내가 볼 경기의 블록별 가
격을 정확하게 파악한 후 합리적인 가격에 티켓을 구매하도록 하자.

티켓 가격

오렌지군의 티켓 구입 TIP

골대 쪽 가장 위층 원정석에서 본 시야

본부석 1층 좌석에서 바라본 시야

경기장에는 지붕이 있어서 대부분의
좌석은 비를 맞지 않는다. 하지만 1층
의 앞쪽 절반 정도는 구조상 비를 맞
을 수밖에 없으니 좌석 선택 시에 이
점을 참고하자.

원정석은 안전 문제로 인해서 그물이
설치되어 있다. 시야를 방해받을 수
있다는 점을 주의하자.

아틀레티코 마드리드
CLUB ATLÉTICO DE MADRID S.A.D

티켓 구매 프로세스
아틀레티코 마드리드 홈페이지에서 티켓을 구매하는 방법

STEP 01 | 아틀레티코 마드리드 홈페이지 접속

아틀레티코 마드리드의 공식 홈페이지(en.atleticodemadrid.com)에 접속한다. 상단의 Tickets를(❶) 클릭한다. 이후 First Team Tickets – General Seating 메뉴를 차례로 선택한다.

STEP 02 | 경기 선택

예정된 경기의 리스트가 제공된다. BUY TICKETS 버튼이(❶) 보이면 지금 티켓을 구입할 수 있는 경기이다. More Information을 (❷) 클릭하면 해당 경기의 티켓 판매 정보를 자세하게 파악할 수 있다.

STEP 03 | 미판매경기 알림 신청

Notify me

Fill in the form below and we'll send you an email when tickets go on sale for the game you're interested in.

Are you club member?
- No
- Yes

Name (*)

Email (*)

Email (confirmation) (*)

판매가 아직 시작되지 않은 경기는 NOTIFY ME를 클릭하면 판매가 시작될 때 이메일로 안내받을 수 있다. 미리 이메일 주소를 입력해놓도록 하자.

STEP 05 | 스탠드 선택

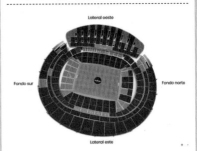

티켓 판매가 시작된 경기의 BUY TICKETS를 클릭하면 경기장 전체 좌석 배치도가 나타난다. 색깔 처리된 블록은 잔여석이 있는 블록이다. 원하는 블록을 선택한다.

STEP 04 | 티켓 구입 일정 확인

판매가 시작된 경기라면 More Information 버튼을 클릭해보자. 해당 경기의 티켓 가격 및 매표소 운영 시간 등을 한눈에 파악할 수 있다.

STEP 06 | 좌석 선택

원하는 블록을 선택하면 현재 구입 가능한 좌석이 녹색으로 표시된다. 이 중에서 내가 원하는 좌석을 선택한다.

STEP 08 | 개인 정보 입력

개인 정보를 정확하게 입력하도록 한다. 티켓은 이메일로 발급받으므로 반드시 정확한 정보를 기재해야 한다.

STEP 10 | 결제

최종적으로 신용카드 정보를 기입하고 결제를 진행하면 모든 과정이 완료된다. 환불 및 취소는 사실상 매우 어렵다. 신중하게 카드 결제를 진행하도록 하자. 정상적으로 티켓을 결제했다면 이메일로 티켓이 발송될 것이다.

STEP 07 | 좌석 정보 및 가격 확인

좌석을 선택하면 하단에 티켓 번호와 가격, 수수료 등이 표시된다. 3D 버튼을 클릭하면 내가 선택한 자리의 시야를 3D 화면으로 살펴볼 수 있다. 확인했다면 Next 버튼을 클릭하자.

STEP 09 | 티켓 수령 정보 확인

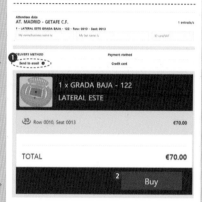

화면 하단에 DELIVERY METHOD라는 부분이 있다. 티켓 배송에 관한 안내인데 Send to email은(①) 이메일로 티켓이 배송된다는 것을 의미한다. 그 티켓을 인쇄해 경기장에 입장하면 된다. 확인 후 내 개인정보까지 입력하고 티켓 가격을 다시 한 번 확인한 후 BUY 버튼을(②) 클릭한다.

오렌지군의 티켓 구입 TIP | E-ticket

티켓은 A₄ 형태로 제공된다. 바코드 또는 QR코드가 티켓에 있는지 반드시 확인해야 한다. 경기장에 이 E-ticket으로 바로 입장하면 된다.

WANDA METROPOLITANO

CLUB ATLÉTICO DE MADRID S.A.D
아틀레티코 마드리드

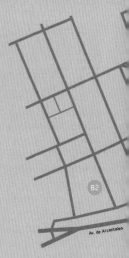

F1	버거킹
B1	Restaurante El Madrigal
B2	Bar Akelarre
B3	La Cervecera de Niza
B4	Pizzería Carlos Niza
B5	Cafeteria Las 9 Musas
B6	Volapié Gastrotaberna Andaluza
B7	Bar Cafeteria El Estadio
B8	Bar Akelarre
S1	아틀레티코 마드리드 구단 오피셜 스토어

Av. de Arcentales

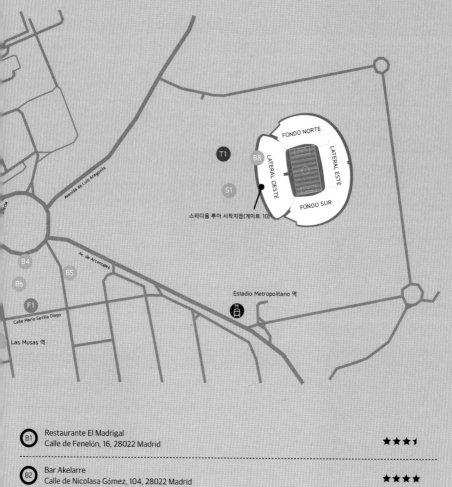

스타디움 투어 시작지점(게이트 10)

B1	Restaurante El Madrigal Calle de Fenelón, 16, 28022 Madrid	★★★✦
B2	Bar Akelarre Calle de Nicolasa Gómez, 104, 28022 Madrid	★★★★
B3	La Cervecera de Niza Plaza de Grecia & Av. de Niza, 28022 Madrid	★★★
B4	Pizzería Carlos Niza Av. de Niza, 42, 28022 Madrid	★★★★
B5	Cafeteria Las 9 Musas Calle de Suecia, 102, 28022 Madrid	★★★
B6	Volapié Gastrotaberna Andaluza Plaza de Grecia, Av. de Niza, 40, 28022 Madrid	★★★✦
B7	Bar Cafeteria El Estadio Av. de Niza, 67, 28022 Madrid	★★★★✦
B8	La Gradona Grupo Puerto Madero Av. de Luis Aragonés, 4, 28022 Madrid	★★★★

스타디움 스토어 옆의 계단을 올라가면 또 하나의 작은 스토어가 마련되어 있다.

아틀레티코 마드리드 대형 깃발 주변 가로등에서는 구단 레전드의 사진들을 만날 수 있다.

매표소 옆에는 구단의 인포메이션 센터가 자리하고 있다. 문의사항이 있다면 이곳을 찾아서 도움을 받도록 하자.

용기를 상징하는 Coraje y Corazon 조형물

경기장 주변 볼거리
ENJOY YOUR TRAVEL
LALIGA TEAM

○ 구단 공식용품점 ○

Tienda Club Atlético de Madrid - Stadium Store

주소: Avenida de Luis Aragones, 4, 28022 Madrid
운영 시간: 월요일–토요일 10:00–20:00 / 일요일 11:00–19:00, 경기 당일 10:00–킥오프, 경기 종료–종료 후 1시간

TIENDA ATLETICO DE MADRID -CENTRO COMERCIAL

주소: Centro Comercial, Plaza Río 2, Calle de Antonio López, 109, 28026 Madrid
운영 시간: 월요일–일요일 10:00–22:00

TIENDA ATLETICO DE MADRID - GRAN VIA

주소: Calle Gran Vía, 47, 28013 Madrid
운영 시간: 월요일–목요일 10:00–21:30 / 금, 토 10:00–22:00 / 일 11:00–20:00

○ 아틀레티코 마드리드 대형 깃발 ○

메트로 역을 빠져나오면 유난히 눈에 띄는 깃발이 하나 있다. 바로 아틀레티코 마드리드의 엠블럼이 그려져 있는 대형 깃발이다. 안타깝게도 완다 메트로폴리타노 스타디움은 아직 경기장 주변 볼거리가 부족한데 이 깃발은 볼 만하다. 깃발과 함께 기념사진을 찍어보자.

○ Coraje y Corazon ○

깃발 앞에는 아틀레티코 마드리드의 용기를 상징하는 문구가 새겨진 조형물이 하나 자리하고 있다. 이 조형물 앞에서 기념 사진을 찍어보자.

● 경기 관람 포인트 및 주의 사항

1. 경기장 외에 특별한 볼거리는 없다. 그러므로 이곳에서는 경기만 보고 돌아오는 것으로 계획을 잡는 게 좋다.

● 경기장 찾아가는 법

○ **교통수단**

메트로 7호선 Estadio Metropolitano 역

○ **이동시간**

시내에서 30-40분

완다 메트로폴리타노 스타디움에서 가장 가까운 메트로 역은 경기장 이름과 같은 Estadio Metropolitano이다. 버스로도 접근 가능하나 여행자에게 합리적인 이동수단은 메트로. 역에서 내려 출구로 나가면 바로 경

기장이 보인다. 사실상 유일한 대중교통 루트가 메트로이기 때문에 이동하는 사람들이 아주 많아 소매치기를 조심해야 한다.

매점은 경기장 밖에도 있다. 밖에서 시원하게 맥주를 마시고 들어가는 것도 추천한다. 마드리드의 마호우(Mahou) 생맥주를 마셔보자.

경기 당일에는 수많은 노점상이 나타난다. 노점상에서 판매하는 독특한 물건들을 구경하는 재미가 쏠쏠하다.

경기장 내의 매점에서도 다양한 먹거리를 맛볼 수 있다.

새 경기장 답게 내부 통로가 매우 넓어서 쾌적하게 편의시설을 이용할 수 있다.

완다 메트로폴리타노 스타디움의 아름다운 야경도 놓치지 말자.

스타디움 투어

홈페이지: en.atleticodemadrid.
com/atm/wanda-metropolitano-
tour-5

운영 시간
〈가이드 투어〉
운영 시간: 월~목 12:00, 13:00,
16:30, 17:30, 금 12:00, 13:00
· 경기 당일은 스케줄 변경 가능

〈셀프 투어〉
운영 시간: 일~목 11:00-21:00, 금,
토 11:00-20:00
· 경기 당일은 스케줄 변경 가능

오렌지군의 축구 여행 TIP

아틀레티코 마드리드는 시기에 따라
투어일 및 시간 변경이 많다. 그러므로
반드시 구단 홈페이지에서 일정 및 시
간을 다시 한 번 확인하고 투어를 준비
하도록 하자.

오렌지군의 축구 여행 TIP

ATLETICO DE MADRID EXPERIENCIAS
아틀레티코 마드리드는 Atletico de
Madrid Experiencias라는 이름으로 경
기 당일에 즐길 수 있는 다양한 투어 프
로그램을 운영하고 있다. 홈페이지를 통
해 정보를 확인해보자. 각 경기마다 프
로그램 내용과 요금은 달라질 수 있다.

홈페이지: en.atleticodemadrid.
com/experiencias-atletico-de-
madrid

주요 프로그램(요금(성인기준))
WELCOME TEAM EXPERIENCE(경
기일 선수단 맞이): €100
TOUR MATCHDAY EXPERIENCE(경
기 당일 스타디움 투어): €50
PENALTY EXPERIENCE(경기 종료
후 패널티킥 챌린지): €100(2인)
MIDFIELD PHOTO EXPERIENCE(경
기 종료 후 센터 서클에서 사진 촬
영): €40

스타디움 투어

L A L I G A   T E A M

아틀레티코 마드리드의 스타디움 투어는 새 구장 완다 메트로폴리타
노로 이전하면서 완전히 새로워졌다. 투어는 가이드 투어와 셀프 투어
로 진행되는데 '셀프 투어'가 좀 더 자유롭게 돌아볼 수 있어서 좋다.
선수들이 출입하는 입장 터널과 피치, 관중석, 믹스드존과 드레싱룸
등을 방문할 수 있으며 티켓을 구입할 때 날짜를 지정하거나 오픈 티
켓으로 발권할 수 있어서 선물용으로 티켓을 주기에 매우 적합한 구
단이다.

단, 아틀레티코 마드리드는 새 구장으로 옮긴지 얼마 되지 않았고 지
역 라이벌인 레알 마드리드에 비하면 아직 볼거리는 적은 편이므로
이 점을 감안하도록 하자. 약 60-90분 정도가 소요된다.

● 입장료

투어 종류	성인(만 13세 이상)	만 5-12세	만 5세 미만
스타디움 투어	€16	€8	무료

STADIUM TOUR
스타디움 투어 주요 하이라이트

아틀레티코 마드리드 역대 유니폼

역대 우승 트로피들

아틀레티코 마드리드의 역사적 유물들

다양한 각도에서 감상하는 경기장

ATLETI!

ATLETI!

ATLÉTICO

DE

MADRID!

바르셀로나

BARCELONA

세계 최고의 축구팀과 안토니 가우디의
명작이 공존하는 최고의 관광 도시

바르셀로나로 가는길

마드리드에서 출발: AVE 기차 마드리드
▶ 바르셀로나(약 2시간 30분 소요 / 약
1시간 간격 배차)

발렌시아에서 출발: InterCity 기차 발렌
시아 ▶ 바르셀로나(약 4시간 소요 / 약
1시간 간격 배차)

세비야에서 출발: AVE 기차 세비야 ▶
발렌시아(약 5시간 40분 소요 / 하루 2
대 배치)

바르셀로나 T-10 교통 티켓. 여러 명이 함
께 이용할 수 있다.

> **바르셀로나 엘 프랏 공항**

바르셀로나 시내 중심부에서 약 10km
떨어진 곳. 시내 접근성이 매우 뛰어난
공항이다. 최근 대한항공 및 아시아나항
공에서 바르셀로나로 향하는 직항편을
운영하기 시작해 바르셀로나가 더욱 가
까워졌다.

주소: 08820 El Prat de Llobregat,
Barcelona

홈페이지: www.aena.es/en/barcelona-
airport/index.html

대중교통: Renfe 로달리에스 R2라인
Aeroport 역 / 메트로 L9호선 Aeroport
T2, Aeroport T1 역 / 공항버스

시내 이동 비용(성인 기준. 단위 €-유로)
세르카니아스: 편도: 4.1
공항 버스: 편도: 5.9 / 왕복: 10.2(왕복
티켓 유효기간: 15일)

● 도시 소개

스페인을 대표하는 해안도시. 항상 따뜻한 날씨와 천재 건축가 가우
디의 작품, 세계 최고의 축구팀, 다양한 산해진미 등 수많은 매력을
경험할 수 있는 도시이기 때문에 축구 팬들을 포함한 많은 여행자들
이 한 번쯤은 가보고 싶어 하는 도시이다. 특히, FC 바르셀로나의 홈
구장인 캄프 누는 반드시 들러야 할 필수 코스이다.

● 도시 내에서의 이동

대부분의 지역이 메트로로 촘촘히 연결되어 있어 메트로 이용이 편
리하다. 1회권 티켓이 타 지역에 비해 비싸기 때문에 T-10(10회권) 티
켓이 가장 좋은 선택. T-10 티켓을 이용해 공항도 오고 갈 수 있으며
카탈루냐 공영 철도(FGC)도 이용 가능하다. 메트로에서는 내릴 때
티켓 체크를 하지 않으므로 하나의 티켓을 여러 명이 함께 이용해도
좋다.

○ 바르셀로나 대중교통 요금 안내(단위 €-유로)

1회권	2.2			
T-10(10회권)	10.2			
Hola! BCN(n일권)	2일: 15.2 / 3일: 22.2 / 4일: 28.8 / 5일: 35.40			

● 숙소 잡기

스페인에서 한인 민박이 가장 많은 도시는 바르셀로나다. 민박 간 경
쟁으로 위치와 제공되는 식사가 괜찮은 편이다. 가격이 더 중요할 경
우 호스텔을 찾아보는 것이 좋다. 스페인의 포스텔은 숙박비가 저렴
한 편이다. 숙소 위치는 카탈루냐 광장 주변을 잡는 것이 여러모로
무난하며 차선책으로는 기차역 '산츠 역' 주변으로 잡는 것이 좋다.

● 추천 여행 코스 - 4일간

1일차: 산츠역-FC 바르셀로나 스타디움 투어-구엘 공원

2일차: 스페인 광장-몬주익 스타디움-몬주익 성-카사 바트요-카사 밀라-경기 관람

3일차: 성 가족 성당-개선문-카탈루냐 광장-람블라 거리-바르셀로네타

4일차: 에스파뇰 홈 경기장 관람-벙커에서 야경 관람

○ 시간이 남을 걱정은 없다

도처에 가우디의 역작들이 남아 있는 유명 관광지이고 몬주익 경기장 등 축구와 관련된 볼거리도 많은 곳인 만큼 여유 있게 일정을 짜는 것이 좋다. 예정보다 일정이 일찍 마무리 되어도 인근에 멋진 당일치기 여행지가 많으니 최소 4박 5일 정도는 계획해야 한다. 시간적인 여유가 있다면 일주일 이상 체류하면서 바르셀로나를 여유 있게 여행하는 것도 좋은 방법이다.

● 올림픽 유이스 콤파니스 스타디움(몬주익 스타디움)

1992년 바르셀로나 올림픽 당시 주경기장으로, 황영조 선수가 남자 마라톤 경기 우승을 이뤘났던 장소로 뜻깊은 곳. 1998-2009년까지는 RCD 에스파뇰의 임시 홈구장이었으며 현재는 바르셀로나 시에서 주최하는 주요 체육 행사 등에 사용되고 있다. 주간 시간대에는 대부분 출입문이 개방되어 있으니 안으로 들어가 웅장한 경기장의 내부를 감상해볼 것을 추천한다..

● 후안 안토시오 사마란치 올림픽 & 스포츠 박물관

몬주익 스타디움 옆에 자리한 박물관. 1992 바르셀로나 올림픽이 주 콘텐츠지만, 중요한 축구 자료를 비롯해 다양한 스포츠 자료가 전시되어 있다. 입구 쪽 바닥에 있는 유명 인사들의 풋프린팅도 감상 포인트. 피트 샘프라스, 마이클 존슨 등 올드 스포츠 팬들의 마음을 흔든 스타들의 흔적을 만날 수 있다. 박물관의 이름은 바르셀로나 출신 IOC 위원장인 사마란치의 이름을 땄다.

홈페이지: www.museuolimpicbcn.cat

바르셀로나 산츠역

스페인 주요 대도시들과 AVE 고속 열차로 연결되어 있고 프랑스의 TGV와도 연결되어 있다. 모든 플랫폼이 지하에 위치한 독특한 구조. 메트로도 이곳과 연결되어 있고, 시내 한복판에 위치해 접근성도 좋은 기차역이다.

주소: Plaça dels Països Catalans, 1-7, 08014 Barcelona

대중교통: 로달리에스 R1, R2, R2N, R2S, R3, R4 Barcelona-Sants 역 / 바르셀로나 메트로 L3, L5 Sants Estació 역

바르셀로나 북부 버스 터미널

붉은 개선문 인근의 버스 터미널로 규모도 크고, 메트로역과도 가까워 접근성이 좋은 곳이다. 바르셀로나 대부분의 고속 버스가 이곳에서 발착하며, 저가항공을 탈 때 주로 이용하는 지로나(Girona) 공항의 공항 버스도 이곳에서 이용 가능하다.

주소: Carrer d'Alí Bei, 80, 08013 Barcelona

대중교통: 메트로 L1라인 Arc de Triomf 역 / 버스 40, 42, 54, B20, B25, N11번

몬주익 스타디움

주소: Passeig Olímpic, 15-17, 08038 Barcelona

대중교통: 메트로 Parc des Montjuic 역에서 도보 10분 / 버스 125, 150번

후안 안토니오 사마란치 올림픽 & 스포츠 박물관

주소: Avinguda de l'Estadi, 60, 08038 Barcelona

운영시간: 화-토 10:00-18:00(여름 20:00까지), 일, 공휴일 10:00-14:30

대중교통: 메트로 Parc des Montjuic 역에서 도보 10분 / 버스 55,150번

요금: 성인: €5.8 / 학생: €3.6 / 만 7세 이하&만 65세 이상: 무료

후안 안토니오 사마란치 올림픽 & 스포츠 박물관

RCDE 스타디움

주소: Av. del Baix Llobregat, 100, 08940 Cornellà de Llobregat, Barcelona
대중교통: 카탈루냐 공영철도(FGC) Cornellà-Riera 역에서 도보로 5분
스타디움 투어 운영시간: 화-금 12:30, 16:30, 토 12:30
스타디움 투어 요금: 성인 15유로, 만 10세 미만 5유로

● RCDE 스타디움(RCDE Stadium)

FC 바르셀로나와 함께 '카탈루냐 더비'를 이루는 RCD 에스파뇰의 홈구장이다. 2009년에 개장해 약 4만 석을 갖춘 축구 전용구장이다. 최근에 만들어진 구장답게 쾌적한 시설을 갖추고 있으니 RCD 에스파뇰 홈경기 관람도 검토해보자. 경기장 안팎에 볼 만한 동상이 있다는 것도 참고하면 좋다.

홈페이지: www.rcdespanyol.com/en/tour

풋볼매니아

주소: Ronda de Sant Pau, 25, 08015 Barcelona
대중교통: 메트로 L2, L3호선 Paral-lel 역에서 도보 2분
운영시간: 월-토 10:00-21:00, 일, 공휴일 휴무

● 풋볼매니아(futbolmania)

바르셀로나 시내에 자리하고 있는 축구 전문 대형 스토어. 축구 사원(The Temple of Football)을 모토로 전 유럽의 다양한 유니폼 및 용품들을 한 곳에서 모두 만날 수 있는 매력적인 공간이다.

카탈루냐 광장

주소: Plaça de Catalunya, 08002 Barcelona
대중교통: 카탈루냐 공영철도(FGC), 메트로 L1, L3, L6, L7호선 Catalunya 역

카탈루냐 광장의 공항버스 종점 정류장

람블라스 거리

대중교통: 카탈루냐 공영철도(FGC), 메트로 L1, L3, L6, L7호선 Catalunya 역, L3호선 Liceu, Drassanes 역

● 카탈루냐 광장(Plaça de Catalunya)

바르셀로나 여행의 베이스캠프와 같은 곳이다. 이곳을 중심으로 수많은 관광지들이 연결되며 바르셀로나 공항을 오고 가는 공항버스도 탑승할 수 있다. 바르셀로나 여행을 하다 보면 자연스럽게 여러 차례 방문하게 되는 곳이다.

● 람블라스 거리(La Rambla)

유럽에서 가장 아름다운 거리 중 하나로 평가받는다. 원래 물이 공급되는 수로가 있었던 곳으로서 그 흔적은 바닥의 물결 치는 듯한 무늬의 보도블록에서 찾아볼 수 있다. 약 1.2km 길이를 가진 가로수길이며 이 길을 따라 수많은 식당 및 상점들이 자리하고 있다. 또한 이 거리를 중심으로 구 시가지의 수많은 볼거리들이 펼쳐진다.

● 사그라다 파밀리아 성당(La Sagrada Familia)

바르셀로나를 대표하는 가장 위대한 성당. 안토니 가우디의 최대 걸작으로 꼽힌다. 1882년부터 건축이 시작되어 현재도 공사는 진행 중이다. '세계에서 가장 아름다운 미완성 건축물'이라 평가할 수 있으며 2026년 완공을 목표로 하고 있다.

홈페이지: sagradafamilia.org

● 구엘 공원(Park Güell)

가우디의 후원자였던 구엘이 고급 주택가를 만들고자 계획하고 1900년부터 1914년까지 가우디가 설계하고 공사를 진행했다. 하지만 예상만큼 분양되지 않아 결국 지금난으로 공사가 중단되었다. 이후 시민들을 위한 공원으로 재탄생하여 지금에 이르고 있다. 공원 전체가 하나의 예술품이며 세계에서 가장 긴 벤치에 앉아 바라보는 바르셀로나 시내의 풍경은 일품이다.

● 카사 바트요(Casa Batlló) / 카사 밀라(Casa Mila)

독특한 개성을 자랑하는 가우디의 역작. 두 건물이 서로 가까이에 있으므로 함께 감상하는 것이 좋다. 1905-1907년 사이에 사업가 바트요의 의뢰를 받아 만들어진 카사 바트요는 '뼈로 만든 집' 같은 독특한 외관을 자랑한다. 건물 안은 지중해의 바닷속을 떠올리게 한다. 카사 밀라는 1906-1910년 사이에 만들어졌는데 채석장이라는 뜻의 라 페드레라(La Pedrera)라는 이름도 가지고 있다. 부드러운 곡선이 이어진 형태가 매우 매력적이다.

홈페이지: www.casabatllo.es/ko (카사 바트요)(한국어) www.lapedrera.com/en(카사 밀라)

● 몬주익 성(Castell de Montjuïc)

지중해를 바로 앞두고 있는 몬주익 언덕 위에 아름다운 몬주익 성이 자리하고 있다. 17세기에 처음 만들어진 이 성은 바르셀로나를 방어하기 위해 만들어진 해안 요새이다. 지금은 바르셀로나 시내와 지중해를 내려다볼 수 있는 전망대 역할을 하고 있고, 관광객들에게 인기가 높다.

사그라다 파밀리아 성당

주소: Carrer de Mallorca, 401, 08013 Barcelona

대중교통: 메트로 L2, L5호선 Sagrada Familia 역

운영시간: (11-2월) 09:00-18:00, (3-10월) 09:00-19:00 (4월-9월) 09:00-20:00

구엘 공원

주소: Carrer d'Olot, 78, 08024 Barcelona

대중교통: 메트로 L3호선 Lesseps에서 도보 15분, 버스 24, V19번 타고 공원 앞 하차

카사 바트요

주소: Passeig de Gràcia, 43, 08007 Barcelona

대중교통: 메트로 L2, L3, L4 Passeig de Gràcia역

운영시간: 매일 09:00-21:00

카사 바트요

카사 밀라

주소: Passeig de Gràcia, 92, 08008 Barcelona

대중교통: 메트로 L3, L5호선 Diagonal 역

운영시간: (3-10월) 매일 09:00-20:30, (11-1월) 매일 09:00-18:30

몬주익 성

FC 바르셀로나

FUTBOL CLUB
BARCELONA

구단 소개

BARÇA

창단연도
1899년 11월 29일

홈구장
캄프 누

주소
C. d'Aristides Maillol, 12, 08028
Barcelona, Spain

구단 홈페이지
www.fcbarcelona.com

구단 응원가
Cant del Barça

레알 마드리드와 함께 스페인 축구의 쌍벽을 이루는 세계적인 명문 팀이다. 스페인 동부 카탈루냐 지역의 바르셀로나를 연고로 하고 있으며 세계 최초로 협동조합 형태로 운영되고 있는 구단이다. FC 바르셀로나가 가장 화려했던 시기는 최근 20년간이다. 호나우지뉴–메시로 이어지는 세계 최고의 축구 스타들과 프랑크 레이카르트–조셉 과르디올라가 만들어낸 업적 하나하나가 구단 역사라고 할 정도. 구단의 UEFA 챔피언스리그 5회 우승 기록 중 총 4회가 이 시기에 이루어졌다. 특히 2009년에는 스페인 클럽 최초로 UEFA 챔피언스리그, 코파 델 레이, 스페인 프리메라리가를 모두 우승하면서 트레블을 달성했는데, 2009년 말까지 스페인 슈퍼컵, UEFA 슈퍼컵, FIFA 클럽월드컵까지 모두 제패하며 한 구단이 획득할 수 있는 모든 트로피를 들어올리는 괴력을 발휘하기도 했다. FC 바르셀로나의 역사는 아직도 현재 진행형이다. 세계 최고의 스타 리오넬 메시가 건재하고 꾸준히 거액을 투입하며 세계적인 스타들을 보강하면서 탄탄한 스쿼드를 만들고 있어 앞으로도 구단 장식장이 더 많은 우승 트로피로 채워질 것 같다.

FC 바르셀로나의 홈구장 캄프 누는 10만 여명을 수용하는 대형 경기장으로 유럽 내에서 가장 크고 전 세계 순위로는 4위에 해당한다. 1980년대에는 무려 12만 명을 수용할 수 있었다고 하니 그 엄청난 규모를 짐작해 볼 수 있다. 특히 10만 명의 축구 팬들이 한데 모여 에너지를 뿜어내는 '엘 클라시코'의 분위기는 세계 최고라고 할 수 있다. 캄프 누가 완공된 1957년부터 FC 바르셀로나가 홈구장으로 사용하고 있으며 1992 바르셀로나 올림픽 때 이곳에서 주요 축구 경기가 열리기도 했다. 2차례의 UEFA 챔피언스리그 결승전이 개최된 적이 있는데 그중 극적인 역전극이 펼쳐졌던 1999년의 결승전은 아직까지 회자될 정도로 명승부였다.

● 홈구장

캄프 누 (Camp Nou)			
개장일	1957년 9월 24일		
수용 인원	99,354명	경기장 형태	축구 전용 구장
UEFA 스타디움 등급	카테고리 4	그라운드 면적	105m X 68m

● 연습구장

Ciutat Esportiva Joan Gamper	
주소	Avinguda Onze de Setembre, s/n, 08970 Barcelona
대중교통	메트로 L3라인 Palau Reial 역 하차 후 트램 T3번 탑승, Sant Feliu/Consell Comarcal 정류장 하차

역대 우승 기록들

UEFA 챔피언스리그 (유러피안컵 시절 포함)
5회(1992, 2006, 2009, 2011, 2015)

UEFA컵 위너스컵
4회(1979, 1982, 1989, 1997)

UEFA 수퍼컵
5회(1992, 1997, 2009, 2011, 2015)

FIFA 클럽 월드컵
3회(2009, 2011, 2015)

라리가
26회(1929, 1945, 1948, 1949, 1952, 1953, 1959, 1960, 1974, 1985, 1991, 1992, 1993, 1994, 1998, 1999, 2005, 2006, 2009, 2010, 2011, 2013, 2015, 2016, 2018, 2019)

코파 델 레이
30회(1910, 1912, 1913, 1920, 1922, 1925, 1926, 1928, 1942, 1951, 1952, 1953, 1957, 1959, 1963, 1968, 1971, 1978, 1981, 1983, 1988, 1990, 1997, 1998, 2009, 2012, 2015, 2016, 2017, 2018)

수페르코파 데 에스파냐 (스페인 슈퍼컵)
13회(1983, 1991, 1992, 1994, 1996, 2005, 2006, 2009, 2010, 2011, 2013, 2016, 2018)

경기장 가장 위층에서 내려다본 캄프 누의 모습

티켓 구매

오렌지군의 티켓 구입 TIP

선수들의 얼굴을 보려면 1층의 좌석을, 경기장 전체를 살피면서 쾌적한 관람까지 하려면 2층 앞좌석을 구매한다.

FC 바르셀로나의 e-Ticket과 모바일 티켓

본부석 반대편 2층 앞자리에서 본 시야

골대 쪽 스탠드 2층에서 바라본 시야

● 티켓 구매 전쟁에서 어떻게 해야 살아남을까?

FC 바르셀로나는 항상 많은 관중을 몰고 다니는 구단이지만 엘 클라시코를 제외한 나머지 경기는 매진되지 않는다. 현장에서 티켓을 구할 수 있을 정도. 하지만 구단 홈페이지의 티켓 예매 시스템이 워낙 잘되어 있는 데다가 인터넷으로 예약하면 내가 원하는 자리를 선택할 수 있으니 인터넷 예매를 추천한다.

티켓 예약 시 경기 시작까지 날짜가 많이 남은 경우에는 화면상에 잔여석이 잘 보이지 않는 경우가 많다. 이것은 FC 바르셀로나의 독특한 티켓 판매 시스템 때문으로 아래의 설명에 따라 차례를 기다리면 티켓을 쉽게 구입할 수 있을 것이다.

● 티켓 구매 전 알아야 할 사항은?

FC 바르셀로나는 최근에 티켓 판매 시스템을 변경하였다. 이 시스템을 제대로 이해해야 합리적인 선택을 할 수 있다. 우선 구단 홈페이지를 통해 많은 경기를 대상으로 1차 티켓 판매를 진행한다. 이때는 원하는 블록 정도만 선택 가능하며 세부 좌석까지는 선택 불가능하다. 대신 한번에 여러 장의 티켓을 구입할 경우, 좌석을 붙여주는 것을 보장한다. 단, 1차 판매는 제한 수량이 있어서 판매 초반에 구입하지 않을 경우에 원하는 블록이 빠르게 매진될 가능성이 높다. 추가 판매는 계속 이어지므로 매진되었다고 해도 결코 당황하지 말자.

이후 판매 상황에 따라 2차 판매를 진행하는데 이때에도 역시 블록까지만 선택할 수 있다는 점은 같으나 자리를 붙여주는 것까진 보장하지 않는다. 구단은 최대한 붙여주겠지만 그렇지 못할 가능성이 있다고 언급하고 있다.

마지막으로 그동안 시즌권 소지자들이 푼 티켓을 모아서 경기 2-3일 전에 마지막 판매를 진행한다. 이때에는 세부 좌석까지 선택할 수 있으며 시즌권 소지자들이 경기 당일까지 계속 티켓을 풀기 때문에 킥오프가 가까워질수록 잔여석이 늘어나는 모습을 볼 수 있다(빅매치의 경우는 상황이 다르다).

그러므로 본인의 현재 상황에 맞는 방법을 미리 마음속에 정해놓고 구매를 진행하는 게 중요하다. 빅매치는 수요가 많아 마지막 단계에 티켓이 나오지 않을 가능성이 높다는 점도 기억해야 하며, 빅매치가 아닌 경우에는 마지막 단계에 꽤 많은 티켓이 나오게 될 것이므로 차분하게 이때를 기다려 보는 것도 좋은 방법이다.

그리고 FC 바르셀로나는 최근 들어 티켓 가격을 상황에 따라 예고 없이 실시간으로 변경하는 경우가 늘었다. 변경할 시 대체로 가격이 상승하는 경우가 대부분이므로 참고해서 티켓 구입에 도전하도록 하자. 상당히 복잡하게 느껴지지만 빅매치를 제외하고는 10만 좌석을 모두 채우지는 못하므로 차분하게 판단하여 준비하면 FC 바르셀로나의 수준 높은 경기를 감상할 수 있을 것이다.

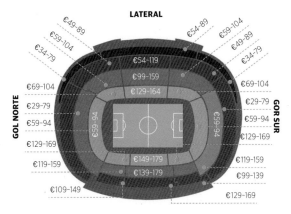

※ 예약 수수료 별도. 엘 클라시코는 제외된 평균 가격이다

스탠드	가격(좌측부터 1층–3층)				
Tribuna(본부석)	€149–179	€129–179	€129–169	€109–159	€99–139
Lateral(본부석 반대편)	€129–164	€129–159	€99–149	€79–119	€54–89
Gols(골대 방향 좌석)	€59–94	€59–94	€49–89	€39–79	€29–69
Corner (코너쪽 좌석)	€69–104	€69–104	€59–99	€49–89	€34–79

FC 바르셀로나는 각 경기의 상대팀과 각 블록 위치에 따라 티켓 가격을 다르게 배정하고 있다. 그러므로 내가 볼 경기의 티켓 가격은 티켓 판매가 시작되어야 정확하게 파악할 수 있다. 또한 최근에 바뀐 티켓 구매 프로세스로 인해 1, 2차 티켓 판매를 통해 티켓을 구입한 경우에는 티켓을 바로 수령할 수 없는 경우가 많다. 구단에서는 경기 시작 약 48시간 전에 티켓을 제공한다고 안내하고 있으니 구입 시 공지를 꼼꼼하게 챙겨보자. 물론 경기 2–3일을 앞둔 시점에 티켓을 구입을 할 때는 바로 티켓을 받을 수 있다.

티켓 가격

오렌지군의 티켓 구입 TIP

FC 바르셀로나는 같은 경기, 같은 좌석이라도 구입 시점에 따라 티켓 가격이 변화한다. 그러므로 왼쪽의 가격표는 참고만 하고, 실제 가격은 티켓을 구매할 때 확인하자.

오렌지군의 티켓 구입 TIP

한 번에 6장까지 티켓을 구매할 수 있다. 단, 엘 클라시코 등 일부 빅매치는 2–4장까지만 가능하다.

본부석 1층 앞자리에서 바라본 시야

본부석 2층 뒷자리에서 바라본 시야

FC 바르셀로나
FUTBOL CLUB BARCELONA

티켓 구매 프로세스
FC 바르셀로나 홈페이지에서 티켓을 구매하는 방법

STEP 01 | FC 바르셀로나 홈페이지 접속

FC 바르셀로나의 공식 홈페이지(www.fcbarcelona.com)에 접속한다. 홈페이지 상단에 TICKETS라는(❶) 메뉴를 클릭한다. 만약 영어가 아닌 다른 언어로 접속되어 있다면 우측 상단의 지구본 모양 아이콘을 클릭해 영어로 언어 설정을 변경한다.

STEP 04 | 일반 판매 선택

이제 일반 티켓과 VIP 티켓을 선택할 수 있는 메뉴가 보인다. Barca Tickets의 BUY TICKETS NOW를 클릭한다.

STEP 05 | 경기장 블록별 가격 확인 및 선택

캄프 누 경기장 전경과 블록별 티켓 가격 안내를 확인한다. 화면 오른쪽에 블록별 가격이 표시되니 참고한다. 그리고 내가 원하는 블록을 선택한다. 참고로 이때 구입하면 블록만 선택이 가능하며 실제 좌석까지는 선택할 수 없다.

STEP 02 | FOOTBALL 클릭

하위 메뉴에 다양한 종목의 이름이 보인다. FC 바르셀로나는 축구팀뿐만 아니라 농구, 핸드볼, 풋살 등이 있는 종합 스포츠 구단이기 때문이다. FOOTBALL을(❶) 클릭한다.

STEP 03 | 경기 선택

예정된 경기의 리스트가 제공된다. 원하는 경기의 BUY TICKETS를 클릭한다. 경기일 및 킥오프 시간은 변경될 수 있으니 잘 확인해야 한다.

STEP 06 | 연석 보장 여부 확인

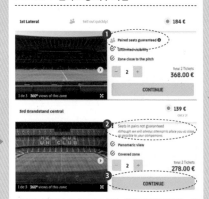

여기서 메시지를 잘 살펴봐야 한다. 어떤 블록은 붙어있는 좌석 즉, 연석을 보장한다고 안내하며 다른 블록은 연석을 보장할 수 없다고 안내하기 때문이다. 이 부분을 주의해야 한다. Paired seats guaranteed가(❶) 연석 보장, Seat in paris not guaranteed는(❷) 연석을 보장하지 않는 것을 의미한다. 확인했다면 원하는 티켓 수만큼 선택하고 Continue를(❸) 클릭한다.

STEP 07 | 티켓 수령 공지 확인

이 방법으로 티켓을 구입하면 경기 티켓은 킥오프 약 48 시간 전에 받게 될 거라고 안내한다. 이 부분을 이해했다면 Understood를(❶) 클릭한다.

STEP 10 | 개인 정보 입력

개인 정보를 입력하는 화면이 등장한다. 반드시 영어로 정확하게 입력해야 한다. 이메일 주소는 특히 중요하다. 결제와 동시에 이메일로 티켓이 전송되기 때문이다. 모든 정보를 입력했다면 오른쪽 화면의 BUY를 클릭하자.

STEP 12 | 티켓 수령

결제가 완료된 후에는 아래 이미지와 같은 이메일을 받는다. FC 바르셀로나는 티켓 현장 수령을 지원하지 않고 E-ticket 또는 모바일 티켓 수령만을 지원한다. Print Tickets를(❶) 선택하는 경우 해당 버튼을 클릭하면 A4 용지 크기의 티켓을 인쇄할 수 있다. Tickets on your mobile을(❷) 선택하는 경우

아이폰의 Passbook 또는 안드로이드의 Passwallet(미리 앱 스토어에서 설치)으로 티켓이 전송된다. 이 티켓으로 경기장에 입장하면 된다.

STEP 08 | 경기일이 며칠 남지 않았을 때

만약 경기가 며칠 남지 않은 상황에 구매를 시도한다면 실제 좌석까지 선택할 수 있을 것이다. 이때에는 잔여석을 확인하고, 내가 원하는 좌석을 직접 선택하면 된다.

STEP 09 | 좌석 선택

선택된 좌석은 노란색으로 표시되는데 한번 더 클릭하면 다시 녹색으로 바뀐다. 내가 원하는 자리를 신중하게 선택하도록 한다.

STEP 11 | 결제

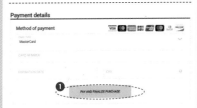

신용카드 정보를 입력하는 칸이 나타난다. 카드 결제가 완료되면 사실상 환불은 어렵기 때문에 신중해져야 한다. 카드 종류 및 카드번호, 유효기간, CVV 코드(카드 뒷면에 있는 세자리 코드)를 정확하게 입력하고 PAY 버튼을 클릭하면 결제가 진행된다.

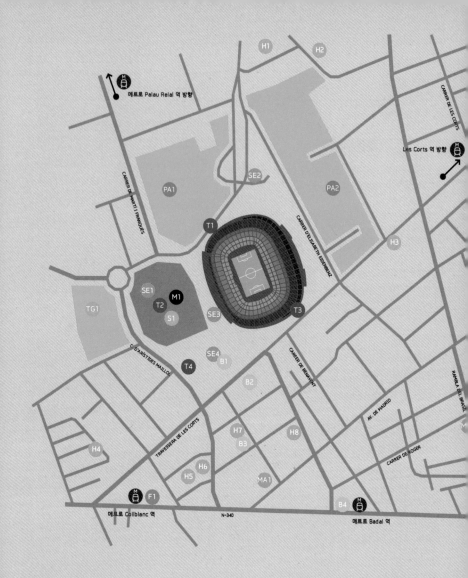

B1	Tapas 24 Camp Nou C. d'Arístides Maillol, s/n, 08028 Barcelona	★★★★
B2	Taller de Tapas Travessera de les Corts, 64, 08028 Barcelona	★★★★
B3	La Riera Carrer del Regent Mendieta, 15, 08028 Barcelona	★★★★⯪
B4	El Mexicano Carrer d'Arizala, 4, 08028 Barcelona	★★★★

CAMP NOU

FÚTBOL CLUB BARCELONA
FC 바르셀로나

M1	구단 박물관 & 스타디움 투어
H1	Gran Hotel Princesa Sofia
H2	Catalonia Rigoletto
H3	Hotel NH Barcelona Stadium
H4	Hotel L'Alguer Nou
H5	Hotel Madanis Liceo
H6	Hotel Madanis
H7	Hostal Conde Güell
H8	Feetup Yellow Nest Hostel
SE1	Palau Blaugrana
SE2	라 마시아
SE3	프란세스크 미로-산스 전 회장 두상, FC 바르셀로나 창단 100주년 기념 명판, 라슬로 쿠발라 동상
SE4	FC 바르셀로나 선수들의 동상
F1	맥도날드
B1	Tapas 24 Camp Nou
B2	Taller de Tapas
B3	La Riera
B4	El Mexicano
MA1, 2	Caprabo
S1	구단 용품점
PA1	공동묘지
PA2	마테르니탓 정원(Jardins de la Maternitat)
TG1	Mini Estadi(리저브팀 홈구장)

경기장으로

오렌지군의 축구 여행 TIP

스타디움 매장의 내부. 이곳이 가장 크고 물건의 종류도 많다.

사그라다 파밀리아 인근의 매장 입구 에서는 구단 레전드들의 자료도 만나 볼 수 있다.

시내에서 종종 사설 티켓 판매업체의 부스를 만나게 된다. 이 업체에서 티켓 을 구입하면 별도의 수수료를 지불해 야 하니 반드시 구단 홈페이지 또는 구 단 공식 스토어에서 구입하도록 하자.

구단 스태프들이 직접 시내에 나와서 티켓을 판매하는 상황도 자주 보게 될 것이다.

○ 구단 공식용품점 ○

FCBotiga Megastore (스타디움 매장)

주소: Calle de Arístides Maillol, S/N, 08028 Barcelona
운영 시간: 매일 10:00-20:30 / 경기 당일 10:00-킥오프 시간까지

FCBOTIGA SAGRADA FAMILIA (사그라다 파 밀리아 성당 인근)

주소: Carrer de Mallorca, 406, 08013 Barcelona
운영시간: 매일 10:00-21:00

FCBOTIGA CENTRO COMERCIAL MAREMÀGNUM (바르셀로네타 해안 인근)

주소: Moll d'Espanya, 5, 08039 Barcelona
운영시간: 매일 10:00-21:00

FC BOTIGA PASSEIG DE GRACIA(카사 바트 요 인근)

주소: Passeig de Gràcia, 15, 08007 Barcelona
운영시간: 월-토 10:00-21:00

FCBOTIGA CENTRO COMERCIAL LAS ARENAS (스페인 광장)

주소: Centro comercial de Las Arenas, Gran Via de les Corts Catalanes, 373-385, 08015 Barcelona
운영시간: 월-토 10:00-22:00

FCBOTIGA RONDA UNIVERSITAT (카탈루냐 광장)

주소: Ronda de la Universitat, 37 08007 Barcelona
운영시간: 월-토 09:00-21:00

FCBOTIGA AEROPUERTO DE BARCELONA T1 Y T2 (바르셀로나 공항)

주소: Aeropuerto El Prat, El Prat De Llobregat, 08820 Barcelona
운영시간: 매일 06:30–21:30

FCBOTIGA SANTS ESTACIÓN (산스 기차역)

주소: Estación de tren Sants, Plaza Paisos Catalans, s/n, 08014 Barcelona
운영시간: 매일 07:00–21:00

○ 프란세스크 미로-산스 전 회장의 두상 ○
(Monument a Francesc Miró-Sans)

1953–1961년까지 FC 바르셀로나를 이끌었던 회장의 두상이 캄프 누에 있다. 미로–산스 회장은 캄프 누 건설 당시에 회장직을 역임있던 인물이다.

○ FC 바르셀로나 창단 100주년 기념 명판 ○

미로–산스 회장의 두상과 함께 바닥에는 1999년 FC 바르셀로나의 창단 100주년을 기념하는 명판이 자리하고 있다.

○ 레전드 라슬로 쿠발라의 동상(Estatua de Ladislao Kubala Stecz) ○

헝가리 출신으로 1950년대 FC 바르셀로나의 전성기를 이끌었던 레전드 공격수이며 역대 최고의 선수 중 한 명으로 평가받는다. 현역 시절에 라리가에서 무려 4회나 우승을 차지했다. 독특하게도 국가대표로 체코슬

로바키아, 헝가리, 스페인 등 다양한 나라에서 활약한 기록이 있다.

시내에서 경기 포스터를 종종 만날 수 있는데 포스터 보는 재미도 쏠쏠하다.

스타디움 스토어 주변에 식당들이 많다.

캄프 누 곳곳에 작은 예술작품들도 심심찮게 볼 수 있다. 작품들을 보는 재미가 있다.

○ FC 바르셀로나 선수들의 동상 ○
(Mounment Als Jugadors del FC Barcelona)

타파스 집 Tapas 24의 뒤에 있는 Seu Social FCB 사무실 앞에 동상 하나가 자리하고 있다. 이 동상은 경기를 앞두고 기념사진을 찍고 있는 선수들의 모습을 형상화하여 만들었다.

○ 라 마시아(La Masia) ○

카탈루냐어로 '농장'이라는 뜻을 가지고 있는 '라 마시아'는 단어 의미 그대로 메시, 이니에스타, 차비 등의 세계적인 선수들을 키워낸 곳이며 일반적으로 훈련장 및 아카데미를 의미한다.

현재 라 마시아는 시 외곽에 큰 건물을 새로 지어서 이전했지만 예전에 사용하던 건물은 캄프 누 옆에 그대로 남아있으니 감상해보자. 이 건물은 1702년에 완공된 것으로 알려져 있다.

○ 미니 에스타디(Mini Estadi) ○

일정이 맞는다면 2군팀인 FC 바르셀로나 B팀의 경기를 보는 것도 좋은 방법이다. B팀의 경기는 캄프 누 바로 건너편에 있는 미니 에스타디라는 경기장에서 열린다. 이름에 미니가 들어있지만 결코 작지 않은 경기장이며 약 15,000여 명을 수용할 수 있는 축구 전용구장이다.

○ 역사 포스터 전시회(FCBotiga Sagrada Familia) ○

사그라다 파밀리아 옆의 스토어를 찾는다면 2층에 있는 역사 포스터 전시회를 만나보자. 그동안 구단이 만들었던 경기 포스터들과 역대 레전드들의 사진을 무료로 만나볼 수 있다.

캄프 누는 포토 스팟이 참 많은 경기장이다. 원없이 인증샷을 남겨보도록 하자.

캄프 누 앞 노점상에서 파는 길거리 츄러스도 즐겨보자.

미니 에스타디의 외관

경기장을 찾기 위해 메트로를 탈 때는 소지품 관리에 특히 신경을 쓰자. 소매치기를 당하지 않도록 필히 주의해야 한다.

● 경기 관람 포인트 및 주의 사항

1. 경기장 규모가 매우 커서 내부 이동도 만만치 않은 시간이 걸린다. 그러므로 경기장에 약 킥오프 1시간 전에는 입장할 수 있도록 계획을 잡는다.

2. 본부석을 제외한 나머지 좌석들은 지붕이 없다. 비가 올 것이 예상된다면 미리 우비 등을 준비하여 대비하도록 한다.

3. 늦어도 선수들이 입장하는 킥오프 30분 전까지는 자리에 착석하자. 선수단이 몸을 푸는 모습과 Cant del Barça는 반드시 들어야 하기 때문이다.

Collblanc 역에서 하차하면 바로 캄프 누 방향을 알려주는 표시를 만나게 된다. 이 표시를 따라가자.

경기 당일에는 경기장 주변에 수많은 노점상들이 자리를 잡는다. 이 노점상들의 물건을 구경하는 것도 큰 재미다.

● 경기장 찾아가는 법

○ **교통수단**

메트로 Collblanc, Badal, Les Corts 역

○ **이동시간**

시내에서 메트로로 약 20~30분, 메트로 역에서 도보로 약 10분

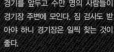

경기를 앞두고 수만 명의 사람들이 경기장 주변에 모인다. 짐 검사도 받아야 하니 경기장은 일찍 찾는 것이 좋다.

캄프 누는 경기장 바로 앞에 메트로 역이 없다. 그러므로 세 곳의 메트로 역에서 내려서 약 10분 정도 걸어가야 하며 소요시간은 모두 비슷하다. 주변이 주택가이므로 메트로 역에서 나오면 경기장이 눈에 잘 띄지 않는다는 점을 주의해야 한다.

처음 가는 여행자들 입장에서 가장 쉬운 방법은 Collblanc 역을 찾아가는 것이다. 이 역은 비교적 표지판이 잘 되어있는 편이어서 찾아가기가 그나마 좀 쉽다. 만약 길을 잘 모르겠다면 행인들에게 반드시 물어보고 찾아가도록 하자. 경기가 끝난 후 돌아갈 때 메트로 이용 시 소매치기를 주의해야 한다. 사람들이 한 곳에 몰리기 때문에 이때 소매치기가 가장 많다. 만약 경기가 끝난 후 늦은 시간에 대중교통을 이용해야 한다면 Collblanc 역 인근의 버스 정류장에서 버스를 타고 시내로 가는 것도 좋은 방법이다. 바르셀로나는 야간버스가 있어서 매우 늦은 시간에도 이동할 수 있고, 소매치기도 다소 적다는 것이 장점이다.

경기 중에 펼쳐지는 서포터즈의 열렬한 응원은 경기장 분위기를 더욱 뜨겁게 만들어준다.

스타디움 투어

홈페이지: www.fcbarcelona.com/
en/tickets/camp-nou-experience

운영 시간
· 1월 2일-6일, 4월 14일-10월 13
일, 12월 16일-31일 매일 09:30-
19:30
· 1월 7일-4월 13일, 10월 14일-12
월 15일 월-토 10:00-18:30, 일
10:00-14:30
· 12월 25일, 1월 1일 휴장
· 경기 당일은 일정 변경될 수 있음

구단 박물관에서 만날 수 있는 리오
넬 메시의 발롱도르 트로피

캄프 누 익스피리언스의 'BASIC
TOUR'에서는 원정팀 드레싱룸만 볼
수 있다.

투어 중에 사진을 찍고 가라며 권유
하는 직원들을 종종 볼 수 있다. 이
사진 촬영은 유료이므로 원하지 않을
경우 거절 의사를 표시하고 지나가도
록 하자.

스타디움 투어

LALIGA TEAM

세계 최고의 경기장과 함께 세계 최고 수준의 스타디움 투어를 제공한다. FC 바르셀로나는 스타디움 투어 프로그램에 많은 공을 들이고 있어서 매 시즌 다양한 새로운 상품이 출시되고 있다.

일반적으로 많이 이용하는 베이직 투어의 경우 스타디움 투어와 박물관 관람이 포함되어 있으며, 셀프-가이드 투어이기 때문에 내가 원하는 속도로 자유롭게 즐길 수 있다. 구단 박물관, 선수단 벤치, 선수 입장 터널, 원정팀 드레싱룸, 피치, 중계석 등을 감상할 수 있다. 콘텐츠가 많으므로 여유 있게 시간을 두고 즐기기를 권하며 보통 약 90분 정도가 소요된다.

베이직 투어에는 FC 바르셀로나의 홈 드레싱룸이 포함되어 있지 않고, 리오넬 메시가 사용했던 드레싱룸을 만나보려면 비싼 '플레이어 익스피리언스 투어'를 이용해야 한다는 점을 주의하자.

경기 당일 투어도 있지만 가능하면 경기가 없는 날에 방문해야 모든 콘텐츠들을 제대로 감상할 수 있으며, 인터넷 예약이 저렴하므로 반드시 사전에 예약하도록 하자.

● 입장료

※ 2019년 기준 가격. 성인 / 어린이(만 6-13세) / 만 70세 이상 / 유아(만 0-5세)

투어 종류	비수기	성수기(7-8월)	비고
BASIC TOUR	€26/€20/€20/무료	€28/€22/€22/무료	현장요금 성인 €31.5, 성수기 성인 16시부터 €26
CAMP NOU TOUR PLUS	€35/€30/€30/€12	€36/€30/€30/€10	현장요금 성인 €39.5
PLAYER EXPERIENCE TOUR	€149 / €99 / €99 / €39		
CAMP NOU GUIDED TOUR	€55 / €37 / €37 / 무료		
MATCHDAY TOUR	€99 / €64 / €99 / €29		

● 투어 프로그램

BASIC TOUR	CAMP NOU TOUR PLUS
셀프-가이드 스타디움 투어	셀프-가이드 스타디움 투어
바르샤 박물관	바르샤 박물관
	바르샤 버추얼 익스피리언스
	오디오 가이드

PLAYER EXPERIENCE TOUR	CAMP NOU GUIDED TOUR
가이드 스타디움 투어	가이드 스타디움 투어
FC 바르셀로나 홈 드레싱 룸	바르샤 박물관
기념촬영	
바르샤 버츄얼 익스피리언스	
오디오 가이드	
공식 FC 바르셀로나 기념품	

MATCHDAY TOUR
가이드 스타디움 투어
VIP 테라스, 피치 걷기, 기자실 등 포함
바르샤 박물관

STADIUM TOUR
스타디움 투어 주요 하이라이트

구단 박물관 · 믹스드 존 · 기자실 · 선수단 출입구 · 선수단 벤치 · 벤치에서 바라본 피치

투어를 즐기는 중에 가끔 캄프 누의 '잔디'를 파는 부스를 만나게 될 것이다. 잔디는 식물이어서 한국으로 반입할 수 없는 품목이니, 눈으로만 즐기도록 하자.

투어 중간쯤 간식을 즐길 수 있는 매점이 있다. 음료를 마실 수 있는 자판기도 곳곳에 마련되어 있다.

아이들이 좋아하는 기념동전 자판기도 곳곳에 마련되어 있다.

선수단 출입구 옆의 작은 예배당에서는 '검은 성모상'을 만날 수 있다.

헤드셋을 통해서 구단 응원가를 들어볼 수 있는 코너도 마련되어 있다.

발렌시아

VALÈNCIA

따뜻한 기후와 맛있는 지역 음식,
이국적 분위기로 사랑받는 곳

발렌시아로 가는길

마드리드에서 출발: AVE 기차 마드리드
▶ 발렌시아(약 1시간 40분 소요 / 약 1
시간–1시간 30분 간격 배차)

바르셀로나에서 출발: Euromed 또는
Talgo 기차 바르셀로나 ▶ 발렌시아(약
3시간 30분 소요 / 약 1시간 간격 배차)

세비야에서 출발: AVE 기차 세비야 ▶
발렌시아(약 4시간 소요 / 하루 1대 배치)

발렌시아 메트로 충전식 종이카드

> **발렌시아 호아킨 소로야 역**

발렌시아 태생의 세계적 인상주의 화가
인 '호아킨 소로야'의 이름을 딴 역. AVE
를 포함, 주요 고속 열차들이 운행된다.
도보로 시내 관광지까지 이동 가능하며
인근에 메트로역도 있다. 당일 기차 탑승
권을 가지고 있으면 발렌시아 북역으로
향하는 무료 셔틀버스도 이용 가능.
주소: Carrer de Sant Vicent Màrtir,
171, 46007 València
대중교통: 메트로 1, 2, 7호선 Jesús 역

발렌시아 호아킨 소로야 역

도시, 어디까지 가봤니?　VALÈNCIA TOUR

● 도시 소개

일 년 내내 따뜻하고 다양한 지역 음식들이 있다. 수많은 침략을 겪
었던 역사 때문에 구 시가지 분위기가 매우 독특하다. 발렌시아 CF
와 레반테 UD라는 두 개의 라리가 명문팀이 있는 축구의 도시로서
여행자들을 여러모로 만족시켜 주는 도시이다.

● 도시 내에서의 이동

대부분의 관광지가 구 시가지에 집중되어 있어 대중교통을 이용할 필
요가 없다. 단, 경기장이나 해안가 혹은 '예술과 과학의 도시'를 돌아볼
때에는 대중교통을 이용해야 한다.

○ 발렌시아 메트로 요금 안내(단위 €-유로, 1존 기준)

1회권	1.5
왕복권	2.9
10회권	7.5

● 숙소 잡기

숙소는 주로 발렌시아 북역과 구 시가지 인근에 집중되어 있다. 그러
므로 이 주변에 있는 숙소를 잡는 것이 무난하다. 배낭여행자들이 선
호하는 호스텔도 대부분 구 시가지 안에 자리하고 있다.

추천 여행 코스 및 가볼 만한 곳　　VALÈNCIA TOUR

● 추천 여행 코스 - 2일간

1일차: 구 시가지 도보 여행–경기 관람(발렌시아 CF)

2일차: 발렌시아 시 경기장–예술과 과학의 도시 관람–예술과 과학
의 도시 야경 감상

○ 구 시가지 도보 여행 + 대중교통 경기장 방문

대부분의 관광지가 구 시가지에 집중되어 있어 도보로 한나절 정도
면 충분히 돌아볼 수 있다. 하지만 경기장 및 예술과 과학의 도시를
방문할 때는 반드시 대중교통을 이용해야 한다. 대체로 2–3일 정도
의 일정을 배정하면 발렌시아를 제대로 즐길 수 있다.

● 발렌시아 시 경기장(Estadi Ciutat de València)

발렌시아 CF와 함께 발렌시아를 대
표하는 구단인 레반테 UD의 홈구장.
발렌시아 시내 북부 지역에 자리하고
있다. 1969년에 만들어진, 수용 인원
약 26,357명의 축구 전용구장. 경기
장 옆에 큰 쇼핑몰도 자리하고 있다.

● 발렌시아 투우장(Plaza de Toros de Valencia)

현재도 투우 경기가 열리고 있는,
약 12,000석을 갖춘 투우 경기장으
로 1850–1860년 사이에 건설되었
다. 세바스티안 몬테온 에스텔레스
(Sebastián Monleón Estellés)의 작품.
발렌시아 북역 바로 옆에 자리하고
있다.

홈페이지: www.torosvalencia.com

● 발렌시아 시청사(Ayuntamiento de Valencia)

발렌시아의 랜드마크. 구 시가지의
시작 지점인 시청 광장에 자리하고
있다. 1758년에 공사가 시작되었으
며 지금의 건물은 리모델링을 거쳐
1930년에 완성되었다. 네오클래식

(발렌시아 북역)

아름다운 역사가 인상적인 곳으로 완행열
차들이 주로 발착하게 된다. 인근 소도시로 이
동할 때 이곳을 이용하게 된다. 근처에 투
우장과 시청사가 있고 교통망도 잘 갖춰져
있으며, 종종 특별 이벤트가 열리기도 해
발렌시아 여행을 시작하기 좋은 곳이다.
주소: Carrer d'Alacant, 25, 46004
València
대중교통: 메트로 1, 2, 3, 5, 9호선
Bailén 역, 3, 5, 9호선 Xàtiva 역

발렌시아 북역의 아름다운 모습

(발렌시아 버스 터미널)

Turia 역과 바로 연결되어 접근성이 좋
고, 다리 하나만 건너면 바로 구 시가지
가 나타나는 터미널. 스페인 각 지역으로
향하는 다양한 버스들이 운영되고 있다.
주소: 46002, Carrer de Menéndez
Pidal, 11, 46009 Valencia
대중교통: 발렌시아 메트로 1,2호선 Turia 역

발렌시아 시 경기장

주소: Calle de San Vicente de Paul,
44, 46019 València
대중교통: 메트로 3, 9호선 Machado,
Alboraya–Palmaret 역에서 도보 5분,
트램 6번 Estadi del Llevant 하차

발렌시아 투우장

주소: Carrer d'Alacant, 28, 46004
València
대중교통: 메트로 3, 5, 9호선 Xàtiva 역
운영시간: 화–토 10:00–19:00, 일
10:00–14:00

발렌시아 시청사

주소: Plaça de l'Ajuntament, 1, 46002
València
대중교통: 메트로 3, 5, 9호선 Xàtiva 역
에서 도보 5분
운영시간: 월–금 08:30–14:00, 주말 및
공휴일 휴무

발렌시아 우체국

주소: Plaça de l'Ajuntament, 24, 46002 València, 스페인

대중교통: 메트로 3, 5, 9호선 Xàtiva 역에서 도보 5분

운영시간: 월-금 08:30-20:30, 토 09:30-20:30, 일 휴무

양식으로 만들어진 건물로서 시청사와 주변의 열대나무들이 묘한 조화를 이루고 있다.

● 발렌시아 우체국(Edificio de Correos)

발렌시아의 랜드마크. 구 시가지의 시작 지점인 시청 광장에 자리하고 있다. 1758년에 공사가 시작되었으며 지금의 건물은 리모델링을 거쳐 1930년에 완성되었다. 네오클래식 양식으로 만들어진 건물로서 시청사와 주변의 열대나무들이 묘한 조화를 이루고 있다.

발렌시아 대성당

주소: Plaça de l'Almoina, s/n, 46003 València

운영시간: 08:00-20:00

대중교통: 버스 4, 6, 8, 9, 11, 16, 28, 70, 71번 Reina 정류장 하차

산타 카탈리나 교회

주소: Plaça de Santa Caterina, s/n, 46001 València

대중교통: 버스 4, 8, 9, 11, 16, 28, 70, 71번 타고 Reina 하차

● 발렌시아 대성당(Valencia Cathedral)

발렌시아의 구 시가지에 자리한 가톨릭 성당. 로마네스크, 프렌치 고딕, 르네상스, 바로크, 네오 클래식 양식이 혼합된 독특한 형식의 성당이다. 13-14세기에 완공되었으나 지금의 성당은 그 이후 여러 차례의 복원공사를 통해 완성된 것이다. 성당의 종탑인 미겔테레 탑이 매우 아름답다.

홈페이지: www.catedraldevalencia.es/en/index.php

발렌시아의 구 시가지는 길을 걷는 재미가 있다. 그러므로 여유 있게 시간을 두고 둘러보는 것이 좋다.

● 산타 카탈리나 교회 종탑(Iglesia de Santa Catalina)

13세기에 모스크가 있던 곳에 만들어진 교회이다. 현재의 교회는 1785년에 복원한 것이며 외벽은 13세기의 스타일을 유지하고 있다고 한다. 바로크 양식의 종탑이 매우 아름답다.

비르헨 광장

주소: Plaça de la Verge, s/n, 46001 València

대중교통: 버스 4, 8, 9, 11, 16, 28, 70, 71번 타고 Reina 하차 후 도보 5분

● 비르헨 광장(Plaza de la Virgen)

구 시가지의 가장 중심이 되는 광장이다. 광장 중앙에 있는 분수를 기준으로 발렌시아 대성당 등 아름다운 옛 건축물들이 쏟아진다.

● 세라노스 문 (Torres de Cerranos)

발렌시아의 구 시가지에는 이곳에
성이 있었음을 증명하는 큰 문이 몇
개 남아있다. 그중 대표적인 문은 구
시가지 안에 있는 세라노스 문이다.
14세기에 만들어졌고 안에 들어가
볼 수도 있다.

세라노스 문
주소: Plaça dels Furs, s/n, 46003
València
대중교통: 버스 6, 11, 16, 26, 80, 94,
N10번 Comte de Trénor – Pont de
Fusta 하차, 5, 28, 95번 Blanqueria –
Pare d' Òrfens 하차
운영시간: 월–토 09:30–19:00, 일
09:30–15:00

● 발렌시아 중앙 시장(Mercat Central de València)

발렌시아에 가면 반드시 방문해야
하는 시장, 바로 중앙 시장이다. 마
드리드, 바르셀로나의 관광용 시장
과는 비교할 수 없는 규모를 가지
고 있으며 제대로 된 스페인의 전통
시장을 즐길 수 있다. 시장 건물은
1924–1928년 사이에 만들어졌으며 유럽에서 가장 큰 전통시장 중
한 곳이다.

발렌시아 중앙 시장
주소: Plaça de la Ciutat de Bruges, s/
n, 46001 València
대중교통: 버스 7, 27, 73번
운영시간: 월–토 07:30–15:00, 일 휴무
홈페이지: www.mercadocentralvalencia.
es

발렌시아 중앙 시장은 매우 큰 규모를 가
지고 있어 쇼핑하는 재미가 쏠쏠하다.

● 예술과 과학의 도시(Ciutat de les Arts i les Ciències)

발렌시아 여행을 마무리하기에 이만
큼 좋은 곳은 없다. '스페인의 12개의
보석' 중 하나로 평가받을 만큼 높은
가치를 지니고 있다. 스페인의 현재
와 미래를 상징하는 초현대식 건축
물로 다양한 문화 예술 분야의 공연

및 전시 등을 감상할 수 있는 곳이다. 규모가 꽤 크므로 제대로 보려
면 시간을 여유 있게 투자해야 한다. 낮 풍경보다 더 아름다운 야경
이 기다리고 있으니 낮과 밤을 모두 이곳에서 즐겨보도록 하자.

예술과 과학의 도시
주소: Av. del Professor López Piñero,
7, 46013 València
대중교통: 버스 15, 25, 35, 95번. 메트
로 5, 7호선 Marítim–Serrería 역에서 도
보 30분
운영시간: 각 시설마다 다름
홈페이지: www.cac.es

발렌시아 선사 박물관
주소: Centro Cultural La Beneficència,
Carrer de la Corona, 36, 46003
Valencia
대중교통: 메트로 0, 1, 2호선 Estació
de Túria 역에서 도보 10분. 버스 5번
Guillem de Castro – Corona 하차
운영시간: 화–일 10:00–20:00
홈페이지: www.museuprehistoriavalencia.
es

● 발렌시아 선사 박물관(Museo de Prehistoria de Valencia)

발렌시아를 대표하는 선사시대의 유물을 전시하고 있는 박물관이다.
총 3개 층으로 구성되어 있으며 0층은 카페, 숍, 특별 전시공간, 1층
은 구석기, 신석기, 청동기 시대의 유물 전시를, 2층은 이베리아 지역
에서 발굴된 고대 로마의 유물을 만날 수 있는 공간이다. 1927년에
설립되었다.

발렌시아 CF

VALENCIA CLUB DE
FÚTBOL S.A.D

구단 소개

LOS CHE

창단연도
1919년 3월 18일

홈구장
에스타디 데 메스타야

주소
Avenida de Suècia, 46010,
València

구단 홈페이지
www.valenciacf.es

구단 응원가
Amunt València

스페인 동남부의 대표적인 축구팀 발렌시아 CF다. 특히 1990–2000
년대에 황금기를 보내며 유럽 최고의 선수들을 양산해내는 성공적
인 클럽이 되었다. 발렌시아 CF는 라리가에서 총 6번의 우승을 거뒀
으며 최근까지도 명문팀의 자리를 지켜 오고 있다. 특히 구단 역사상
가장 인상적인 시기는 UEFA 챔피언스리그 결승전에 2년 연속으로
진출했던 2000년과 2001년인데 당시 레알 마드리드와 바이에른 뮌
헨에 패하면서 준우승에 그치고 말았다. 하지만 구단 역사에서 유럽
대항전 결승에 진출한 적이 무려 7회나 된다는 사실은 주목할 만하
다. 1923년에 완공된 메스타야 경기장을 100년 가까운 기간 동안 홈
경기장으로 사용하고 있다. 그래서 발렌시아 CF의 홈 경기에서는 고
전적인 매력이 가득한 옛 경기장을 만날 수 있다.

엠블럼에 박쥐가 있어 한국 팬들 사이에서는 '박쥐군단'이라고도 불
린다. 같은 지역 라이벌로 레반테 UD가 있다.

에스타디 데 메스타야는 스페인을 대표하는 오래된 경기장이다. 약 5만 5천여 명을 수용할 수 있는 큰 경기장이며 본부석을 제외하고는 비를 막아줄 지붕이 없다. 고층으로 올라갈수록 아찔한 경사가 인상적이다. 1982년 스페인 월드컵 당시에 주요 경기장으로 사용되기도 했다.

노후화 문제로 오래 전부터 새 경기장 건설을 추진하며 현재 건설 중에 있으나 완공일이 계속 지연되고 있어 홈구장을 언제 이전할지 알 수 없는 상황이다. 하지만 이는 곧 메스타야를 즐길 시간이 아직 남아 있다는 의미이기도 하므로 늦기 전에 꼭 방문해 추억을 남겨 놓도록 한다.

● 홈구장

에스타디 데 메스타야 (Estadi de Mestalla)		
개장일	1923년 5월 20일	
수용 인원	55,000명	**경기장 형태**	축구 전용 구장
UEFA 스타디움 등급	카테고리 4	**그라운드 면적**	105m X 70m

● 연습구장

Ciudad Deportiva de Paterna	
주소	Carretera Mas Camarena, 46980 Paterna
대중교통	메트로 1, 2, 3, 5, 9호선 Angel Guimera 역 하차 후 Paterna 방향 131A 타고 약 30~35분 이동 Posadas De España 정거장 하차 후 도보 5분

역대 우승 기록들

UEFA 유로파리그
(UEFA컵 시절 포함)
1회(2004)

UEFA컵 위너스컵
1회(1980)

UEFA 수퍼컵
2회(1980, 2004)

UEFA 인터토토컵
1회(1998)

라리가
6회(1942, 1944, 1947, 1971, 2002, 2004)

코파 델 레이
8회(1941, 1949, 1954, 1967, 1979, 1999, 2008, 2019)

수페르코파 데 에스파냐
(스페인 슈퍼컵)
1회(1999)

발렌시아 CF는 2019년에 창단 100주년을 맞이했다.

메스타야는 스페인에서 가장 오래된 경기장 중 한 곳이다. 여러 번의 리노베이션 공사로 기형적인 구조를 가지고 있기도 하다.

티켓 구매

메스타야의 현장 매표소

티켓 가격

티켓 구매 관련 팁 LALIGA TEAM

● 티켓 구매 전쟁에서 어떻게 해야 살아남을까?

발렌시아 CF는 매 경기 잔여석이 꽤 많은 편이다. 그러므로 현장에서도 티켓을 쉽게 구매할 수 있으나 가장 현명한 방법은 인터넷으로 티켓을 예매해 놓고 e-Ticket을 출력하는 것이다. 빅매치가 아닌 이상 티켓은 여유 있게 구입할 수 있는 편이며, 빅매치도 티켓 판매 일정만 잘 체크하면 쉽게 티켓을 구할 수 있는 편이다. 좋은 자리를 선점하기 위해서는 미리 구입해두는 것이 낫다. 발렌시아 CF도 티켓 익스체인지를 운영하고 있어 경기일이 가까워지면 시즌권 소지자들이 티켓을 풀긴 하지만 티켓 수가 그리 많지는 않은 편이다.

● 티켓 구매 전 알아야 할 사항은?

발렌시아 CF는 모든 경기의 티켓을 한번에 팔지 않는다. 그러므로 발렌시아 CF의 경기를 보고자 한다면 꾸준히 홈페이지를 체크하는 것이 중요하다. 티켓 판매 시작 기간에 구입하면 선택의 여지가 많아진다. 그리고 일부 빅매치는 구단 멤버십 소지자들에게 티켓 구매 우선권을 준다. 하지만 발렌시아 CF는 대부분의 경기가 일반 판매가 진행되는 팀이므로 일반 판매 기간을 기다려서 티켓을 구입하도록 하자. 발렌시아 CF는 일반 리그 경기와 빅매치의 티켓 가격 편차가 매우 크다. 레알 마드리드, FC 바르셀로나와의 경기 관람을 피한다면 합리적인 가격에 수준 높은 라리가 경기를 감상할 수 있을 것이다.

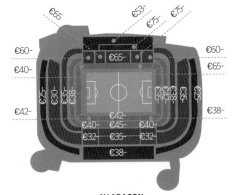

스탠드	블록 명	블록 번호	가격 (유로)
AV SUECIA	TRIBUNA BAJA	111–117	€65–205
	TRIBUNA CENTRAL	213–215	€75–230
	TRIBUNA PREF.	212, 216	€70–205
	TRIBUNA LATERAL	211, 217	€60–205
	ANFITEATRO CENTRAL	313–315	€58–150
	ANFITEATRO LATERAL	311, 312, 316, 317, 411–417	€53–150
AV ARAGON	SECTOR DESC.	151–157	€42–100
	SECTOR CUB.	251–257	€50–145
	SECTOR CENTRAL	351–358	€45–155
	SECTOR ANFITEATRO	451–458	€35–100
	SECTOR ALTO CUB.	551–558	€38–100
	GRADA DE LA MAR	651–653, 751–753	€30–85
GOL SUR	SILLAS GOL SUR	371–375	€38–115
	SILLAS GOL SUR ALTO	471–475	€35–95
	GOL GRAN BAJO	571–574, 671–674	€30–85
	GOL GRAN ALTO	771–773	€25–85
GOL NORTE	SECTOR DESC.	132, 133	€35–100
	SECTOR CUB.	232, 233	€42–100
	SILLAS GOL NORTE	331–335	€38–115
	SILLAS GOL NORTE AN.	431–435	€35–95
	GOAL XICOTET BAJO	531–533, 631, 632	€30–85
	GOAL XICOTET ALTO	731–733	€25–85

각 경기의 상대팀과 좌석 위치에 따라서 티켓 가격의 차이가 있다.

본부석 1층 뒷자리에서 본 시야

아찔할 정도의 가파른 경사를 보여
주는 메스타야의 스탠드

오렌지군의 티켓 구입 TIP

메스타야 스타디움은 본부석을 제외
하고는 지붕이 설치되어 있지 않다.
비가 오면 맞을 수밖에 없는 구조로
되어 있다는 점을 감안해 좌석을 선
택하자.

본부석 1층 뒷자리에서 본 시야층이
높아질수록 심해지는 메스타야 관중
석의 경사

<table>
<tr><td>

발렌시아 CF
VALENCIA CLUB DE FÚTBOL S.A.D

</td><td>

티켓 구매 프로세스
발렌시아 CF 홈페이지에서 티켓을 구매하는 방법

</td></tr>
</table>

STEP 01 | 발렌시아 CF 홈페이지 접속

발렌시아 CF의 공식 홈페이지(en.valenciacf.com)에 접속한다. 만약 영어가 아닌 다른 언어로 접속되어 있다면 MENU를 클릭한 후 메뉴 왼쪽 상단의 EN을 클릭해 영어로 언어 설정을 변경한다. 그다음 TICKETS 메뉴를(❶) 클릭한다.

STEP 02 | 경기 선택

예정된 경기의 리스트가 제공된다. 내가 원하는 경기가 없다면 아직 티켓 판매가 시작되지 않은 것이므로 더 기다려야 한다. 원하는 경기의 TICKETS 또는 ENTRADAS를 클릭한다.(❶)

STEP 03 | 블록 선택

해당 경기의 잔여석 현황을 확인할 수 있다. 음영 처리가 된 좌석은 현재 남은 좌석이 없거나 구입이 불가능한 자리이다. 이 자리들을 제외하고 원하는 블록을 선택한다.

STEP 04 | 좌석 선택

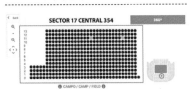

선택한 블록이 확대되어 세부 좌석까지 한번에 볼 수 있다. 여기서 녹색으로 표시된 좌석이 현재 자리가 있는 좌석이다. 녹색 좌석 중에서 원하는 자리를 선택한다.

STEP 05 | 좌석 위치 확인

360도 버튼을 클릭해 좌석 위치를 3D 화면으로 확인해 보는 것도 좋다. 100% 정확하지는 않지만 실제 좌석에 앉았을 때 시야를 파악할 수 있다.

STEP 06 | 좌석 번호 및 가격 확인

좌석을 선택했다면 하단에서 좌석 번호와 내가 지불해야 할 티켓 가격을 확인한다. 좌석 가격, 예약 수수료가 포함된 최종 금액을 확인한 후 NEXT를 클릭한다.

STEP 07 | 개인 정보 입력

개인 정보를 입력하는 화면이 등장한다. 영어로 정확하게 입력해야 한다. 특히 이메일로 티켓을 수령하게 되므로 이메일 주소는 정확하게 입력하도록 하자.

STEP 08 | 배송 수단 및 티켓 가격 최종 확인

티켓 배송 수단에 Send to email이라고(❶) 표시되어 있다. 이는 E-ticket을 의미하며 이메일을 통해 경기 티켓을 PDF 파일 형태로 바로 받아 집에서 인쇄 가능하다. 즉, 경기장에서 별도의 티켓 수령이 필요 없는 것이다. 신용카드로만 결제할 수 있다. 티켓 가격을 다시 한 번 확인한 후 BUY 버튼을(❷) 클릭한다.

STEP 09 | 신용카드 결제

티켓의 환불 및 취소는 사실상 불가능하므로 결제에 앞서 신중해야 한다. Card Number에는(❶) 카드 번호, Expiry Date에는(❷) 카드의 유효기간, Security Code는(❸) 카드 뒷면에 있는 세 자리 코드를 기입하면 된다. 모든 정보를 넣고 Accept를(❹) 클릭하면 결제 과정이 마무리되며 개인 정보에 입력한 이메일 주소로 티켓이 발송될 것이다.

ESTADI DE MESTALLA

VALENCIA CLUB DE FÚTBOL S.A.D
발렌시아 CF

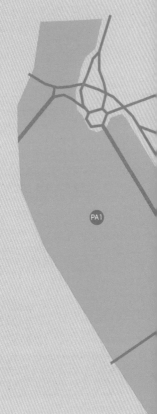

M1   구단박물관 & 스타디움 투어

H1   Hostal Penalty

H2   The Westin Valencia

F1   버거킹

B1   Bar Manolo del Bombo

B2   Bar Cervecería La Deportiva

B3   Cervecería Restaurante Casa Candy

S1   구단 용품점

HP1   병원

PS1   경찰서

PA1   튜리아 정원(Jardins del Túria)

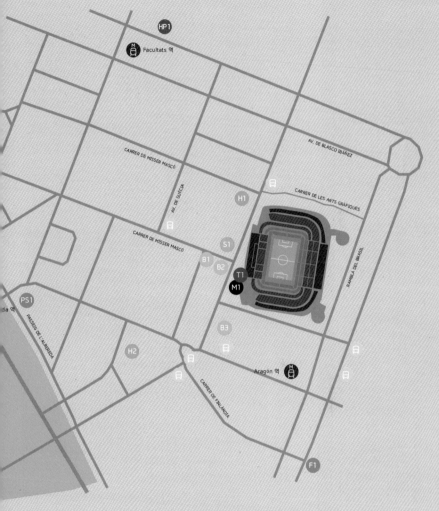

B1	Bar Manolo del Bombo Plaza del Valencia Club Futbol, 5, 46020 Valencia	★★★★✦
B2	Bar Cervecería La Deportiva Plaza del Valencia Club Futbol, 4, 46010 Valencia	★★★★
B3	Cervecería Restaurante Casa Candy Av. de Suècia, 4, 46010 València	★★★★

경기장으로

오렌지군의 축구 여행 TIP

1919 워크를 감상하다 보면 곳곳에 QR코드가 있는 것을 발견할 수 있다. QR코드는 앱스토어에서 Centenari 앱을 설치하면 이용할 수 있다. 앱을 실행한 후 QR코드를 촬영하자. 해당 콘텐츠에 대한 오디오 가이드를 제공받을 수 있다.

발렌시아 CF의 Centenari 앱

1919 워크의 콘텐츠 양이 많으므로 긴 시간을 투자해 감상하도록 하자.

경기장 주변 볼거리
ENJOY YOUR TRAVEL
LALIGA TEAM

○ 구단 공식용품점 ○

VALENCIA CF TIENDA OFICIAL (경기장 스토어)

주소: Avenida Marqués de Sotelo nº1, 46002 Valencia
운영 시간: 월요일-토요일 10:00-22:00/일요일, 공휴일 11:00-20:00

TIENDA OFICIAL VALENCIA FC DE MESTALLA(구 시가지 스토어)

주소: Plaza de Valencia CF, 2, 46010 Valencia
운영 시간: 월요일-토요일 10:00-20:00/일요일, 공휴일 10:00-14:00

○ 1919 워크(Passeig 1919) ○

1919년에 창단된 발렌시아 CF는 2019년에 창단 100주년 기념으로 경기장 외벽을 구단 박물관으로 만들었다. 1919년부터 2019년까지 각 시대별 구단의 화려한 역사를 생생한 사진 자료와 함께 실었다. 낮 시간대에 경기장을 방문해 여유 있게 한 바퀴 돌아보며 이 콘텐츠를 즐겨보자.

○ Av Suecia 스탠드 외벽의 레전드들 ○

발렌시아 CF를 빛낸 레전드들의 얼굴을 본부석에 해당하는 Av Suecia 스탠드의 외벽에서 만날 수가 있다. 아르헨티나 출신의 최고의 공격수였던 마리오 켐페스부터 멘디에타, 아얄라, 알벨다, 바라하, 카니사레스 등

팬들의 마음을 흔들었던 레전드들의 반가운 얼굴들을 만나보자.

○ 발렌시아 팬들의 동상 ○
(Monumento a la Afición Valencianista)

열정적이기로 유명한 발렌시아 CF
의 홈 팬들을 형상화한 동상이 메스
타야 앞에 세워져 있다. 본부석 스탠
드 앞 작은 광장에 자리하고 있으며
1994년 구단 창단 75주년을 기념하
여 만들었다고 한다. 나시오 바야리
(Nassio Bayarri)라는 조각가의 작품이다.

○ 바르 마놀로 델 봄보(Bar Manolo del Bombo) ○

아마도 세계에서 가장 유명한 축
구팬 중 한 명이 아닐까 싶은 사람
을 메스타야 앞에서 만날 수 있다.
스페인 축구 국가대표팀의 경기에
는 전 세계 어디서나 등장했다. 바
로 마놀로 델 봄보다(본명은 Manuel
Cáceres Artesero, 마놀로 델 봄보는 애칭). 1982년부터 지금까지 라
로하(La Roja, 스페인 대표팀의 애칭)의 여정을 따라다니며 열정적인
응원을 보냈던 마놀로는 현재 메스타야 앞에서 바르(Bar)를 운영하고
있다. 이 바르는 작은 축구 박물관의 역할도 하고 있다. 단, 바르는 주
로 주말과 경기 당일에만 연다는 점을 주의하는 것이 좋다.

○ 발렌시아 CF의 새 경기장, 누 메스타야(Nou Mestalla) ○

발렌시아 CF는 새로운 경기장으로
의 이전을 계획하고 있었지만 경기
장 완공이 미뤄지면서 메스타야를
여전히 쓰고 있는 상황이다. 새 경기
장인 누 메스타야는 발렌시아 시 북
서쪽에 자리하고 있는데 약 80,000
여 명을 수용하는 것을 목표로 2007년에 공사를 시작했다. 하지만
여러 가지 우여곡절을 겪으며 설계가 수정되어 약 54,000명을 수용
할 수 있는 경기장으로 공사가 진행 중이다. 비용 문제로 완공일은
확실한 상태가 아니지만 현재 경기장 전체 틀은 갖춰져 있으므로 누
메스타야의 현 상태가 궁금한 팬들은 메트로를 타고 찾아가 보도록
하자.

메스타야에서 만난 발렌시아의 영원
한 주장, 다비드 알벨다의 사진

남쪽 스탠드 외벽에는 발렌시아 CF
가 우승을 차지했던 순간의 사진들
이 걸려 있으므로 놓치지 말고 감상
하도록 하자.

바르 마놀로 델 봄보
운영시간: 금~일 10:00~24:00
홈페이지: www.manoloeldelbombo.
com

스페인 축구 국가대표팀 박물관에
있었던 마놀로의 북. 마놀로의 상징
과도 같다.

아름다운 꽃 모양으로 장식된 누 메
스타야의 스탠드. 이 스탠드 위에 지
붕이 설치될 예정이다.

Aragón 역에 내리면 경기장으로 향하는 표지판을 발견할 수 있다. 출구로 나오면 바로 경기장 앞이다.

경기장 앞의 바르에서 마시는 맥주 한잔은 여행의 피로를 잊게 한다. 경기전에 가볍게 맥주 한잔을 즐겨보자.

경기 당일에는 바르 앞 작은 광장이 맥주를 마시는 팬들로 가득찬다.

● 경기 관람 포인트 및 주의 사항

1. 본부석 쪽을 제외하면 모든 좌석에 지붕이 없으므로, 날씨가 좋지 않을 경우 그대로 비를 맞을 수 있다. 즉, 우천 시에는 미리 우의를 준비하는 것이 좋다.

2. 발렌시아 CF의 팬들은 열정적이다. 현지 팬들과 충돌을 일으키지 않도록 주의하자.

3. 창단 100주년을 맞아 메스타야 구장 주변은 볼거리가 매우 많아졌다. 경기장에 일찍 도착해 볼거리들을 즐긴 후 경기를 감상하는 것이 좋다.

● 경기장 찾아가는 법

○ **교통수단**

발렌시아 메트로 5, 7호선 Aragón 역 바로 앞/0, 3, 5, 7, 9호선 Alameda 역에서 도보 10분/0, 3, 9호선 Facultats 역에서 도보 10분/5, 7호선 Amistat–Casa de Salud 역에서 도보 10분

○ **이동시간**

구 시가지에서 메트로로 약 10–15분, 도보로 30분

발렌시아는 곳곳에 메트로가 다니는 도시이다. 게다가 경기장 바로 앞에 메트로 역이 있기 때문에 초보 여행자도 찾아가기 쉽다.

경기장 바로 앞에 있는 메트로 역은 Aragón역이다. 역 출구 밖으로 나오면 바로 메스타야 경기장을 만날 수 있다. 하지만 주변의 다른 메트로 역에서도 도보로 10분 정도면 도착하므로 노선도를 잘 살펴보고 자신에게 적합한 역에서 내려 걸어가도록 하자. 버스도 다니지만 굳이 이용할 필요가 없을 정도로 메트로가 경기장 주변 곳곳에 자리하고 있다. 발렌시아 북역에서 경기장까지 약 2km 정도밖에 되지 않기 때문에 걷기를 좋아하는 분은 걸어서 가도 된다(30분가량 소요).

스타디움 투어

LALIGA TEAM

메스타야는 스페인에서 가장 오래된 경기장 중 하나로 투어를 통해서 스페인 축구장의 산 역사를 감상할 수 있다는 데 큰 의미가 있다. 구단에서도 이 점을 강조하며 기회를 놓치지 않기를 권하고 있다. 스타디움 투어를 통해서 VIP석, 구단 박물관, 기자실, 믹스드 존, 드레싱 룸, 레전드 터널, 그리고 선수단 출입구 및 벤치, 피치 등을 감상할 수 있고 약 1시간 정도 소요된다. 구단의 역사와 경기장의 가치에 비하면 스타디움 투어의 입장료는 비교적 저렴한 편이므로 메스타야를 찾는다면 반드시 스타디움 투어를 즐기도록 하자.

경기 당일에는 스타디움 투어가 축소되므로 주의해야 하고, 인터넷으로 미리 예약하면 좀 더 원활하게 투어를 즐길 수 있다. 웬만해선 현장에서도 투어 티켓을 쉽게 구입하여 즐길 수 있을 것이다. 하지만 예매를 권장한다.

● 입장료

투어 종류	성인	만 5~12세
스타디움 투어	€10.90	€8.50

스타디움 투어

홈페이지: en.valenciacf.com/ver/41608/mestallaforevertour-welcome.html

운영 시간
· 월~토 10:30~14:30, 15:30~18:30(계절마다 폐장 시간이 다름)
· 일, 공휴일 10:30~14:30
· 경기 당일 킥오프 5시간 전까지 운영
· 12월 24일, 31일 10:30~14:30
· 12월 25일, 1월 1일, 1월 6일 휴장

메스타야 스타디움 투어 티켓은 현장에서도 구입 가능하다. 게이트 3번 바로 옆에 투어 전용 매표소가 있다.

오렌지군의 축구 여행 TIP

구단에서 안내한 투어 진행 순서 (2019년 기준)는 다음과 같다. VIP석 및 박스 ▶ 트로피 ▶ 팬 발코니 ▶ 박물관 ▶ 기자실 ▶ 믹스드 존 ▶ 드레싱룸 ▶ 구단 레전드의 자료실 ▶ 선수단 입장 터널 ▶ 양팀 벤치 ▶ 예배당 ▶ 심판 드레싱룸

세비야

SEVILLA

따뜻한 태양이 맞이하는
역사와 문화의 도시, 안달루시아의 심장

발렌시아로 가는길

마드리드에서 출발: 기차 마드리드 아토
차 역 ▶ 세비야 산타 후스타 역 / 약 1시
간 간격, 2시간 30분 소요

바르셀로나에서 출발: 기차 바르셀로나
산츠 역 ▶ 세비야 산타 후스타 역 / 하
루 4회, 약 5시간 30분 소요

포르투갈 리스본에서 출발: 버스 리스
본 ▶ 세비야 / 터미널별 하루 2-3대, 약
7-8시간 소요

세비야 메트로 충전식 교통카드

세비야 공항

세비야 북동부 지역에 위치하며 주로 라
이언에어, 뷰엘링 등 저가 항공이 운항된
다. 접근성이 좋아 시내에서 차량으로 약
30분 정도 소요된다.

주소: Aeropuerto De Sevilla, San
Pablo, 41020 Sevilla, Spain

대중교통: 공항버스 약 35-40분

세비야 산타 후스타 역

세비야를 대표하는 기차역. 세비야를 기
차로 여행한다면 이 역만 기억해둬도 좋
다. 세비야 신 시가지에서 매우 가깝고
고속열차 AVE를 포함한 다양한 열차를
이곳에서 이용할 수 있다.

주소: Calle Joaquin Morales y Torres,
41003 Sevilla, Spain

대중교통: 공항버스 세비야 메트로
L1라인 Nervión 역에서 도보 15분/
버스 21, 28, 32, A7, A8, C1, C2, EA,
LN번

도시, 어디까지 가봤니?   SEVILLA TOUR

● 도시 소개

스페인 남서부 안달루시아 지역의 대표 도시로 역사, 예술, 문화의
중심지이다. 예로부터 다양한 민족이 지배했던 지역이기 때문에 마
드리드, 바르셀로나와는 달리 독특한 건축물들을 만날 수 있다. 또한
연중 기온이 따뜻한 태양의 도시이기도 하다.

● 도시 내에서의 이동

세비야는 메트로, 트램, 버스 등 대중교통 수단이 다양하지만 아직 노
선이 짧아 메트로와 트램이 많은 구간을 커버하고 있지 못하다. 그래
서 상황에 따라 대중교통을 이용해야 한다. 구 시가지 중심부를 벗어
난 구역으로 이동해야 할 때에는 버스를 타야 할 확률이 높다. 버스,
트램, 메트로가 호환되지 않으므로 티켓은 별도 구매해야 한다.

○ 세비야 버스/트램 요금 안내(단위 €-유로)

1회권	1.40
충전식 카드 1회당	0.69(1시간 내 환승 가능. 환승 시 요금 0.76)
투어리스트 카드 1일권/3일권	5/10

○ 세비야 메트로 요금 안내(단위 €-유로)

1회권	1.35-1.8
왕복권	2.70-3.60
1일권	4.50

● 숙소 잡기

스페인을 대표하는 세계적인 관광 도시인 만큼 숙소가 많으며 대부
분은 관광지가 있는 구 시가지 주변에 집중돼 있다. 산타 주스타 기
차역 및 축구장 인근에도 숙소들이 자리하고 있으나 구 시가지 안에

있는 숙소를 선택하는 것이 무난하다. 배낭 여행자를 위한 호스텔들도 구 시가지 안에 많다.

세비야 산타 후스타 역

추천 여행 코스 및 가볼 만한 곳 　　SEVILLA TOUR

● 추천 여행 코스 - 4일간

1일차: 산타 후스타 역-세비야 FC 스타디움 투어-에스타디오 베니토 비야마린 방문-스페인 광장

2일차: 레알 알카사르-세비야 대성당-황금의 탑-세비야 투우장-플라사 누에바-메트로폴 파라솔 전망대

3일차: (버스 타고) 세비야 근교 도시 여행(코르도바, 론다, 우엘바 등)

4일차: 경기 관람(세비야 FC 또는 레알 베티스 홈)-플라멩코 공연 관람

○ 세비야 4일로 끝내기

세비야에는 다양한 문화 유적지들이 곳곳에 자리하고 있다. 주변 도시에도 관광거리가 많아 축구 여행까지 함께하려면 일정을 넉넉하게 잡는 것이 좋다. 최소 4일은 투자해 세비야를 여행할 것을 권한다. 만약 주변도시도 당일치기로 돌아보려면 그만큼 일정을 추가해야 한다. 플라멩코는 안달루시아 지역이 원조이므로 공연 관람 또한 추천한다.

● 세비야 올림픽 스타디움(라 카르투하)(Estadio Olímpico de la Cartuja)

세비야 서부의 '라 카르투하' 섬에 자리한 다목적 경기장이다. 1999년에 완공되었으며 원래 세계육상선수권대회 개최를 위해서 만들어진 경기장이다. 약 6만 석의 관중을 수용할 수 있는 대형 경기장이며 2002-2003 UEFA컵 결승전이 바로 이곳에서 열렸다. 현재 이 경기장을 사용하는 팀이 없어서 각종 공연 및 행사들에만 활용하고 있다. 경기장에 도착해서 헤매지 말자. 외관이 마치 연구소처럼 생겨서 잘 찾아온 게 맞는지 헷갈릴지도 모른다.

● 스페인 광장(Plaza de España)

스페인의 웬만한 큰 도시에는 '스페인 광장'이 있다. 그중에서 가장 아름답고 유명한 광장이 세비야의 스페인 광장이라 할 수 있다. 1929

프라도 데 산 세바스티안 터미널

시내 한복판에 자리한다. 버스 터미널 위치가 좋고 메트로, 트램, 버스가 모두 연결되는 대중교통 여건을 갖추고 있어 이용하기 편리하다. 세비야 근교의 다른 관광 도시로 이동하는 버스를 탈 때 찾게 될 것이며 주요 국내선, 국제선 버스들이 운영된다.

주소: Plaza San Sebastián, 41004 Sevilla, Spain

대중교통: 메트로 세비야 메트로 L1라인 Prado de San Sebastián 역/트램 T1라인 Prado de San Sebastián 역/버스 01, 22, 25, 30, 37, A2, A3, A4, A6, C1, C2, EA, LE번

프라도 데 산 세바스티안 터미널

아르마스 광장 버스 터미널

세비야 서부 과달키비르 강을 끼고 있는 터미널. 국내선, 국제선 버스들이 운영된다. 특히 유로라인 등의 주요 국제선 버스를 이용할 때 이곳을 만나게 될 가능성이 높다.

주소: Puente del Cristo de la Expiración el Cachorro, 41001 Sevilla, Spain

대중교통: 버스 03, 06, 40, 41, 43, A2, A7, C3, C4번

세비야 올림픽 스타디움

주소: Isla de la Cartuja, 41092 Sevilla

대중교통: 세르카니아스 C-2 Estadio Olímpico 역, 버스 C1, C2번 타고 Juan Bautista Muñoz 정류장 하차

스페인 광장

주소: Av de Isabel la Católica, 41004 Sevilla

대중교통: 메트로 Prado de San Sebastian, San Bernardo 역 도보 10분, 세르카니아스 San Bernardo 역 도보 10분, 램 San Bernardo 정류장 도보 5분, 버스 01, 30, 31, 37, A6번

세비야 대성당

주소: Av. de la Constitución, s/n, 41004 Sevilla

대중교통: 트램 T1 Archivo de Indias 정류장, 버스 C5번

운영시간: 월 11:00-15:30, 화-토 11:00-17:00, 일 14:30-18:00

세비야 대성당 앞 콘스티튜시온 거리는 구 시가지의 대표적인 관광 거리이다.

히랄다 탑

주소: Av. de la Constitución, s/n, 41004 Sevilla

레알 알카사르에서 만날 수 있는 아름다운 문양

레알 알카사르

주소: Pl. del Patio de Banderas, 6, 41004 Sevilla

대중교통: 트램 T1 Archivo de Indias 정류장, 버스 C5번

운영시간: (10-3월) 매일 09:30-17:00, (4-9월) 매일 09:30-19:00

년에 열렸던 이베로-아메리칸 박람회를 위해서 조성되었으며 르네상스 리바이벌, 바로크 리바이벌과 네오-무데하르 양식을 혼합하여 만들어진 독특한 장소다. 역사적으로 다양한 민족의 지배를 받았던 세비야의 특징을 제대로 담고 있는 아름다운 광장이다.

● **세비야 대성당(Cathedral de Sevilla)**

1401년에 착공하여 1528년에 완공되었다. 원래 모스크가 있었던 공간에 만들어진 성당인데 무어인들이 지배했던 역사가 있는 세비야의 대성당이어서 그런지 다양한 건축양식이 섞여 독특한 매력을 제공한다. 폭이 매우 넓고 스페인에서 가장 큰 성당으로 알려져 있다. 성당 내부에는 탐험가 '크리스토퍼 콜럼버스'의 무덤도 있다.

홈페이지: www.catedraldesevilla.es

● **히랄다 탑(La Giralda)**

모스크가 사라진 자리에 대성당이 들어섰지만, 모스크에 있었던 '히랄다 탑'은 지금도 남아있다. 12세기 말에 만들어진 약 95m 높이의 첨탑이며 16세기에 기독교인들이 만든 종루가 추가되었다. 종루가 매우 높아서 올라가면 세비야 구 시가지의 풍경을 제대로 감상할 수 있다.

홈페이지: www.catedraldesevilla.es/la-catedral/edificio/la-giralda

● **레알 알카사르(Real Alcázar de Sevilla)**

만약 그라나다의 알함브라 궁전까지 갈 상황이 되지 못한다면 세비야의 알카사르에 가자. 알함브라 궁전 못지않은 이슬람 건축 양식의 매력을 발견할 수 있다. 1248년에 개축되었으며 14세기에 페드로 1세가 개축하

여 지금의 규모로 완성되었다.

홈페이지: www.alcazarsevilla.org

● 황금의 탑(Torre del Oro)

세비야 시내를 조용히 흐르는 과달키비르 강변 한켠에 유난히 눈에 띄는 탑이 하나 있는데 바로 '황금의 탑'이다. 13세기에 최초로 만들어진 것으로 군사 목적의 방어용 탑이다. 중세 시대에는 감옥으로 활용되기도 했다. 황금의 탑과 과달키비르 강이 만들어내는 낭만적인 풍경이 매우 매력적이다.

● 세비야 투우장(Plaza de toros de la Real Maestranza de Caballería de Sevilla)

1881년에 완공된 세계에서 가장 오래된 투우장 중 하나. 약 14,000여 명을 수용할 수 있는 경기장이며 1년에 약 수십 차례의 투우 경기가 열린다. 경기가 없을 때에도 가이드 투어를 통해 투우장 내부를 둘러볼 수 있다.

홈페이지: www.realmaestranza.com

● 메트로폴 파라솔(Metropol Parasol)

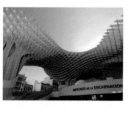

최근 들어 세비야의 새로운 명물로 떠오르고 있는 약 28m 높이의 전망대. 2011년에 완공되었으며 독일 건축가 율겐 마이어-헤르만이 설계하였다. 엔카르나시온의 버섯(Las Setas)라고도 불린다. 이곳의 매력을 제대로 감상하려면 낮보다는 밤에 찾아야 한다. 전망대 위에서 감상하는 야경이 꽤나 낭만적이다.

홈페이지: setasdesevilla.com

황금의 탑

주소: Paseo de Cristóbal Colón, s/n, 41001 Sevilla

대중교통: 메트로 L1호선 Puerta de Jerez 역, 버스 03, 21, 40, 41, A2, C4, EA번

운영시간: 월-금 09:30-18:45, 주말 10:30-18:45

세비야 투우장

주소: Paseo de Cristóbal Colón, 12, 41001 Sevilla

대중교통: 버스 03, 20, 40, 41, A2, C5번

운영시간: (11-3월) 09:30-19:00 (4-10월) 09:30-21:00

메트로폴 파라솔의 아름다운 야경

메트로폴 파라솔

주소: Pl. de la Encarnación, s/n, 41003 Sevilla

대중교통: 버스 27, 32, A7번

운영시간: 월-토 09:30-23:00, 일 09:30-23:30

세비야 FC

SEVILLA FC

구단 소개

LOS NERVIONENSES

창단연도
1890년 1월 25일

홈구장
에스타디오 라몬 산체스 피스후안

주소
Calle Sevilla Fútbol Club, s/n, 41005 Sevilla

구단 홈페이지
www.sevillafc.es/en

구단 응원가
Himno del Centenario del Sevilla FC

스페인 남부 안달루시아 지역의 대표 구단으로 세비야 FC를 꼽을 수 있다. 비록 라리가 우승은 1946년 단 한 차례에 불과하지만 꾸준히 우승권 팀들을 위협하면서 라리가 대표적인 강자로 자리 잡았다. 안달루시아 지방으로 한정할 경우 세비야 FC의 업적을 넘어선 팀은 아직 없다. 1934년에 처음으로 1부 리그에 진입한 후 총 7시즌을 제외하고는 계속 1부 리그에 잔류하고 있다.

홈구장이 자리한 네르비온(Nervion) 지역은 오래전부터 세비야의 상업 중심지 역할을 해오고 있기 때문에 대표적인 쇼핑센터들이 이곳에 위치해 있다. 이 지역에서 경제적으로 여유 있는 사람들이 지지했던 구단이기에 '중산층 클럽'의 이미지가 있다.

우리 축구팬들의 머릿속에 이 구단의 이름이 각인된 것은 21세기에 들어 세비야 FC가 유럽 무대에서 보여준 강인함 때문일 것이다. 2005-2006 시즌에 첫 UEFA 유로파리그(당시 UEFA 컵) 우승을 차지한 후 10년 동안 5번의 우승을 차지하면서 UEFA 유로파리그 역대 최다 우승팀의 자리에 올라 있으며 축구팬들에게 '유로파의 왕'으로 대접받고 있다. 세비야를 연고로 하고 있는 레알 베티스 발롬피에와 라이벌 관계를 이루고 있으며 두 팀간의 '안달루시아 더비'는 라리가에서 가장 치열한 것으로 유명하다.

역대 우승 기록들

UEFA 유로파리그
(UEFA컵 시절 포함)
5회(2006, 2007, 2014, 2015, 2016)

UEFA 수퍼컵
1회(2006)

라리가
1회(1946)

코파 델 레이
5회(1935, 1939, 1948, 2007, 2010)

수페르코파 데 에스파냐
(스페인 슈퍼컵)
1회(2007)

라몬 산체스 피스후안 경기장은 1958년에 개장하여 약 60년이 넘는 세월을 그 자리 그대로 지켜온 유서 깊은 경기장이다. 개장 후 세비야 FC가 꾸준히 홈구장으로 사용하고 있다. 초기에는 약 70,000여 석을 갖춘 대형 경기장이었는데 스페인이 월드컵을 개최하면서 지금의 규모(약 43,000여 석의 관중석 보유)로 리모델링했다. 레알 마드리드의 경기장인 산티아고 베르나베우 설계에 참여했던 마누엘 무뇨스가 이 경기장 설계에도 기여했다.

'라몬 산체스 피스후안'은 세비야 FC 전 회장의 이름에서 가져왔고, 경기장의 애칭은 '라 봄보네라'인데 아르헨티나의 명문 보카 주니어스 경기장의 애칭과 같아서 흥미롭다.

1982년 FIFA 스페인 월드컵의 주요 경기장 중 한 곳이며 브라질과 소련의 조별리그, 서독과 프랑스의 준결승 등 굵직한 경기들이 개최되었으며 1986년 유러피언 컵 결승전의 개최 장소이기도 하다.

본부석 가장 위층에서 내려다본 경기장 내부. 온통 빨간색으로 칠해진 스탠드가 매우 아름답다.

● 홈구장

에스타디오 라몬 산체스 피스후안 (Estadio Ramón Sánchez Pizjuán)			
개장일	1958년 9월 7일		
수용 인원	43,883명	**경기장 형태**	축구 전용 구장
UEFA 스타디움 등급	카테고리 4	**그라운드 면적**	105m x 68m

● 연습구장

Ciudad Deportiva José Ramón Cisneros Palacios	
주소	Ctra. de Utrera, Km. 1, 41005 Sevilla, Spain
대중교통	세비야 메트로 1호선 Pablo de Olavide 역

에스타디오 라몬 산체스 피스후안의 낮과 밤

티켓 구매

세비야 FC의 라리가와 UEFA 유로파 리그 티켓

경기장 앞 매표소 풍경. 세비야 FC는 매 경기 매진 사례를 기록하는 팀은 아니므로 빅매치 외의 경기는 당일 현장 매표소에서도 티켓을 구할 수 있을 것이다.

티켓 구매 관련 팁 — LALIGA TEAM

● 티켓 구매 전쟁에서 어떻게 해야 살아남을까?

세비야 FC는 대부분의 경기가 일반 판매로 풀리며 빅매치도 마찬가지다. 단, 구단의 티켓 판매 시스템 구조상 티켓이 일반 판매 시작 후 초반에 많이 팔리기 때문에 미리 구입해두는 것이 안정적이다.

티켓은 시즌권 소지자, 유료 멤버십 소지자를 대상으로 먼저 판매가 진행된 후 일반 판매가 이루어지며 일반 판매가 시작되는 시점은 대체로 킥오프 약 4주 전이다. 이때를 기다려 티켓을 구입하면 내가 원하는 자리를 구하게 될 확률이 높아진다.

티켓 구입에 늦게 도전해 원하는 자리가 없다고 실망할 필요는 없다. 세비야 FC는 시즌권 소지자들을 위한 티켓 익스체인지를 운영하고 있으며 경기일이 가까워지면 티켓 익스체인지에서 내려온 티켓들이 조금씩 풀리게 되므로 이때를 노려보자. 그러나 이 경우의 티켓 수가 많은 편은 아니므로 적절한 선에서 잘 판단해 티켓을 구입해야 한다.

● 티켓 구매 전 알아야 할 사항은?

경기 약 4주 전에 판매 일정을 파악하고 티켓을 구입하는 것이 원하는 자리를 고르기에 좋다. 리스트에 없는 경기는 아직 티켓 판매가 시작되지 않은 경기들이니 기다리면 곧 판매가 시작된다. 일부 티켓은 시즌권 소지자들이 경기일이 가까워지면 내놓기도 하므로 원하는 좌석이 보이지 않을 경우엔 조금 더 기다렸다가 예매하는 방법도 있다. 티켓 수령은 PDF 파일로 지급되는 Print@Home과 현지 수령 중에서 선택할 수 있다. 집에서 직접 티켓을 프린트할 수 있는 Print@Home을 선택하는 것을 권장하지만 만약 세비야 FC에서 발급하는 종이 티켓을 받고 싶다면 추가 수수료를 지불하고 현지 수령 옵션을 택해야 한다. 만약 부득이한 사정으로 인터넷 예매를 하지 못하고 현장에서 티켓을 구입해야 한다면 바로 경기장 매표소를 찾아가도록 하자. 경기장이 시내에 있기 때문에 접근성이 좋고 다른 선택의 여지는 없다.

티켓 가격은 세비야 FC의 팀의 수준을 생각하면 매우 저렴한 편이다. 합리적인 가격에 수준 높은 라리가 경기를 즐길 수 있는 기회다. 게다가 라몬 산체스 피스후안은 약 4만 명을 수용할 수 있는 축구 전용구장이기 때문에 어떤 자리를 고르더라도 좋은 시야에서 경기를 볼 수 있다는 장점이 있다. 그러나 1958년에 완공되어서 본부석을 제외하고는 비를 막을 수 있는 지붕이 없다는 단점이 있다. 이 점을 감안해서 자리를 선택하도록 하자.

FONDO

€30

€35

€30

GOL NORTE

GOL SUR

€50

€60
€45
€40
€70

€60
€45
€40
€80

PREFERENCIA

본부석 2층 앞자리에서 본 시야

본부석 1층 뒷자리에서 본 시야

본부석 1층 앞자리에서 본 시야

비가 내리자 관중들이 우산을 펴고 있다. 세비야 FC의 경기장은 우산 반입을 허용하고 있으나 다른 관중들의 쾌적한 관람을 위해서 우비를 준비하기를 권한다.

※ 라 리가 경기 기준, 빅매치는 대개 2배 이상 비싸게 책정

스탠드	블록	가격 (유로)
PREFERENCIA	Banco de Pista Preferencia	€50–
	Tribuna Preferencia	€70–
	Voladizo Juan Arza	€80–
	Voladizo Cubierto	€45–
	Tribuna Alta Cubierta	€40–
FONDO		€35–
GOL NORTE		€30–
GOL SUR		€30–

세비야 FC
SEVILLA FC

티켓 구매 프로세스
세비야 FC 홈페이지에서 티켓을 구매하는 방법

STEP 01 | 세비야 FC 홈페이지 접속

세비야 FC의 공식 홈페이지(www.sevillafc.es/en)에 접속한다. 홈페이지 상단에 TICKETS라는(❶) 메뉴를 클릭한다.

STEP 03 | 스페인어 홈페이지에서도 확인 필수

영어 홈페이지에는 표시가 안 되는데 스페인어 홈페이지에서는 경기가 보이는 경우가 있다. 그러므로 홈페이지 우측 상단의 언어 변경 옵션을 '스페인어'로 선택하여 다시 시도해보자. 실제로 영어 홈페이지에서 보이지 않았던 〈세비야 : 에스파뇰〉, 〈세비야 : 레알 바야돌리드〉의 티켓 정보를 만날 수 있었다.

STEP 05 | 블록 선택

해당 경기의 티켓 판매 상황을 좌석 배치도로 확인할 수 있다. 음영 처리가 된 곳은 현재 티켓을 판매하지 않거나 판매가 완료된 블록이다. 색이 선명한 블록 중에서 내가 원하는 블록을 선택하도록 하자.

STEP 02 | 경기 일정 확인

홈 경기 일정 및 티켓 판매 여부를 확인할 수 있다. 세비야 FC는 한번에 모든 경기를 판매하지 않기 때문에 일정이 가까운 경기의 티켓부터 예매할 수 있다. 만약 내가 원하는 경기가 없다면 좀 더 기다리도록 한다. 판매 일정이 보인다면 해당 경기의 TICKETS를 클릭하자.

STEP 04 | 경기 선택

내가 원하는 경기의 정보를 클릭하면 티켓 판매 정보가 보인다. General Sale 또는 Público en General이(❶) 일반 판매를 의미한다. 아직 일반 판매가 진행되고 있지 않은 경우에는 같은 화면에서 판매 일정 정보를 제공하니 확인해보자. 일반 판매가 될 때 BUY TICKETS 또는 COMPRAR ENTRADAS를(❷) 클릭한다.

STEP 06 | 좌석 선택

선택한 블록의 세부 좌석 현황을 확인할 수 있다. CAMPO는(❶) 피치가 있는 방향을 의미하며 녹색으로 표시된 좌석이 현재 자리가 남아있는 좌석이므로 이 중에서 원하는 좌석을 선택하면 된다. 선택하기 전에 3D VIEW 메뉴를 클릭해서 내가 선택한 블록의 시야를 확인한 후에 진행하는 것이 좋다.

STEP 07 | 3D 시야 확인

3D VIEW를 클릭하면 3D 화면으로 만들어진 시야를 확인할 수 있다. 100% 정확한 것은 아니지만 좌석을 선택할 때에 도움이 된다.

STEP 08 | 좌석 정보 및 가격 확인

좌석을 선택한 후에는 해당 좌석 번호와 티켓 가격, 예약 수수료를 확인할 수 있다. TOTAL은(❶) 내가 지불할 금액이다. 확인했다면 BUY를(❷) 클릭한다.

STEP 09 | 개인 정보 입력

개인 정보를 입력하는 창이 뜬다. 세비야 FC는 개인 정보를 정확하게 입력하는 것이 중요하다. 티켓을 이메일로 받기 때문에 더욱 주의해야 한다.

STEP 10 | 이름 및 여권 정보 입력과 티켓 수령

좌석별로 자리에 앉을 사람의 이름과 여권번호를 입력한다. 정보가 일치하지 않을 경우 입장이 제지될 수 있으므로 반드시 정확하게 입력해야 하며 경기장에 갈 때에는 여권을 지참하자. 티켓 배송 수단은 Send to email과(❶) Pickup Site 중에서(❷) 선택할 수 있는데 Send to email은 별도의 추가 수수료 없이 이메일을 통해 e-Ticket으로 받는 것을 의미한다. 티켓을 받아 프린트하면 바로 사용할 수 있다. Pickup site는 티켓 현지 수령을 의미하는데 €1의 추가 수수료가 필요하다. 현지 수령은 경기 당일 아침 10시부터 현장 매표소에서 가능하며 수령 시 컨펌 메일을 지참해야한다고 안내하고 있으니 참고하자. 티켓 지불 방법은 신용카드만 가능하다.

STEP 11 | 최종 검토

티켓 정보를 다시 한 번 최종 확인한다. 이상 없으면 CONTINUE를(❶) 클릭한다.

STEP 12 | 결제

신용카드 정보를 입력하고 결제를 진행하면 모든 과정이 마무리된다. 세비야 FC는 티켓 구입 후 변경 및 취소가 불가능하다고 안내한다. 그러므로 결제하기 전에 신중하게 결정하고 마무리하도록 하자.

ESTADIO RAMÓN SÁNCHEZ PIZJUÁN

SEVILLA FC
세비야 FC

M1   구단박물관 & 스타디움 투어

H1   Hotel Hesperia Sevilla

H2   Casa centrica nervion

H3   Novotel Sevilla

SE1   안토니오 푸에르타의 추모 게이트(게이트 16)

SE2   페드로 베루에소의 추모 게이트(게이트 10)

F1   맥도날드

B1   La Comilona

B2   Cafetería Bar El Bocaito

B3   Restaurante Milonga's - Nervión

B4   Jaque Mate

B5   100 Montaditos

S1   엘 꼬르떼 잉글레스 백화점

S2   Nervión Plaza

S3   구단용품점

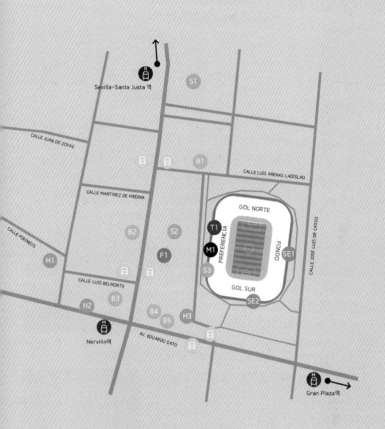

B1	**La Comilona** Calle Luis Arenas Ladislao, s/n, 41005 Sevilla	★★★★
B2	**Cafetería Bar El Bocaito** C/ Luis de Morales, 24, 41018 Sevilla	★★★★★
B3	**Restaurante Milonga's - Nervión** Calle Luis de Morales, 32, 41018 Sevilla	★★★★✦
B4	**Jaque Mate** Av. Eduardo Dato, 69, 41005 Sevilla	★★★✦
B5	**100 Montaditos** Av. Eduardo Dato, 69, 41018 Sevilla	★★★✦

스타디움 스토어의 내부 풍경

오렌지군의 축구 여행 TIP

용품만 사고자 한다면 굳이 경기장까지 갈 필요 없다. 구 시가지 관광의 중심인 콘스티튜시온 거리에 스토어가 있기 때문이다. 그리고 2019년에는 세비야 공항에도 스토어가 입점하였다.

모자이크를 자세히 보면 그동안 세비야 FC와 만난 팀들의 페넌트가 그려져 있다. 각 팀들을 하나하나 찾아보는 쏠쏠한 재미가 있다.

모자이크와 함께 구단의 레전드들도 그림으로 만날 수 있다. 가운데에 말리 국가대표 출신의 공격수였던 프레데릭 카누테가 보인다. 카누테는 세비야 FC 소속으로 290경기에 출전하여 136골을 넣어어 구단 역사상 네 번째로 많은 득점을 기록했다.

경기장 주변 볼거리
ENJOY YOUR TRAVEL

LALIGA TEAM

○ 구단 공식용품점 ○

Tienda Oficial SFC - Estadio Ramón Sánchez Pizjuan

주소: C/ Sevilla Fútbol Club, s/n 41005 Sevilla

운영 시간: 월요일–토요일 21:00, 일요일 휴점. 경기 당일 운영

Tienda Oficial SFC - Puerta de Jerez(세비야 시내)

주소: Calle Maese Rodrigo, 3, 41001 Sevilla
운영 시간: 매일 10:00–21:00

○ 본부석 스탠드의 기념 모자이크 ○

라몬 산체스 피스후안을 찾았다면 가장 먼저 감상해야 할 볼거리는 바로 이것이다. 본부석 스탠드(Preferencia)의 외벽에 만들어진 이 모자이크에는 현재 세비야 FC가 사용하는 엠블럼을 중심으로 이곳을 거쳐간 주요 구단들의 이름이 적힌 페넌트들이 그려져 있다. 모자이크 자체가 하나의 예술품이므로 인증샷을 남겨보자.

○ 남쪽 스탠드 외벽의 엠블럼과 우승 기록들 ○

경기장의 남쪽 스탠드(Gol Sur) 외벽에는 아름답게 장식된 구단의 엠블럼과 세비야 FC가 쌓아올린 업적들이 소개되어 있다. 세비야 FC의 화려한 역사를 만날 수 있는 공간이며, 기념 사진을 남기기에도 좋다.

○ 페드로 베루에소(Pedro Berruezo)의 추모 게이트(게이트 10) ○

경기장에는 두 곳의 '추모 게이트'가 있다. 우선 10번 게이트에는 '페드로 베루에소'라는 우리에게는 낯선 선수의 이름과 얼굴이 그려져 있다. 1965년 프로에 데뷔하여 세비야 FC에서 활약한 이 선수는 1973년에 경기 도중 피치 위에서 쓰러져서 병원에 후송되었으나 안타깝게도 사망하였다. 이 선수는 스페인에서 피치에서 사망한 첫 번째 선수로 기록되었는데, 구단에서는 페드로 베루에소 선수를 추모하기 위해서 10번 게이트를 꾸몄다.

○ 안토니오 푸에르타(Antonio Puerta)의 추모 게이트(게이트 16) ○

안타까운 역사는 다시 반복되었는데, 16번 게이트는 마찬가지로 피치에서 쓰러져 숨을 거둔 안토니오 푸에르타를 추모하는 게이트로 마련되어 있다. 안토니오 푸에르타는 세비야 FC 유스 출신으로 2004년 1군에 데뷔하여 국가대표로도 선발되는 등 촉망받는 윙백이었다. 하지만 2007년 8월에 헤타페 CF와의 리그 경기 도중 갑자기 심장마비로 쓰러져 3일 만에 안타깝게 숨을 거두었다. 게이트의 번호인 16번은 푸에르타가 현역 시절에 사용했던 등번호이다.

○ 라몬 산체스 피스후안의 야경 ○

만약 세비야 FC의 야간 경기를 감상했다면 이곳의 아름다운 야경도 놓치지 말도록 하자. 빨간색 조명이 경기장 전체를 둘러싸고 있는 모습이 매우 매력적이다.

○ 네르비온 플라자(Nervión Plaza) ○

경기장 바로 앞에 위치한 네르비온 플라자라는 쇼핑몰을 기억하자. 다양한 식당이 입점해 있어 경기 전후로 식사를 해결하기 적합하고 에스컬레이터를 타고 옥상으로 올라가면 경기장을 배경으로 멋진 기념 사진을 남길 수 있기 때문이다. 늦은 시간까지 영업한다는 점도 매력적이다.

UEFA 유로파리그의 '왕' 세비야 FC, 2014-2016년까지 3연패를 달성했다

마드리드의 스페인 축구 국가대표 박물관에서 만난 안토니오 푸에르타. 푸에르타와 마찬가지로 젊은 나이에 안타깝게 하늘나라로 간 RCD 에스파뇰의 다니 하르케와 함께 있다.

전후반 각각 16분에 만날 수 있는 안토니오 푸에르타의 얼굴.

네르비온 플라자
운영시간: 매일 09:00-01:00
홈페이지: www.nervionplaza.com

라리가 경기 때마다 경기장 앞에서 받을 수 있는 무료 무가지 신문

경기 당일에만 만날 수 있는 노점상 표 머플러도 구경해 보자.

경기장이 시내 한복판에 있어서 식사는 쉽게 해결할 수 있다. 경기장 바로 앞에 다양한 식당들이 자리한 '네르비온 플라자'가 있다.

킥오프 직전, 모든 스탠드의 팬들이 머플러를 들고 응원가를 부르고 있다. 그야말로 장관이다.

세비야 FC 서포터즈들은 뜨거운 열정으로 유명하다. 이 팬들이 만들어내는 응원을 놓치지 말자.

경기 관람
ENJOY FOOTBALL MATCH

LALIGA TEAM

● **경기 관람 포인트 및 주의 사항**

1. 경기장 외벽을 중심으로 볼거리가 많으므로 한 바퀴 돌면서 놓치지 말고 감상하자.
2. 경기장 주변에서 나눠주는 무료 무가지 신문을 받아보자. 구단의 최신 소식이 들어 있다.
3. 경기 전에 미리 들어가서 팬들이 부르는 구단 주제가를 꼭 감상해 보도록 하자. 이 풍경이 장관이다.
4. 전후반 각 16분은 안토니오 푸에르타를 위한 추모시간이다. 현지 팬들과 함께 하늘에서 보고 있을 푸에르타에게 따뜻한 박수를 보내자.

● **경기장 찾아가는 법**
○ **교통수단**
산타 후스타 기차역에서 도보 이동/세비야 메트로 1호선 Nervión 또는 Gran Plaza 역 하차/버스 05, 21, 22, 28, 29, 32, 52, A4, A7, B3, B4, C1, EA, LE, LN번

○ **이동시간**
산타 후스타 기차역에서 도보 15분/구 시가지에서 메트로로 약 10분, 도보로 약 30분

라몬 산체스 피스후안 경기장은 위치가 좋은데다가 다양한 대중교통 수단을 이용할 수 있어서 찾아가기 쉽다. 세비야의 대표 기차역인 산타 후스타 역에서는 대중교통을 이용하지 않고 약 15분 정도 걸어가면 바로 경기장을 만날 수 있다. 레알 알카사르와 세비야 대성당 등의 대표적인 관광 명소들이 있는 구 시가지에서는 도보로 약 30~40분 정도 걸린다. 세비야 메트로를 이용하게 될 경우 1호선 Nervión 또는 Gran Plaza 역에서 하차하면 바로 인근에 경기장이 있으므로 지하철을 타는 것이 가장 무난하다. 세비야 메트로는 운영구간이 짧아서 구 시가지 북부 지역은 커버하지 못한다. 즉, 북부에서 경기장으로 이동하려면 버스를 타야 한다.
경기장이 시내 중심에 있고 바로 옆에 대형 쇼핑센터가 있으므로 경기장 주변으로 가는 버스가 매우 다양하다. 그러므로 내가 있는 위치에서 구글 지도로 노선을 찾아 버스를 이용하면 헤매지 않고 찾아갈 수 있을 것이다.

스타디움 투어

LALIGA TEAM

세비야 FC는 스타디움 투어 및 박물관을 새 단장하면서 관광객들을 맞이할 준비를 하고 있다. 성인 기준 10유로의 비교적 저렴한 가격으로 세계적인 스타디움의 곳곳을 감상할 수 있는 장점도 가지고 있다. 스타디움 투어에서는 라몬 산체스 피스후안 경기장에서 구단 박물관인 SFC 히스토리 익스피리언스, VIP석, 기자실, 선수 입장 터널, 믹스드 존, 선수단 벤치, 홈팀 드레싱룸 등을 방문할 수 있으며, 피치 바로 앞에서 기념사진 촬영도 가능하다.

이 투어를 이용하고자 할 때 주의할 점은 바로 일정이다. 목요일–일요일 사이에만 진행되며, 경기 당일에는 운영하지 않고 경기 다음날에도 제약이 있으니, 반드시 오픈 일정을 체크한 후에 방문하도록 하자. 인터넷에서 사전 예약을 하면 효율적인 여행이 가능할 것이다.

● 입장료

투어 종류	성인	만 5세 미만
스타디움 투어	€10	무료

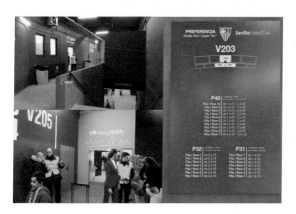

스타디움 투어
홈페이지: www.sevillafc.es/en/tour-sevillafc

운영 시간
· 목, 금, 토, 일 10:00~21:00(마지막 입장 19:15)
· 경기 당일 운영하지 않음
· 경기 다음날 13:00~21:00(마지막 입장 19:15)

라리가 경기 전 좌석에 놓여 있었던 스타디움 투어 광고지. 세비야 FC는 최근에 스타디움 투어 프로그램을 적극적으로 홍보하고 있다.

스타디움 투어의 시작 지점인 1890번 게이트(Puerta 1890)

오렌지군의 축구 여행 TIP

구단에서 공지한 스타디움 투어 주요 루트
· SFC 히스토리 익스피리언스(박물관)
· VIP 석
· VIP 박스
· 기자실
· 홈팀 드레싱룸
· 선수단 출입 터널
· 양팀 벤치 및 피치
· 믹스드 존
· 클럽 스토어

레알 베티스 발롬피에

REAL BETIS
BALOMPIÉ

구단 소개

LOS
VERDIBLANCOS

창단연도
1907년 9월 12일

홈구장
에스타디오 베니토 비야마린

주소
Avenida de Heliópolis, 41012
Sevilla

구단 홈페이지
en.realbetisbalompie.es

구단 응원가
Himno del Real Betis Balompié

스페인 남부 안달루시아 지역의 세비야를 연고로 하는 팀이다. 중산층의 지지를 받으며 성장한 세비야 FC와 달리 레알 베티스는 노동자들의 팀이라 할 수 있다. 1907년에 창설되어 지금까지 역사를 이어오고 있다.

1935년에 라리가에서 한 차례 우승한 기록을 가지고 있지만 이후로는 우승컵과 거리가 먼 행보를 걸어왔다. 하지만 대부분의 시즌을 1부 리그에서 보내며 라리가를 지키는 터줏대감 역할을 해왔다.

레알 베티스를 안달루시아 대표 강팀으로 만든 사람은 경기장 이름의 주인공이기도 한 베니토 비야마린 전 회장이나 우리 축구팬들에게 알려지기 시작한 때는 역시 전 회장인 마누엘 루이스 데 로페라가 팀을 이끌던 시기부터. 로페라 회장은 축구계 역대 최고의 이적료를 투입하면서 1999년 브라질의 신성 데니우손을 영입하였는데 이 사건은 우리나라에도 큰 화제가 되었다. 이후 레알 베티스가 낳은 최고의 천재라는 찬사를 받은 호아킨 산체스의 등장과 함께 레알 베티스는 UEFA 챔피언스리그 티켓을 따내는 등 화려한 시대를 경험했다. 2000년대 중반 이후 급격히 하락하며 2부 리그로 강등되는 아픈 역사를 겪기도 했지만 2017-2018 시즌에 리그 6위에 오르면서 UEFA 유로파리그 무대에 오르는 등 옛 영광을 되찾는 모습을 보여주고 있다.

같은 세비야를 연고로 하는 세비야 FC와 라이벌 관계며 두 팀간의 '안달루시아 더비'는 라리가에서 가장 치열한 더비로 유명하다.

전 이름이었던 '마누엘 루이스 데 로페라' 회장의 이름이 새겨져 있는 경기장. 2010년 초에 촬영한 사진이다.

베니토 비야마린 경기장은 약 6만 석을 갖춘 대형 축구 경기장이다. 1929년에 개장한 역사 깊은 경기장이며 1982년에 스페인 월드컵의 주요 경기를 개최하면서 수용 인원을 확장했고 2000년과 2017년에 추가적으로 좌석을 확장하며 지금의 규모를 갖추게 되었다.

개장할 때부터 레알 베티스 발롬피에의 홈구장으로 꾸준히 사용되고 있기 때문에 구단의 역사를 그대로 담고 있는 경기장이라 할 수 있다. 레알 베티스는 2000년대 초반에 구단의 레전드인 호아킨과 함께 UEFA 챔피언스리그에도 진출하는 등 좋은 성적을 거두었다. 이때 경기장 이름이 마누엘 루이스 데 로페라였으므로 이 이름이 익숙한 축구팬들이 많을 것이다. 지금의 이름인 베니토 비야마린은 팬들의 투표로 결정되었으며 2010년부터 사용하고 있다. 두 이름 모두 레알 베티스의 전 회장 이름에서 따왔다.

본부석 스탠드와 골대 쪽 스탠드가 분리되어 있는 독특한 형태. 확장 공사를 여러 차례 진행했다는 것을 증명하고 있다.

● 홈구장

에스타디오 베니토 비야마린(Estadio Benito Villamarín)			
개장일	1929년 3월 17일		
수용 인원	60,720명	**경기장 형태**	축구 전용 구장
UEFA 스타디움 등급	카테고리 4	**그라운드 면적**	105m X 68m

경기장 곳곳에서 만날 수 있는 레알 베티스의 엠블럼

● 연습구장

Ciudad Deportiva Luis del Sol	
주소	Avendia de Italia, 41012 Sevilla, Spain
대중교통	에스타디오 베니토 비야마린에서 도보 5분

연습구장에서도 구단 엠블럼을 만날 수 있다.

티켓 구매

● 티켓 구매 전쟁에서 어떻게 해야 살아남을까?

구단 홈페이지를 통해 수월하게 티켓을 구입할 수 있다. FC 바르셀로나, 레알 마드리드 등과의 빅매치도 일반 판매가 되고 있는 상황이고 매 경기 좌석들이 많으므로 편안한 축구 여행을 즐기기에 적합한 구단이다.

일반적으로 시즌별 경기의 티켓이 한꺼번에 판매되기 시작한다. 그러므로 미리 구매하는 것이 좋고 티켓 판매가 열린 직후 구매에 도전한다면 원하는 자리에 앉을 수 있다. 그리고 당장 내가 원하는 자리가 없더라도 구단에서 티켓 익스체인지 시스템을 운영하고 있기 때문에 경기일이 가까워졌을 때 티켓을 노리는 방법도 있다. 단, 티켓 익스체인지를 통해 내려오는 티켓의 수가 많은 편이 아니다.

● 티켓 구매 전 필수 사항은?

내가 원하는 경기 및 원하는 좌석이 보인다면 바로 티켓을 구매하자. 단, 레알 베티스는 경기별, 좌석별 티켓 가격의 편차가 큰 편이기 때문에 가격을 먼저 체크해보고 적당한지 판단하는 것이 중요하다. 빅매치는 일반 경기보다 몇 배 이상의 가격을 지불해야 하는 경우가 많다. 레알 베티스는 항상 매진 사례를 기록하는 팀은 아니므로 현장에서도 티켓을 구할 수 있지만 티켓 구매 홈페이지가 잘 되어 있기 때문에 인터넷 예매를 통해 티켓을 구입하고 Print@Home을 통해 직접 출력하여 경기장을 찾는 방법을 추천한다.

오렌지군의 티켓 구입 TIP

빅매치는 일반 판매가 시작된 후에 빨리 구입해 두기를 권한다. 일반 경기들보다 티켓 판매 속도가 빠르기 때문이다. 레알 마드리드, FC 바르셀로나 그리고 지역 라이벌인 세비야 FC와의 안달루시아 더비가 이에 해당한다.

경기장 출입구. 경기 당일에 티켓 검사 및 간단한 보안검사를 한 뒤 경기장에 입장할 수 있다.

베니토 비야마린 경기장은 본부석에만 지붕이 설치되어 있다. 즉, 대부분의 좌석이 비를 맞을 수 밖에 없는 구조로 되어 있으니 티켓 구매 시 이 점을 참고해야 한다.

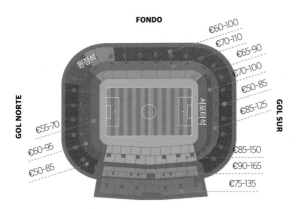

FONDO

€60-100
€70-110
€65-90
€70-100
€50-85
€85-125

원정석

GOL NORTE

€55-70
€60-95
€50-85

서포터석

GOL SUR

€85-150
€90-165
€75-135

PREFERENCIA

※ 2019-2020 시즌 라리가 기준

스탠드	층	가격
PREFERENCIA	1층	€85-€150
	2층	€90-€165
	3층	€75-€135
FONDO	1층	€65-€90
	2층	€70-€110
	3층	€60-€100
GOL SUR	2층 앞	€70-€100
	2층 뒤	€85-€125
	3층	€50-€85
GOL NORTE	1층	€55-€70
	2층	€60-€95
	3층	€50-€85

티켓 가격은 상대팀에 따라 편차가 크다. 합리적인 수준에서 비용을 지불하고 경기를 보겠다면 빅매치를 제외한 경기들을 노려보는 것이 좋다. 6만 명을 수용할 수 있는 대형 경기장이므로 1-2층 좌석 중에 하나를 선택하면 만족스러운 경기를 감상할 수 있을 것이다.

티켓 가격

오렌지군의 티켓 구입 TIP

레알 베티스는 현장 매표소도 운영하고 있다. 경기 당일뿐만 아니라 경기가 없는 날에도 매표소를 운영한다. 단, 구단에서 사정상 스케줄이 바뀔 수도 있다는 점을 공지하고 있으니 참고하자.

〈경기가 없는 주〉
월-목 10:00-14:00, 17:00-20:00,
금 10:00-14:00

〈경기가 있는 주〉
월-금 10:00-14:00, 17:00-20:00

본부석에 해당하는 Preferencia 스탠드

본부석 반대편의 Fondo 스탠드

레알 베티스 발롬피에
REAL BETIS BALOMPIÉ

티켓 구매 프로세스
레알 베티스 발롬피에 홈페이지에서 티켓을 구매하는 방법

STEP 01 | 레알 베티스 발롬피에 홈페이지 접속

레알 베티스 발롬피에의 공식 홈페이지(en.realbetisbalompie.
es)에 접속한다. 영어 홈페이지 접속이 가능하다. 홈페이지 우
측 상단에 있는 TICKETS라는 메뉴를 클릭한다.

STEP 02 | 경기 선택 1

예정된 경기의 리스트가 제공된다. 리스트에 표시된 경기 중에서
원하는 경기를 선택한다.

STEP 03 | 경기 선택 2

현재 티켓이 판매되고 있는 홈 경기의 일정을 확인할 수 있다. 만
약 내가 원하는 일정이 없다면 더 기다려야 한다. 리스트 안에 내
가 원하는 경기가 있다면 GET YOUR TICKETS를 클릭한다.

STEP 05 | 좌석 선택

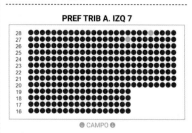

선택한 블록이 확대되면서 세부 좌석의 잔여 현황을 확인할 수
있다. 여기서 CAMPO는 피치 방향을 의미하며 녹색으로 표시된
좌석이 선택 가능한 좌석이다. 원하는 좌석을 선택하도록 하자.

STEP 04 | 블록 선택

경기장 좌석 배치도가 안내된다. 화면상에 표시되는 블록 중에서
음영 처리된 블록은 매진이거나 판매하고 있지 않은 블록이다. 이
블록들을 제외한 나머지 블록 중에서 원하는 블록을 선택한다.

STEP 06 | 좌석 번호 및 가격 확인

화면 하단에 선택한 좌석 번호와 티켓 가격이 표시되므로 잘 확인해 보자. 하단에 프로모션 및 할인과 관련된 메시지가 뜨는데 우리와 관련이 없는 부분이므로 무시한다. 좌석 번호 및 티켓 가격을 잘 확인했다면 BUY를(①) 클릭한다.

STEP 07 | 개인 정보 입력

티켓 구입 시 여권 번호를 포함해 구체적인 정보가 요구된다. 모든 정보를 정확하게 적는 것이 중요하며 경기장에 갈 때에도 여권을 지참해야 한다.

STEP 08 | 티켓 수령

티켓 배송 옵션은 Send to email로(①) 고정되어 있다. 즉, 티켓은 반드시 이메일로 수령해야 한다. 이메일을 통한 e-Ticket을 프린트해 바로 경기장에 입장하는 방법만 가능하다. 별도의 현장 수령이 필요 없다. 모든 정보를 확인했다면 CONTINUE 버튼을(②) 클릭한다.

STEP 09 | 결제

티켓 구입 시에 환불, 변경 및 취소가 불가능하다고 안내한다. 그러므로 내가 원하는 티켓인지 다시 한 번 고민한 다음 신용카드 결제를 진행하도록 하자. 결제가 끝나면 이메일을 통해 티켓을 받을 수 있다.

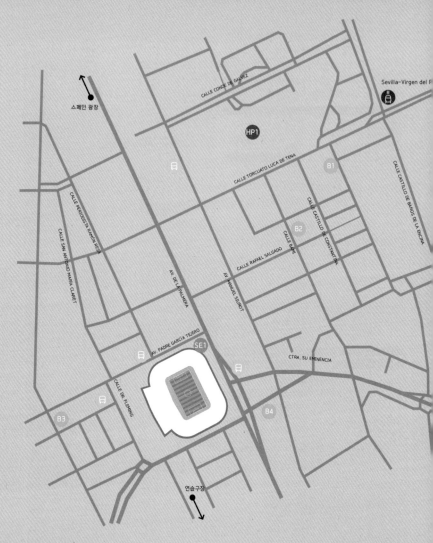

B1	Bami Kebab Calle Castillo de Alcala de Guadaira, 8, 41013 Sevilla	★★★★☆
B2	Mesón Casa Paco Calle Bami, 15-17, 41013 Sevilla	★★★★
B3	Bar Uruguay Calle Uruguay, 1c, 41012 Sevilla	★★★★☆
B4	Pizzeria al Gusto Avda la Palmera, edificio palmera plaza nº1, 41013 Sevilla	★★★★

ESTADIO BENITO VILLAMARÍN

REAL BETIS BALOMPIÉ
레알 베티스 발롬피에

SE1   창단 100주년 기념 레알 베티스팬들의 동상

B1   Bami Kebab

B2   Mesón Casa Paco

B3   Bar Uruguay

B4   Pizzeria al Gusto

HP1   대학병원(Hospital Universitario Virgen del Rocío)

용품만 구입하고자 할 때는 굳이 경기장까지 갈 필요가 없다. 시내 세비야 시청사 인근 골목에 레알 베티스의 시내 스토어가 자리하고 있다.

메트로폴 파라솔 근처에 있는 La Campana 카페. 카페 옆의 Calle Sierpes 거리에는 스토어가 위치해 있다.

가까이서 본 동상의 모습. 성별과 연령대를 가리지 않는 다양한 팬들의 모습을 담았다.

경기장 주변 볼거리
ENJOY YOUR TRAVEL

LALIGA TEAM

○ 구단 공식용품점 ○

KAPPA SPORT IBERIA(스타디움 스토어)

주소: Avenida de Heliopolis, 41012 Sevilla, Spain
운영 시간: 월요일-토요일 10:00~14:00, 17:00~21:00, 일요일 휴장. 경기 당일은 운영.

Tienda Sierpes(세비야 시내 스토어)

주소: Calle Sierpes, 12, 41004 Sevilla
운영 시간: 월요일-토요일 10:00~14:00, 17:00~21:00

TIENDA OUTLET(세비야 팩토리 아웃렛 스토어)

주소: Ctra. Sevilla-Cádiz, 41703 Dos Hermanas, Sevilla, Spain
운영 시간: 월요일-토요일 10:00~14:00, 17:00~21:00

○ 창단 100주년 기념 레알 베티스 팬들의 동상 ○

2007년 구단 창단 100주년을 기념하여 베니토 비야마린 경기장 앞에 큰 동상이 세워졌다. 스페인 출신의 나바로 아르테아가의 작품으로 큰 통천을 함께 들고 있는 레알 베티스 팬들의 열정을 잘 표현한 작품이다. 동상 받침대에는 스페인어로 'Un siglo de amor a tus colores'라는 문구가 적혀 있는데 100년의 세월 동안 팀을 사랑한 팬들을 위한 헌정문이다.

○ 경기장 외벽의 엠블럼 및 역대 회장들의 이름 ○

베니토 비야마린의 외벽은 구단 엠블럼을 닮은 독특한 역삼각형의 무늬로 가득차 있다. 외벽을 자세히 살펴보면 구단의 엠블럼과 함께 다양한 이름을 만날 수가 있는데, 바로 구단 역대 회장들의 이름이다.

○ 시우다드 데포르티바 루이스 델 솔(연습구장) ○
(Ciudad Deportiva Luis del Sol)

레알 베티스의 연습구장은 베니토 비야마린에서 걸어서 갈 수 있을 정도로 가까운 거리에 있다. 그러므로 연습구장에 관심이 있다면 함께 가보는 것도 괜찮은 방법이다. 연습구장은 두터운 외벽으로 둘러싸여 있어서 제대로 안을 둘러볼 수는 없는 구조지만, 구장으로 가는 길의 벽에 칠해진 팬들의 사랑의 흔적을 구경하는 것만으로도 즐거운 경험이 될 것이다.

○ 1935년 스페인 1부 리그 우승 기념비 ○

레알 베티스는 라리가에서 1935년에 단 한 차례 우승을 차지했다. 그래서 우승을 기념한 우승 기념비가 세워져 있는데, 흥미롭게도 기념비는 경기장 주변이 아닌 세비야 시내 안에 자리하고 있다. 세비야 산 베르나르도 역 인근에 있는 작은 공원 안에 이 기념비가 자리하고 있다. 스페인 광장과 세비야 FC의 홈구장인 라몬 산체스 피스후안이 가까운 편이므로 함께 둘러보면 좋을 것이다.

경기장 외벽의 독특한 무늬.

시우다드 데포르티바 루이스 델 솔
주소: Av. de Italia, s/n, 41012 Sevilla
대중교통: 버스 02, 34, A6 타б
Avenida Italia 정류장 하차
홈페이지: en.realbetisbalompie.
es/club/ciudad-deportiva-luis-del-sol

연습구장의 매표소. 이 경기장은 레알 베티스 2군 팀의 홈구장이기도 하다. 일정이 맞다면 이곳에서 2군 경기를 감상해도 의미가 있을 것이다.

1935년 스페인 1부 리그 우승 기념비
주소: Av Presidente Cardenas sn, 41013 Sevilla
대중교통: 세르카니아스 C1, C4, 메트로 L1호선 San Bernardo 역에서 도보 3분

그나마 경기장에서 가까운 기차역이 세르카니아스가 다니는 Virgen del Rocio 역이다. 이곳에서 도보로 약 15분 정도 소요된다.

경기장 주변에 버스 정류장이 많다. 버스 정류장에 서 있는 현지 팬들에게 물어보고 버스에 탑승하는 것이 확실하고 좋다.

오렌지군의 축구 여행 TIP

아무래도 버스를 타고 경기장을 찾아가는 것은 부담이 될 수 있다. 이런 경우에는 과감하게 택시를 타는 것도 좋은 방법이다. 돌아올 때에는 택시를 탈 수 있을 가능성이 낮으므로 현지 팬들에게 물어보고 버스를 타고 돌아오자.

경기장 앞 버스 정류장에서 볼 수 있는 버스 노선도. 다행히 지도로 설명되어 있어 이해하기가 좋다.

● 경기 관람 포인트 및 주의 사항

1. 경기장 주변에 볼거리 및 즐길거리가 없고 먹거리도 부족하다는 점을 참고하자.
2. 일찍 경기장에 입장해 팬들이 함께 부르는 구단 응원가를 들어보자.
3. 밤 경기를 감상할 경우에는 경기장을 빠져나오는 것이 문제가 될 수 있으므로 이 점을 감안하여 경기 감상을 준비하도록 하자. 최악의 경우에는 걸어서 숙소로 돌아와야 할 수도 있음을 감안해야 한다.

● 경기장 찾아가는 법
○ **교통수단**
세비야 세르카니아스 Virgen del Rocio 역/버스 Prado de San Sebastian 터미널에서 1, 34, 37번 타고 이동
○ **이동시간**
산타 후스타 역에서 세르카니아스로 약 10분. Virgen del Rocio 역 도착/Virgen del Rocio 역에서 약 15분/스페인 광장에서 도보로 약 30분

베니토 비야마린 경기장은 세비야 시가지 남부 지역에 있으며 메트로 및 트램이 다니지 않는다. 가장 가까운 기차역은 Virgen del Rocio 역이며, 산타 후스타 역에서는 세르카니아스 기차로 약 10분이면 도착할 수 있다. 단, 역 바로 앞에 경기장이 있는 것은 아니므로 15분 정도 걸어야 도착할 수 있다. 세르카니아스 기차는 세비야의 구 시가지를 통과하지는 않는다. 그러므로 산타 후스타 역에서 출발하지 않는다면 대부분의 여행자들은 결국 버스를 이용해 경기장을 찾아야 할 것이다. Prado de San Sebastian 터미널에서 A6번 버스를 타고 이동하는 것이 무난하며 스페인 광장 앞에서 34번 버스를 타는 방법도 있다. 하지만 베니토 비야마린으로 가는 버스가 많은 편은 아니다. 만약 버스를 타는 것이 부담스럽다면 걸어서 가는 것도 검토 가능하며 스페인 광장 기준으로 최소 30분이 소요된다.

경기가 끝나고 경기장을 빠져나올 때에도 마찬가지로 버스를 타고 나오면 되는데, 만약 내가 원하는 버스가 바로 오지 않는 상황이라면, 일단 적당한 버스를 타고 세비야 시내로 빠져나와서 숙소로 돌아가는 것도 요령이다. 경기장 주변 버스 정류장에는 지도로 각 정류장이 설명되어 있으므로 참고하자.

스타디움 투어

LALIGA TEAM

레알 베티스의 스타디움 투어는 구단의 투어 가이드와 함께 진행되는 가이드 투어이다. 메인 출입구를 시작으로 VIP석, 기자실과 구단의 화려한 역사를 만나볼 수 있는 트로피룸과 각종 기록물들을 만날 수 있으며 레알 베티스 선수들이 사용하는 드레싱룸과 선수단 출입 터널, 그리고, 피치를 바로 눈앞에서 감상할 수 있다.

그러나 주의할 점은 외국인 입장에서 레알 베티스의 스타디움 투어를 예약하기에 매우 까다롭다는 것이다. 홈페이지를 통해 미리 신청 서류를 제출한 후에 답변이 오면 해외 계좌 이체를 통해서 입장료 결제를 진행해야 한다. 그렇기 때문에 현실적으로 우리가 레알 베티스의 투어를 즐기기 위한 가장 확실한 방법은 미리 구장에 방문하여 스타디움 투어를 현장 예약하는 것이다. 투어 시작 시간 전에 미리 방문해서 문의한 후에 투어를 즐기도록 하자.

● 입장료

투어 종류	성인	만 5세 미만
스타디움 투어	€10	무료

스타디움 투어
홈페이지: en.realbetisbalompie.es/betis-tour/

운영 시간
· 월-금 10:00, 14:00, 17:00, 19:00
· 토 10:00, 13:00
· 일, 공휴일, 크리스마스, 1월 1일 운영하지 않음

스타디움 투어는 경기장의 메인 게이트에서 시작된다.

오렌지군의 축구 여행 TIP

스타디움 투어 주요 루트
· VIP석
· 기자실
· 트로피룸
· 베티스의 기억(박물관)
· 명예의 전당
· 인터랙티브 콘텐츠
· 레알 베티스 드레싱룸
· 선수단 출입 터널
· 양팀 벤치

매우 인상적인 본부석 반대편 스탠드의 선수 그림. 스타디움 투어를 통해 감상할 수 있다.

2019-2020 시즌

**분데스리가
출전 팀 배치도**

① 브레멘 주 지역 **SV 베르더 브레멘**

② 니더작센 주 지역 **VfL 볼프스부르크**

③ 베를린 지역 **헤르타 BSC 베를린**

④ 베를린 지역 **1. FC 우니온 베를린**

⑤ 노르트라인 베스트팔렌 주 지역 **FC 샬케 04**

⑥ 노르트라인 베스트팔렌 주 지역 **보루시아 도르트문트**

⑦ 노르트라인 베스트팔렌 주 지역 **포르투나 뒤셀도르프**

⑧ 노르트라인 베스트팔렌 주 지역 **보루시아 묀헨글라트바흐**

⑨ 노르트라인 베스트팔렌 주 지역 **1. FC 쾰른**

⑩ 노르트라인 베스트팔렌 주 지역 **바이어 04 레버쿠젠**

⑪ 파더보른 지역 **SC 파더보른 07**

⑫ 작센 주 지역 **RB 라이프치히**

⑬ 라인란트팔츠 주 지역 **FSV 마인츠 05**

⑭ 헤센 주 지역 **아인트라흐트 프랑크푸르트**

⑮ 바덴뷔르템베르크 주 지역 **TSG 1899 호펜하임**

⑯ 바덴뷔르템베르크 주 지역 **SC 프라이부르크**

⑰ 바이에른 주 지역 **FC 아우크스부르크**

⑱ 바이에른 주 지역 **FC 바이에른 뮌헨**

EUROPEAN LEAGUE

BUNDESLIGA

독일 축구 마스터하기

TRAVEL GUIDE

독일 국가 개요

독일의 국가 정보

국명	Bundesrepublik Deutschland
수도	베를린
면적	357,386km²
인구	약 8,300만 명
종교	기독교 약 57%, 이슬람교 약 5.5%
시차	-8시간(서머 타임 시기에는 -7시간)
국가 번호	49

특징

정식 명칭은 독일 연방 공화국. 유럽 경제의 핵심 국가로 유럽 연합에서 가장 많은 인구수를 자랑한다. 1871년 최초로 통일되어 근대 국민 국가를 이루었다. 세계대전 이후 동독과 서독으로 분단되었으나 1990년 다시 통일되어 현재의 모습을 갖추었다. 수출입 규모가 세계 2위에 달하는 경제 대국이며, 축구에 있어서도 재정과 시스템 관련 부분은 다른 리그들과 비교할 수 없을 정도로 발전되어 안정적으로 운영되고 있다.

언어

독일어를 모국어로 사용하지만, 모국어는 독일어지만 여행 중 만나는 사람들은 대부분 영어를 유창하게 구사한다. 따라서 기본적인 영어만 알고 있어도 여행을 하는 데에는 지장이 없으며 기차역 및 관광지, 길거리 등에도 영어와 독일어가 병기된 표지판이 잘 마련되어 있어 여행하기 좋은 나라이다.

날씨

국토가 넓어 남북 간 기후 차이가 큰 편이다. 함부르크를 중심으로 한 북부는 한여름에도 평균 23도의 낮은 기온을 유지해 싸늘한 가을에 가까운 기후를 보이고 북해 인근 지역은 강한 비바람이 불기도 한다. 반면 동남부의 뮌헨과 같은 곳은 우리나라와 비슷한 기후를 보여 한여름에는 30도가 넘는 불볕더위를, 겨울에는 많은 눈을 만날 수 있다. 따라서 여름에 독일 남·북부를 모두 여행한다면 가벼운 반팔과 긴팔, 무겁지 않은 외투 등을 함께 준비할 필요가 있고, 겨울이라면 지역을 막론하고 두터운 점퍼 등을 반드시 준비해야 한다. 특히 최근 기상이변이 잦아 이상 폭염이나 폭설 등에 대비할 필요도 있다. 경기장의 경우 체감온도가 더 낮은 편이기 때문에 조금 더 따뜻하게 입을 필요가 있다.

통화

유로(EURO)화를 사용한다. 기호는 €로 표기. 1유로는 100센트에 해당하며 지폐는 5, 10, 20, 50, 100, 200유로, 동전은 1, 2유로, 1, 2, 5, 10, 20, 50센트가 있다. 200유로 이상의 지폐는 잔돈 문제로 꺼려하는 경우가 있고, 1, 2, 5센트 동전 또한 자판기에 들어가지 않는 경우가 많다는 것을 참고하자.

전압

콘센트의 형태는 우리나라와 동일하며 전압은 230V/50Hz이다. 우리나라의 전자제품을 그대로 사용할 수 있으나 일부 콘센트의 구멍이 조금 작은 경우가 있어 예비용 멀티 어댑터를 준비하는 것이 좋다.

로밍

국제전화	약 1,900~2,000원
국내전화	약 800원
휴대폰 수신 요금	약 350원

* 각 통신사별로 휴대폰 로밍 요금에 차이가 있다.

비자/출입국

대한민국 국적을 가진 사람은 관광 목적인 경우 6개월 중 90일간 무비자로 입국 가능하다. 따라서 따로 비자를 만들 필요는 없다. 입국 심사는 비교적 간단하며 여권에 문제가 없다면 별 탈 없이 통과되는 편이다.

국경일/공휴일(2019년 기준)

1월 1일	Neujahrstag(신정)
3월 29일 (부활절 이틀 전 금요일)	Karfreitag(성 금요일)
4월 1일 (부활절 하루 뒤인 월요일)	Ostermontag (부활절 다음날)
5월 1일	Tag der Arbeit(노동절)
5월 30일 (부활절 39일 후)	Christi Himmelfahrt(예수 승천일)
6월 9일 (부활절 50일 후)	Pfingstmontag(오순절)
10월 3일	Tag der Deutschen Einheit(통일기념일)
12월 25일	Weihnachtstag(크리스마스)
12월 26일	Zweiter Weihnachtsfeiertag (크리스마스 다음날)

* 이상은 독일 전체에 적용되는 휴일이며, 각 주별로 공휴일이 따로 존재한다.

대한민국 대사관

주소: Botschaft der Republik Korea, Stülerstr. 10, 10787 Berlin, Bundesrepublik Deutschland
전화번호: [대표]+49+030-260-650
이메일: koremb-ge@mofat.go.kr
근무시간: 월~금 09:00-12:30, 14:00-17:00
지역별 분관

- 주 함부르크 총영사관-

주소: Generalkonsulat der Republik Korea (Hamburg) Kaiser-Wilhelm-Str. 9 (3.OG), 20355 Hamburg, Bundesrepublik Deutschland
전화번호: [대표]+49+(0)40+650677600
관할 지역: 함부르크, 브레멘, 니더작센, 슐레스비히-홀슈타인 등 독일 북부 4개 주
이메일: gkhamburg@mofa.go.kr

- 주 프랑크푸르트 총영사관-

주소: Generalkonsulat der Republik Korea (Frankfurt) Lyoner Str. 34, 60528 Frankfurt, Bundesrepublik Deutschland
전화번호: [대표]+49+(0)69+9567520
관할 지역: 헤센, 바이에른, 바덴-뷔르템베르크 등 3개 주
이메일: gk-frankfurt@mofa.go.kr

주재국 공휴일 및 삼일절(3월 1일), 광복절(8월 15일), 개천절(10월 3일), 한글날(10월 9일)은 대사관 휴무.

분데스리가를 만나기 전에, 미리 알아 두자

앞으로의 발전이 가장 기대되는 리그

유럽의 빅 리그 중 관중 점유율이 가장 높고 재정적으로도 가장 탄탄한 리그로, 한국 선수들의 활약으로 국내 팬들의 관심도 점점 높아지는 리그이다. 1963년 처음 시작되어 1970–80년대에는 분데스리가의 팀들이 유럽 대회를 석권하며 전성기를 맞기도 했다. 이후 쇠퇴기를 걷다 2000년대 중반 이후 꾸준히 발전하여 지금은 UEFA 챔피언스리그에서도 좋은 성적을 거두는 등 유럽 최고의 리그로 도약하고 있다. 총 18개팀이 참여하며 1–4위는 다음 시즌 유럽 챔피언스리그 진출권을, 5–7위는 다음 시즌 유로파리그 진출권을 획득하고, 17–18위는 하위 리그인 2. 분데스리가로 강등된다. 16위는 2부 리그 3위와 플레이오프를 거쳐 승리할 경우 1부 리그에 남게 된다.

독일 축구 관람 개요

현지 시간 토요일 오후 3시 30분을 기준으로 경기를 분산 배치하고, 주요 빅매치는 토요일 저녁 5시 30분과 일요일 오후에 열리게 된다. 금요일 밤에도 경기가 배치되며 최근에는 월요일 밤에도 종종 경기가 열린다. 프리미어리그와 함께 유럽 리그 중에서 티켓을 구하기가 가장 까다로운 리그로 평가되지만 최근 들어 티켓 익스체인지(Zweitmarkt) 시스템이 정착되면서 티켓 배송을 E-ticket으로 진행하는 구단들이 늘어나고 영어 홈페이지를 적극 지원하는 등 예전보다 티켓 구입이 수월해진 편이다.

현지 관람 문화

서포터즈는 열광적인 응원을 보여주지만 일반 관중들은 편안히 앉아 경기를 즐기는 편이며 치안 또한 좋은 편이다. 다만 경기장은 금연 시설이 아니기 때문에 비흡연자에게는 조금 괴로울 수도 있다. 맥주의 나라인 만큼 경기장에서 자유롭게 맥주를 마실 수 있다.

경기장의 먹거리

경기장 내에서는 별도의 충전식 카드로 신청 및 충전하여 결제 가능하다. 즉, 현금을 사용할 수 없는 경우가 많다. 경기장 밖에서도 이 카드로만 지불할 수 있는 경우가 있으므로 경기장에 미리 도착해 카드를 발급받는 것이 좋다. 경기 시작 전에 밖에서 미리 먹거리를 즐기고 들어가는 것이 좋다.

경기장 안팎에서 맛볼 수 있는 간식거리는 단연 독일 소시지(Bratwurst)이며 소시지가 들어간 핫도그도 즐길 수 있다. 맥주 안주로 좋은 프레츨도 흔하다. 또한 맥주의 나라답게 어디서나 시원한 생맥주를 파는 풍경을 볼 수 있다.

독일 도시 간 이동 교통수단

유럽에서 철도 인프라가 가장 발달한 곳으로 독일의 주요 도시를 이동할 때는 기차가 가장 좋은 수단이 된다. 유레일 패스를 소지하고 있다면 고속역차를 포함한 대부분의 열차를 예약 없이 탈 수 있으며, 독일 철도청 홈페이지를 통한 특가 할인 예약을 노리는 것도 좋은 방법. 거리가 멀 경우 항공편을 이용하는 것도 선택해 볼 만하다. 고속버스는 독일 내에서 그리 발전하지 않은데다 국토의 크기가 커서 효율적인 수단이 아니다.

TRAVEL TIP Bahn.com을 이용한 독일 기차 티켓 예약법

STEP 01 | 홈페이지 접속

Bahn.com에 접속하면 독일 철도청(DB)의 홈페이지로 연결될 수 있으며 바로 검색창이 보인다. 만약 다른 웹페이지가 보일 경우 English를 선택하면 이 이미지와 같은 화면이 나타난다. 검색창 오른쪽의 V표를(❶) 눌러 창을 확대한다.

STEP 04 | 정보 확인

해당 기차의 자세한 정보를 볼 수 있다. 정보를 확인한 다음 내가 원하는 열차라면 To offer selection 버튼을(❶) 클릭해 다음 단계로 넘어간다.

다음 페이지에 계속됩니다

STEP 02 | 탑승 일정 입력

확장된 검색창에서 다양한 정보를 입력할 수 있다. from station에는(❶) 출발지, to station에는(❷) 목적지를 입력한다. 그리고 원하는 출발일 및 시간대를 선택한다. 왕복편으로 티켓을 구입하고자 할 경우에는 Return journey도(❸) 채워 넣도록 한다. Prefer fast connections는(❹) 목적지로 가는 직행열차가 없을 경우 연결편 기차까지 함께 검색해준다. 탑승 인원 수와 1등석(1st Class) 및 2등석(2nd Class)을 선택할 수 있다(❺). 내가 원하는 대로 정보를 넣고 Search를(❻) 클릭한다.

STEP 03 | 기차 운행편 리스트 확인

해당 구간의 기차편이 뜬다. 출발시간과 도착시간, 기차 종류, 티켓 가격 등이 안내되고 있다. 좌측의 Show details를(❶) 클릭한다.

STEP 05 | 티켓 선택

각 등급별 티켓이 안내되고 있다. 1등석과 2등석으로 나뉘어 있지만 선택할 수 있는 옵션은 총 4가지다. 2등석의 경우 환불 및 교환 가능 여부에 따라 티켓 가격이 다양하다. 나에게 맞는 티켓을 선택하자. 또한 환불이 불가능한 좌석 가격이 가장 저렴하다.

STEP 08 | 대리 예약 혹은 좌석 예약 시 옵션 체크

만약 내가 아닌 다른 사람의 티켓을 대신 예약해주는 것이라면 Ticket for another person 옵션을(❶) 체크해야 한다. 그리고 좌석 예약이 필요하다면 Reservation of 부분을(❷) 체크하자. 단, 예약비 4.5유로가 추가된다. 옵션을 선택했다면 Proceed 버튼을(❸) 클릭한다.

STEP 10 | 개인 정보 확인

개인 정보를 확인하는 단계다. 정확한 정보가 입력되어 있는지 확인한다. 티켓은 이메일로 배송되기 때문에 이메일 주소는 꼼꼼하게 한 번 더 확인하도록 한다.

STEP 06 | 회원가입 및 로그인

이제 로그인 창이 나타난다. 간단한 회원가입 과정을 거친 후 로그인한다.

STEP 07 | 티켓 배송 옵션 선택

이제 티켓 배송 옵션을 선택할 수 있다. 디지털 티켓(PDF E-ticket이나 스마트폰의 DB Navigator 앱 이용) 또는 우편으로 티켓을 받을 수 있는데 디지털 티켓을 선택하는 것이 무난하다. 티켓 검사 시 여권을 소지하고 있어야 한다.

STEP 09 | 예약한 티켓의 정보 확인

이제 티켓 배송 옵션을 선택할 수 있다. 디지털 티켓(PDF E-ticket이나 스마트폰의 DB Navigator 앱 이용) 또는 우편으로 티켓을 받을 수 있는데 디지털 티켓을 선택하는 것이 무난하다. 티켓 검사 시 여권을 소지하고 있어야 한다.

STEP 11 | 카드 결제

결제 수단을 선택할 수 있다. 총 4가지 옵션이 있지만 외국인인 우리가 사용할 수 있는 옵션은 신용카드(Credit Card)와 페이팔(PayPal)이다. 이 중에서 원하는 수단을 선택한다. 이후 신용카드를 선택하면 카드 번호와 유효기간, 신용카드 뒷면에는 CVC 코드를 입력하는 창이 뜬다. 해당 정보를 기입하고 Continue를 클릭하면 결제 과정이 진행되며 티켓 구입이 마무리된다. 티켓은 PDF 파일로 제공된다. 프린트해 현지에서 바로 기차에 탑승하면 된다. 티켓 검사 시에는 이 티켓과 함께 여권을 제시하도록 한다.

독일 도시 간 이동 교통 수단

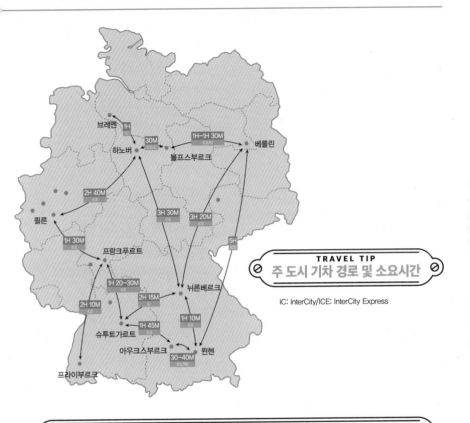

브레멘
1H
ICE

하노버
30M
ICE/AC

1H—1H 30M
ICE/AC
볼프스부르크

베를린

2H 40M
ICE

쾰른

3H 30M
ICE

3H 20M
ICE

5H
ICE

1H 30M
ICE

프랑크푸르트

1H 20—30M
ICE

2H 15M
IC

2H 10M
ICE

1H 45M
ICE

뉘른베르크

1H 10M
ICE

슈투트가르트

아우크스부르크

30—40M
ICE/RE

뮌헨

프라이부르크

TRAVEL TIP
주 도시 기차 경로 및 소요시간

IC: InterCity/ICE: InterCity Express

TRAVEL TIP 기차 탑승하는 방법

1

역에 도착하면 Abfahrt라고 쓰여진 전광판을 찾는다. 이곳에서 티켓과 비교하여 본인이 탈 기차의 편명과 목적지, 플랫폼을 확인한다.

2

시간이 남아 아직 이용할 기차의 상태를 확인할 수 없다면 기차역 곳곳에 있는 시간표를 참조한다. 당일 출발하는 모든 기차 편의 정보를 확인할 수 있다. 출발하는 기차 편은 노란색 시간표로, 도착하는 기차 편은 하얀색 시간표로 만들어져 있고 이 시간표는 전 유럽 지역에서 공통으로 사용된다.

3

해당 플랫폼의 전광판을 통해 다시 한 번 자신이 이용할 기차가 맞는지 확인한다.

플랫폼에 기차가 도착하면 객차의 출입문 쪽에 기차의 행선지 및 기차 편명이 표시되어 있으니 탑승 전 마지막으로 확인하도록 하자.

4

기차를 탑승한 후에는 티켓을 미리 준비해 둔다. 출발 직후 티켓 검사가 이루어지며, 보통 한 번으로 끝나지만 종종 다시 티켓을 요구할 때도 있으니 기차에서 내릴 때까지는 티켓을 잘 간수해야 한다.

독일 국가대표팀 경기 티켓 구매법

독일은 축구 협회 홈페이지를 통해 국가대표 경기의 티켓을 직접 판매하고 있다. 회원에 가입된 사람들에게 우선적으로 티켓을 판매한 후 일반 판매가 시작되는 방식이지만, 분데스리가와는 달리 일반 판매로도 꽤 많은 양의 티켓이 판매되기 때문에 잘만 준비하면 독일 국가대표팀의 경기를 관람할 수 있

다. 다만 참고로 알아 둘 것은, 잉글랜드나 프랑스와는 달리 독일에는 별도의 국가대표팀 홈구장이 없기 때문에 매 경기 다른 경기장을 돌아다니며 경기를 펼치게 된다. 따라서 관람을 원하는 경기가 언제, 어디서 열리는지 미리 정확히 파악한 후 티켓을 예약해야 한다.

STEP 01 | 독일 축구 협회 접속

티켓 판매 웹사이트(https://ticketportal.dfb.de)에 접속한다.

화면 하단을 보면 현재 티켓 판매가 진행 중인 경기들이 표시된다. 여자 대표팀과 청소년 대표팀의 티켓도 판매하고 있기 때문에 주의해야 한다. A-Nationalmannschaft로 표시된 경기가 남자 대표팀이다. FrauenNationalmannschaft는 여자 대표팀, U21-Männer는 21세 이하 남자 청소년 대표팀의 경기다. 원하는 경기의 TICKETS를 클릭한다. (FCN-TICKETS 또는 VIP-TICKETS는 클릭하지 않는다.)

STEP 03 | 티켓 정보 확인 및 로그인 1

장바구니에서 자신이 선택한 티켓이 맞는지 다시 한 번 확인한 후 화면 하단을 확인하자.

STEP 02 | 좌석 선택

원하는 경기의 티켓을 선택하면 해당 경기가 열리는 경기장의 좌석 배치도가 나타난다. 이 화면에서 원하는 구역을 선택하여 진행한다.

구역별로 자동 배치되는 티켓을 구매한다면 원하는 구역의 가장 오른쪽에 있는 ANZAHL에서 티켓의 수량을 선택한 후 HINZUFUGEN 버튼을 눌러 다음 단계로 진행한다.

STEP 04 | 티켓 정보 확인 및 로그인 2

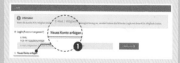

티켓을 구매하기 위해서는 로그인이 필요하다. Neues Konto anlegen(새 계정 만들기)을(❶) 클릭한다.

STEP 05 | 티켓 정보 확인 및 로그인 3

다음과 같은 화면이 나타나게 된다. 이곳에서 개인정보를 입력하는데, 티켓을 우편으로 받게 되기 때문에 정확히 입력해야 한다. 각 정보는 영어로 입력한다.

ANREDE 성별(Herr-남자/Frau-여자) / VORNAME 이름 / NACHNAME 성 / TELEFON 전화번호 / MOBILFUNKNUMMER 휴대폰 번호 / LAND 국가(Republik Korea) / ORT 도시 / PLZ 우편번호 / STRASSE, NR 세부 주소 / E-MAIL 이메일 / E-MAIL-BESTATIGUNG 이메일 확인(다시 한 번 입력) / GEBURTSTAG 생년월일(일/월/년 순) / PASSWORT 비밀번호 / PASSWORT-BESTATIGUNG 비밀번호 확인(다시 한 번 입력) / NATIONALITAT 국적

회원가입 과정을 거친 후 로그인까지 완료되었다면 위의 화면에서 주소 등을 잘 확인한 다음 ZUR KASSE GEHEN(결제 진행하기) 버튼을 눌러서 다음 단계로 진행한다.

STEP 06 | 티켓 수령 방법 선택

다음은 티켓 수령에 관한 부분인데, 이 부분을 주의 깊게 볼 필요가 있다.

만일 경기 당일까지 남은 시간이 5일 이하인 경우 위와 같은 화면이 나타난다. 이는 현지 수령을 의미하는 것으로 Hinterlegung an Tageskasse를 선택한다. 이 경우 예약이 완료된 뒤 발송되는 메일을 출력하고 경기장에 출력한 메일, 여권, 결제 시 사용한 신용카드를 모두 가져가 본인 확인을 받은 후 티켓을 수령한다. 가져가야 할 것들을 잊지 않도록 주의한다.

경기까지 5일 이상 남았다면 다음과 같은 화면을 보게 된다. 오른쪽 DHL이라고 써 있는 곳을 선택한다. 배송 기간은 한국 기준 약 4-5일 정도 소요되며 해외 특급 배송이기 때문에 20유로의 배송비가 발생한다.

최종 결제 정보를 확인한 후 KAUF ABSCHLIESSEN(전체 구매) 버튼을 눌러 다음 단계로 진행한다.

STEP 07 | 결제하기

마지막으로 신용카드 정보를 입력한다. Kartenmarke에서는 신용카드의 종류를 선택한다. Kartennummer에는 신용카드 번호, Gultig bis Monat/Jahr에는 카드 유효기간(월/년 순), Kartenprufnummer에는 CVC코드(카드 뒷면 서명란의 숫자 중 마지막 세 자리)를 각각 입력한다. 모든 정보를 입력했다면 bestätigen 버튼을 눌러 결제를 완료한다.

EUROPEAN FOOTBALL LEAGUE

NORDRHEIN WESTFALEN

보루시아 도르트문트, FC 샬케 04

MÜNCHEN

FC 바이에른 뮌헨

BUNDESLIGA

노르트라인 -베스트팔렌

NORDRHEIN-WESTFALEN

독일 공업의 중심이자
독일 분데스리가의 중심지

쾰른으로 가는길

프랑크푸르트에서 출발: ICE 기차 프랑크푸르트 ▶ 쾰른(약 1시간 30분 소요 / 약 30분 간격 배차)

뮌헨에서 출발: ICE 기차 뮌헨 ▶ 쾰른(약 4시간 20분 소요 / 약 1시간 간격 배차)

함부르크에서 출발: InterCity 기차 함부르크 ▶ 쾰른(약 4시간 소요 / 약 1시간 간격 배차)

뒤셀도르프 국제공항

이 지역을 대표하는 국제공항. 뒤셀도르프 시내로부터 약 7km, 그 외 지역에서 약 20km 거리에 있을 정도로 다양한 도시와의 접근성이 뛰어난 공항이다. 인근에 자랑할 만한 대형 관광도시가 별로 없어 유럽 여행 시에는 잘 찾지 않는 공항이나, 유럽 내에서 저가항공을 이용해 이곳을 여행할 경우 주로 찾게 되는 곳이다. 우리나라로부터의 직항편은 없으니 참고할 것.

주소: Flughafenstraße 105, 40474 Düsseldorf

홈페이지: www.dus.com/en

대중교통: S-bahn Düsseldorf Flughafen역 / 버스 729, 759, 776, SB51번

뒤셀도르프 국제공항의 내부

도시, 어디까지 가봤니?　　NORDRHEIN-WESTFALEN TOUR

● 도시 소개

노르트라인-베스트팔렌 주는 축구 여행자에겐 선물과도 같은 곳이다. 넓지 않은 지역에 수많은 도시들이 모여 있고, 특히 세계적인 명문 축구팀들이 다수 자리하고 있어 짧은 시간만 투자해도 한 번에 많은 경기장을 돌아볼 수 있는 장점이 있기 때문이다. 쾰른, 레버쿠젠, 도르트문트, 겔젠키르헨, 뮌헨글라트바흐, 뒤셀도르프 등 축구의 도시들이 가득한 주가 바로 노르트라인-베스트팔렌이다.

● 도시 내에서의 이동

독일은 교통비가 비싸다. 노르트라인-베스트팔렌 지역은 작은 도시 사이를 이동할 일이 많아 교통비 부담이 크다. 그래서 한번에 많은 경기장을 돌아보고 싶은 여행자들은 이동할 때마다 매번 티켓을 구입하기 부담스럽다. 그럴 땐 SchönerTagTickets NRW라는 티켓에 주목해야 한다. 이 티켓은 하루 동안 이 지역의 일반 기차(RE, RB), S-bahn, U-bahn, 트램, 버스 등을 자유롭게 이용할 수 있으며 그룹 패스(2-5명 이용 가능)는 저렴한 가격에 이용할 수 있어 여러 명이서 함께 여행할 때 특히 도움이 된다. 각 도시별 티켓, 여러 도시를 연결하는 티켓들도 있다. 티켓의 종류가 매우 다양하므로 일단 방문할 도시들을 선택한 후 나에게 적절한 티켓을 구입하는 것이 좋다.

○ 노르트라인-베스트팔렌 SchönerTagTicket NRW 요금 안내(단위 €-유로)

SchönerTagTicket NRW(1인)	31
SchönerTagTicket NRW(2-5인)	46

● 숙소 잡기

이 지역의 주요 도시들이 본래 관광도시가 아닌 만큼 볼거리가 많지 않다. 그렇다고 매번 캐리어를 끌고 다니는 것도 비효율적인 일. 따라서 한 곳에 숙소를 잡아 놓고, 기차를 통해 당일치기 여행을 하며 축구 여행을 하는 것이 가장 좋다. 한 곳에 베이스캠프를 잡고, 기차로 각 도시를 오고 가다가 베이스캠프로 돌아오는 식의 계획을 짜도록 하자.

베이스캠프는 노르트라인-베스트팔렌 지역의 주요 거점이며, 각 지역 및 인근 나라로 이동하는 고속 열차 편도 많은 쾰른이나 뒤셀도르프에 잡는 것을 추천한다. 중앙역 인근에 여행자용 숙소들도 많고, 숙소 인근에는 큰 슈퍼마켓도 있어 생활하기에도 편리하다. 웬만한 주변 축구도시들이 이곳에서 열차로 모두 접근 가능하다.

쾰른 중앙역

노르트라인-베스트팔렌 지역의 중심 도시인 쾰른의 중앙역. 대표적 관광지인 쾰른 대성당 바로 건너편에 있다. 독일 전국으로 향하는 고속 열차가 운행됨은 물론, 프랑스, 벨기에, 네덜란드로 향하는 고속 열차 탈리스(Thalys)의 종착역이기도 하다. 인근 지역으로 향하는 완행 열차도 운행되고, 주요 여행자 숙소도 인근에 있어 이 지역 여행의 시작점이 되기도 한다.

주소: Trankgasse 11, 50667 Köln
대중교통: S-bahn S6, S11, S12, S13, S19번 / 트램 5, 15, 16, 18번 / 버스 124, 132, 133, 250, 260, 978, N26, SB40

쾰른 중앙역의 모습

SchönerTagTicket NRW 티켓

뒤셀도르프 중앙역

노르트라인-베스트팔렌 주 주도의 중심 기차역이다. 이곳을 통해 독일 전국으로 가는 고속열차 및 일반열차를 편리하게 이용할 수 있다

주소: Konrad-Adenauer-Platz 14, 40210 Düsseldorf
대중교통: S-bahn S1, S6, S8, S11, S68 번, 트램 및 버스 등

겔젠키르헨 중앙역

분데스리가의 명문 샬케 04를 만나기 위해 반드시 거쳐야 하는 기차역. 겔젠키르헨 자체가 매우 작은 도시이기 때문에 대부분의 장거리 열차는 정차하지 않는다. 따라서 인근 대도시와 연계하여 이동하도록 하자.

주소: Bahnhofsvorplatz 10, 45879 Gelsenkirchen

대중교통: S-bahn S2번 / 트램 107, 301, 302번

겔젠키르헨 중앙역

도르트문트 중앙역

보루시아 도르트문트 팀을 만나기 위해 찾게 되는 기차역. 도르트문트 시내까지 도보로 이동할 수 있을 만큼 접근성이 좋다.

주소: Königswall 15, 44137 Dortmund

대중교통: S-bahn S1, S2, S5번 / U-bahn U41, U45, U47, U49번

도르트문트 중앙역

라인 에네르기 슈타디온

주소: Aachener Straße 999, 50933 Köln

대중교통: 쾰른 시내에서 트램 1번 타고 Köln Rheinenergie-Stadion 정류장 하차

● 추천 여행 코스 - 3일간

1일차: 쾰른 대성당 및 쾰른 시내 관광–쾰른 시내 관광–경기 관람

2일차: 뒤셀도르프 시내 관광–경기 관람

3일차이후: 도르트문트, 겔젠키르헨 등의 축구 도시 당일치기 여행

○ 관광보다는 축구에 집중!

이 지역의 주요 관광지는 분명 '쾰른'이지만, 쾰른에 볼거리가 많지는 않으므로 주변 도시들과 엮어 기차 여행을 하는 것이 좋다. 특히 이 지역에는 우리가 알고 있는 분데스리가의 명문팀들이 즐비하므로, 각 경기장을 구경하는 것만으로도 충분히 만족스러운 여행이 될 것이다. 몇 곳의 경기장을 방문할지 미리 계획을 세워두고, 그 계획에 맞춰 체류일을 결정하는 것이 좋다.

그리고 이 지역을 방문하기 전에 분데스리가 1, 2부의 경기 일정을 모두 확인하는 것도 좋은 여행을 만드는 방법이다. 아무래도 좁은 지역에 수준 높은 팀들이 집중되어 있기 때문에 일정만 잘 맞으면 짧은 시간에 많은 경기를 감상할 수 있다.

● 라인 에네르기 슈타디온(Rhine-Energie-Stadion)

FC 쾰른의 홈구장. 쾰른 시내로부터 서부로 떨어진 외곽 지역에 자리하고 있다. 1923년 건설되었으나 리노베이션을 거쳐 2004년, 약 50,000석의 관중석을 갖춘 현재의 모습으로 완성되었다. 인근에는 많은 연습 구장 및 일반인들을 위한 잔디구장도 자리하고 있다.

홈페이지: fc.de/en/fc-info/home

● 메르쿠르 슈피엘-아레나(Merkur Spiel-Arena)

뒤셀도르프 메세에 위치해 있다. 차두리 선수가 뛰었던 포르투나 뒤셀도르프의 홈구장이다. 54,600명을 수용할 수 있는 대형 경기장. 축구 경기 외에도 다양한 문화 공연이 열리며 지붕을 닫아 실내 경기장으로도 사용할 수 있는 경기장이다.

홈페이지: www.f95.de

● 보루시아-파크(Borussia-Park)

분데스리가의 중위권을 차지하는 보루시아 묀헨글라트바흐의 홈구장이다. 총 54,057석을 가지고 있는 대형 축구 경기장이며 2004년에 완공하였다. 묀헨글라트바흐 시내를 기준으로 외곽에 위치하고 있고, 대중교통이 열악한 편이므로 방문을 계획하고 있다면 이 점을 주의하도록 하자.

홈페이지: www.borussia.de/english/home.html

● 보노비아 루르 슈타디온(Vonovia Ruhrstadion)

독일 보훔에 위치한 축구 전용 구장. 분데스리가 2부 리그 VfL 보훔의 홈구장이며 한국 축구와 인연이 많다. 1990년대 초 김주성 선수가 뛰었고 2018-2019 시즌부터 이청용 선수가 이곳에서 뛰고 있다. 원래의 이름은 루르슈타디온(Ruhrstadion)이며 지난 1911년에 완공이 되었고, 여러 차례 증개축 공사를 통해 1997년에 지금의 모습을 갖추었다. 2011 FIFA 여자 월드컵의 주요 개최지 중 하나이기도 했다.

홈페이지: www.vfl-bochum.de/en/home

DEUTSCHES FUßBALLMUSEUM

독일 축구의 화려한 역사를 만나다 독일 축구 박물관

━━━◆◆◆━━━

2015년 10월 2일. 독일 노르트라인-베스트팔렌 주의 도르트문트 중앙역 앞 광장에 '전차 군단' 독일 축구의 150년 역사를 한 곳에서 살펴볼 수 있는 '독일 축구 박물관(Deutsches Fußballmuseum)'이 개관하여 축구팬들을 맞이하고 있다. 세계 최고의 선수들을 끝없이 배출하는 독일답게 세계 최고 수준의 최첨단 시설을 갖춘 축구 박물관을 만들었다.

독일 축구가 쌓아올린 화려한 역사의 기록들은 물론이고 각종 최첨단 시설을 이용한 멀티미디어 콘텐츠, 흥미로운 체험 시설과 관람객들을 위한 다양한 편의시설까지 갖추고 있다.

메르쿠르 슈피엘-아레나
주소: Arena-Straße 1, 40474 Düsseldorf
운영시간: 동절기 매일 06:00~19:30 / 하절기 06:00~21:00
대중교통: 뒤셀도르프 U-bahn U78노선 MERKUR ARENA/Messe Nord 역 하차

보루시아-파크
주소: Hennes Weisweiler Allee 1, 41179 Mönchengladbach
대중교통: 경기 당일은 Rheydt Hauptbahnhof 에서 무료 셔틀 운영. 경기가 없는 날에는 택시 이동 필요

보노비아 루르 슈타디온
주소: Castroper Straße 145, 44791 Bochum
대중교통: 보훔 중앙역(Bochum Hbf)에서 도보로 약 30분 또는 트램 306, 308, 318번 타고 Vonovia Ruhrstadion 정류장 하차

독일 축구 박물관
주소: Deutsches Fußballmuseum, Platz der Deutschen Einheit 1, 44137 Dortmund
대중교통: 기차, S-bahn, U-Bahn. Dortmund Hauptbahnhof 역, U-bahn Kampstraße, Westentor 역에서 도보 5분
운영시간: 화요일-일요일 10:00-18:00, 월요일 휴장
소요시간: 약 2-3시간
입장료: 성인 현장 구매 €17(온라인 예매 €15), 만 14세 미만, 26세 미만 학생 현장 구매 €14(온라인 예매 €12)
가족 티켓(3-6인 기준, 1인당 요금, 성인 최대 2명): 성인 현장 구매 €14.5(온라인 예매 €13.5), 만 14세 미만, 26세 미만 학생 현장구매 €12(온라인 예매 €11), 만 6세 미만 무료

보루시아 도르트문트

BALLSPIELVEREIN
BORUSSIA
09 E. V. DORTMUND

구단 소개

DIE BORUSSEN

창단연도
1909년 12월 19일

홈구장
지그날 이두나 파크

주소
Strobelallee 50, 44139 Dortmund

구단 홈페이지
www.bvb.de

구단 응원가
Heja BVB

유니폼 색과 마스코트 덕분에 '꿀벌 군단'이라는 애칭을 가치고 있는 보루시아 도르트문트는 분데스리가를 대표하는 전통 강호이다. 도르트문트 출신의 축구 선수들이 창단한 구단으로 알려져 있으며 1950-60년대, 1990년대 중반에 이어 위르겐 클롭 감독이 이끌었던 2010년대 초반에 바이에른 뮌헨을 제치고 분데스리가를 제패했다. 1997년에 UEFA 챔피언스리그에서 우승을 차지했으며 2013에는 준우승을 거두는 등 유럽을 대표하는 강호로도 자리 잡았다.

홈구장 지그날 이두나 파크는 독일 내 가장 큰 규모의 경기장이며 유럽 내에서는 6번째로 큰 규모다. 경기장의 큰 규모에도 불구하고 항상 티켓이 일찌감치 매진될 정도로 보루시아 도르트문트는 인기가 많다.

리그 최대의 라이벌은 바이에른 뮌헨이며 두 팀은 매 시즌 치열하게 우승을 다투고 있다. 두 팀 간의 경기는 '데어 클라시커'라 불리며 전 세계인의 주목을 받고 있다.

홈구장 및 연습구장

현재 독일의 보험회사인 지그날 이두나 그룹의 이름을 경기장 명칭으로 사용하고 있는 보루시아 도르트문트 홈구장의 원래 이름은 지역명을 딴 '베스트팔렌 슈타디온(Westfalenstadion)'이었다. 유럽 내에서 가장 유명한 경기장 중 하나로 꼽히며 좌석을 항상 가득 채우는 만원 관중이 뿜어내는 아우라는 이 경기장의 상징과도 같은 존재가 되었다. 81,359명의 관중을 수용할 수 있고 입석이 금지되는 국제 대회 경기에서는 65,718석을 갖춘 경기장으로 변신한다. 매년 평균 관중수로 유럽 최고 기록을 경신할 정도로 축구에 대한 열정이 가장 뜨겁게 달아오르는 경기장이기도 하다. 1974년에 완공되어 여러 차례 리노베이션 공사를 했던 이 경기장에서는 주요 국가대표 경기와 유럽 대항전의 결승전이 열렸으며, 1974 FIFA 월드컵 및 2006 FIFA 월드컵의 주요 경기를, 1993년과 2001년에는 UEFA컵 결승전을 유치하기도 했다.

● 홈구장

지그날 이두나 파크(Signal Iduna Park)			
개장일	1974년 4월 2일		
수용 인원	81,359명	경기장 형태	축구 전용 구장
UEFA 스타디움 등급	카테고리 4	그라운드 면적	105m X 68m

● 연습구장

BVB Trainingszentrum	
주소	Adi-Preißler-Allee 9, 44309Dortmund
대중교통	U-Bahn U43번, Brackel Verwaltungsstelle 역에서 약 2km 또는 RE, RE3 Dortmund-Scharnhorst 역에서 도보 10분

역대 우승 기록들

UEFA 챔피언스리그
(UEFA 챔피언스컵 포함)
1회(1997)

UEFA컵 위너스컵
1회(1966)

인터콘티넨털컵
1회(1997)

분데스리가
8회(1956, 1957, 1963, 1995, 1996, 2002, 2011, 2012)

DFB 포칼
4회(1965, 1989, 2012, 2017)

DFL 슈퍼컵
6회(1989, 1995, 1996, 2013, 2014, 2019)

유럽에서 가장 큰 단층 입석 스탠드라는 남쪽 스탠드 쥐트트리뷔네(Die Südtribüne)의 모습. 이 스탠드 하나로만 25,000여 명을 수용할 수 있다.

웅장함을 자랑하는 지그날 이두나 파크. 현재 독일에서 가장 큰 축구 경기장이다.

보루시아 도르트문트의 마스코트인 꿀벌 엠마(Emma)

티켓 구매

8만 명이 넘는 관중을 수용할 수 있는 경기장. 이 정도 규모라면 1층이나 2층 앞자리 정도는 되어야 최상의 관람조건을 보장받을 수 있다.

이 팀의 매 시즌 평균 관중은 8만여 명이다. 매 경기마다 좌석을 가득 채운다는 의미이므로 빠른 티켓 구입이 중요하다.

BVB FanWelt에 마련된 매표소. 매진되지 않았을 경우에만 이곳에서 티켓을 판매한다.

● 티켓 구매 전쟁에서 어떻게 해야 살아남을까?

보루시아 도르트문트는 시즌권 소지자들에 이어서 구단 유료 멤버십 소지자들에게 티켓 구매 우선권이 주어진다. 이 기간이 지난 후에 바로 일반 판매가 시작된다. 하지만 매 경기 스탠드를 가득 채우는 열정적인 팬들이 많아 일반 판매 기간에 티켓을 구입하는 것이 어려울 수 있다.

그러나 보루시아 도르트문트는 티켓 익스체인지 시스템을 운영하고 있고, 경기 당일까지 티켓 익스체인지에 시즌권 소지자들이 푸는 티켓이 올라오기 때문에 차분하게 기다리면 좋은 결과를 얻을 수 있을 것이다.

● 티켓 구매 전 알아야 할 사항은?

일반 판매는 약 4주 전에 시작되므로 이때부터 티켓 구입을 준비하는 것이 좋다. 그러나 사정상 티켓 구입을 늦게 시작하더라도 시즌권 소지자들이 내놓는 티켓들이 꾸준히 업데이트되므로 걱정할 필요 없다. 단, 이런 경우에는 1장씩만 드문드문하게 나온다는 점을 참고하자.

빅매치도 같은 방법으로 티켓을 구입할 수 있지만 시즌권 소지자들이 내놓는 티켓 수가 적을 수밖에 없다. 그러므로 빅매치 티켓의 구입 가능성은 그리 높은 편이 아니다.

정확한 티켓 판매일은 꾸준히 업데이트되므로 홈페이지를 자주 체크해야 한다(www.bvb.de/Tickets/Termine). 노란색 표시가 홈 경기 티켓이다. Speiltag은 경기일, Beginn은 경기 시간, Begegnung은 대진, VVK Mitgl.는 유료 멤버십 판매 시작일, VVK Alle는 일반 판매 시작일이다. Bemerkung은 구입 가능한 티켓 수를 뜻하고 2.Markt는 티켓 익스체인지를 뜻한다. geöffnet은 티켓 익스체인지가 열려 있는 상황을, geschlossen은 열려 있지 않은 상황을 뜻한다. 그리고 우리가 주목해야 할 것은 VVK Alle이다. 이날부터 홈페이지상에서 일반 판매로 티켓 구입이 가능하다. VVK Alle 일정이 나와있지 않은 경기들도 있는데 해당 일정은 구단에서 계속 업데이트하므로 변동사항을 계속 체크할 필요가 있다.

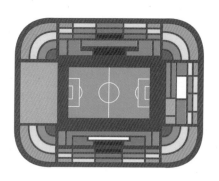

WESTTRIBÜNE

SUDTRIBÜNE

NORDTRIBÜNE

OSTTRIBÜNE

※ 2019-2020 시즌 기준 가격

※ 바이에른 뮌헨, 샬케 04, UEFA 챔피언스리그는 최소 20% 추가된 가격이 책정된다.

Tier	Color	Cost
Category 1	흰색	€57.6
Category 2	중앙 스탠드 회색	€54.2
Category 3	분홍색	€51
Category 4	하늘색	€47.5
Category 5	노란색	€39.9
Category 6	초록색	€33.1
Category 15(VIP)	검은색	€82.8
스탠딩석	일반	€17.4
	장애인석	€10.3

만약 이런 과정이 부담스럽다면 구단에서 운영하는 아드레날린–트립 (Adrenalin–Trip)이라는 '티켓+호텔 패키지'를 이용하는 것도 검토해 볼 만하다. 구단에서 지정한 업체를 통해 호텔 예약 및 티켓 구입을 진행하는 것이다. 티켓 구입이 보장된다는 장점이 있다. 단, 티켓+호텔 패키지는 저렴하지 않으며 내가 원하는 자리를 세밀하게 선택할 수 없다는 단점이 있다. 그리고 한정된 수량만 판매하기 때문에 미리 서둘러야 패키지를 예약할 수 있다

Deutscher Meister
1956, 1957, 1963, 1995, 1996, 2002, 2011, 2012

티켓 가격

서쪽 스탠드에서 바라본 시야

동쪽 스탠드 2층에서 바라본 시야

아드레날린–트립
홈페이지: www.bvb.de/eng/
Tickets/Travel

남쪽 스탠드의 앞에서 바라본 시야

서쪽 스탠드 2층에서 내려다본 시야

보루시아 도르트문트
BORUSSIA 09 E. V. DORTMUND

티켓 구매 프로세스
보루시아 도르트문트 홈페이지에서 티켓을 구매하는 방법

STEP 01 | 보루시아 도르트문트 홈페이지 접속

보루시아 도르트문트 홈페이지(www.bvb.de)에 접속하면 독일어 구단 홈페이지가 뜬다. 상단 버튼을 통해 영어 홈페이지로도 접속할 수 있지만 티켓 구입 과정에서 오류가 많이 발생하는 관계로 독일어 홈페이지에서 티켓을 구입해 보도록 한다. 메뉴의 TICKETS를(❶) 클릭하자.

STEP 02 | 인터넷 티켓 판매 홈페이지 연결

독일어로 티켓에 관한 다양한 정보가 안내되고 있다. 우리가 주목해야 할 부분은 TICKETSHOP이다. ZUM OLINE BVB TICKETSHOP을 클릭해 구단의 인터넷 티켓 판매 홈페이지를 연결한다.

STEP 03 | 원하는 대회 선택

현재 판매 중인 각 대회의 로고를 만날 수 있다. 화면을 보고, 내가 보고 싶은 대회를 선택하도록 하자.

STEP 04 | Tickets ab 선택

경기를 선택하면 현재 티켓이 판매되고 있는 경기들을 만날 수 있다. 화면상 두 경기만 보이는데, 나머지 경기는 아직 판매 전이기 때문에 화면에 표시되지 않는 것. 내가 원하는 경기의 Tickets ab 부분을(❶) 클릭한다.

STEP 05 | 원하는 경기 선택

원하는 경기를 선택하고 날짜 및 시간과 경기장을 확인한 뒤 Jetzt Plätze auswählen 버튼을(❶) 클릭한다.

STEP 06 | 좌석 배치도 확인

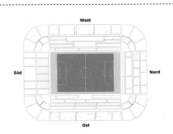

경기장 전체 좌석 배치도를 확인해봐야 한다. 점으로 표시된 자리가 내가 선택할 수 있는 자리다. 이 자리는 일반 판매가 시작되고 티켓 익스체인지가 오픈되면 경기 당일까지 수시로 업데이트된다는 점을 참고하자. 내가 원하는 자리가 당장 없다면 조금 기다리는 지혜도 필요하다. 단, 그 사이에 누군가가 먼저 티켓을 사갈 수 있으므로 선택은 나의 몫이다. 이 자리들 중에서 원하는 자리를 선택하자.

STEP 07 | 좌석 선택

화면을 확대하면 현재 남아있는 자리를 자세하게 확인할 수 있다. 색깔 있는 동그라미를 선택한다.

STEP 08 | 좌석 번호 확인

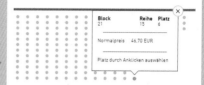

자리를 선택하면 해당 자리의 블록(Block)과 열(Reihe), 좌석(Platz)의 번호를 확인할 수 있다.

STEP 09 | 티켓 가격 및 좌석 정보 확인

화면 오른쪽에는 해당 좌석의 정보와 티켓 가격이 표시된다. 내가 원하는 자리와 가격이 맞다면 장바구니 그림을 클릭하자.(❶)

STEP 10 | 티켓 가격 및 좌석 정보 확인 2

장바구니에서 내가 원하는 티켓이 맞는지 다시 한 번 확인하자. 그리고 Zur Kasse 버튼을(❶) 클릭해 다음 단계로 이동한다.

STEP 11 | 로그인

이런 로그인 화면이 뜨면 별도의 창으로 https://www.bvb.de/eng/login/Registration에 접속해 회원가입을 하고 로그인한다.

STEP 12 | 배송 방법 및 결제 수단 선택

티켓 배송 방법(Versandart)과 결제 수단(Zahlungsart)을 선택하는 화면이 나온다. Pickup foreign order는 현지 경기장에서 티켓을 수령하는 것이며 ticket.direct(print@home)은 별도의 현장 수령 없이 집에서 티켓을 인쇄할 수 있는 옵션이다. 결제 수단 중에서 우리가 활용할 수 있는 것은 Kreditkarte(신용카드)가 유일하다.

나의 주소와 배송 수단, 결제 수단을 확인할 차례다. 어차피 우편으로 티켓을 받지 않으니 주소는 그다지 중요하지 않지만 정확한 내용을 적어 놓으면 혹시나 티켓과 관련한 문제가 발생했을 때 현지에서 처리 받기 좋다.

STEP 13 | 최종 점검 후 결제

신용카드 결제 전에 확인하는 마지막 과정이므로 내가 구입하고자 하는 경기와 자리, 티켓 가격이 맞는지 꼼꼼히 점검하고 다음 단계를 진행하자. 이후 신용카드 결제만 진행하면 모든 구입 과정이 완료된다. Kartenart에는 카드 종류, Kartennummer에는 카드 번호, Kartenprüfnummer에는 카드 뒷면의 CVC 코드 3자리를 넣는다. Karteninhaber에는 카드 소지자의 이름을 영어로, Verfalldatum에는 카드의 유효기간을 입력한다. 모든 정보를 입력했으면 Kaufen을 클릭하고, 클릭한 후에는 결제 절차가 진행되며, 티켓 구입 과정이 완료된다.

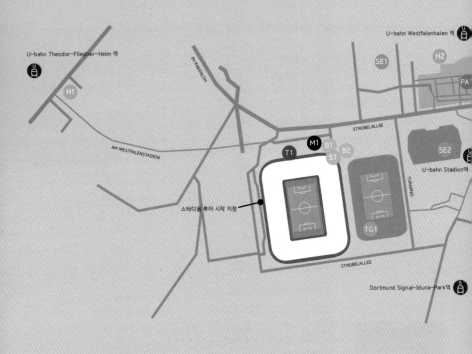

U-bahn Theodor-Fliedner-Heim 역

U-bahn Westfalenhalen 역

U-bahn Stadion 역

Dortmund Signal-Iduna-Park 역

AM WESTFALENSTADION

IM RABENLOH

STROBELALLEE

TURNWEG

STROBELALLEE

스타디움 투어 시작 지점

H1

SE1

H2

PA

SE2

T1

M1

B1

B2

S1

TG1

B1	Strobels Dortmund Strobelallee 50, 44139 Dortmund	★★★★✦
B2	Gaststätte und Biergarten im Stadion Rote Erde Strobelallee 50, 44139 Dortmund	★★★★✦

SIGNAL IDUNA PARK

BORUSSIA 09 E. V. DORTMUND
보루시아 도르트문트

M1	아우구스트 렌츠 하우스/구단 박물관
H1	B&B Hotel Dortmund-Messe
H2	Mercure Hotel Dortmund Messe & Kongress
SE1	Westfalenhallen Dortmund
SE2	Dortmunder Leichtathletik
B1	Strobels Dortmund
B2	Gaststätte und Biergarten im Stadion Rote Erde
S1	구단 용품점
PA1	장미 정원(Rosenterrassen)
TG1	슈타디온 로테-에어데(Stadion Rote-Erde)

BVB-FanWelt의 내부 풍경

BVB-FanWelt 안에는 각종 트로피
들이 전시되어 있다. 그러므로 물건
을 살 일이 없더라도 한 번쯤 들어가
보는 것이 좋다.

베스트팔렌할렌(Westfalenhallen)

지그날 이두나 파크 건너편에 큰 규
모의 종합 전시장이 자리하고 있다.
다양한 전시회 및 공연, 실내 스포츠
경기 등이 개최되는 장소다. 종종 지
역 행사들도 열리곤 하는 이곳은 축
구팬들에게도 의미가 있다. 1962년
독일 분데스리가가 창설된 장소기 때
문이다. 그래서 베스트팔렌할렌의 출
입구 앞에는 관련 안내판이 세워져
있다.

경기장 주변 볼거리
ENJOY YOUR TRAVEL

BUNDESLIGA TEAM

○ 구단 공식용품점 ○

BVB-FANWELT(경기장 스토어)

주소: Strobeallee 54, 44139 Dortmund
운영 시간: 월요일-토요일 10:00-18:30 / 경기
당일 경기 종료 후 1시간까지 운영

BVB-FANSHOP OBERHAUSEN

주소: Centroallee 206, 46047 Oberhausen
운영 시간: 월요일-목요일 10:00-20:00 / 금요일 10:00-21:00 / 토요일 10:00-20:00

FANSHOP KRONE

주소: Markt 10-14, 44137 Dortmund
운영 시간: 월요일-금요일 10:00-19:00 / 토요일 10:00-18:00

BVB-FANSHOP THIER GALERIE

주소: Westenhellweg 102, 44137 Dortmund
운영 시간: 월요일-토요일 10:00-19:00

BVB-RWE FANSHOP LIMBECKER PLATZ

주소: Limbecker Platz, Limbecker Pl. 1a, 45127 Essen
운영 시간: 월요일-토요일 10:00-20:00

○ 슈타디온 로테 에어데(Stadion Rote-Erde) ○

보루시아 도르트문트가 1937-1974
년까지 사용했던 옛 경기장이 지그
날 이두나 파크 바로 옆에 자리하고
있다. 지금은 약 10,000명을 수용할
수 있는 아주 작은 규모의 종합 운동
장이지만 원래는 약 42,000명까지

수용 가능한 경기장이었다고 한다. 현재는 이곳을 보루시아 도르트문
트의 2군팀이 사용하고 있으며 종종 지역의 육상 경기들도 열린다.

○ 아우구스트 렌츠 하우스(August-Lenz-Haus) ○

1936~1950년까지 구단에서 뛰었던 레전드 아우구스트 렌츠의 이름이 붙은 건물이다. 현재는 구단 사무실로 사용하고 있는 이 건물은 1993년에 완공되었다. 크게 볼 만한 것이 있진 않으나 건물 앞에 있는 '사랑의 자물쇠'는 매우 흥미롭다. 연인이라면 미리 자물쇠를 준비해 이곳에 걸어두고 가면 어떨까?

○ BVB 명예의 거리(BVB Walk of Fame) ○

보루시아 도르트문트는 시내에 있는 구단의 역사적인 장소의 바닥에 별을 달아 놓았다. 그러므로 도르트문트 여행을 할 때에는 바닥을 주목하자. 100곳이 넘는 곳에 별이 자리하고 있으므로 찾아보는 재미가 쏠쏠할 것이다. 첫 번째 별은 1909년 구단이 창설된 보르지히 광장(Borsigplatz)에 있으며 지그널 이두나 파크에는 총 9개의 별이 있다. 모든 별의 위치는 BVB Walk of Fame 홈페이지에서 찾아볼 수 있다.

○ 보루시아 도르트문트가 탄생한 식당, 빌트쉬츠(現 포메스 로트-바이스) ○

보루시아 도르트문트는 1909년 12월 19일 시 외곽에 있는 보르지히 광장(Borsigplatz) 인근의 빌트쉬츠(Wildschütz)라는 식당에서 창설되었다. 빌트쉬츠는 역사 속으로 사라졌지만 그 장소는 그대로 식당으로 남아있어서 많은 팬들이 방문한다.

현재 이곳에 포메스 로트-바이스(Pommes Rot-Weiss)라는 이름의 동네 식당이 운영되고 있는데, 작은 구단 박물관이라 해도 과언이 아닐 정도로 볼거리가 가득하기 때문에 팬이라면 한 번 찾아볼 만하다. 기왕이면 식사 시간에 이곳을 찾아 동네 사람들이 즐기는 음식을 맛보면서 독일 맥주 한잔을 즐기면 제대로 된 축구 여행을 만들 수 있지 않을까?

슈타디온 로테 에어데의 피치 풍경

아우구스트 렌츠 하우스의 아름다운 외관. 이 건물과 구단 박물관인 Borusseum이 연결된다.

BVB 명예의 거리
홈페이지(독일어): www.bvb-walk-of-fame.de(영어 정보는 위키피디아를 찾아보기를 권한다.)

포메스 로트-바이스
주소: Oesterholzstraße 60, 44145 Dortmund
대중교통: U-bahn U44번 Borsigplatz 또는 Vincenzheim 정류장
운영시간: 월~토 12:00~22:00, 일 13:00~22:00
홈페이지: www.pommes-rot-weiss-dortmund.de

포메스 로트-바이스 식당의 내부 풍경. 온통 도르트문트의 '노랑'으로 가득하다.

DO Signal Iduna Park 역의 모습. 이 곳에 내리면 바로 경기장이 보인다.

경기장에서 가장 가까운 U-bahn 역인 Stadion 역. 단, 경기 당일에 만 운영된다. 경기가 없는 날에는 Westfalenhallen 역에서 걸어가자.

경기장으로 가는 길에 짐 보관소가 마련되어 있다. 가능하면 짐은 최소화할 것을 권한다.

남쪽 스탠드 쥐트트리뷔네(Die Südtribüne)에서 펼쳐지는 팬들의 응원은 도르트문트 경기 관람의 하이라이트라 할 수 있다. 25,000여 명의 팬들이 만들어내는 퍼포먼스는 장관이다.

경기 관람
ENJOY FOOTBALL MATCH

● 경기 관람 포인트 및 주의 사항

1. 지그날 이두나 파크 주변은 매우 좁은데 경기 당일에는 수만 명의 사람들이 모인다. 그러므로 경기장에 일찌감치 도착해 축구 관람을 준비하자.

2. 경기장 주변에는 이렇다 할 식당이 없다.

3. 보루시아 도르트문트 경기의 하이라이트는 응원석에서 펼쳐지는 압도적인 응원이다. 미리 경기장에 입장해서 이 응원을 즐기도록 하자.

● 경기장 찾아가는 법

○ **교통수단**

기차 DO Signal Iduna Park 역 앞/U-bahn Westfalenhallen 또는 Theodor-Fliedner-Heim 역에서 도보 10분/Stadion 역 바로 앞(경기 당일만 운영)

가장 쉬운 방법은 도르트문트 중앙역에서 RB59번 기차를 타고 DO Signal Iduna Park 역에 내리는 것이다. 기차역에서 내리자마자 바로 앞에 경기장이 보인다. 기차를 이용하는 것이므로 유레일 패스가 유효하다면 별도의 티켓 구입이 필요 없다.

U-bahn을 이용할 경우, 경기 당일에는 Stadion 역에서 하차하면 바로 경기장 앞이다. 경기가 없는 날에 경기장을 찾을 때에는 Westfallenhallen 역 또는 Theodor-Fieldner-Heim 역에서 약 10분 정도 걸어가면 경기장을 찾아갈 수 있다.

스타디움 투어

BUNDESLIGA TEAM

스타디움 투어

홈페이지: www.eventimsports.de/
ols/bvbstadion/en/home/channel/
shop/index

〈BVB-TOUR ADRENALINVER
STÄRKT〉
운영 시간
· 월-토 10:40-20:00(마지막 투어
18:00)
· 일 10:40-19:00(마지막 투어
17:00)
· 경기일에 따라 일정 변경 및 취소
될 수 있음

〈BVB-TOUR EXPRESS〉
운영 시간
· 영어 투어: 매일 하루 1회 운영
(13:20-14:20)
· 독일어 투어: 매일 하루 4회 운영
(11:20, 12:20, 14:20, 15:20)
· 경기일에 따라 일정 변경 및 취소
될 수 있음

보루시아 도르트문트의 스타디움 투어는 소요시간에 따라 BVB-투어 아드레날린, BVB-투어 익스프레스, 이렇게 총 두 가지 프로그램으로 진행된다. 두 투어의 요금 차이가 크지 않으므로 구장의 모든 곳을 둘러볼 수 있는 BVB-투어 아드레날린에 참여하는 것이 좋다. 단, 두 투어는 각각의 특징이 있으므로 본인의 취향과 상황에 맞는 투어를 선택하도록 하자.

120분 동안 진행되는 BVB-투어 아드레날린은 독일어를 구사하는 가이드가 진행하는 투어이다. 그리고 독일어를 할 수 없는 여행자를 위해서 오디오 가이드가 별도로 제공된다. 즉, 투어는 독일어로 진행되고, 중요한 포인트에서는 오디오 가이드로 설명을 듣는 방식으로 진행된다. 그래서 꼼꼼하게 경기장을 돌아볼 수 있다는 장점은 있지만 가이드와의 소통이 어렵다는 단점이 있다. 게다가 120분이라는 시간은 다른 구단의 스타디움 투어에 비해 매우 긴 시간이다. 그러므로 독일어를 하지 못한다면 전체적으로 지루할 수 있다는 점을 참고해야 한다. 오디오 가이드에는 한국어가 포함되어 있지 않다.

60분간 짧게 진행되는 BVB-투어 익스프레스는 예약 시 독일어 또는 영어 투어를 선택할 수 있다. 그래서 영어 투어를 선택하면 영어로 직접 설명을 들을 수 있다는 장점이 있는 대신 짧은 투어이기에 일부 장소는 가볼 수 없고 하루 1회만 진행된다는 문제도 있다.

투어 티켓은 구단 팬숍에서 쉽게 구입할 수 있으나 사전에 인터넷으로 예약하면 안정적으로 투어할 수 있다. 예약 후 이메일로 제공되는 바우처를 프린트해서 바로 투어에 참여하면 된다. 또한 투어는 거의 매일 진행되지만 경기 일정에 따라 운영되지 않는 날도 있으므로 반드시 사전에 홈페이지를 통해 투어 일정을 확인하도록 하자.

스타디움 투어 매표소가 있는 BVB FanWelt 앞에는 간단한 간식거리를 파는 푸드트럭이 있다. 이곳에서 간단하게 배를 채울 수 있다.

BVB FanWelt 안에 스타디움 투어 현장 매표소가 있다. 일반적으로 현장에서 투어 티켓을 쉽게 구입할 수 있다.

● 입장료

※ 만 18세 미만, 학생 요금은 신분증 필요 / 만 5세 미만 무료

투어 종류	성인	만 18세 미만, 학생 요금
BVB-TOUR ADRENALINVERSTÄRKT	€15	€10
BVB-TOUR EXPRESS	€12	€8

스타디움 투어가 시작되는 서쪽 스탠드 출입문

투어 중에 만나볼 수 있는 스타디움의 모형

1997 UEFA 챔피언스리그 결승전의 추억

경기장 통로에서 만난 구단 레전드의 얼굴

팬들의 열정이 묻어있는 남쪽 스탠드의 스탠딩석에도 직접 가볼 수 있다.

● 투어 프로그램

BVB-TOUR ADRENALINVERSTÄRKT (BVB-투어 아드레날린, 120분)	BVB-TOUR EXPRESS (BVB-투어 익스프레스, 60분)
소요시간: 약 120분	셀프-가이드 스타디움 투어
독일어 가이드 투어 + 오디오 가이드(독일어, 영어, 네덜란드어, 폴란드어, 중국어)	독일어, 영어 가이드 투어
VIP 좌석, 스타디움 내부, 기자실, 드레싱룸, 선수 입장 터널, 벤치, 응원석 등 방문	드레싱룸, 선수 입장 터널 등을 짧게 돌아볼 수 있다.
구단 박물관 Borusseum 포함	구단 박물관 Borusseum 포함

STADIUM TOUR

스타디움 투어 주요 하이라이트

구단 팬숍의 우승 트로피들

2층에서 내려다본 경기장

VIP석에서 내려다본 시야

기자실

선수단 인터뷰 공간

분데스리가에서 가장 좁은 선수단 출입 터널

홈팀 드레싱룸

구단 박물관 'Borusseum'

HEJA
BVB
BVB

FC 샬케 04

FUSSBALLCLUB
GELSENKIRCHEN-
SCHALKE
04 E. V.

구단 소개

DIE BORUSSEN

창단연도
1904년 5월 4일

홈구장
펠틴스 아레나

주소
Arenaring 1, 45891 Gelsenkirchen

구단 홈페이지
schalke04.de/en

구단 응원가
Blau und Weiß, wie lieb ich Dich

FC 샬케 04는 독일 서북부의 작은 공업도시인 겔젠키르헨(Gelsenkirchen)을 연고로 하는 클럽으로 분데스리가에서 꾸준히 성적을 내 온 전통 있는 구단이다. 매 경기 엄청난 관중들이 경기장을 가득 채우는 인기 팀이기도 하다. 세계적으로도 흔치 않은 돔구장을 홈구장으로 쓰고 있다.

독일 리그에서 무려 7회나 우승을 차지했으나 안타깝게도 모두 분데스리가 출범 이전에 세운 기록들이다. 1958년 이후부터는 60년 이상 마이스터샬레를 들어올리지 못하고 있는 상황이지만 준우승은 여러 차례 차지하고 있으므로 강호라는 사실은 자명하다.

같은 노르트라인–베스트팔렌 주에 있는 보루시아 도르트문트와 치열한 라이벌 관계를 형성하고 있으며 두 팀이 벌이는 '레비어 더비'는 분데스리가를 대표하는 더비 중 하나다.

유럽 대회에서는 1997년에 UEFA 컵을 우승한 기록이 있다. 엔스 레만, 올라프 톤, 토마스 링케, 안드레아스 묄러, 마크 빌모츠 등의 스타들이 뛰던 시절에 인터 밀란을 꺾고 우승 트로피를 들어올렸다.

홈구장 및 연습구장

샬케 04의 홈구장 '아레나 아우프샬케'는 2005년 맥주회사 펠틴스의 명명권 계약으로 현재 '펠틴스 아레나'라는 이름으로 불리고 있다. 약 53,951석을 갖춘 큰 규모의 실내 종합 돔구장으로 독일 겔젠키르헨의 외곽에 위치해 있다. 유럽 축구계에서 흔치 않은 돔형 구장이며 경기가 없을 때에는 잔디를 통째로 밖으로 꺼내서 관리하는 독특한 시스템으로 운영되고 있다. 2004년 UEFA 챔피언스리그 결승전이 열렸던 곳이자 당시 우승팀이었던 FC 포르투의 조세 무리뉴 감독이 세계적인 감독으로 도약하는 발판을 마련한 곳이며 2006 FIFA 월드컵 때에는 8강전을 비롯해 다섯 경기의 월드컵 본선 경기를 개최하기도 했다. 리그 경기 때에는 북쪽 스탠드가 입석으로 바뀌어 홈 팬들의 응원석으로 쓰이나 국가대항전 및 유럽대항전 때에는 이곳이 모두 좌석으로 변경된다. 경기장의 모든 곳이 재생 콘크리트와 슬래그(주요 지역 산업이었던 석탄광에서 나오는 찌꺼기)로 만들어졌다. 실내 경기장인 관계로 환기시설이 많이 설치되어 있으며 지붕은 유리섬유 캔버스로 이루어진 개폐형 지붕이다.

● 홈구장

펠틴스 아레나(Veltins-Arena)			
개장일	2001년 8월 13일		
수용 인원	62,271명	**경기장 형태**	축구 전용 구장
UEFA 스타디움 등급	카테고리 4	**그라운드 면적**	105m X 68m

● 연습구장

Geschäftsstelle FC Schalke 04	
주소	펠틴스 아레나 옆
대중교통	302번 트램 VELTINS-Arena에서 도보 5분

역대 우승 기록들

**UEFA 유로파리그
(UEFA컵 시절 포함)**
1회(1997)

UEFA 인터토토컵
2회(2003, 2004)

독일 챔피언십
7회(1934, 1935, 1937, 1939,
1940, 1942, 1958)

DFB 포칼
5회(1937, 1972, 2001, 2002,
2011)

DFL 슈퍼컵
1회(2011)

예전 경기장이었던 파르크 슈타디온의 모습. 지금은 철거되어서 볼 수 없다.

펠틴스 아레나는 경기장에 설치된 관으로 경기장의 매점에 생맥주를 바로 공급하는 독특한 시스템을 갖추고 있다. 이 시스템에 대한 설명이 구단 박물관 안에 마련되어 있다.

박물관에 전시된 마이스터살레. 안타깝게도 분데스리가 출범 이전에 획득한 것이며, 출범 이후로는 마이스터살레를 들어올리지 못하고 있다.

티켓 구매 관련 팁　　　　　　BUNDESLIGA TEAM

오렌지군의 티켓 구입 TIP

티켓 구매 시에 독일어 홈페이지만
제대로 지원되기 때문에 크롬 브라우
의 독일어 ▶ 영어 번역을 이용하
면 좀 더 수월하게 과정을 마무리할
수 있을 것이다.

케 04는 축구 전용구장이다. 그래
서 어느 자리를 선택하든지 만족스러
운 시야를 감상할 수 있을 것이다.

오렌지군의 티켓 구입 TIP

비슷한 기간에 열리는 홈 경기의 잔
여석 현황을 확인해 보았다. 경기별,
등급별로 잔여석의 차이가 꽤 크다는
것을 발견할 수 있다.

● 티켓 구매 전쟁에서 어떻게 해야 살아남을까?

샬케 04의 티켓은 시즌권 소지자들에게 우선 판매 된 다음 일반 판매가 진행되고 이후 시즌권 소지자들이 티켓을 내놓는 티켓 익스체인지가 열린다. 불과 몇 년 전까지만 해도 샬케 04는 홈페이지에 영어 지원이 거의 되지 않고 신용카드 결제가 불가능한 시스템을 갖추고 있어 외국인들이 티켓을 구입하기 매우 어려운 구단이었으나, 최근에 개선되어 충분히 도전할 만해졌다.

샬케 04는 한 시즌을 둘로 나누어 전후반기로 구분한 뒤 한번에 모든 경기를 일반 판매로 판매한다. 그러므로 샬케 04의 티켓 구입을 생각하고 있었다면 지금 바로 홈페이지를 찾는 것이 좋다. 라이벌 매치가 아닌 경우에는 잔여석이 많이 남아 있을 가능성이 높다. 또한 샬케 04는 얼마 전부터 일반 판매만 가능한 블록을 설정해 놓아서 티켓 구매의 장벽이 낮아졌다.

만약 내가 원하는 경기의 티켓 잔여석이 없거나 적을 경우에는 티켓이 매진된 후 경기 약 2주 전부터 시작되는 티켓 익스체인지 기간을 노려보자. 이때부터 경기 종료까지 시즌권 소지자들이 내놓는 티켓이 꾸준히 업데이트된다. 단, 빅매치의 경우는 상황이 다를 수 있다. 이 경기들은 일반 판매 전에 매진될 때가 많고 티켓 익스체인지로 올라오는 티켓의 수 또한 매우 적을 것이다.

● 티켓 구매 전 알아야 할 사항은?

샬케 04는 항상 수요가 많은 팀이므로 만약 내가 원하는 경기의 좌석이 많이 남아있는 상황이라면 지금 당장 티켓을 구매해두는 것이 좋다. 샬케 04는 티켓 판매율이 높은 구단이라 현장 판매를 기대하기 어렵기 때문이다.

현재 해당 경기에 잔여석이 보이지 않는다면 티켓 익스체인지가 열리는 경기 2주 전까지 기다려야 하며 그때부터 홈페이지를 꾸준히 체크해 티켓이 올라오는 것을 확인해야 한다. 시즌권 소지자들이 티켓을 푸는 대로 바로 홈페이지에 업데이트되기 때문에 이때 티켓을 구입하면 된다. 단, 빅매치는 티켓 구매를 장담할 수 없으므로 이 점을 감안해 여행을 준비하자.

티켓은 대부분 우편 배송이 기본적으로 진행된다는 점을 주의하자. 단, 경기일을 며칠 앞두고 구입한 경우에는 E-ticket으로 발급되는 경우도 있다.

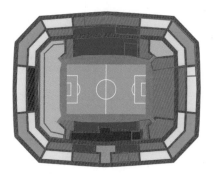

OSTTRIBÜNE

NORDTRIBÜNE

SUDTRIBÜNE

WESTTRIBÜNE

※ 분데스리가 홈 경기 기준 가격, 바이에른 뮌헨, 보루시아 도르트문트와의 경기는 10유로 추가

※ 빨간색 테두리의 경우 시즌권 소지자는 선택이 불가능하고 멤버십/일반 판매만 가능

Tier	Cost
1등석(파란색)	€52
2등석(초록색)	€41.5
3등석(노란색)	€31
4등석(하늘색)	€26
5등석(응원석, 스탠딩석)	€15.5

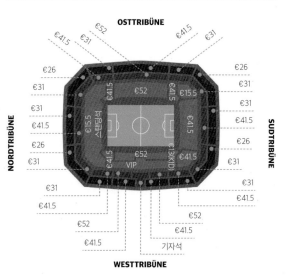

챔피언스리그, 유로파리그, DFB 포칼 등의 컵 대회는 별도의 가격이
지정된다.

오렌지군의 티켓 구입 TIP

티켓 관련 문의사항이 있을 때
에는 연습구장 옆에 있는 S04-
ServiceCenter에 찾아가도록 한다.
경기 당일에는 일단 주변에 있는 직
원들에게 문의해보고 조언에 맞춰 처
리를 받는 것이 좋다.

S04-ServiceCenter
운영시간: 월-금 09:00-18:00, 토
09:00-14:00, 일요일 휴무

FC 샬케 04
FUSSBALLCLUB GELSENKIRCHEN-SCHALKE 04 E. V.

티켓 구매 프로세스
FC 샬케 04 홈페이지에서 티켓을 구매하는 방법

STEP 01 | FC 샬케 04 홈페이지 접속

샬케04 홈페이지(https://store.schalke04.de)에 접속하면 온라인 스토어를 방문할 수 있다. 아직 영어 홈페이지가 완벽하지 않은 관계로 티켓 구입은 독일어 홈페이지로 진행하는 것이 좋다. 우선 회원 가입 및 로그인부터 완료해야 한다. 회원 가입은 홈페이지 우측 상단의 Mein Konto를(❶) 클릭하면 가능하다.

STEP 02 | 인터넷 티켓 판매 홈페이지 연결

Mein Konto의 화면에서 계정이 있는 경우에는 계정 정보를 입력한 뒤 ANMELDEN을(❶) 클릭하며, 계정이 없는 경우에는 JETZT REGISTRIEREN 버튼을(❷) 클릭해 새 계정을 만든다.

STEP 03 | 개인 정보 입력

개인정보를 입력하는 화면을 만날 수 있다. 여기서는 독일어로 진행하는 것이 불편하므로 화면 상단의 국기 아이콘을 클릭해 영어로 바꾸고 가입 절차를 진행한다. 그 후에 로그인까지 끝낸다. 국가는 Südkorea를 선택하면 된다.

STEP 04 | TICKETS 클릭

로그인한 다음 메인 화면으로 돌아와서 독일어로 홈페이지를 다시 바꾼다. 메인 메뉴의 TICKETS에 마우스 커서를 대면 하위 메뉴가 활성화된다. Schalke 04 Speile ⇒ Heimspiele를 선택하자. UEFA 챔피언스리그 경기를 관람하고자 할 때에는 UEFA Champions League를 선택하며 두 메뉴 모두 과정은 같다.

STEP 05 | 경기 티켓 확인

화면상에 앞으로 예정된 경기의 티켓들을 볼 수 있다. 이 중에서 내가 원하는 경기를 선택하도록 하자.

STEP 06 | 블록 선택

해당 경기의 현재 잔여석을 화면을 통해 확인할 수 있다. 음영 처리된 블록은 잔여석이 없는 부분이므로 밝게 표시되어 있는 블록들 중에서 선택하면 된다.

STEP 07 | 세부 좌석 배치도 확인

블록을 선택하면 해당 블록의 세부 좌석 배치도가 표시된다.
여기에서 사람이 앉아있지 않은 자리가 빈 자리이고, 현재 선
택할 수 있는 자리이다.

STEP 10 | 티켓 정보 확인

최종적으로 내가 선택한 좌석과 티켓 가격이 맞는지 확인한
다. Zwischensumme는 티켓 가격, Versand는 우편 배송비
를 의미. Gesamtsumme가 내가 지불해야 할 최종 금액이다.
확인 후 ZUR KASSE 버튼을(①) 클릭한다.

STEP 12 | 티켓 구입

최종적으로 전체 내용을 확인하고 티켓 구입 과정을 마무리
한다. 내가 티켓을 배송 받을 주소를 확인하고, Zahlung und
Versand 옵션을(①) 확인한다. Versand는 우편 배송을 의미
하며 만약 경기일을 며칠 앞두고 구매에 성공한 경우에는 현
지 수령 또는 E-ticket 등의 다른 방법이 가능하다. 모든 내용
을 확인한 후 ZAHLUNGSPELICHTIG BESTELLEN 버튼을
(②) 클릭해 티켓 구입 과정을 마무리한다. 티켓의 배송기간
은 구단에서 약 3~5일 정도 걸린다고 안내한다. 만약 여러 이
유로 티켓을 받지 못했다면 구입 시 사용한 신용카드, 컨펌 메
일, 여권 등을 지참하여 구단 매표소를 방문해 조치를 받도록
하자.

STEP 08 | 좌석 선택

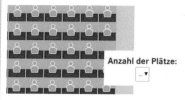

해당 좌석을 클릭하면 Anzahl der Plätze라는 글자를 만날
수 있다. 원하는 수만큼의 티켓을 고르자.

STEP 09 | 장바구니에 넣기

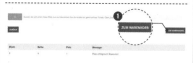

내가 선택한 좌석이 안내되고 있는 화면이 나타난다. ZUM
WARENKORB 버튼을(①) 클릭해 좌석을 장바구니에 넣자.

STEP 11 | 결제 수단 선택

결제 수단을 선택해야 한다.
우리가 활용할 수 있는 방
법은 신용카드(Kreditkarte)
와 페이팔(PayPal)이다. 신
용카드를 쓰고자 한다면
Kreditkartennummer에 카
드 번호, Karteninhaber
에 신용카드 소유자 이름,
Ablaufdatum에 유효기간,
kartenprüfnummer에 카드 뒷면의 CVC 코드 3자리를 넣고
다음 단계를 진행한다.

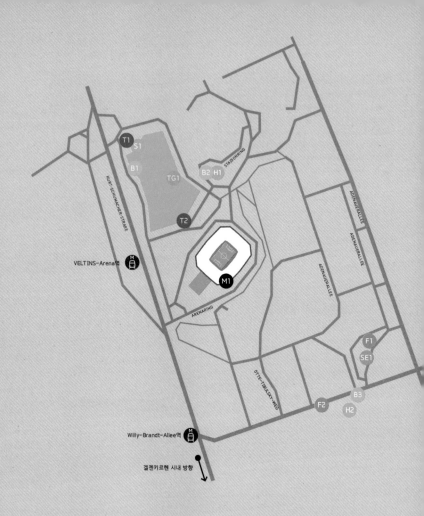

B1	Charly's Schalker Ernst-Kuzorra-Weg 1, 45891 Gelsenkirchen	★★★★✦
B2	Bistro AufSchalke Parkallee 1, 45891 Gelsenkirchen	★★★★
B3	Bratwurst-Arena am Roller Markt - Die scharfe Wurstbude Willy-Brandt-Allee 66, 45891 Gelsenkirchen	★★★✦

VELTINS-ARENA

**FUSSBALLCLUB GELSENKIRCHEN-
SCHALKE 04 E. V.**

FC 샬케 04

M1   구단 박물관 & 스타디움 투어

H1   Courtyard by Marriott Gelsenkirchen

H2   Arena Hotel

SE1   아폴로 시네마

F1   맥도날드

F2   버거킹

B1   Charly's Schalker

B2   Bistro AufSchalke

B3   Bratwurst-Arena am Roller Markt

S1   구단 용품점

TG1   샬케04 연습구장

경기장으로

경기장 주변에는 볼거리가 없으므로 겔젠키르헨 여행은 시내를 중심으로 즐기는 것이 좋다. 중앙역 앞 반호프 스트라세(Bannhofstrasse)가 겔젠케르헨의 번화가이다.

샬케 04의 트레이닝 센터 한켠에 있는 공식 숍

샬케 04의 수준급 트레이닝 센터가 바로 경기장 옆에 있다. 분데스리가의 연습 시설을 한눈에 볼 수 있는 경험은 흔치 않으니 한 번쯤 돌아보도록 하자.

경기장의 Westtribune 스탠드 쪽 입구에는 팬들이 남겨놓은 메시지가 가득 적힌 벽이 있다.

○ 구단 공식용품점 ○

S04-SHOP GESCHÄFTSSTELLE(트레이닝 센터 옆)

주소: Ernst-Kuzorra-Weg 1, 45891 Gelsenkirchen
운영 시간: 월요일-금요일 09:00-18:00 / 토요일 09:00-14:00(경기 당일에는 경기 후 1시간까지 운영)

S04-SHOP INNENSTADT(겔젠키르헨 하인리히-쾨닉-광장 앞)

주소: Ahstraße 2, 45879 Gelsenkirchen
운영 시간: 월요일-금요일 09:30-18:00 / 토요일 09:30-16:00

○ 남쪽 윙에서 만나는 이동형 피치(경기가 없는 날에만 볼 수 있음) ○

아레나 아우프샬케는 개폐식 돔구장 형태로서 경기가 없는 날에는 잔디가 자라 있는 피치를 야외로 자동 이동시켜 햇볕에 잔디를 관리한다. 또한 경기장에 실내 공연이 있을 경우에도 역시 잔디를 야외에 위치시킨다. 이런 식으로 실내 돔구장을 운영하는 곳은 전 세계 총 4곳뿐으로 일본 삿포로의 삿포로돔, 미국 애리조나의 피닉스 대학 경기장, 네덜란드 아른헴의 헬레돔이 이에 속한다. 이 독특한 구조의 피치를 만나려면 반드시 경기가 없는 날에 방문해야 한다. 경기 당일에는 이 잔디가 경기장 안으로 들어가게 되고, 잔디가 있던 자리는 주차장으로 변신하기 때문이다.

경기 관람
ENJOY FOOTBALL MATCH

BUNDESLIGA TEAM

SchönerTagTicket NRW 티켓으로도 트램을 이용할 수 있다. 즉, 유효한 이 티켓을 소지하고 있다면 별도의 트램 티켓 구입이 필요 없다.

● 경기 관람 포인트 및 주의 사항

1. 경기장이 매우 크고 주변 부지가 넓은 편이다. 그러므로 여유 있게 찾아가야 경기 관람에 무리가 없다.

2. 주변에는 사실상 경기장 외에 아무것도 없다. 겔젠키르헨도 매우 작은 도시여서 볼거리가 부족하니 경기장 방문과 경기 관람에 집중하는 것이 좋다.

3. 겔젠키르헨은 도시 자체가 작아 숙소가 부족하다. 그래서 인근 도시에 숙소를 잡고 방문하는 팬들이 많은데 이런 경우에 밤 경기를 봤다면 숙소로 돌아가는 데 곤란한 상황이 발생할 수 있으니 이용할 교통수단의 시간을 미리 체크해둬야 한다.

트램 티켓은 역 또는 트램 안에 설치된 기계를 통해 구입할 수 있다. 안정적인 여행을 위해 탑승 전에 미리 구입하는 것이 좋다. 종이 티켓은 역과 트램 안에 설치된 각인기에 티켓을 넣어서 반드시 각인을 해야 유효하니 주의하자.

● 경기장 찾아가는 법

○ 교통수단
겔젠키르헨 중앙역에서 Buer Rathaus 방향 302번 트램을 타고 VELTINS-Arena 역 하차

○ 이동시간
시내에서 약 30분

한 플랫폼에 여러 노선의 트램이 들어오므로 302번 Buer Rathaus 방향으로 가는 트램인지 확인하고 탑승해야 한다.

대중 교통으로 경기장을 찾아가는 유일한 방법은 U-bahn이다. 겔젠키르헨 중앙역에서 Buer Rathaus 방향으로 가는 302번 U-bahn 트램에 탑승해 약 30분 정도 이동하면 경기장이 있는 VELTINS-Arena로 이동할 수 있다. 트램은 약 30분 간격으로 배차되니 시간적 여유를 가지고 경기장에 찾아가는 것이 좋다.

스타디움 투어
홈페이지: schalke04.de/en/the-
veltins-arena-2/veltins-arena-
tour

투어 일정 확인
schalke04.de/veltins-arena/
stadionfuehrung/arena-tour/
termine-arena-touren/

구단 박물관으로 향하는 계단

구단 박물관에서는 크기가 작은 기념
품들도 판매한다.

레알을 떠나 샬케 04에서도 영웅이
되었던 라울 곤잘레스의 유니폼을 박
물관에서 만날 수 있다.

멀티미디어 콘텐츠를 통해 구단 레전
드들도 만나볼 수 있다.

스타디움 투어

BUNDESLIGA TEAM

펠틴스 아레나를 약 75분 동안 가이드와 함께 돌아보게 된다. 선수단 출입 터널, 홈 팀의 드레싱룸, 호스피탈리티 좌석, 기자실, 각 스탠드 좌석 등을 볼 수 있다. 이 스타디움 투어 요금에는 구단 박물관 입장료도 포함되어 있다. 스타디움 투어를 통해 축구계에서는 흔치 않은 대형 돔구장 곳곳을 돌아볼 수 있는 기회가 제공된다. 영어가 가능한 가이드가 배치된다.

단, 스타디움 투어가 항상 진행되는 것은 아니기 때문에 미리 구단 홈페이지에서 일정을 확인하는 것이 매우 중요하다. 또한 현장 구매가 불가능하므로 반드시 사전 예약을 해야 한다. 문제는 예약 과정이 쉽지 않다는 점이다. 다른 구단과 달리 인터넷 예매를 지원하지 않기 때문에 전화 또는 이메일로 예약 신청을 해야 하는 불편함이 있다. 그러므로 샬케 04의 스타디움 투어를 보고자 한다면 일찌감치 이메일로 문의하자. 구단 박물관은 역사적인 아이템들을 알차게 전시하고 있지만 영어 설명이 제대로 되어 있지 않다는 점이 아쉽다.

● 입장료

투어 종류	성인	만 21세 미만
스타디움 투어	€9	€5

STADIUM TOUR
스타디움 투어 주요 하이라이트

창문으로 바라본 펠틴스 아레나

창단 초기의 사진 자료들

샬케 04 열성팬의 방

레전드 올라프 톤의 유니폼

뮌헨

MÜNCHEN

독일 남부를 대표하는 대도시
바이에른 뮌헨의 고향

뮌헨으로 가는 길

프랑크푸르트에서 출발: ICE 기차 프랑크푸르트 ▶ 뮌헨(약 3시간 15분 소요 / 약 1시간 간격 배차)

쾰른에서 출발: ICE 기차 쾰른 ▶ 뮌헨(약 4시간 30분 소요 / 약 2시간 간격 배차)

함부르크에서 출발: ICE 기차 함부르크 ▶ 뮌헨(약 6시간 소요 / 약 1시간 간격 배차)

> **뮌헨 국제공항**

바이에른 지역의 대표 공항으로 뮌헨 시내에서 약 28.5km 떨어져 있다. 독일의 루프트한자가 인천과의 직항 노선을 운영하고 있고, 대한항공도 때에 따라 직항편을 운영한다.

주소: Nordallee 25, 85356 München
홈페이지: www.munich-airport.com
대중교통: S-bahn 기차 S1, S8번 S-Bahnhof Flughafen München 역 / 루프트한자 공항 버스 뮌헨 중앙역 출도착
시내 이동 비용(성인 기준, 단위 €-유로)
S-bahn 기차 편도-11.6(약 40분 소요)
루프트한자 공항 버스-편도: 11 / 왕복: 18(약 40분 소요)

뮌헨 Inneraum 종일권 1일권

● 도시 소개

바이에른 주의 최대 도시. 북부에 비해 따뜻한 기후로 여행하기에도 매우 좋은 곳이다. 신 시청사를 중심으로 주요 관광지가 모여 있어 도보 여행도 용이하고, 대중교통이 잘 정비되어 있어 시 중심은 물론 외곽 지역으로의 여행을 하기에도 편리하다. 축구 여행자들에게는 알리안츠 아레나와 올림피아 슈타디온이 있는 도시로 유명하다.

● 도시 내에서의 이동

구 시가지만 본다면 도보로 충분하나 경기장이나 외곽 지역을 가려면 대중교통을 이용해야 한다. 뮌헨은 1회권이 비싸므로 종일권을 구입해 여행 일정에 맞춰 이용하는 것이 합리적이다. 뮌헨의 축구장은 주로 U-bahn을 이용해야 찾아갈 수 있으므로 참고하자.

○ 뮌헨 대중교통 요금 안내(단위 €-유로)

1회권	1존 2.9/2존 5.8/3존 8.7/4존 이상 11.6
종일권 Inneraum	1일 6.7/3일 16.8/1일(2~5인) 12.8/3일(2~5인) 29.6
종일권 XXL	1일 8.9/1일(2~5인) 16.1

● 숙소 잡기

뮌헨 중앙역 주변에 호스텔 및 호텔들이 즐비하다. 중앙역에서 구 시가지까지 도보로 이동 가능하므로 중앙역 주변에 숙소를 잡는 것이 무난하다.

● 추천 여행 코스 - 4일간

1일차: 중앙역-카를 광장-마리엔 광장-빅투알리엔 시장-막스 요세

프 광장-호프브로이하우스-레지덴츠-호프가르텐

2일차: 올림피아 슈타디온 관람-올림픽 공원 관람-BMW 박물관 관람-경기 관람(바이에른 뮌헨 홈)-알리안츠 아레나 야경 관람

3일차: 다하우 강제 수용소-님펜부르크 궁전

4일차: 뮌헨 시내 여행 및 일정 마무리

○ 역사만큼이나 가볼 곳도 많은 곳

뮌헨 시내와 외곽에 볼 것이 많고 축구 관련 관광지도 알리안츠 아레나의 야경과 스타디움 투어, 올림피아 슈타디온 등이 있어 약 3박 4일 정도의 일정이 필요하다. 뮌헨 시내만 본다면 2박 3일 정도로 줄여도 좋다. 아우크스부르크가 가까이 있으니 당일치기로 다녀오는 것도 좋은 방법.

● 올림피아 슈타디온(Olympiastadion)

바이에른 뮌헨이 현재 홈구장인 알리안츠 아레나가 완공되기 전까지 사용했던 홈구장. 바이에른 뮌헨의 화려한 역사를 함께한 곳인 만큼 축구 여행자들에게는 필수 코스이다. 1972 뮌헨 올림픽, 1974 서독 월드컵의 개최 경기장이기도 하다.

홈페이지: www.olympiapark.de/en/tours-sightseeing

● 그륀발더 슈타디온(Grünwalder Stadion)

1911년에 완공된 축구 전용 경기장이며 뮌헨을 대표하는 두 팀의 초기 역사를 고스란히 담고 있다. 현재는 TSV 1860 뮌헨이 이곳으로 옮겨서 홈구장으로 사용하고 있다.

홈페이지: new.gruenwalder-stadion.com

● 뮌헨 비행기 참사의 장소(맨체스터 광장)

1958년 2월 6일 맨체스터 유나이티드의 선수단이 탑승한 비행기가 이륙에 실패하여 23명이 목숨을 잃은 참사가 있었다. 이 참사의 장소에 추모비와 십자가가 마련되어 있다.

독일 각지로 향하는 기차 편이 운영되는 대형 기차역으로, 대부분의 관광지가 주변에 자리하고 있어 기차를 타지 않더라도 자연스럽게 만나는 곳이다. 뮌헨 도보 여행의 시작이자 끝이라고도 할 수 있는 곳이다.

주소: Bahnhofplatz, 80335 München
대중교통: S-bahn S1~S8라인, U-bahn U1, U2, U4, U5, U7, U8라인 Hauptbahnhof 역 | 트램 16, 17, 18, 19, 20, 21, 22, 27, N17, N19, N20번

뮌헨 중앙역의 모습

올림피아 슈타디온
주소: Spiridon-Louis-Ring 27, 80809 München
대중교통: U-bahn U2, U3, U8호선 Olympiazentrum 역에서 도보 15분
운영시간: 매일 주간 시간대(계절마다 시간이 다르므로 홈페이지 확인 필요)
요금: 성인 €3.5, 만 16세 미만 €2.50, 만 6세 미만 무료

그륀발더 슈타디온
주소: Grünwalder Str. 2-4, 81547 München
대중교통: U-bahn U2, U7, U8호선 Silberhornstraße 역에서 도보 10분. 트램 15, 25, 54, 602번 Tegernseer Landstraße 하차

맨체스터 광장
주소: Manchesterpl., 81829 München
대중교통: S-bahn S3, S4, S6번 München-Trudering 역에서 도보 15분. U-bahn U2라인 Trudering, Moosfeld 역에서 도보 15분

FC 바이에른 뮌헨

FUSSBALL-CLUB
BAYERN
MÜNCHEN E. V.

구단 소개

DIE BAYERN

창단연도
1900년 2월 27일

홈구장
알리안츠 아레나

주소
Werner-Heisenberg-Allee 25,
80939 München, Bundesrepublik
Deutschland

구단 홈페이지
fcbayern.com/en

구단 응원가
Stern des Südens

독일 최고의 클럽 바이에른 뮌헨은 독일 축구 팬의 절반이 이 구단의 팬이라고 할 정도로 전 국민의 사랑을 받는 '국민 클럽'이며 원정을 가면 원정 경기장의 좌석까지 꽉 채우는 전국구 클럽이다. 2017년 기준으로 4,237개의 공식 팬클럽 및 29만여 명의 팬클럽 회원을 두고 있을 정도로 인기가 높다. 인기 만큼이나 뛰어난 성적을 거두고 있는데, 독일 축구리그, DFB 포칼, 리가 포칼, DFL 슈퍼컵에 이르기까지 독일 최다의 우승 기록을 갖고 있다.

바이에른 뮌헨은 1970년대 '카이저' 프란츠 베켄바우어의 시대 때부터 화려한 성공의 역사가 시작됐는데 1974–1976년에 걸쳐 유럽컵 3연패를 달성하며 전성기를 보낸 후 지금까지도 독일 내에서뿐만 아니라 유럽 내에서도 최고의 클럽으로서 당당히 자리하고 있다. 2012–2013 시즌에는 UEFA 챔피언스리그, 독일 분데스리가, DFB 포칼에서 모두 우승을 거머쥐면서 '트레블'을 달성했고 매년 가장 강력한 UEFA 챔피언스리그 및 분데스리가 우승 후보로 평가되고 있다.

홈구장 및 연습구장

바이에른 뮌헨의 홈구장 '알리안츠 아레나'는 2006 FIFA 독일 월드컵 개최를 위해 새로 지은 경기장으로서 독특한 외관 때문에 완공 전부터 화제를 모았으며 현대식 경기장들 중에서는 으뜸가는 아름다움을 자랑하고 있다. 독일에서 열린 월드컵의 개막전 경기장으로 사용됐고 완공 이후 바이에른 뮌헨과 TSV 1860 뮌헨이 함께 홈구장으로 사용했으나 2017-2018 시즌부터 TSV 1860 뮌헨이 다른 작은 경기장으로 홈 경기장을 사용하게 되면서, 현재는 바이에른 뮌헨이 단독으로 경기장을 쓰고 있다.

독특한 외모로 '고무보트(Schlauchboot)'라는 애칭을 갖고 있는 알리안츠 아레나는 약 75,000여 석을 갖춘 큰 경기장으로 세계적인 보험 금융 그룹인 알리안츠 그룹이 명명권을 구매하면서부터 알리안츠 아레나라는 이름으로 불리게 됐다. 하지만 FIFA 및 UEFA는 이런 명명권 계약을 허용치 않고 있기 때문에 이들이 개최하는 대회에서는 다른 이름을 사용한다. 월드컵 당시에는 뮌헨 월드컵 경기장이라 불렀고 그 이후에는 '푸스발 아레나 뮌쉔(Fussball Arena München)'이라고 표기하고 있다.

● 홈구장

알리안츠 아레나(Allianz Arena)			
개장일		2005년 5월 30일	
수용 인원	75,000명	**경기장 형태**	축구 전용 구장
UEFA 스타디움 등급	카테고리 4	**그라운드 면적**	105m X 68m

● 연습구장

Säbener Straße	
주소	Säbener Straße 51-57, 81547 München
대중교통	U-bahn U1호선 Wettersteinplatz역에서 하차하여 도보 5분, 또는 U1호선 Mangfallplatz 역에서 도보 10분

역대 우승 기록들

UEFA 챔피언스리그 (UEFA 챔피언스컵 포함)
5회(1974, 1975, 1976, 2001, 2013)

UEFA 유로파리그 (UEFA컵 포함)
1회(1996)

UEFA 컵 위너스 컵
1회(1967)

UEFA 슈퍼컵
1회(2013)

인터콘티넨털컵
2회(1976, 2001)

FIFA 클럽 월드컵
1회(2013)

분데스리가
29회(1932, 1969, 1972, 1973, 1974, 1980, 1981, 1985, 1986, 1987, 1989, 1990, 1994, 1997, 1999, 2000, 2001, 2003, 2005, 2006, 2008, 2010, 2013, 2014, 2015, 2016, 2017, 2018, 2019)

DFB 포칼
19회(1957, 1966, 1967, 1969, 1971, 1982, 1984, 1986, 1998, 2000, 2003, 2005, 2006, 2008, 2010, 2013, 2014, 2016, 2019)

DFL 슈퍼컵
7회(1987, 1990, 2010, 2012, 2016, 2017, 2018)

가까이에서 본 알리안츠 아레나의 외관. 무늬가 매우 독특하다.

티켓 구매

오렌지군의 티켓 구입 TIP

각 경기마다 티켓 익스체인지가 시작되는 날짜의 편차가 큰 편이다. 그렇기 때문에 구단 홈페이지를 꾸준히 체크해서 판매 여부를 확인하는 것이 매우 중요하다.

〈바이에른 뮌헨 : 마인츠 05〉의 경기를 약 20일 앞두고 티켓 구매에 도전해봤다. 꽤 많은 티켓이 티켓 익스체인지에 올라와 있다는 것을 확인할 수 있었다.

오렌지군의 티켓 구입 TIP

www.fcbayerntours.de/en
바이에른 뮌헨의 티켓+호텔 패키지 상품 판매

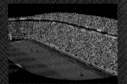

알리안츠 아레나는 FIFA 월드컵을 개최한 축구 전용구장인 만큼 어느 자리에 앉아도 만족도가 높은 편이다.

티켓 구매 관련 팁 BUNDESLIGA TEAM

● 티켓 구매 전쟁에서 어떻게 해야 살아남을까?

바이에른 뮌헨은 독일 내에서 티켓을 구매하기 가장 어려운 구단이지만 방법이 아예 없는 것은 아니다. 시즌 전에 진행되는 '추첨' 절차를 통해 티켓이 당첨되는 방법, 일반 판매로 티켓을 구매하는 방법 그리고 티켓 익스체인지를 통해 티켓을 구매하는 방법, 구단이 판매하는 티켓+호텔 패키지를 구매하는 방법이 있다.

시즌 개막 전에 시즌권 소지자들에게 티켓 판매를 우선적으로 진행하며 이후 티켓 추첨 신청을 받는다. 대체로 이 과정에서 한 시즌의 티켓이 매진된다. 즉, 추첨을 통한 티켓 구입은 사실상 시즌 개막 전에 여행을 준비할 때만 가능하다. 그러므로 추첨 이후에 리그 경기가 일반 판매되는 상황은 사실상 없다고 봐야 한다. 일반 판매가 되는 경기는 주로 시즌 개막 전 친선 경기 또는 DFB 포칼의 관심도가 낮은 경기 정도다.

현실적으로 우리가 도전해볼 수 있는 수단은 티켓 익스체인지일 확률이 높다. 티켓 익스체인지도 구단 멤버십 가입자들에게 우선권이 주어져 있고 티켓 익스체인지가 일반 판매로 전환되는 것은 보통 경기 최소 며칠~2주 전이다. 이때 시즌권 소지자들이 수십, 수백여 장 정도의 잔여석을 내놓는다. 특성상 티켓 잔여 상황은 경기 몇 시간 전까지 계속 업데이트된다. 단, 일반 판매가 모든 경기에서 보장되지는 않는다는 것을 주의해야 한다.

● 티켓 구매 전 알아야 할 사항은?

결국 티켓 익스체인지를 노려야 할 가능성이 높을 것이다. 티켓 익스체인지는 유료 멤버십 가입자에게 우선권이 주어지므로 멤버십 가입도 검토해볼 만하지만 성인 기준으로 60유로나 되는 가입비는 부담스럽고 가입 절차도 타 구단에 비해 까다로운 편이다. 그러므로 경기 2~3일 전에 풀리는 티켓 익스체인지에 도전해야 한다. 그러므로 홈페이지를 수시로 확인해서 오픈할 때를 기다렸다가 구입에 도전하는 게 확률이 가장 높으니 미리 준비하도록 한다. 그러나 구단은 유료 멤버십 가입 후 티켓 익스체인지에 도전할 것을 권하고 있기 때문에 이 방법이 티켓 구입을 무조건 보장하지 않는다는 것을 주의해야 한다.

만약 이런 티켓 구입 방식이 부담스럽다면 구단에서 판매하는 티켓+호텔 패키지도 검토해보자. 티켓 구입에 대한 걱정 없이 여행을 준비하는 또 다른 방법이다. 하지만 호텔이 포함된 만큼 가격이 비싸며 원하는 좌석을 선택할 수 없다는 단점이 있다.

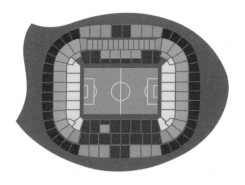

좌석 등급	티켓 가격(분데스리가 / UEFA 챔피언스리그)
1등석(붉은색)	€70/100
2등석(주황색)	€60/80
3등석(연두색)	€45/60
4등석(파란색)	€35/50
5등석(노란색, 스탠딩석)	€15/30

만 13세 이하, 장애인, 만 65세 이상은 50% 할인을 받을 수 있다.

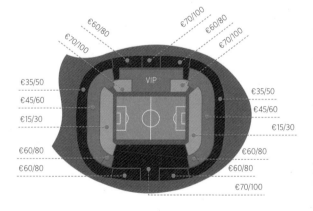

위의 가격은 분데스리가 및 UEFA 챔피언스리그 기준의 가격이며,
DFB 포칼의 경우는 별도의 가격이 책정될 수 있다는 점을 참고하자.

오렌지군의 티켓 구입 TIP

티켓 배송 및 예약 수수료
〈종이 티켓 – DHL 배송료 및 수수료〉
독일 내 €5, 국제 €10 + 예약 수수료
€2–8

〈Print@Home 티켓〉
예약 수수료 €2–8

본부석 반대편 2층에서 내려다본 시야

1층 골대 쪽 앞자리에서 바라본 시야

2층 골대 쪽 자리에서 바라본 시야

FC 바이에른 뮌헨 경기 티켓을 구매하는 3가지 방법

티켓 추첨을 통한 티켓 구매 방법 · 일반 판매를 통한 티켓 구매 방법 · 티켓익스체인지를 통한 티켓 구매 방법

FC 바이에른 뮌헨
FUSSBALL-CLUB BAYERN MÜNCHEN E. V.

티켓 구매 프로세스 1
티켓 추첨을 통해 티켓을 구매하는 방법

STEP 01 | 바이에른 뮌헨 홈페이지 접속

바이에른 뮌헨 홈페이지(https://fcbayern.com/en/tickets)에 접속하면 티켓 구입 방법을 선택할 수 있다. 이 중에서 Ticket Application이 티켓을 신청한 후 추첨을 통해 당첨되면 구입에 도전할 수 있는 방법이다. Ticket Application을 클릭해 보자.

STEP 02 | 추첨 신청 가능 여부 확인

일반적으로 분데스리가의 모든 리그 홈 경기는 시즌 개막 전에 이 추첨 신청을 받는다. 그리고 빠른 시간 안에 신청이 모두 끝난다. 리스트의 경기들 중에 Overbooked는(①) 이미 신청 가능 인원이 초과되어 신청할 수 없는 경우다. please login이(②) 활성화되어 있는 경기는 추첨 신청이 가능하다.

STEP 03 | 로그인

로그인하면 현재 티켓 추첨을 신청할 수 있는 경기에는 CREATE INQUIRY라는(①) 버튼이 활성화된다. 이 버튼을 클릭한다.

STEP 04 | 좌석 배치도 확인

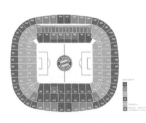

알리안츠 아레나의 좌석 배치도를 확인 가능하다. 추첨 시에는 특정 좌석을 선택할 수 없고, 카테고리(등급)만 선택이 가능하며, 이 카테고리 안에서 랜덤으로 좌석이 정해진다.

STEP 05 | 카테고리 선택

배치도를 통해 티켓을 확인했다면 원하는 카테고리를 선택하도록 하자. 여기서 티켓 가격이 안내되니 가격까지 체크한 다음 원하는 카테고리의 MORE를(①) 클릭한다.

STEP 06 | 원하는 티켓 수 선택

카테고리를 클릭하면 원하는 티켓의 수를 택할 수 있다. 티켓 수를 적고 TO THE CART 버튼을(①) 클릭한다.

STEP 07 | 경기 및 카테고리 확인

쇼핑 카트에 들어가 내가 선택한 경기와 카테고리가 맞는지 확인한다. full price는(❶) 성인 기준 가격이므로 일행 중에 할인 대상 연령이 있다면 감안해 선택하도록 하자. CHECK OUT 버튼을(❷) 클릭한다.

STEP 08 | 티켓 배송 옵션 및 결제

신용카드 정보 및 티켓 배송 옵션을 선택한다. 국제 특급 우편 배송인 DHL Europaket과 Print@Home을(❶) 선택할 수 있다. Print@Home은 메일로 받은 PDF를 바로 인쇄해 입장하는 방식이므로 이 방식을 권장한다. 모바일 티켓도 선택할 수 있다.

STEP 09 | 추가 수수료 확인

티켓 발급 수수료를 여기서 확인할 수 있다. 이 수수료가 추가된 금액이 실제 지불해야 할 금액이다. DHL 배송 옵션을 선택할 경우 우리나라는 추가 배송료가 발생하므로 이 점을 꼭 확인해야 한다.

STEP 10 | 추가 옵션

마지막으로 추가 옵션을 볼 수 있는데 I Want Alternatives는 만약 내가 선택한 카테고리에서 당첨되지 못할 경우, 잔여석이 있는 다른 카테고리를 자동으로 배정해주는 옵션이다. Agree With Single Seat Booking은(❶) '여러 장의 티켓을 함께 신청한 경우, 좌석이 연석이 아닌 따로 떨어진 좌석을 배정해도 괜찮냐'는 질문이다. 이 두 가지 옵션을 확인했다면 NEXT 버튼을 클릭한다.

STEP 11 | 신청 완료

Invoice overview
Tickets

Tageskarte / Pos. 1	
Event series:	Bundesliga 2018/19
Event:	FC Bayern München - Bor. Mönchengladbach
Pricelevel:	Kategorie 1
Price category:	70.00 €

Fees

VVG Bundesliga Sitzplatz	1.00 €
Systemgebühr	5.00 €

Overall

Total	76.00 €

Confirmation

I affirm the correctness of my entries and I am agree with the GTCs.
The affirmation of this reservation is final and it is not possible to revoke them.

신청이 완료되면 해당 이미지와 같은 인보이스를 받을 수 있다. 이 금액이 최종적으로 내가 지불해야 할 금액이라는 것을 참고하자. 티켓 추첨 결과는 추후 이메일로 통보한다. 당첨되면 티켓을 메일로 배송받게 된다.

FC 바이에른 뮌헨
FUSSBALL-CLUB BAYERN MÜNCHEN E. V.

티켓 구매 프로세스 2
일반 판매를 통해 티켓을 구매하는 방법

STEP 01 | 바이에른 뮌헨 홈페이지 접속

바이에른 뮌헨 홈페이지(https://fcbayern.com/en/tickets)에 접속하면 티켓 구입 방법을 선택할 수 있다. 이 중에서 일반 판매가 되는 경기의 티켓은 Online-Ticketing에서 진행되므로 이 부분을 클릭한다.

STEP 02 | 판매 예정인 티켓

화면상에서 현재 판매 예정인 경기 티켓이 안내되고 있다. 일반 판매로 티켓 구입이 가능한 경우에는 해당 경기의 buy online – login이라는(❶) 글자가 보인다. 일반적으로 바이에른 뮌헨은 시즌 개막 전 친선 경기나 DFB 포칼의 관심도가 떨어지는 경기 정도가 일반 판매 되므로 이 점은 참고하도록 하자.

STEP 03 | 바이에른 뮌헨 홈페이지 접속

로그인하면 해당 경기의 BUY ONLINE 버튼이(❶) 활성화된다. 해당 버튼을 클릭한다.

STEP 04 | 신용카드 정보 입력

아직 계정상에 신용카드 정보가 입력되지 않은 상태라면 해당 창에서 결제할 신용카드 정보를 입력한다. 그리고 SAVE 버튼을(❶) 클릭한다.

STEP 05 | 좌석 배치도 확인

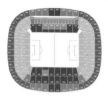

알리안츠 아레나의 좌석 배치도를 만날 수 있다. 배치도에서 내가 원하는 좌석의 위치를 고려해 원하는 블록을 선택한다.

STEP 06 | 좌석 선택

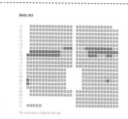

선택한 블록이 확대되며 현재 잔여석을 확인할 수 있다. 화면상에 녹색으로 표시된 좌석이 선택 가능한 좌석이다. 원하는 수만큼 좌석을 선택하도록 하자.

STEP 07 | 옵션 선택

Best place choice

Please choose a position in which your tickets shall be placed
Kategorie 1

Quantity of tickets
1

ADD TICKETS

back

또는 위 이미지처럼 해당 카테고리만 선택할 수 있는 경기 또는 옵션도 있을 것이다. 이 옵션들을 상황에 맞게 잘 선택한 후 TO THE CART 버튼을(❶) 클릭한다.

STEP 08 | 경기 및 티켓 정보 확인

Shopping cart
Tickets

DELETE ALL TICKETS

Topspiele · Pos. 1
Event series: Freundschaftsspiele 2018-19
Event: FC Bayern München - Manchester United FC
Seat information: Block 003, Row 17, Seat 3
Price/level: Kategorie
Price category:

❶

back

쇼핑 카트에서 내가 원하는 경기와 카테고리 및 좌석, 티켓 번호가 맞는지 확인한다. full price는(❶) 성인 기준 가격이다. CHECK OUT 버튼을(❷) 클릭하면 다음 단계로 넘어갈 수 있다.

STEP 09 | 티켓 배송 옵션

Current credit card

VISA

Credit card*   Visa Kategorie_Veranstalter2018-2021 EUR AC

You can administrate your credit cards in 'My account'. The chargeable credit cards are available on the cashier site at once.

Mode of shipment
• Mobile Ticket
• DHL Europaket   ❶
• Print@Home (PDF)

신용카드 정보 및 티켓 배송 옵션을 선택한다. 국제 특급 우편 배송인 DHL Europaket과 Print@Home 중에서(❶) 택할 수 있다. Print@Home은 메일로 받은 PDF를 바로 인쇄해 입장하는 방식이므로 이 방식을 권장한다. 모바일 티켓도 가능하다.

STEP 10 | 추가 수수료 확인

Fee and shipping

system fee
to amount of 20 €: 2 €
from amount of 20 €: 5 €
from amount of 300 €: 6 €

print@home - no additional cost
You need Adobe Acrobat Reader to open the free Adobe Acrobat Reader DC software is the free global standard for reliably viewing pdf-documents.
Click here to download Adobe Acrobat Reader

shipping via DHL: 5 € (Germany); 15 € (all other countries)

General terms and conditions
☐ Hereby, I accept the General terms and conditions

back

❶ NEXT

티켓 발급 수수료를 여기서 확인할 수 있다. 이 수수료가 추가된 금액이 실제로 지불해야 할 금액이다. DHL 배송 옵션을 선택할 경우, 우리나라는 추가 배송료가 발생하므로 이 점을 꼭 확인해야 한다. 이 부분을 확인하고 NEXT 버튼을(❶) 클릭해 다음 단계를 진행하면 티켓 구입 과정이 완료된다.

STEP 01 | 바이에른 뮌헨 홈페이지 접속

Ticket Exchange

Buy tickets for sold-out matches direct from other fans and members.

바이에른 뮌헨 홈페이지(https://fcbayern.com/en/tickets)에 접속하면 티켓 구입 방법을 선택할 수 있다. Ticket Exchange 를 클릭하면 티켓 익스체인지를 통한 티켓 구입에 도전할 수 있다.

STEP 02 | 티켓 구입 가능한 경기 확인

티켓 익스체인지로 들어가면 해당 이미지와 같은 화면을 만날 수 있다. 리스트에 있는 경기들 중에서 tickets available, buy online – login 등의(❶) 표시가 되어 있는 경기가 현재 티켓 구입이 가능한 경기이며, Member section이라고(❷) 되어 있는 경기는 유료 멤버십 가입자들만 접근할 수 있는 경기로서 보통 경기일이 가까워지면 티켓 익스체인지를 통해 일반 판매가 시작되므로 때를 기다려야 한다.

STEP 03 | 로그인

로그인하면 현재 티켓 익스체인지로 구입 가능한 경기의 BUY ONLINE이(❶) 활성화된다. 이 버튼을 클릭한다.

STEP 04 | 좌석 배치도 확인

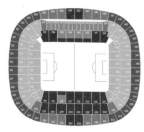

경기장의 좌석 배치도가 표시된다. 배치도의 숫자는 각 블록이므로 이 숫자를 잘 파악해 두도록 하자.

STEP 05 | 구입 가능한 카테고리 및 티켓 수

이 화면 하단에 현재 구입 가능한 카테고리와 티켓의 수가 표시된다. 이 티켓들이 내가 바로 구입할 수 있는 티켓이라고 보면 된다. 티켓의 수는 티켓 익스체인지의 특성상 경기 당일까지 업데이트된다. 즉, 잔여 좌석은 추후 늘어날 수도, 줄어들 수도 있다.

STEP 06 | 카테고리 선택

경기장의 좌석 배치도가 표시된다. 배치도의 숫자는 각 블록이므로 이 숫자를 잘 파악해 두도록 하자.

STEP 07 | 경기 및 티켓 정보 확인

해당 경기의 정보가 쇼핑 카트에서 재안내된다. 내가 원하는 경기와 좌석, 티켓 가격을 한 번 더 확인하고 CHECK OUT 버튼을(❶) 클릭한다.

STEP 09 | 옵션 확인

나머지 옵션을 확인하고 NEXT 버튼을(❶) 클릭하면 티켓 구입 과정이 마무리된다. 티켓은 추후 이메일로 지급받게 된다.

STEP 08 | 신용카드 정보 입력

신용카드 정보를 입력한다. 티켓 배송 옵션이 안내되는데, 일반 판매가 되는 티켓 익스체인지의 경우 경기를 바로 앞에 두고 진행되는 만큼 Print@Home을(❶) 제외하고는 선택할 수 있는 옵션이 없다는 점을 참고하자. 결제 이후에 티켓은 PDF 파일로 제공되며 인쇄하여 현지에서 경기장에 바로 입장하면 된다.

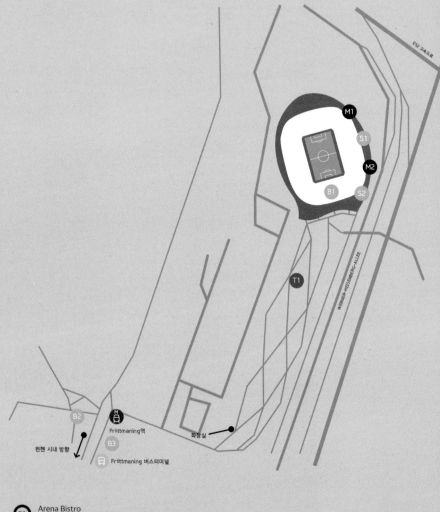

ES2 고속도로

M1
S1
M2
B1
S2

T1

WERNER-HEISENBERG-ALLEE

B2
M
Fröttmaning역

B3
회장실

뮌헨 시내 방향

Fröttmaning 버스터미널

B1	Arena Bistro Werner-Heisenberg-Allee 25, 80939 München	★★★★
B2	Haidcafe Admiralbogen 45, 80939 München	★★★★✦
B3	U-Bahn Stüberl Hans-Jensen-Weg 10, 80939 München	★★★★

ALLIANZ ARENA

FUSSBALL-CLUB BAYERN MÜNCHEN E. V.
FC 바이에른 뮌헨

M1   스타디움 투어

M2   구단 박물관

B1   Arena Bistro

B2   Haidcafe

B3   U-Bahn Stüberl

S1   알리안츠 아레나 스토어

S2   구단 용품점

오렌지군의 축구 여행 TIP

바이에른 뮌헨의 공식 용품점은 시내
곳곳에 있으므로 굳이 용품 구매를
위해 경기장을 찾을 필요는 없다. 시
내 곳곳에 숍이 자리하고 있으며 뮌
헨 공항에서도 만날 수 있다.

호프브로이하우스 인근의 바이에른
뮌헨 숍 근처에 지역 라이벌인 TSV
1860 뮌헨의 숍도 있다. 관심이 있다
면 함께 구경해 보도록 하자.

알리안츠 아레나 주변에는 볼거리가 없
다. 경기장 그 자체가 볼거리라 할 수 있
으며 건물 외관을 구경하는 것과 동시
에 스타디움 투어도 즐겨보기를 권한다.

알리안츠 아레나는 주변 공간이 매우
넓은 경기장이다. 그래서 역에 도착
해 경기장 입구까지 가는 데에 만만
치 않은 시간이 걸린다.

경기장 주변 볼거리
ENJOY YOUR TRAVEL

BUNDESLIGA TEAM

○ 구단 공식용품점 ○

MEGASTORE - ALLIANZ ARENA

주소: Ebene 3 Werner-Heisenberg-Allee 25
80939 München
운영 시간: 매일 10:00~18:30 / 경기 당일 경기
시작 2시간 30분 전~경기 후 1시간

FAN-SHOP Säbener Straße(트레이닝 센터)

주소: Säbener Straße 51-57, 81547 München
운영 시간: 월요일~금요일 09:00~18:00 / 토요일과 경기 당일 09:00~14:00

FC BAYERN FAN-SHOP(NEUHAUSERSTRASSE)

주소: Neuhauser Straße 2, 80331 München
운영 시간: 월요일~토요일 10:00~20:00

FC BAYERN FAN-SHOP(STACHUS SHOPPING AREA)

주소: 1. Untergeschoss, Karlsplatz (Stachus),
80335 München
운영 시간: 월요일~토요일 09:30~20:00

FC BAYERN FAN-SHOP(Hofbräuhaus)

주소: Orlandostraße 1, 80331 München
운영 시간: 월요일~토요일 10:00~19:00

FAN-SHOP Flughafen München(뮌헨 공항 1터미널)

주소: München Airportcenter, Zentralbereich, floor 03, 85326 Flughafen München
운영 시간: 매일 07:30~21:00

FAN-SHOP Flughafen München Terminal 2(뮌헨 공항 2터미널)

주소: Ebene 04 – Nähe Gate 30, Nordallee 25, 85356 München
운영 시간: 매일 07:30~21:00

○ 알리안츠 아레나의 야경 ○

'알리안츠 아레나에서 경기를 봤다'
로 끝나면 절대 안 된다. 만약 주간
경기를 관람했다면, 해가 질 때를 반
드시 기다린다. 바로 알리안츠 아레
나의 야경 때문. 경기가 있는 날 어
둠이 내리는 저녁시간이 될 때쯤 바

이에른 뮌헨의 홈 경기 때에는 빨간색, 독일 국가대표팀의 경기 때에
는 하얀색의 내부 조명이 경기장을 뒤덮으며 깊은 어둠 속 아름다운
자태를 뽐낸다. 마치 우주선이 내려온 듯한 독특한 분위기를 풍긴다.

○ 바이에른 뮌헨의 창설 기념비 ○

바이에른 뮌헨은 1900년 2월 27일
지금의 뮌헨 구 시가지 오데온 광
장 인근에 있었던 카페 기즐라(Cafe
Gisela)라는 이름의 카페에서 창설되
었다. 현재 이 카페는 사라졌지만, 카
페가 있던 자리에 기념비와 사인을
한 공식 문서가 남아있다.

○ 바이에른 뮌헨 트레이닝 센터(Säbener Strasse) ○

알리안츠 아레나, 올림피아 슈타디온도 구경했음에도 아직 바이에른
뮌헨에 대한 아쉬움이 느껴진다면 구단의 연습구장을 찾아보자. 비교
적 뮌헨 시내에서 멀지 않은 곳에 있고 대중교통이 잘 되어 있어서 찾
아가기가 편하다. 연습구장에 팬들을 위한 별도의 서비스센터가 마련
되어 있고 이곳에 대형 구단 스토어도 있어서 연습하는 선수들을 보
지 못하더라도 찾아볼 만한 곳이다.

바이에른 뮌헨이 예전에 사용했던 홈구장인 그륀발더 슈타디온이 이
곳에서 멀지 않으므로 함께 엮어서 구경하러 다녀오는 것도 괜찮은
방법이다.

경기 당일에 경기장 안에서 뭔가를
사 먹어야 한다면 ArenaCard는 필
로 가지고 있어야 하는데. 옥외 매표
소 및 매표소 및 경기장 안에서 구입
하고 충전할 수 있다. 또한 경기장 통
로 안에 ArenaCard의 충전 전용 자
판기도 마련되어 있다.

창설 기념비에 붙어있는 공식 문서의
사본

바이에른 뮌헨 창설 기념비
주소 : Kardinal–Döpfner–Straße
80333 München
대중교통 : U–bahn U3, U4, U5, U
호선 Odeonsplatz 역

경기장 앞에 마련되어 있는 짐 보관
소. 하지만 경기장을 찾기 전에 짐은
최소화하고 방문할 것을 권한다.

돌아올 때에는 많은 사람 인해서 역에서 U-bahn 티켓을 구입하기가 어려우므로, 돌아오는 상황까지 감안해서 대중교통 티켓을 구입하도록 하자.

경기장에 가까워지면 납작한 풍선같은 구조물이 서 있는데 매표소와 주차장의 위치를 알려주는 구조물이다. 매표소를 찾고자 한다면 이 구조물을 찾아보자.

독일 경기장에 왔는데 독일 맥주 한잔 즐기지 않을 수 없다. 알리안츠 아레나에서는 한국에서도 인기가 좋은 파울라너 생맥주를 마실 수 있다.

뜨거운 분위기로 가득찬 관중석. 그런데 이 관중석 주변은 담배 연기가 자욱할 것이다. 독일은 아직 일부 지정 블록을 제외하고는 '경기장 내 흡연'에 대해서 관대하기 때문이다.

경기 관람
ENJOY FOOTBALL MATCH
BUNDESLIGA TEAM

● 경기 관람 포인트 및 주의 사항

1. 멀리서 보기에는 알리안츠 아레나가 가까워 보이지만 경기장 주변 광장이 꽤 넓기 때문에 실제 거리는 상당히 먼 편이므로 주의하자.

2. 경기장 내부의 먹거리는 아레나 카드를 발급받아야 구매할 수 있다. 카드는 매표소 및 경기장 내에서 구매 가능하고 충전해서 사용할 수 있다. 경기장 통로에 있는 키오스크를 통해서도 충전이 가능하다.

3. 경기장 안에서 바이에른 뮌헨의 대표 응원가인 Stern des Südens를 함께 들어보자.

4. 저녁시간에는 잊지 말고 알리안츠 아레나의 아름다운 야경을 감상하자.

● 경기장 찾아가는 법
○ 교통수단
지하철 U-bahn, U6호선 Fröttmaning 역
○ 이동시간
시내에서 약 30분, Fröttmaning 역에서 도보로 약 10분

대중교통을 이용해 알리안츠 아레나에 찾아가는 경우 뮌헨 지하철인 U-bahn을 이용해야 한다. 뮌헨 중앙역에서 바로 가는 교통편은 없기 때문에 마리엔 광장에서 환승해야 한다. U6번 Fröttmaning 역에 하차해서 약 10분 정도 걸어가면 알리안츠 아레나를 만날 수 있다.

스타디움 투어

BUNDESLIGA TEAM

스타디움 투어
홈페이지: allianz-arena.com/en/
tours-and-fcb-erlebniswelt

운영 시간: 매일 10:00-18:00(경기
당일에는 변경될 수 있음)

독일이 자랑하는 최첨단 경기장 알리안츠 아레나를 자세히 돌아볼 수 있는 좋은 기회다. 특히 독일에서 가장 화려한 커리어를 자랑하는 바이에른 뮌헨의 역사까지 함께 돌아볼 수 있어 더욱 알찬 여행이 될 것이다.

스타디움 투어는 구단 가이드와 함께 경기장 곳곳을 돌아보는 가이드 투어이며 약 1시간 정도 진행된다. 구단의 박물관은 볼거리가 매우 많으므로 최소 1시간 정도는 투자해야 할 것이다. 스타디움 투어와 박물관까지 함께 보려면 약 2시간 정도는 필요하다.

박물관 티켓과 스타디움 투어와 박물관을 함께 볼 수 있는 콤비 티켓의 가격 차이가 크지 않다. 그러므로 콤비 티켓을 구입해서 모두 즐겨보기를 권하며 비교적 합리적인 선에서 가격이 책정되어 있다.

박물관의 경우 유료로 오디오 가이드를 대여해주며 방문자 가이드 책자도 별도로 판매하고 있으므로 깊이 있게 박물관을 돌아보고 싶은 여행자들은 참고하자. 단, 한국어는 지원하지 않는다.

스타디움 투어 대기실에는 식사를 해결할 수 있는 식당, 알리안츠 아레나의 기념품을 구입할 수 있는 스토어가 자리하고 있으며, 박물관 출구는 바이에른 뮌헨의 메가스토어와 연결된다.

경기장에 도착했다면 이 빨간색 볼을 따라가도록 하자. 스타디움 투어 시작 지점을 알려주는 안내판 역할을 한다.

스타디움 투어 매표소. 현장에서도 쉽게 티켓을 구입할 수 있다.

매표소에서는 작은 방문자 가이드 책자도 판매한다. 구단에 대한 소개와 역사 그리고 레전드들에 대한 이야기가 담겨있다.

● 입장료

※ 학생 및 만 65세 이상은 신분증 지참 필수 / 만 5세 미만 무료

투어 종류	성인(만 14세 이상)	학생 및 만 65세 이상	어린이(만 6-13세)
KOMBITICKETS (스타디움 투어+박물관)	€19	€17	€11
FCB ERLEBNISWELT (박물관)	€12	€10	€6
오디오 가이드(박물관)	€3 (영어, 독일어, 이탈리아어, 스페인어, 프랑스어, 포르투갈어, 폴란드어, 러시아어, 중국어, 일본어, 아랍어)		

스타디움 투어 미팅 대기실. 이곳에서 스크린을 통해 내가 이용할 투어의 시간 및 내용을 확인한 후, 번호에 맞게 기다리고 있으면 시간에 맞춰 가이드가 등장하여 투어가 시작된다.

투어 대기실에 식당도 있어서 투어 전후에 식사를 즐길 수 있다. 단, 식사비는 시내에 비해 비싼 편이다.

통로에서 만난 아르연 로번과 토마스 뮐러의 그림

홈팀 드레싱룸에서 만난 토마스 뮐러의 유니폼

구단 박물관의 명예의 전당

STADIUM TOUR

스타디움 투어 주요 하이라이트

관중석 2층에서 내려다보는 알리안츠 아레나

통로에서 만나는 영광의 순간

응원석에서 본 알리안츠 아레나

알리안츠 아레나의 스탠딩석

응원석에서 본 바이에른 뮌헨의 대형 엠블럼

본부석의 Mia San Mia

기자실

홈팀 드레싱룸

선수단 피치 출입 통로

선발 선수 대기 공간

알리안츠 아레나 스토어

구단 박물관

STERN DES SÜDENS

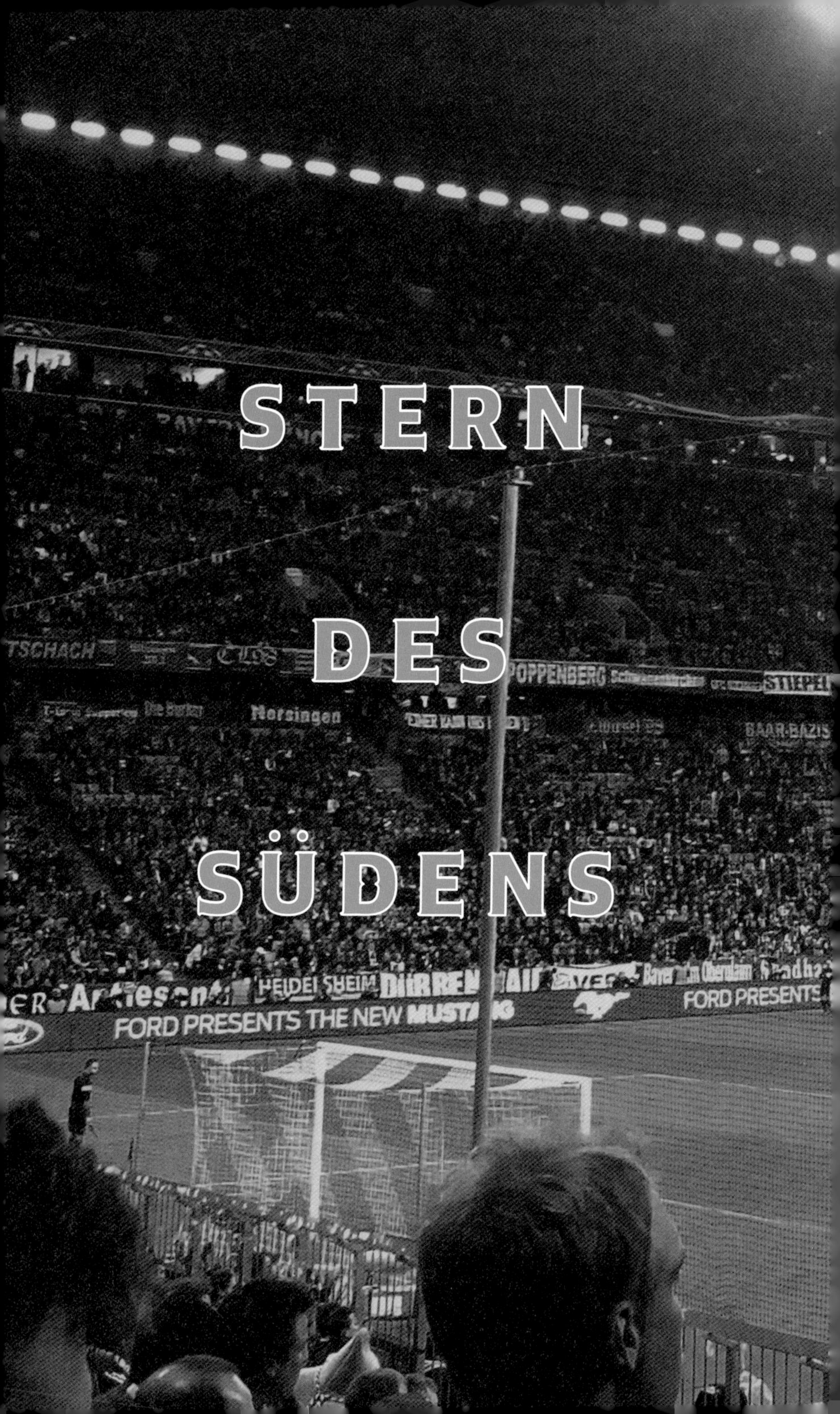

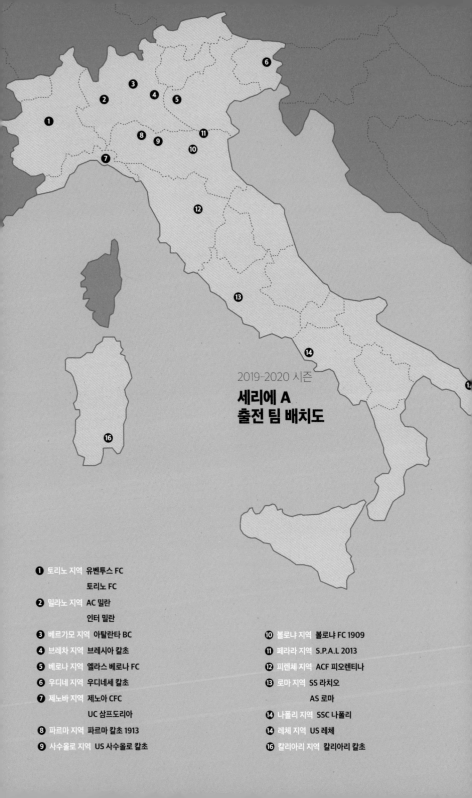

2019-2020 시즌

세리에 A
출전 팀 배치도

1 토리노 지역 유벤투스 FC
　　　　　　토리노 FC
2 밀라노 지역 AC 밀란
　　　　　　인터 밀란
3 베르가모 지역 아탈란타 BC
4 브레차 지역 브레시아 칼초
5 베로나 지역 엘라스 베로나 FC
6 우디네 지역 우디네세 칼초
7 제노바 지역 제노아 CFC
　　　　　　UC 삼프도리아
8 파르마 지역 파르마 칼초 1913
9 사수올로 지역 US 사수올로 칼초

10 볼로냐 지역 볼로냐 FC 1909
11 페라라 지역 S.P.A.L 2013
12 피렌체 지역 ACF 피오렌티나
13 로마 지역 SS 라치오
　　　　　　AS 로마
14 나폴리 지역 SSC 나폴리
14 레체 지역 US 레체
16 칼리아리 지역 칼리아리 칼초

EUROPEAN LEAGUE

SERIE A

이탈리아 축구 마스터하기

TRAVEL GUIDE

이탈리아 국가 개요

이탈리아의 국가 정보

국명	Repubblica Italiana
수도	로마
면적	301,340㎢
인구	약 6,000만 명
종교	로마 가톨릭 74.4%
시차	−8시간(서머 타임 시기에는 −7시간)
국가 번호	39

특징

우리나라처럼 삼면이 바다로 둘러싸인 반도 국가로 선사 시대부터 이어질 정도로 오랜 역사를 자랑하며, 에트루리아 및 고대 로마 등 유럽 문화의 중심을 이루고 있었던 서구 문명의 중심지이기도 하다. 긴 기간 동안 지중해 전 지역의 문화와 사회 발달에 큰 영향을 끼쳤고, 역사적 유물들이 축적되어 현재 가장 많은 유네스코 세계유산을 보유하고 있다. 유럽을 대표하는 관광 대국이며 특유의 패션 감각으로 세계적인 패션 강국으로도 유명하다.

언어

이탈리아어를 공용어로 사용한다. 일반적으로 영어가 거의 통용되지 않고, 거리의 사람들도 대체로 이탈리아어 외에는 사용하지 못하는 경우가 많다. 그러나 관광지의 경우 식당에서도 영어 메뉴판을 마련해 놓은 곳이 많이 있고, 영어 표지판도 비교적 잘 마련되어 있기 때문에 여행에 큰 지장을 줄 정도는 아니다. 기본적인 이탈리아어 인사말 정도를 알아 두면 한결 여유 있는 여행을 할 수 있을 것.

날씨

지중해와 인접하고 있어 여름에는 매우 무더운 날씨가 계속된다. 7~8월에는 30도 이상의 무더위를 전 지역에 걸쳐 경험할 수 있고 바다와 인근하고 있는 만큼 습도도 매우 높다. 우리나라의 여름철과 비슷하기 때문에 그에 맞춰서 복장을 준비하는 것이 좋다. 다만 강수량은 매우 적은 편이며 특히 로마 이남 지역은 비가 오는 날이 적다. 겨울은 온화한 편으로 주로 영상과 영하를 오고 가는 정도의 기온이 유지된다. 비와 눈이 매우 잦으며 북부보다는 남부가 더 따뜻하기 때문에 북부에 눈이 올 때 남부에는 비가 내리는 경우가 많다. 남부의 경우 우리나라의 가을과 비슷한 모습을 보여 여행을 하기에 매우 좋은 시기가 된다.

통화

유로(EURO)화를 사용한다. 기호는 €로 표기. 1유로는 100센트에 해당하며 지폐는 5, 10, 20, 50, 100, 200유로, 동전은 1, 2유로, 1, 2, 5, 10, 20, 50센트가 있다. 200유로 이상의 지폐는 잔돈 문제로 꺼려하는 경우가 있고, 1, 2, 5센트 동전 또한 자판기에 들어가지 않는 경우가 많다는 것을 참고하자.

전압
콘센트의 형태가 우리와 비슷해 보이지만 사실 구멍이 작아서 우리 전자제품의 플러그가 들어가지 않는 경우가 흔하다. 반드시 별도의 멀티 어댑터를 준비해야 한다.

로밍

국제전화	약 3,000원
국내전화	약 800~900원
휴대폰 수신 요금	약 400원

* 각 통신사별로 휴대폰 로밍 요금에 차이가 있다.

비자/출입국
대한민국 국적을 가진 사람은 관광 목적인 경우 90일간 무비자로 입국 가능하다. 따라서 따로 비자를 만들 필요는 없다. 입국 시에는 간단한 여권 확인 절차만 거친 후 입국이 허가된다. 거의 대부분 아무런 문제 없이 통과된다.

국경일/공휴일(2019년 기준)

1월 1일	Capodanno(신정)
1월 6일	Epifania(주현절)
4월 21일	Pasqua(부활절)
4월 22일	Pasquetta-Lunedì dell'Angelo(부활절 다음 월요일)
4월 25일	Festa della Liberazione(해방기념일)
5월 1일	Festa del Lavoro(노동절)
6월 2일	Festa della Repubblica italiana(공화국선포일)
6월 29일	로마수호성인축일(성베드로, 성바울)
8월 15일	Assunzione(성모마리아승천일)
11월 1일	Ognissanti(제성절)
12월 8일	Immacolata Concezione(성모무염잉태축일)
12월 25일	Natale(성탄일)
12월 26일	Santo Stefano(성스테파노축일)

대한민국 대사관
주소: Via Barnaba Oriani, 30, 00197 Roma, ITALY

전화번호: [대표]+39+(0)6-802461/[여권]+39+(0)6-80246227

이메일: consul-it@mofa.go.kr

근무시간: 월-금

영사과 민원업무: 월-금 09:30-12:00, 14:00-16:30

주재국 공휴일 및 삼일절, 광복절, 개천절, 한글날은 대사관 휴무.

찾아가는 길: 로마 떼르미니(Stazione di Termini)역에서 223번 버스를 타고 산티아고 델 칠레 광장(Piazza Santiago del Cile)에서 하차하여 5분(도보) 정도 이동.

세리에 A를 만나기 전에, 미리 알아 두자

가장 전술적인 축구 리그

1898년 창설되어 1929년에 현재와 같은 리그 형태로 발전하였다. 칼치오폴리 사건 등의 악재를 딛고 일어서며 4대 명문리그로서의 자리를 지키고 있다. AC 밀란, 인터 밀란, 유벤투스, AS 로마 등 명문팀을 포함해 총 20개팀이 참여하며 1~4위는 다음 시즌 유럽 챔피언스리그 진출권을, 5~6위는 다음 시즌 유로파리그 진출권을 획득한다. 시즌 종료 후, 1부 리그 하위 3팀은 2부 리그인 세리에B의 상위 3팀과 서로 자리를 바꾸게 된다.

이탈리아 축구 관람 개요

경기는 일요일 15:00를 기준으로 금요일 저녁~일요일 밤까지 분산 배치되며 빅매치들은 주로 토요일 밤 혹은 일요일 밤에 열리게 된다. 최근 주말 점심 경기도 배치되고 있다. 유럽의 빅리그 중 관중 수가 가장 적어 현장에서 비교적 쉽게 티켓을 구매할 수 있다. 그리고, 최근 들어서 각 구단별로 인터넷 예매 및 E-ticket 시스템이 정착되어서, 외국인 입장에서 티켓 구입이 매우 수월해졌다. 만약 현장 구매를 할 경우에는 티켓 구매 시 티켓에 이름을 적어야 하기 때문에 시간이 매우 오래 걸린다. 따라서 가능하면 일찍 경기장에 도착하는 편이 좋다. 그리고, 경기장 입장시에 티켓에 적힌 이름과 여권의 이름을 대조하고 입장시키므로, 반드시 경기장을 찾을 때 여권 원본을 소지하고 있어야 한다.

현지 관람 문화

이탈리아의 서포터즈들은 종종 지나친 열정으로 원정을 온 서포터즈들과 충돌을 일으키기도 하며 이 외에도 크고 작은 사건사고들이 자주 발생한다. 하지만 이탈리아에서 국가 차원으로 각종 보안 정책을 강화한 덕분에 예전보다는 편안하게 경기를 즐길 수 있게 되었다. 단, 소매치기 및 팔찌를 강매하는 사람들이 아직 존재하니, 주의하도록 하자.

경기장의 먹거리

미식의 나라 이탈리아이지만, 경기장 주변에서 맛볼 수 있는 먹거리는 대체로 핫도그류가 중심으로, 그리 다양하지 않다. 하지만 다른 나라보다 먹거리가 많은 편이다. 또한 경기장 안보다는 밖에 먹을만한 게 많다.

경기장 안의 매점에서도 먹거리를 구매할 수 있으나, 간단한 샌드위치 및 과자류가 중심이므로, 큰 기대를 하지 않는 것이 좋다. 식사는 경기장을 찾기 전에 미리 해결하자.

이탈리아 도시 간 이동 교통수단

이탈리아는 기차만 잘 이용해도 도시 간 이동에 불편함이 없을 정도로 노선이 잘 구비되어 있다. 특히 다른 서유럽 국가들에 비해 저렴한 요금과 인터넷 예약을 통해 만날 수 있는 많은 할인 티켓은 여행자의 발걸음을 가볍게 한다. 약 60%까지 할인을 받을 수 있다.

TRAVEL TIP 트렌이탈리아를 이용한 이탈리아 기차 티켓 예약법

STEP 01 | 트렌이탈리아 홈페이지 접속

트렌 이탈리아(http://www.trenitalia.com). 우측 상단의 영국 국기를(①) 누르면 영문 홈페이지를 이용할 수 있다.

STEP 03 | 티켓 검색

탑승 인원까지 설정한 후 Search 버튼을(①) 눌러 티켓을 검색한다. 여기에서 원하는 티켓의 숫자도 함께 정하고 진행해야 한다.

STEP 04 | 검색 결과 화면

좌측부터 출발지, 도착지, 소요시간, 기차 편명, 가격 순으로 나타난다. 원하는 기차 편을 선택하면 상세한 가격표를 확인할 수 있다.

STEP 02 | 회원 가입

메인화면의 우측 상단에 있는 Customer Area를 누르면 다음과 같은 화면을 볼 수 있다.

여기에서 Register를(①) 클릭해서 회원가입 및 로그인을 진행하자.

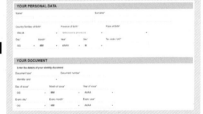

간단한 개인정보를 입력하면 회원가입이 완료된다. 비밀번호는 여기서 입력한 이메일로 발송된다. 가입 시에 반드시 TAX Code를 넣어야 진행이 된다. 홈페이지(www.ilcodicefiscale. it/en)를 통해서 내게 맞는 TAX Code 를 발급받을 수 있다.

다음 페이지에 계속됩니다

STEP 05 | 가격 확인

기차 편을 클릭하면 Standard부터 Executive까지 다양한 레벨의 좌석과 가격을 확인할 수 있다.

Base, Economy, Super Economy는 트렌이탈리아의 할인 요금제로 Base는 가격이 정가인 대신 수수료를 지불하면 기차 편의 변경과 환불을 자유롭게 할 수 있다. Economy의 경우 Base보다는 저렴하지만 환불은 불가능하며, Super Economy는 60%에 가까운 높은 할인율을 자랑하지만 기차 편의 변경과 환불 모두 불가능하다. 결국 환불 가능 여부가 중요하므로, 자신의 상황에 따라서 티켓 가격을 신중하게 선택하도록 하자. 선택했다면 Continue를 클릭한다.

STEP 06 | 결제하기 1

만약 로그인을 하지 않았다면 이 과정에서 로그인을 해야 한다. 로그인을 한 상태라면 개인정보 및 기차정보를 확인하고 결제 수단을 선택한다.

STEP 07 | 결제하기 2

결제를 위해 카드 정보를 입력한다. First name에는(❶) 카드에 기재된 영문 이름을, Last name에는(❷) 성을 입력한다. 이하 카드 정보를 정확히 입력한 후 Continue 버튼을(❸) 누르면 티켓 예약이 완료된다.

STEP 08 | 티켓 수령

결제가 정상적으로 완료되었다면 이메일로 티켓이 발송된다. 해당 티켓을 출력한 후 현지에서 바로 기차를 이용하면 된다.

이탈리아 도시 간 이동 교통 수단

밀라노
1H 13M FR
베로나
유디네
1H FR
1H 40M FR
50M FG
토리노
1H 30M FR
파르마
1H 40M FR
볼로냐
제노바
37M FR
3H IC
3H FR
피렌체
리보르노
2H 5M FR
1H 30M FR
2H 40M FB
로마
1H 10M FR
나폴리
칼리아리
팔레르모

TRAVEL TIP
주 도시 기차 경로 및 소요시간

EUROPEAN FOOTBALL LEAGUE

MILANO

AC 밀란, 인터 밀란

ROMA

AS 로마

TORINO

유벤투스 FC

SERIE A

밀라노

MILANO

세계적인 수준의 패션과 축구가 공존하는 곳
이탈리아 북부의 대표 도시

밀라노로 가는 길

로마에서 출발: Frecciarossa 기차 로마
▶ 밀라노(약 3시간 소요 / 약 20~30분
간격 배차)

베네치아에서 출발: Frecciarossa 기차
베네치아 ▶ 밀라노(약 2시간 30분 소요
/ 약 30분 간격 배차)

나폴리에서 출발: Frecciarossa 기차 나
폴리 ▶ 밀라노(약 4시간 30분 소요 / 약
20~30분 간격 배차)

밀라노 말펜사 국제공항

로마의 피우미치노 국제공항과 함께 이
탈리아를 대표하는 국제공항. 밀라노 시
내에서 약 40km 떨어져 있다. 대한항공,
아시아나항공, 알리탈리아가 인천에서
출발하는 직항편을 운영하고 있다.

주소: 21010 Ferno VA

홈페이지: www.milanomalpensa-airport.com/en

대중교통: 말펜사 익스프레스 기차 / 공
항 버스(공항 버스는 토리노, 제노바, 등
으로도 바로 이동 가능)

시내 이동 비용(성인 기준. 단위 €-유로)
말펜사 익스프레스 기차 편도: 12(밀라노
첸트랄레역, 약 1시간 소요)
공항 버스 편도: 10 / 왕복: 16(45~50분
소요)

말펜사 익스프레스 홈페이지 www.
malpensaexpress.it/en

밀라노 메트로 1회권

도시, 어디까지 가봤니?

● 도시 소개

세계적인 패션의 도시이자 AC 밀란, 인터 밀란이라는 유럽 축구의
거함을 한꺼번에 만날 수 있는 곳이다. 비록 관광명소가 많은 편은
아니나 산 시로 경기장과 카사 밀란이 부족함을 채워줄 것이다.

● 도시 내에서의 이동

밀라노는 메트로, 트램, 버스가 모두 같은 티켓으로 통용된다. 그러므
로 메트로 역에서 1일권 티켓을 구입해 여러 교통편을 이용하며 여행
하는 것이 합리적이다. 산 시로에 갈 때도 이 티켓을 이용할 수 있다.
트램, 버스를 탈 경우 내부에 설치된 기계에 티켓을 각인해야 유효하
다는 점 잊지 말자. 지하철은 개찰구 통과 시 각인된다.

○ 밀라노 대중교통 요금 안내(단위 €-유로, 2019년 기준)

1회권	1.5(90분 유효)
10회권(Carnet)	13.8
24시간권	4.5
48시간권	8.25

● 숙소 잡기

밀라노는 숙박비가 저렴하지 않다. 하지만 조금 부담스럽더라도 시내에 숙
소를 잡는 것이 좋으며 밀라노 중앙역 주변에 숙소를 잡으면 이동이 편리해
여러모로 여행하기 좋다. 차선책으로 밀라노 카도르나 역 주변도 괜찮다.

추천 여행 코스 및 가볼 만한 곳

● 추천 여행 코스 - 2일간

1일차: 스포르체스코 성−산타 마리아 델레 그라치에 교회−두오모

광장-경기 관람(AC 밀란/인터 밀란 홈) 및 경기장 탐방
2일차: 카사 밀란 관람–산 시로 스타디움 투어–비토리오 에마누엘레 2세 갈레리아–스칼라 극장–두오모 관람

○ **결국 두오모 + 축구장**
밀라노의 볼거리는 주로 두오모 광장 주변에 집중되어 있지만 그나마도 많지 않다. 그러므로 여행은 두오모, 스포르체스코 성, '최후의 만찬' 정도로 정리하고 축구 일정에 집중하는 것이 좋다.

● 산타 마리아 델레 그라치에 교회

성당 자체보다는 성당의 대식당 안에 그려진 레오나르도 다빈치의 걸작 '최후의 만찬'으로 유명해진 곳이다. 다만, 시간이 지날수록 훼손이 일어나 최소한의 인원만 제한적으로 관람이 가능하다. 최대한 빠른 시간 내에 사전 인터넷 예약을 하고 방문하는 것이 좋다.

홈페이지: cenacolovinciano.vivaticket.it

● 밀라노 두오모(Duomo di Milano)
밀라노의 상징과도 같은 대성당으로 유럽 최고 수준의 화려함을 자랑한다. 축구장의 1.5배에 달하는 엄청난 규모를 가지고 있으며, 지붕은 전망대 역할도 하고 있다. 다만, 광장은 항상 소매치기가 가득하니 주의하자.

홈페이지: www.duomomilano.it/en

● 비토리오 에마누엘레 2세 갈레리아

두오모 광장 북쪽에 자리한 5층 규모의 아케이드로 화려함의 극치를 보여준다. 팔각형 유리 돔과 함께 프레스코로 장식된 화려한 건물들, 세밀하게 그려진 바닥 등을 보다 보면 구경 자체가 '사치'인 것처럼 느껴진다. 내부의 상점들도 간판부터 화려해 보는 재미가 쏠쏠하다. 지붕이 있어 궂은 날씨에 즐기기도 좋다.

밀라노 중앙역

1931년 세워진 아름다운 역사가 인상적인 기차역으로 이탈리아 전국으로 향하는 국내선과 주변 국가로 연결되는 다양한 국제선 노선이 운영된다. 이탈리아 북부 교통의 중심이다.
주소: Piazza Duca D'Aosta, 1, 20124 Milano
대중교통: 메트로 2, 3호선 Centrale F.S. 역 / 트램 1, 5, 9, 10번

오렌지군의 축구 여행 TIP

스포르체스코 성도 잊지 말고 돌아보자. 밀라노 두오모에서 걸어서 갈 수 있는 거리에 있다.

산타 마리아 델레 그라치에 교회
주소: Piazza di Santa Maria delle Grazie, 20123 Milano
운영시간: 날짜에 따라 다르므로 홈페이지에서 실시간 정보를 확인하자.
대중교통: 트램 16번 S. Maria Delle Grazie 하차 / 메트로 1호선 Conciliazione 역, 2호선 Cadorna에서 도보 10분
요금: €12

밀라노 두오모
주소: Piazza del Duomo, 20122 Milano MI
운영시간(성당 기준): (11–4월) 월~금 09:30–16:30, 주말, 공휴일 09:00–17:00, (5–10월) 매일 09:00–18:00
대중교통: 메트로 1, 3호선 Duomo 역 / 트램 1, 2, 3, 12, 14, 15, 16, 19, 24, 27번
요금: 성당 €3, 옥상 €23(엘리베이터, 패스트트랙), €14(엘리베이터), €10(계단)

비토리오 에마누엘레 2세 갈레리아
주소: Piazza del Duomo, 20123 Milano MI
대중교통: 메트로 1, 3호선 Duomo 역 / 트램 1, 2, 3, 12, 14, 15, 16, 19, 24, 27번

AC 밀란

ASSOCIAZIONE
CALCIO MILAN
S.P.A

구단 소개

I ROSSONERI

창단연도
1899년 12월 16일

홈구장
쥬세페 메아차 스타디움(산시로)

주소
Piazzale Angelo Moratti, 20151
Milano MI

구단 홈페이지
www.acmilan.com/en

구단 응원가
Forza Milan

AC 밀란은 이탈리아의 주요 명문팀들 중 유럽 무대에서 가장 화려한 역사를 쌓은 팀이다. UEFA 챔피언스리그에서 7회 우승을 차지하여 스페인의 레알 마드리드에 이어 두 번째로 많은 우승 횟수를 자랑하고 있고 세리에A에서도 총 18회나 우승했던 강팀이다. 특히 '네덜란드 삼총사'가 이끌던 1980~1990년대 초와 카를로 안첼로티가 이끌던 2000년대 시기는 AC 밀란 구단 역사에서 가장 화려한 역사를 쌓아 간 시기라고 볼 수 있으며, 당시 AC 밀란에서 뛰던 슈퍼스타들은 축구 팬들에게 아직까지도 회자되고 있다.

최근 들어 투자가 축소되면서 예전 구단의 영화를 찾지 못한 채 단골로 출전하던 UEFA 챔피언스리그에서도 보기 힘든 팀이 되었지만, 그동안 쌓아 왔던 역사만큼은 여전히 화려하고 추억할 만한 스토리가 많은 구단이기 때문에 축구 팬이라면 한 번쯤은 관람하고 싶은 경기가 바로 AC 밀란의 경기이다. 특히 같은 경기장을 홈구장으로 사용하는 인터 밀란과의 '밀란 더비'는 여전히 전 세계 축구 팬들의 마음을 설레게 하는 빅매치다.

홈구장 및 연습구장 S E R I E   A   T E A M

전 세계에서 가장 치열한 더비 중 하나인 '밀라노 더비'의 주인공들이
홈구장으로 쓰는 곳, 바로 산 시로(San Siro), 쥬세페 메아차 스타디
움이다. 인터 밀란 및 AC 밀란 양팀에서 모두 뛰었던 쥬세페 메아차
의 이름을 경기장 이름으로 사용하고 있지만, 대체로 많은 축구 팬들
이 '산 시로'라고 짧게 줄여 부른다. 1926년에 이 경기장이 완공되었
을 당시 약 26,000여 석이었으나 수많은 개축 및 확장 공사로 인해
현재 약 80,000여 석을 갖춘 대형 축구 전용구장이 되었다. AC 밀란
은 1926년부터 이 경기장을 홈구장으로 쓰기 시작했다.

● 홈구장

쥬세페 메아차 스타디움/산시로(Stadio Giuseppe Meazza/San Siro)			
개장일		1926년 9월 15일	
수용 인원	80,018명	경기장 형태	축구 전용 구장
UEFA 스타디움 등급	카테고리 4	그라운드 면적	105m X 68m

● 연습구장

Milanello	
주소	Via Milanello, 25, 21040 Carnago VA
대중교통	밀라노 시내에서 Servizio Ferroviario Suburbano 기차 S5번 Varese행을 타고 Cavaria-Oggiona-Jerago 역 하차, 이후 택시로 약 15분

UEFA 챔피언스리그 (UEFA 챔피언스컵 포함)
7회(1963, 1969, 1989, 1990, 1994, 2003, 2007)

UEFA컵 위너스컵
2회(1968, 1973)

UEFA 수퍼컵
5회(1989, 1990, 1994, 2003, 2007)

인터콘티넨털컵
3회(1969, 1989, 1990)

FIFA 클럽 월드컵
1회(2007)

세리에A
18회(1901, 1906, 1907, 1951, 1955, 1957, 1959, 1962, 1968, 1979, 1988, 1992, 1993, 1994, 1996, 1999, 2004, 2011)

코파 이탈리아
5회(1967, 1972, 1973, 1977, 2003)

수페르코파 이탈리아나 (이탈리아 슈퍼컵)
7회(1988, 1992, 1993, 1994, 2004, 2011, 2016)

양대 밀란은 2022년에 산 시로 바로 옆에 새 경기장을 완공한 후 산 시로를 철거할 계획을 가지고 있다. 그러므로 철거 전에 산 시로를 방문해서 추억을 남기는 것도 의미 있는 일이 될 것이다. 이제 산 시로를 볼 수 있는 날이 몇 년 남지 않았다.

티켓 구매

● 티켓 구매 전쟁에서 어떻게 해야 살아남을까?

AC 밀란은 공식 홈페이지를 통해서 인터넷 티켓 판매를 진행하고 있다. 이 홈페이지를 통해 어떤 경기든지 쉽게 티켓을 예매할 수 있다. 티켓도 e-Ticket으로 배송되어 인쇄해 가면 바로 입장할 수 있으므로 인터넷 예매를 적극 권장한다. 현장 구매도 가능하지만 티켓에 이름을 입력해야 하기 때문에 발권 시간이 오래 걸리는 편이다.

AC 밀란은 일반 판매 기간이 시작될 때까지 기다려도 충분히 많은 티켓이 남아있으므로 걱정할 필요가 없다. 그리고 일반 판매의 시작 기간이 매우 빠른 편이다. 그러므로 티켓 판매 기간에 여유롭게 인터넷으로 티켓을 구매하도록 하자.

물론 현장에서도 티켓을 구입할 수 있으나 AC 밀란은 인터넷 예매보다 현장 판매 가격이 비싸다. 그러므로 미리 인터넷으로 예약해 경기장을 방문하는 것이 합리적이다.

● 티켓 구매 전 알아야 할 사항은?

이탈리아는 티켓 구매 시 반드시 본인의 신상 정보를 기재해야 한다. 경기장에 입장할 때 직접 이 정보들을 티켓과 대조하기 때문에 경기장에 여권을 가져가야 한다는 점 잊지 말자. 티켓을 구입한 본인뿐만 아니라 동행의 정보도 정확히 입력해야 한다.

밀란 더비, 이탈리아 더비 등의 빅매치는 인기가 높다. 그러므로 구단의 티켓 판매 공지를 꼼꼼히 살펴보고 최대한 판매 시작 시점에 맞춰 티켓을 구입하기를 권한다. 그래야 좋은 자리를 잡을 수 있다. AC 밀란과 인터 밀란은 각각 사용하는 홈 응원석 스탠드가 다른데, AC 밀란은 Curva Sud를 사용하니 티켓 구입 시 참고하자.

AC 밀란의 응원석 스탠드, Curva Sud의 열기

본부석 반대편 1층에서 본 시야

티켓 가격

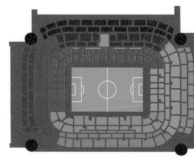

OVEST(ROSSO)

CURVA SUD   CURVA NORD

EST(ARANCIO)

※ 2019-2020 시즌 세리에A 〈AC 밀란 : 브레시아〉전 기준/각 경기별로 티켓 가격의 차이 발생

※ 만 5세 미만은 €1의 특별 요금으로 현장 매표소에서 티켓 구입

층	블록 이름	성인		만 16세 미만	
		인터넷 예매	현장가	인터넷 예매	현장가
1 ANELLO (1층)	TRIBUNA D'ONORE ROSSA(G)	€195	€210	✕	✕
	POLTRONCINE ROSSE CENTRALI(P, R)	€155	€170	✕	✕
	POLTRONCINE ROSSE CENTRALI(O,S,T)	€105	€120	✕	✕
	1 ANELLO ROSSO(A,B,H,I,L,M,V,Z)	€75	€85	€35	€40
	1 ANELLO ROSSO LATERALE(X,Y,J,K)	€60	€70	€30	€35
	TRIBUNA ARANCIO LATERALE(158-164)	€110	€120	✕	✕
	POLTRONCINE ARANCIO CENTRALI(X)	€125	€135	✕	✕
	POLTRONCINE ARANCIO CENTRALI(159,161)	€90	€100	✕	✕
	POLTRONCINE ARANCIO(157, 163)	€75	€85	✕	✕
	1 ANELLO ARANCIO(155, 156, 165, 166)	€65	€70	✕	✕
	1 ANELLO ARANCIO LATERALE(149-154, 167-172)	€45	€50	€20	€20
	1 ANELLO BLU	€40	€45	✕	✕
	1 ANELLO VERDE	€40	€45	✕	✕
	1 ANELLO VERDE FAMILY(143-148)	€40	€45	€20	€20
2 ANELLO (2층)	2 ANELLO ROSSO CENTRALE(223-234)	€50	€55		
	2 ANELLO ROSSO LATERALE(221-224, 235-218)	€45	€50		
	2 ANELLO ARANCIO CENTRALE(259-269)	€45	€50		
	2 ANELLO ARANCIO LATERALE(255-260, 271-278)	€40	€45	€20	€20
	2 ANELLO BLU	€35	€40		
	2 ANELLO VERDE	€35	€40		

경기장 가장 위층에서 내려다본 시야

산 시로는 경기장 대부분을 지붕이 둘러싸고 있다. 1층 앞자리를 제외하고 비를 맞을 가능성은 매우 낮은 편이다.

유럽을 대표하는 축구 전용구장이다. 즉, 어느 자리에 앉더라도 만족스러운 시야를 보장받을 수 있다.

산 시로에서 홈팬들의 열광적인 응원도 대단한 볼거리이다. AC 밀란 서포터즈들의 응원이 펼쳐지는 스탠드는 Curva Sud라는 것을 기억하자. 즉, 응원을 눈으로 제대로 감상하려면 티켓 구입 시 Curva Sud 스탠드는 피해야 한다는 뜻이다.

AC 밀란
ASSOCIAZIONE CALCIO MILAN S.P.A

티켓 구매 프로세스
AC 밀란 홈페이지에서 티켓을 구매하는 방법

STEP 01 | AC 밀란 홈페이지 접속

AC 밀란의 홈페이지(https://www.acmilan.com/en)에 접속해 TICKETS 메뉴를(❶) 클릭한다.

STEP 02 | 경기 선택

화면에 티켓이 판매되고 있는 경기가 안내된다. 내가 보고 싶은 경기가 있다면 바로 BUY TICKETS를(❶) 클릭한다. 그렇지 않다면 좌측의 TICKETS 메뉴를(❷) 클릭해 정보를 알아보도록 한다. 만약 이 리스트에 내가 원하는 경기가 없다면 아직 티켓 판매가 시작되지 않은 경우다.

STEP 03 | 블록 선택

SELEZIONA IL SETTORE

선택한 경기의 블록별 티켓 가격 및 잔여 좌석 현황이 표시된다. 색이 표시된 자리가 현재 잔여 좌석이 있어 티켓 구입이 가능한 자리다. 각 좌석의 티켓 가격을 체크하면서 내가 원하는 블록을 직접 선택한다. 로그인 창이 뜰 경우 회원가입 및 로그인을 한 다음 진행하도록 한다.

STEP 04 | 원하는 자리 선택

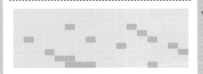

해당 블록이 확대되면서 세밀하게 빈자리를 확인할 수 있다. 색이 있는 자리가 현재 선택할 수 있는 자리이므로 그 중에서 원하는 자리를 클릭한다.

STEP 05 | 블록 및 티켓 배송 선택, 개인정보 입력

자리를 선택하면 하단에 선택한 자리 번호와 개인정보를 입력하는 칸이 나온다. 이 단계부터 영어가 제대로 지원되지 않을 수 있어 이탈리아어 메뉴 기준으로 설명한다. 영어가 지원될 때에는 그대로 진행하면 된다. 구조는 다르지 않다.

상단의 옵션에 Biglietto elettronico file PDF(PDF 파일로 티켓을 제공받는 것)와(❶) Caricamento su tessera Cuore Rossonero(구단 카드에 충전하는 형태로 티켓을 제공받는 것)가(❷) 있다. 우리는 PDF로 티켓을 받는 첫 번째 옵션을 선택해야 한다. COGNOME는(❸) 성, NOME는(❹) 이름, SESSO는(❺) 성별인데 남성은 MASCHIO, 여성은 FEMMINA를 선택한다. DATA NASCITA에는(❻) 생년월일을 입력하면 된다. 다 입력하고 나면 NAZIONE NASCITA, NAZIONE RESIDENZA 창이 뜨는데 태어난 국가와 현재 살고 있는 국가를 입력한다. 대한민국은 COREA DEL SUD로 입력한다. 이탈리아는 경기장에 입장할 때 티켓에 적힌 정보와 여권 정보를 대조하므로 반드시 정확하게 입력해야 한다. 입력이 완료되면 PROCEDI를(❼) 클릭한다.

STEP 06 | 경기 및 티켓 정보 확인

다시 한 번 내가 선택한 경기와 티켓 자리, 그리고 티켓 가격이 맞는지 확인한다. 문제가 없다면 AVANTI를(①) 클릭한다.

STEP 07 | 결제

신용카드 정보를 입력하고 결제 과정을 진행하면 티켓 구입 과정이 모두 마무리된다. 티켓 환불 및 취소는 사실상 불가능하다. 그러므로 결제 전에 다시 한 번 내가 원하는 티켓이 맞는지 확인하고 진행하도록 하자. Titolare는 신용카드 소지자, Numero Carta는 신용카드 번호, Mese Scadenza와 Anno Scudenza에는 유효기간 월, 년을 차례대로 입력한다. CVV는 카드 뒷면의 3자리 코드이다. 이메일 주소까지 완벽히 넣은 후 PAGA를 클릭하면 신용카드 결제가 진행된다.

STEP 08 | 마무리

결제가 마무리되었다면 이때 이메일로 티켓이 배송되었을 것이고 만약 배송되지 않았다면 몇 시간 정도 기다리면 메일함에서 티켓을 발견할 수 있다. 바로 발송되지 않더라도 걱정하지 말자. 단, 돌발상황을 대비하여 위의 Order Number는 별도로 메모해 두는 것이 좋다.

STEP 09 | E-Ticket

E-ticket은 위와 같은 형태로 제공되며 티켓에 이름이 정확히 적혀 있는지, 바코드 또는 QR코드가 있는지 꼭 확인한다. 그리고 프린트하여 여권을 지참한 상태로 경기장에 입장하면 된다.

인터 밀란

F.C.
INTERNAZIONALE
MILANO S.P.A

구단 소개

I NERAZZURRI

창단연도
1908년 3월 9일

홈구장
쥬세페 메아차 스타디움(산시로)

주소
Piazzale Angelo Moratti, 20151
Milano MI

구단 홈페이지
www.inter.it/en/hp

구단 응원가
Pazza Inter Amala

인터 밀란은 '인테르'라고 불리며 같은 경기장을 홈으로 쓰는 AC 밀란과 함께 세계에서 가장 강력한 더비 라이벌을 이루는 강팀이다. 세리에A가 출범한 이후로 단 한 차례도 강등된 적이 없을 정도로 꾸준한 성적을 내 온 팀이며, 이 기록은 이탈리아에서 유일한 기록이다. 특히나 에레라 감독이 이끌던 1960년대에는 두 차례나 UEFA 챔피언스리그를 제패한 적이 있으며, 이후 조세 무리뉴 감독이 이끌던 2000년대 후반에 다시 한 차례 UEFA 챔피언스리그 우승을 차지하면서 이탈리아의 대표 명문 자리를 지켜 왔다. 리그의 절대 강자인 유벤투스 FC가 승부조작 사건으로 강등이 된 이후 무려 5회 연속 세리에A 우승을 차지하면서 황금기를 장식했지만, 이후 하락세를 거듭하고 중국 자본에 팀이 매각되면서 어려운 시기를 겪고 있다. 하지만 2018-2019 시즌에 UEFA 챔피언스리그에 복귀하면서 서서히 옛 명성을 되찾기 위한 발걸음을 딛고 있다.

전 세계에서 가장 치열한 더비 중 하나인 '밀라노 더비'의 주인공들이 홈구장으로 쓰는 곳, 바로 산 시로(San Siro), 쥬세페 메아차 스타디움이다. 인터 밀란 및 AC 밀란 양팀에서 모두 뛰었던 쥬세페 메아차의 이름을 경기장 이름으로 사용하고 있지만 대체로 많은 축구 팬들이 '산 시로'라고 짧게 줄여 부른다. 1926년에 이 경기장이 완공되었을 당시 약 26,000여 석이었으나 수많은 개축 및 확장 공사로 인해 현재 약 80,000여 석을 갖춘 대형 축구 전용구장이 되었다. 인터 밀란은 1947년부터 이 경기장을 홈구장으로 쓰기 시작했다.

● 홈구장

쥬세페 메아차 스타디움/산시로(Stadio Giuseppe Meazza/San Siro)			
개장일	1926년 9월 15일		
수용 인원	80,018명	경기장 형태	축구 전용 구장
UEFA 스타디움 등급	카테고리 4	그라운드 면적	105m X 68m

● 연습구장

Centro Sportivo 'Angelo Moratti'	
주소	Viale dello Sport, 22070 La Pinetina CO
대중교통	밀라노 시내에서 Servizio Ferroviario Suburbano 기차 Varese행 기차를 타고 Mozatte 역 하차, 하차 후 Como – Stazione Autolinee 방향 C62번 버스를 탑승한 다음 Veniano Sup. – Via Dante 22 정거장 하차, 하차 후 도보 20분

역대 우승 기록들

UEFA 챔피언스리그
(UEFA 챔피언스컵 포함)
3회(1964, 1965, 2010)

UEFA 유로파리그
(UEFA컵 포함)
3회(1991, 1994, 1998)

UEFA 수퍼컵
5회(1989, 1990, 1994, 2003, 2007)

인터콘티넨털컵
2회(1964, 1965)

FIFA 클럽 월드컵
1회(2010)

세리에A
18회(1910, 1920, 1930, 1938, 1940, 1953, 1954, 1963, 1965, 1966, 1971, 1980, 1989, 2006, 2007, 2008, 2009, 2010)

코파 이탈리아
7회(1939, 1978, 1982, 2005, 2006, 2010, 2011)

수페르코파 이탈리아나
(이탈리아 슈퍼컵)
5회(1989, 2005, 2006, 2008, 2010)

산 시로에는 원래 지붕이 없었다. 비교적 최근에 지붕이 설치되었는데 이후 잔디 생육에 문제가 발생했다. 그래서 지금은 인조 잔디가 섞인 하이브리드 잔디를 사용하고 있다.

티켓 구매

인터 밀란의 응원석 스탠드, Curva Nord의 열기

경기장 가장 위층에서 내려다본 시야

티켓 가격

● 티켓 구매 전쟁에서 어떻게 해야 살아남을까?

인터 밀란은 많은 경기의 티켓을 한꺼번에 판매하지 않는다. 경기일이 가까워진 2경기 정도만 판매하는 경우가 많으므로 내가 원하는 경기가 아직 홈페이지상에 안내되고 있지 않다면 좀 더 기다릴 필요가 있다. 인터 밀란의 티켓은 구입하기 어렵지 않으므로 판매 일정을 확인하고, 일정이 시작됐을 때 구매에 도전하면 무난하게 구매할 수 있을 것이다.

티켓은 산 시로 경기장과 밀라노 시내의 스토어 등에서 쉽게 구입할 수 있지만, 인터넷 예매 시스템이 잘 되어있기 때문에 사전에 미리 예매해두고 편하게 경기장을 찾는 것을 권한다.

● 티켓 구매 전 알아야 할 사항은?

인터 밀란은 AC 밀란과 마찬가지로 편리한 인터넷 예약 시스템을 갖추고 있다. 티켓 판매가 시작된 경기는 홈페이지에서 바로 예매 가능하며 티켓은 무조건 PDF 파일로 발송된다. 경기 대부분의 티켓이 남아있고 빅매치 또한 일반 판매까지 넘어오는 경우가 많다. 그러므로 일반 판매에서 티켓을 구입하면 된다. 물론 미리 티켓을 살수록 좋은 자리를 선점할 가능성은 높아진다.

AC 밀란과 같은 경기장을 사용하고 있지만 각 블록의 이름이 다르고 사용하는 티켓 판매 홈페이지도 다르다. 그러므로 아예 서로 다른 구장을 사용하는 팀이라 생각하고 티켓 구입을 시도하는 것이 좋다. 또한 AC 밀란과 인터 밀란은 각각 사용하는 홈 응원석 스탠드가 다른데, 인터 밀란은 Curva Nord를 사용하니 티켓 구입 시 참고하자.

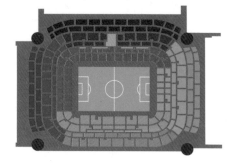

OVEST(ROSSO)

CURVA SUD

CURVA NORD

EST(ARANCIO)

층	블록 이름	성인	만 18세 미만
1 ANELLO(1층)	POLTRONCINA ROSSA CENTRALE(P, R)	€185	
	POLTRONCINE ROSSA(O~S)	€150	
	POLTRONCINE ROSSA(N~T)	€125	€35
	PRIMO ROSSO(A,B,H,I,L,M,V,Z)	€105	€35
	PRIMO ROSSO LATERALE	€75	€35
	TRIBUNA ARANCIO LATERALE	€125	
	TRIBUNA ARANCIO	€105	
	POLTRONCINA ARANCIO CENTRALE X	€125	
	POLTRONCINA ARANCIO CENTRALE(159,161)	€105	
	POLTRONCINA ARANCIO(157, 163)	€85	
	PRIMO ARANCIO(155, 156, 165, 166)	€75	
	PRIMO ARANCIO LATERALE LATO BLU	€50	
	PRIMO ARANCIO LATERALE FAMILY	€50	€25
	PRIMO VERDE	€45	
	PRIMO BLU	€45	
2 ANELLO(2층)	SECONDO ROSSO	€50	€25
	SECONDO ROSSO CENTRALE	€55	
	SECONDO ARANCIO	€45	€25
	SECONDO ARANCIO CENTRALE	€50	
	SECONDO VERDE	€35	
	SECONDO BLU	€35	
	TERZO BLU – 원정석	€30	

경기장 1층 가장 앞자리에서 본 시야

산 시로는 경기장 대부분을 지붕이 둘러싸고 있다. 그러므로 1층 앞자리 정도를 제외하고는 비를 맞을 가능성은 매우 낮은 편이다.

유럽을 대표하는 축구 전용구장이다. 즉, 어느 자리에 앉더라도 만족스러운 시야를 보장받을 수 있다.

산 시로는 홈팬들의 열광적인 응원도 대단한 볼거리이다. 인터 밀란 서포터즈들의 응원이 펼쳐지는 스탠드 Curva Nord라는 것을 기억하자. 즉, 응원을 눈으로 제대로 감상하려면, 티켓 구입 시 Curva Nord 스탠드는 피해야 한다는 뜻이다.

인터 밀란
F.C. INTERNAZIONALE MILANO S.P.A

티켓 구매 프로세스
인터 밀란 홈페이지에서 티켓을 구매하는 방법

STEP 01 | 인터 밀란 홈페이지 접속

인터 밀란의 영어 홈페이지(https://www.inter.it/en/hp)에 접속한다. 우측 상단의 Tickets 메뉴를(①) 클릭한다.

STEP 02 | 경기 선택

티켓 판매가 진행되고 있는 경기의 리스트를 살펴볼 수 있다. BUY가 활성화된 티켓은 현재 판매가 진행 중인 경기이고 PROSSIMAMENTE는(①) 아직 티켓 판매가 시작되지 않은 경기를 의미한다. 내가 원하는 경기의 BUY를(②) 클릭한다. 과정 중에 로그인을 요구한다면 회원가입을 진행한 뒤 티켓 구입을 계속한다.

STEP 03 | 잔여 좌석 확인

해당 경기의 잔여 좌석 현황을 파악할 수 있다. 색이 칠해져 있는 부분이 현재 잔여석이 남아있는 블록이며 티켓 구입이 가능하다. 이 중에서 내가 원하는 블록을 클릭한다.

STEP 04 | 좌석 선택 1

해당 블록이 확대된다. 여기서 녹색 표시가 현재 자리가 남아 있는 좌석이다. 원하는 자리를 클릭하자.

STEP 05 | 좌석 선택 2

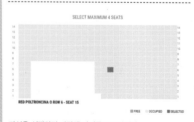

좌석을 선택하면 파란색 아이콘으로 바뀐다.

STEP 06 | 개인정보 입력

이 상태에서 화면 하단에 개인정보를 입력하는 칸이 나온다. 영어로 여권과 동일하게 정확한 정보를 입력해야 한다. 이탈리아에서는 티켓에 내 이름이 찍혀 나오고, 입장 시 여권과 대조하기 때문에 반드시 정확한 정보를 넣어야 한다. 그리고 이 화면에서 티켓은 E-ticket(pdf)으로(①) 배송되는 것을 확인할 수 있다. Load onto SiamoNoi Card 옵션은(②) 현지의 해당 카드를 소지하고 있는 사람들만을 위한 것이므로 선택하면 안 된다. 반드시 E-ticket(pdf)으로 진행하자.

STEP 07 | 개인정보 입력

정확한 정보를 입력했다면 내 이름이 뜨는지 확인하고 티켓 가격을 선택하도록 하자. INTERO가(❶) 인터넷에서의 성인 티켓 가격이다. 내가 원하는 자리의 티켓이 맞는지 다시 한 번 확인하고 SUBMIT를(❷) 클릭한다.

STEP 08 | 결제

PAYMENT INFORMATION

Merchant	FC INTER BY VIVATICKET
Country	IT
Website	http://
Amount	EUR 120,00
Transaction ID	P948164 ❶
Description	F.C. INTERNAZIONALE MILANO S.P SERIE A TIM 2018/2019

BILLING INFORMATION

Card number *	
CVV2/CVC2/4DBC *	
Expiration date *	-- ▼ ---- ▼
Cardholder's name *	
Email for notification *	

☐ I confirm that I have read the disclosure information *
Click here to view the privacy policy

SUBMIT   Cancel Transaction

신용카드 정보를 넣고 결제를 진행하면 티켓 구입 과정이 마무리된다. 결제가 완료되면 티켓은 PDF 형태로 받을 수 있으며 프린트하여 경기장으로 바로 입장하면 된다. 티켓은 바로 배송되지 않는 경우가 종종 있으나 티켓이 오지 않았다 하더라도 당황하지 말고 기다려보자. 수 시간 내에 티켓이 발송될 것이다.

STEP 09 | E-ticket

E-ticket은 위와 같은 형태로 제공되며 티켓에 이름이 정확히 적혀 있는지, 바코드 또는 QR코드가 있는지 꼭 확인한다. 이 티켓을 프린트하여 여권을 지참한 상태로 경기장에 입장하면 된다.

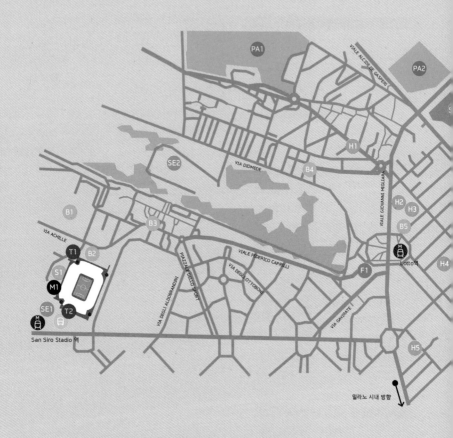

B1	America Graffiti Diner Restaurant Milano San Siro Via Achille, 4, 20151 Milano MI	★★★★
B2	Barreto 1957 Piazzale Angelo Moratti, 20151 Milano MI	★★★★
B3	Ortobello - Hamburger & Joy Piazzale dello Sport, 20151 Milano MI	★★★★
B4	Ribot Restaurant, Milano Via Marco Cremosano, 41, 20148 Milano MI	★★★★⭒
B5	TOP Carne - The Outstanding Place Piazzale Lorenzo Lotto, 14, 20148 Milano MI	★★★★

STADIO GIUSEPPE MEAZZA /SAN SIRO

ASSOCIAZIONE CALCIO MILAN S.P.A
F.C. INTERNAZIONALE MILANO S.P.A

AC밀란/인터밀란

M1	구단 박물관 & 스타디움 투어
H1	Youth Hostel AIG Piero Rotta
H2	Hotel Lido
H3	Oro Blu Hotel Milan
H4	Meliá Milano
H5	Hotel Le Querce
SE1	안젤로 모라티 광장
SE2	산시로 경마장
SE3	카사 밀란(Casa Milan)
F1	맥도날드
B1	America Graffiti Diner Restaurant Milano San Siro
B2	Barreto 1957
B3	Ortobello - Hamburger & Joy
B4	Ribot Restaurant, Milano
B5	TOP Carne - The Outstanding Place
S1	구단 용품점
PA1	Parco Monte Stella
PA2	Parco del Portello

장대 밀란의 용품들은 밀라노 시내 곳곳에서 아주 쉽게 발견할 수 있다. 공식 스토어가 아니라면 정품 여부를 꼼꼼히 따져보고 구매하도록 하자.

산 시로 경기장에 있는 산 시로 스토어의 내부

밀라노 더비'의 주인공들이 사용하는 경기장인 만큼 경기장 옆 벽에는 항상 팬들의 뜨거운 메시지로 가득하다.

경기장 주변 볼거리
ENJOY YOUR TRAVEL

SERIE A TEAM

○ 구단 공식용품점(AC밀란) ○

MILAN MEGASTORE

주소: Galleria S. Carlo, 20122 Milano MI
운영 시간: 매일 10:00~20:00

MILAN STORE CASA MILAN

주소: Casa Milan, Via Aldo Rossi, 8, 20149 Milano MI
운영 시간: 매일 10:00~20:00

SAN SIRO STORE

주소: Stadio San Siro, Piazzale Angelo Moratti, 20151 Milano MI (14번 게이트)
운영 시간: 매일 10:00~17:30

○ 구단 공식용품점(인터밀란) ○

INTER STORE MILANO

주소: Galleria Passarella, 2 ~ 20122 Milano, MI
운영 시간: 매일 10:30~19:00

SAN SIRO STORE

주소: Stadio San Siro, Piazzale Angelo Moratti, 20151 Milano MI (14번 게이트)
운영 시간: 매일 10:00~17:30

○ 밀라노 메트로 산 시로 스타디오 역 ○

산 시로를 갈 때에는 일부러라도 한 번쯤은 메트로를 탈 것을 권한다. 왜냐하면 경기장 앞에 있는 산 시로 스타디오(San Siro Stadio) 역에 볼 만한 사진들이 많기 때문이다. 메트로 역의 벽에는 양대 밀란을 빛낸 레전드의 대형 사진이 곳곳에 붙어 있어 축구팬들을 즐겁게 한다. 특히 두 팀의 영광의 시간들을 생생하게 기억하고 있는 올드 팬들에게는 더 의미 있는 시간들을 만들어줄 것이다.

단, 이 사진들은 종종 교체하기 때문에 방문 시기에 따라 볼 수 있는 콘텐츠들은 달라질 수 있다. 또한 구단 정책에 따라서 제거될 수도 있다.

○ 안젤로 모라티 광장(Piazzale Angelo Moratti) ○

인터 밀란의 팬이라면, 장기간 인터 밀란을 지배해 온 '모라티' 가문의 흔적을 찾아 보는 것도 의미 있는 일이다. 이제는 전(前) 회장이 된 마시모 모라티. 산 시로 경기장 앞에 자리한 광장은 마시모 모라티 전 회장의 아버지 이름을 따 '안젤로 모라티 광장'이라 불린다. 경기 당일에 팬들이 경기를 기다리며 시간을 보내는 곳이며, 경기장 출입문 쪽에서 '안젤로 모라티(Angelo Moratti)'의 이름이 붙은 주소 안내판을 발견할 수 있다.

○ 산 시로 경마장(San Siro Ippodromo) ○

산 시로는 시 외곽의 공터에 자리잡고 있는 경기장이다. 주변에 축구팬들이 좋아할 만한 볼거리는 없는 대신 축구장 바로 옆에 큰 산 시로 경마장이 있으니 시간적인 여유가 있다면 한 번쯤 돌아보도록 하자. 축구팬들에게 산 시로 축구장이 성지로 추앙받고 있다면, 이곳 산 시로 경마장은 이탈리아 경마팬들의 성지이다.

메트로 역에서 만난 양대 밀란의 영광의 순간들

경기 당일 산 시로 앞에서 맛보는 노점상의 음식들의 맛은 일품이다.

경기장으로 바로 연결되는 메트로 스타디오 산 시로 역

경기장 밖 노점에서 만날 수 있는 주요 음식들. 미식의 나라답게 맛이 매우 훌륭하다.

경기 당일에만 볼 수 있는 노점상들도 만나 보자. 구경하는 재미가 쏠쏠할 것이다.

경기장 안에서 만나볼 수 있는 판매원들. 주로 음료와 과자 등을 판매한다.

서포터즈들의 뜨거운 응원전은 산 시로에서 놓치지 말고 감상해야 할 볼거리이다.

경기 관람
ENJOY FOOTBALL MATCH

SERIE A TEAM

● 경기 관람 포인트 및 주의 사항

1. 경기장으로 향하기 전에 티켓과 여권을 챙겨야 한다. 티켓에 적힌 이름과 여권의 이름을 대조하고 입장시키기 때문이다. 반드시 여권 원본을 지참하자.

2. 경기 당일의 매표소는 매우 혼잡하고 이름을 일일히 입력해야 하기 때문에 오래 걸린다. 당일에 티켓을 구입하고자 한다면 최소 2~3시간 전에는 경기장에 도착해야 한다.

3. 산 시로는 유럽을 대표하는 대형 경기장이다. 티켓이 있더라도 최소 1시간 30분 전에는 경기장에 도착하기를 권한다.

● 경기장 찾아가는 법

○ **교통수단**

메트로 – 밀라노 메트로 5호선 San Siro Stadio 역 / 트램 – 두오모 인근 폰타나 광장(Piazza Fontana)에서 16번 트램

○ **이동시간**

두오모에서 메트로 약 30분, 폰타나 광장에서 트램 약 30~40분

산 시로 앞에 메트로 역이 생기면서 경기장으로 가는 길이 더욱 편리해졌다. 이제 메트로, 트램, 버스로 다양하게 산 시로를 찾아갈 수 있는데 여행자들이 기억해야 할 교통수단은 메트로와 트램이다.

경기장을 찾아갈 때는 길을 모르니 메트로로, 경기가 끝난 후에는 메트로로 몰리는 사람들을 피해 트램을 타고 시내로 빠져 나오는 것이 좋다.

트램의 경우 경기가 끝날 때쯤 이미 산 시로 앞 광장에 여러 대가 대기하고 있으므로 바로 빠져나갈 수 있다.

스타디움 투어

SERIE A TEAM

산 시로 스타디움 곳곳을 둘러보는 스타디움 투어와 산 시로 박물관 관람이 하나의 티켓에 포함되어 있고 별도로 구단 박물관만 돌아볼 수는 없다. 스타디움 투어를 통해 구단 박물관, AC 밀란과 인터 밀란의 드레싱룸, 기자실, 선수단 출입 통로, 양 팀 벤치 등을 돌아볼 수 있으며 피치 앞과 2층 좌석도 방문할 수 있다. 구단 박물관까지 투어하는 데 약 1시간 30분이 소요되며 다른 스타디움 투어에 비해 볼거리가 부족한 편이다. 투어 티켓은 인터넷 예매가 가능하며 현장에서도 쉽게 티켓을 구입할 수 있을 정도로 여유 있다. 가이드가 따로 없는 셀프-가이드 투어다(가이드가 포함된 투어도 있다).

● 입장료

※ 카드 소지자는 인터 밀란 'Inter Siamo Noi' 카드, AC 밀란 'Cuore Rossonero' 카드 소유자를 말한다.

	성인	할인요금	카드 소지자	만 6세 미만
스타디움 투어	€18	€12	€12	무료

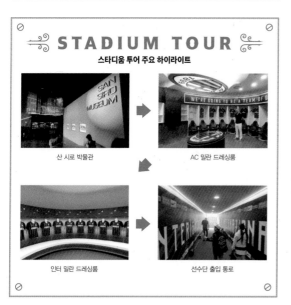

STADIUM TOUR

스타디움 투어 주요 하이라이트

산 시로 박물관 ➡ AC 밀란 드레싱룸

인터 밀란 드레싱룸 ➡ 선수단 출입 통로

운영 시간
· 여름 시즌 매일 09:30-18:00
· 겨울 시즌 매일 09:30-17:00
· 경기 당일에는 시간이 변경될 수 있음

오렌지군의 축구 여행 TIP

양대 밀란의 화려한 역사에 비하면 산 시로 박물관의 자료가 부실한 편이므로 AC 밀란의 팬인 경우에는 카사 밀란(Casa Milan)의 몬도 밀란(Mondo Milan) 박물관도 함께 관람할 것을 적극 추천한다. 산 시로의 박물관보다 훨씬 높은 수준의 콘텐츠들을 만날 수 있다. 단, 산 시로 경기장과 카사 밀란은 꽤 거리가 있으므로 이동 동선 및 소요시간 등을 미리 체크해봐야 한다.

산 시로 스타디움 투어 티켓

스타디움 투어의 현장 매표소가 있는 8번 게이트

스타디움 투어를 통해 웅장한 산 시로의 내부도 감상할 수 있다.

박물관 투어

홈페이지: casamilan.acmilan.com/en/
mondo-milan-museum

운영 시간: 매일 10:00-19:00

몬도 밀란 티켓의 앞뒤

몬도 밀란이 있는 카사 밀란 건물의 외
관이 참 매력적이다. 외관도 놓치지 말고
감상하자.

카사 밀란에 있는 AC 밀란 축구 티켓 매
표소

MONDO

AC 밀란의 역사를 살펴보다! 몬도 밀란

MILAN

산 시로에서 조금 떨어진 곳에 있는 포르텔로(Portello) 지역에 외관
이 매우 아름다운 AC 밀란 만의 집이 자리하고 있다. '밀란의 집(카사
밀란)'이라는 이름의 건물에는 식당, AC 밀란의 매표소 및 구단 스토
어도 있는데 우리가 가장 주목해야 할 곳은 바로 몬도 밀란(Mondo
Milan)이라는 구단 박물관이다. 산 시로 박물관이 양대 밀란을 모두
다루고 있다면, 이곳은 오직 AC 밀란 만의 이야기를 다루고 있는 박
물관이다.

산 시로 박물관에 비해 수준 높은 콘텐츠들을 갖추고 있고, 볼거리도
많은 박물관이므로 AC 밀란의 팬이라면 반드시 몬도 밀란을 관람하
기를 권한다. 이탈리아의 UEFA 챔피언스리그 최다 우승팀답게 빅 이
어를 테마로 한 멋진 전시관이 자리하고 있으며, 구단을 빛낸 레전드
들과 현재의 선수들, 그리고 구단의 역사를 다룬 스토리들을 21세기
에 맞는 현대적인 감각으로 재해석해 보는 재미가 쏠쏠하다. 또한 다
양한 멀티미디어 콘텐츠들은 AC 밀란에 더 가까이 다가가게 만들어
준다. 시기에 따라 전시 내용이 바뀌는 특별 전시회도 감상할 수 있
으며 구단 박물관 관람이 끝나면 바로 구단 스토어로 연결된다. 티켓
은 인터넷 예약 및 현장 구매가 모두 가능하며 언제나 쉽게 구입할
수 있다.

● 입장료

성인	€15
만 14세 미만, 만 65세 이상 'Cuore Rossonero' 카드 소지자	€12
만 7세 미만 및 장애인	무료
가족 패키지(성인 2+어린이 1)	€30

MONDO MILAN TOUR

몬도 밀란 투어 주요 하이라이트

자료로 만나보는 베를루스코니의 시대

AC 밀란의 역대 유니폼들

구단 레전드의 동영상

베를루스코니가 밀란에 도착하다, 헬리콥터 모형

챔피언스리그 결승전 공인구들

화려한 퍼포먼스의 트로피 룸

AC 밀란의 현재

명예의 전당

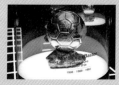

발롱도르 트로피들

특별 전시회

몬도 밀란이 있는 카사 밀란에는 밀란의 색인 '로소네리'로 가득한 'Casa Milan Bistrot/Fourghetti'라는 식당도 있다.

Casa Milan Bistrot/Fourghetti
운영시간: 월 08:00-19:00, 화-금 08:00-23:00, 토 10:00-23:00, 일 10:00-18:00

몬도 밀란에서 바닥을 보자. AC 밀란의 연도기가 연도순으로 소개되어 있다.

한때 세계 최고의 선수 중 한 명이었던 '카카'의 AC 밀란 100호골 기념 유니폼

몬도 밀란에서 만난 수많은 빅 이어 트로피들. AC 밀란은 레알 마드리드에 이어서 두 번째로 많은 빅 이어를 들어올렸다.

로마

ROMA

옛 로마 제국의 흔적들이 가득한
유럽 최고의 역사 도시

로마로 가는 길

밀라노에서 출발: Frecciarossa, Italo 기
차 밀라노 ▶ 로마(약 3시간 소요 / 약
20~30분 간격 배차)

베네치아에서 출발: Frecciarossa, Italo
기차 베네치아 ▶ 로마(약 3시간 30분
소요 / 약 20~30분 간격 배차)

나폴리에서 출발: Frecciarossa, Italo 기
차 나폴리 ▶ 로마(약 1시간 10분 소요 /
약 20~30분 간격 배차)

로마 레오나르도 다 빈치-피우미치노 국제공항

이탈리아의 관문과 같은 대형 국제공항.
피우미치노 공항이라고도 한다. 이탈리
아의 대표 위인인 레오나르도 다 빈치
의 이름을 땄으며, '피우미치노'는 공항이
자리한 지역이다. 로마에서 남서부로 약
35km 떨어진 해안 지역에 위치, 대한항
공, 아시아나항공, 알리탈리아항공이 직
항편을 운영하고 있다.

주소: Via dell' Aeroporto di Fiumicino,
320, 00054 Fiumicino RM

홈페이지: www.adr.it/web/aeroporti-
di-roma-en-/pax-fco-fiumicino

대중교통: 레오나르도 익스프레스 / FL1
기차 / COTRAL 버스

시내 이동 비용(성인 기준, 단위 €-유로)
레오나르도 익스프레스 14(로마 떼르미
니역, 약 32분 소요 / 약 15분 간격 배차)
FL1 기차 8(로마 티부르티나역, 약 47분
소요 / 주중 15분, 주말 30분 간격 배차)
COTRAL 버스 7(약 1시간 소요)

로마 치암피노 국제공항

대부분의 항공편은 피우미치노 공항에
내주었지만, 저가항공 노선이 많아 배낭
여행자들이 자주 만나게 될 곳이다. 로마
시내와 가깝지만, 거리에 비해 교통편은
그다지 좋지 않다.

도시, 어디까지 가봤니?   ROMA TOUR

● 도시 소개

굳이 설명이 필요하지 않을 정도로 유럽에서 가장 유명한 관광도시.
도시 곳곳에 옛 로마 제국의 흔적들이 가득해 보물찾기를 하듯 주요
여행지를 다닐 수 있는 선물 같은 도시이다. 한여름에는 꽤 더운 날
씨가 여행자들을 괴롭히지만, 그 날씨를 이겨낼 수 있을 정도로 감
동적인 볼거리들이 가득하다. 또한 올림피코 스타디움을 홈구장으로
사용하고 있는 세리에A의 명문팀 AS 로마와 SS 라치오도 만날 수
있어 축구 팬들에게는 더욱 더 매력적인 도시이다.

● 도시 내에서의 이동

로마는 곳곳에 역사적인 유물이 쏟아지는 도시이고, 걷는 만큼 많은 것
들을 볼 수 있는 곳이기 때문에 도보 여행이 좋다. 단, 축구장이나 바티
칸 등은 시 외곽에 있으니 대중교통을 이용한다. 이에 따라 일정도 시
중심부의 도보 여행과 축구장 방문을 나누어 짜는 것이 좋다. 대중교
통을 이용할 때는 B.I.G 티켓 또는 B.I.T 티켓을 구매하여 이동하는 것을
추천하며, 해당 티켓으로 로마의 메트로와 버스 모두 이용 가능하다.

○ 로마 대중교통 요금 안내(단위 €-유로)

B.I.T(75분)	1.5
B.I.G.(1일권)	6.0
B.T.I.(3일권)	16.5
CIS(일주일권)	24.0

● 숙소 잡기

로마는 유명 관광도시인 만큼 곳곳에 숙소가 많고 그 수준도 다양하
다. 떼르미니역 부근에 한인 민박이 밀집되어 있으며 호텔도 인근에
많이 있으므로 이곳을 중심으로 숙소를 잡는 것이 무난하다.

추천 여행 코스 및 가볼 만한 곳
ROMA TOUR

● **추천 여행 코스 - 4일간**

1일차: 떼르미니역-콜로세움-팔라티노 언덕-포로 로마노-치르코 마시모-진실의 입

2일차: 캄피돌리오 광장-베네치아 광장-트레비 분수-스페인 광장-포폴로 광장-나보나 광장-판테온

3일차: 바티칸 관람-경기 관람(AS 로마 또는 SS라치오 홈)

4일차: 카라칼라 욕장-카타콤베-보르게세 공원-구 시가지 외곽의 볼거리 관람

○ **넘쳐나게 많은 명소들**

세계 최고의 관광지 중 하나인 만큼 도시 곳곳에 볼거리들이 가득하기 때문에 최소 3박 4일 정도는 잡아야 축구와 여행 모두 제대로 즐길 수 있다. 축구와 관련된 자산은 많지 않으므로 AS 로마와 SS 라치오의 경기를 보는 반나절 정도를 제외하고는 모두 여행에 투자하자. 바티칸과 올림피코 스타디움이 비교적 가까운 거리 내에 있으니 계획을 짤 때 고려할 것.

● **콜로세움(Colosseo)**

로마를 넘어 이탈리아를 상징하는 건출물. 본래의 이름은 플라비우스 원형경기장(Amphitheatrum Flavium)이었으나, 비공식 이름이었던 콜로세움이 지금은 공식 명칭으로 쓰이고 있다. 서기 80년 티투스 황제 때 완성되었고, 주로 검투사, 맹수 등의 결투 시합이 이뤄졌다. 기독교 신도들이 학살당하던 곳이기도 하다. 주 무대는 발굴이 되어 내부를 들여다볼 수 있으며, 내부 공간은 박물관으로도 활용되고 있다.

홈페이지: www.coopculture.it/en/colosseo-e-shop.cfm

● **포로 로마노(Foro Romano)**

옛 로마 시대의 흔적이 그대로 남아 있는, 로마의 가장 오래된 도시 광장. 팔라티노 언덕에 올라가면 언덕 아래로 이곳의 전경을 감상할 수 있다. 약 천 년이 넘는 기간 동안 로마 제국의

주소: Via Appia Nuova, 1651, 00040 Ciampino RM

홈페이지: www.adr.it/web/aeroporti-di-roma-en-/pax-cia-ciampino

대중교통: 버스(인근 기차역 또는 지하철역까지 이동한 후 환승)

┌─ 로마 떼르미니 역 ─┐

이탈리아 전역은 물론, 오스트리아 빈 또는 독일 뮌헨으로 향하는 야간 열차도 운영되는 로마의 대표 기차역. 메트로 및 다양한 버스 노선이 이곳을 통과하며, 역사 앞의 친퀘첸토 광장은 버스 터미널의 역할도 하고 있다. 지하에는 메트로와 연결되는 지하 상가도 자리하고 있다.

주소: Piazza dei Cinquecento, 1, 00185 Roma RM

대중교통: 메트로 A, B 노선 Termini 역 / 트램 5, 14번 / 버스

┌─ 로마 티부르티나 역 ─┐

로마 시내에서 북동부로 떨어진 기차역으로 종종 떼르미니역이 아닌 이곳에만 정차하는 기차도 있어 알아 둘 필요가 있는 곳. 교통편은 좋은 편이다.

주소: Piazzale Stazione Tiburtina, 00100 Roma RM

대중교통: 메트로 B노선 Tiburtina 역 / 버스

콜로세움

주소: Piazza del Colosseo, 1, 00184 Roma RM

운영시간: 매일 08:30-16:30, 17:00, 17:30, 18:30, 19:00, 19:15(각 계절마다 종료 시간이 다름)

대중교통: 메트로 B호선 Colosseo 역 / 트램 3, 8번

요금: €12(만 18세 미만 무료, 팔라티노 언덕 & 포로 로마노 포함)

포로 로마노

주소: Via della Salaria Vecchia, 5/6, 00186 Roma

운영시간: 08:30~16:30 / 17:00 / 17:30 / 18:30 / 19:00 / 19:15(시기에 따라 폐장 시간이 다름)

대중교통: 메트로 B호선 Colosseo 역

요금: €12(만 18세 미만 무료. 팔라티노 언덕 & 콜로세움 포함)

산 피에트로 대성당의 전망대에서 내려다본 풍경

산 피에트로 대성당

주소: Piazza San Pietro, 00120 Città del Vaticano

운영시간: (10~3월) 07:00~18:30, (4~9월) 07:00~19:00

대중교통: 메트로 A호선 Ottaviano 역에서 도보로 15분 / 트램 19번 / 버스 23, 34, 46, 81, 49, 98, 492, 990번

요금: 성인 €17

진실의 입

주소: Piazza della Bocca della Verità, 18, 00186 Roma

운영시간: 매일 09:30~17:50

대중교통: 메트로 B호선 Circo Massimo 역에서 도보 10분 / 버스 44, 83, 170, 716, 781번

요금: 무료

스페인 광장

주소: Piazza di Spagna, 00187 Roma RM

대중교통: 메트로 A호선 Spagna 역

'진실의 입'이 있는 산타 마리아 인 코스메딘 성당

중심지 역할을 했던 만큼, 유적 하나하나의 쓰임새를 감상하는 것도 매우 흥미롭다. 꽤 규모가 있는 편이기 때문에 콜로세움과 함께 반나절 정도를 투자하는 것을 추천한다.

홈페이지: www.coopculture.it/en/heritage.cfm?id=4

● 산 피에트로 대성당(Basilica Papale di San Pietro in Vaticano)

가톨릭의 총본산으로 세계에서 가장 큰 교회 건물이기도 하다. 기원전 4세기부터 성당이 있었으며, 현재의 성당은 미켈란젤로와 베르니니 등 이탈리아의 천재 건축가들이 참여하여 완성되었다. 미켈란젤로의 걸작인 '천지창조'와 '피에타' 등, 수많은 예술품들로 가득한 곳이다. 성당 앞에 위치한 산 피에트로 광장을 전망대에서 감상하는 것도 로마 여행의 백미이다.

● 진실의 입(La Bocca della Verità)

영화 '로마의 휴일' 덕에 세계적으로 유명해진 이 진실의 입은 기원전 4세기경 만들어진 것으로 알려져 있다. 본래 이곳에 있던 시장의 하수도 뚜껑으로 사용되었던 것으로 추정되나 확실치는 않다. 중세 시대 때 사람을 심문하면서 '손을 입 안에 넣고 진실을 말하지 않으면 손이 잘려도 좋다'는 서약을 하도록 한 데에서 이 이름이 붙었다고 한다.

● 스페인 광장(Piazza di Spagna)

영화 '로마의 휴일'을 통해 로맨틱한 로마 여행의 필수 코스로 유명해진 곳이다. 본래 프랑스 외교관들이 남긴 유산으로 만들어진 장소였으나 교황청의 스페인 대사관이 이곳에 있어 '스페인 계단'이라는 이름으로 불리게 되었다. 광장에서 계단을 따라 올라가면 삼위일체 교회에 다다르게 된다.

● 트레비 분수(Fontana di Trevi)

세계에서 가장 아름다운 분수로 유명한 이곳은, '어깨 너머로 동전을 던져 넣으면 로마를 다시 방문할 수 있고, 두 번째 동전을 던져 넣으면 소원을 이룰 수 있다'는 전설 덕에 동전을 던지는 사람들로 항상 인산인해를 이루

고 있다. 분수 중앙의 '넵투누스' 동상도 인상적이지만, 이곳의 물이 멀리 떨어진 살로네 섬으로부터, 기원전 19세기경 만들어진 수도교를 통해 들어온다는 이야기도 못지 않게 흥미로운 점이다.

● 나보나 광장(Piazza Navona)

고대 로마 시대에 전차 경기장으로 사용되었던 탓에 길게 뻗어 있는 형태를 띤 독특한 광장. 주변을 감싸고 있는 바로크 양식의 건물들과 함께 광장 곳곳에 자리한 분수들이 매우 아름다운 풍경을 만들어낸다. 그중에

서도 특히 피우미 분수(Fontana dei Fiumi)는 베르니니의 걸작으로 꼽힌다.

● 비토리오 에마누엘레 2세 기념관(조국의 제단)(Altare della Patria)

이탈리아 통일을 이룩한 국왕 비토리오 에마누엘레 2세를 기념하기 위해 만들어진 화려한 건물로 베네치아 광장의 중심을 장식하고 있다. 1911년에 완공되었으며 건물 내부에는 이탈리아 통일에 기여한 용사들의 묘와 함

께 각종 자료를 감상할 수 있는 박물관이 마련되어 있다. 기념관이 꽤 높은 위치에 자리하고 있어 건물 앞 광장에 올라가면 로마 시내를 내려다보기에도 좋다.

● 캄피돌리오 광장(Piazza del Campidoglio)

고대 로마의 발상지로 전해지는 7개 언덕 중 하나인 카피톨리노 언덕 위에 자리한 광장으로 1547년 미켈란젤로의 구상으로 설계되었으며 광장의 중앙에는 마르쿠스 아우렐리우스의 기마상이 있다. 광장을 둘러싼 건물들은 현재 대부분 박물관으로 사용되고 있다.

트레비 분수
주소: Piazza di Trevi, 00187 Roma
대중교통: 메트로 A호선 Barberini 역에서 도보로 약 15분 / 버스 51, 52, 53, 62, 63, 71, 80, 83, 85, 117, 160, 492 번

트레비 분수 주변에 관광객들이 가득하다. 매일 볼 수 있는 흔한 풍경이다.

나보나 광장
주소: Piazza Navona, 00186 Roma
대중교통: 버스 30, 70, 81, 87, 492, 628, C3.

비토리오 에마누엘레 2세 기념관
주소: Piazza Venezia, 00186 Roma
이동 방법: 메트로 B. B1호선 Cavour, Colosseo 역에서 도보 약 20분 / 트램 8번 / 버스 46, 60, 80, 190F, 781, 916, 916F, F01, F10, N3, N4, N6, N12, N18, N19, N20, N25번 Piazza Ven

캄피돌리오 광장
주소: Piazza del Campidoglio, 00186 Roma
이동 방법: 메트로 B호선 Cavour, Colosseo 역에서 도보 약 20분 / 트램 8번 / 버스 30, 46, 80, 51, 81, 83, 85, 87, 118, 160, 170, 628, C3번

캄피돌리오 광장

AS 로마

ASSOCIAZIONE
SPORTIVA
ROMA S.P.A

구단 소개

I LUPI

창단연도
1927년 6월 7일

홈구장
올림피코 스타디움

주소
Viale dei Gladiatori, 00135 Roma
RM

구단 홈페이지
www.asroma.com

구단 응원가
Roma Roma Roma

AS 로마는 이탈리아의 역사 깊은 도시 '로마'를 연고지로 하는 세계적인 축구 클럽이다. 현재 60시즌 넘게 이탈리아 1부 리그에 잔류하고 있는 세리에A 터줏대감이라 할 수 있다.

1927년에 창단한 후 1941~1942 시즌에는 리그 우승을 차지하기도 했지만 AS 로마가 이탈리아를 대표하는 명문으로 자리 잡기 시작한 시기는 1980년대 이후부터라고 할 수 있다. 비록 유벤투스, AC 밀란, 인터 밀란 등의 기세에 눌려 항상 눈앞의 우승 트로피를 놓치고 눈물을 흘려야 했지만 꾸준히 리그 상위권을 유지하면서 세리에A 대표 강호로 명성을 유지하고 있다. 가장 최근의 우승 기록은 2006-2007, 2007-2008 시즌으로서 코파 이탈리아에서 연속으로 우승을 거머쥐었다. '올림피코 스타디움'을 공동 홈구장으로 쓰고 있는 SS 라치오와 '로마 더비'를 이루고 있으며 이 더비는 전 유럽에서 가장 뜨거운 더비 매치로 꼽힌다. 홈구장 주변에서는 옛 로마시대의 분위기가 물씬 나는 조각상들이 가득하여 독특한 분위기를 연출한다.

세리에A
3회(1942, 1983, 2001)

코파 이탈리아
9회(1964, 1969, 1980, 1981, 1984, 1986, 1991, 2007, 2008)

**수페르코파 이탈리아나
(이탈리아 슈퍼컵)**
2회(2001, 2007)

올림피코 스타디움의 Curva Nord 스탠드 출입구

1992-1993 시즌. 'AS 로마의 왕' 프란체스코 토티가 입었던 유니폼. 토티는 이 시즌을 시작으로 2017년에 은퇴를 할 때까지 AS 로마의 팬들을 위해서만 뛰었다.

AS 로마의 홈구장 올림피코 스타디움은 현재 로마에서 가장 큰 스포츠 경기장이다. 1937년에 완공된 이후 두 차례의 개축 및 확장 공사를 통해 지금에 이르렀다. 1960 로마 올림픽, 1987 세계 육상 선수권 대회, 1977년과 1984년에는 유러피안컵 결승전, 2009년에는 UEFA 챔피언스리그 결승전이 개최됐었다. 현재 올림피코 스타디움을 공동 홈구장으로 쓰고 있는 구단은 AS 로마와 SS 라치오이며 매년 이곳에서 코파 이탈리아의 결승전이 열리고 있기도 하다.

약 72,600여 석의 관중석을 갖춘 올림피코 스타디움은 종합 운동장이기 때문에 축구장으로서는 관전 시야가 그리 좋은 편은 아니나 열광적이기로 유명한 AS 로마의 팬들 덕분에 현장 분위기만큼은 최고라 할 수 있다.

● 홈구장

올림피코 스타디움(Stadio Olimpico)		
개장일	1937년	
수용 인원	70,634명	**경기장 형태**	종합 운동장
UEFA 스타디움 등급	카테고리 4	**그라운드 면적**	105m X 66m

● 연습구장

Trigoria Training Centre	
주소	Piazzale Dino Viola,1, 00128 Roma RM
대중교통	메트로 B호선 EUR Fermi 역 하차 후 Dino Viola행 707번 버스 탑승, Dino Viola 정류장 하차

뜨겁게 달아오른 올림피코 스타디움의 모습. AS 로마는 매 경기 평균 약 4만 명에 가까운 관중들을 모이는 인기팀이다.

티켓 구매

올림피코 스타디움의 웅장한 모습. 이런 경기장이 매진되는 것은 쉬운 일이 아니다.

티켓 가격

티켓 구매 관련 팁 SERIE A TEAM

● 티켓 구매 전쟁에서 어떻게 해야 살아남을까?

AS 로마는 워낙 큰 경기장을 홈구장으로 사용하고 있기 때문에 어떤 경기도 매진되는 일은 없다. '로마 더비'도 완전 매진되지 않는 분위기이다. 그렇기 때문에 현장에서 티켓을 구매해도 충분하나 수만 명의 관중들이 한번에 모이는 경기장 분위기를 생각하면 티켓을 미리 사서 경기장에 입장하는 것이 좋다. 티켓은 구단 홈페이지에서 온라인 예매로 쉽게 구매할 수 있으며 e-Ticket으로 배송되기 때문에 배송에 대한 걱정도 없다. 로마 시내 곳곳에 위치한 구단 용품점에서도 티켓을 판매하기 때문에 로마 여행 중이라면 경기장에 갈 필요없이 시내에서도 구매 가능하다.

구단에서는 비교적 일찌감치 티켓 판매를 시작하는 편이므로 종종 구단 홈페이지를 체크해서 티켓 판매 여부를 확인하자. 그리고 티켓 판매가 시작되면 바로 구매하면 된다.

● 티켓 구매 전 알아야 할 사항은?

티켓 구입 시에 경기를 볼 사람들의 이름이 들어가게 된다. 이 점을 주의해야 한다. 이름과 여권의 이름을 대조하고 경기장에 입장시키기 때문이다.

또한 올림피코 스타디움은 종합 운동장이다. 큰 트랙이 있으므로 이 점을 감안해 좌석을 골라야 한다. 인터넷 예매 방법이 워낙 쉽기 때문에 사전에 예약하고 편하게 경기장을 찾도록 하자. AS 로마는 시내 곳곳에 공식 스토어가 있고, 스토어에서도 티켓을 판매하고 있으므로 로마 시내 여행을 하다가 시내에서 티켓을 구입하는 것도 좋은 방법이다. 떼르미니 역과 포폴로 광장, 콜로나 광장 인근에 스토어가 자리하고 있다.

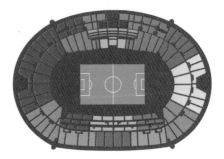

TRIBUNA MONTE MARIO

CURVA SUD

CURVA NORD

TRIBUNA TEVERE

Top Sud(Tribuna Monte Mario)

Top Centrale(Tribuna Monte Mario)

Top Nord(Tribuna Monte Mario)

Sud(Tribuna Monte Mario)

1927(Tribuna)

Onore(Tribuna)

Ospiti(Distinti)

Nord(Curva)

Nord est(Distinti)

Parterre nord(Tribuna tevere)

Parterre centrale(Tribuna tevere)

Parterre sud(Tribuna tevere)

Top Nord(Tribuna tevere))

Top centrale(Tribuna tevere)

Top sud(Tribuna tevere)

Sud est(Distinti)

Sud (Curva)

Tier	Cost
Curva Nord / Sud	€25–45
Distinti Sud / Nord	€35–60
Tribuna Tevere Nord	€45–90
Tribuna Tevere Sud	€50–90
Tribuna Tevere Centrale	€60–100
Tribuna Monte Mario Nord	€65–130
Tribuna Monte Mario Top Centrale	€70–110
Tribuna Monte Mario Sud	€70–130
Premium(VIP 좌석)	€220–575

TRIBUNA MONTE MARIO

€220-575
€65-130
€65-130
€25-45
€35-60
€25-45
€35-60
€35-60
€45-100

CURVA SUD

CURVA NORD

TRIBUNA TEVERE

각 경기마다 티켓 가격 및 좌석 배치 차이가 있다.

389

오렌지군의 티켓 구입 TIP

각 경기별, 좌석별 가격 편차가 크다. 그리고 트랙이 있는 종합 운동장이라는 것을 감안해 좌석을 선택하도록 하자. 너무 앞자리를 잡으면 트랙 때문에 경기가 잘 보이지 않을 것이다.

오렌지군의 티켓 구입 TIP

가장 좋은 자리는 PREMIUM석이지만 가격이 지나치다 싶을 정도로 비싸다. 그러므로 본부석 반대편의 Tribuna Tevere의 좋은 자리를 잡는 것이 합리적이다. 응원석에 해당하는 Curva는 경기를 보기에 시야가 불편하다.

응원석 쪽에서 바라본 풍경. 올림피코 스타디움은 이탈리아에서 가장 큰 스포츠 경기장이자 종합 운동장이다. 응원석의 경우 트랙 때문에 시야가 좋지 않을 수 있다.

올림피코 스타디움의 본부석과 본부석 반대편 좌석들. 트랙이 있지만 응원석보다는 피치와의 거리가 가깝다는 것을 알 수 있다.

AS 로마
ASSOCIAZIONE SPORTIVA ROMA S.P.A

티켓 구매 프로세스
AS 로마 홈페이지에서 티켓을 구매하는 방법

STEP 01 | AS 로마 홈페이지 접속

AS 로마의 홈페이지(https://www.asroma.com)에 접속해 상단의 Tickets 메뉴를(❶) 클릭한다.

STEP 02 | Buy Tickets 클릭

여러 하위 메뉴 중 Buy Tickets를(❶) 클릭한다.

STEP 03 | 경기 선택

예정된 AS 로마의 경기들을 리스트로 만날 수 있다. 내가 관람하고자 하는 경기를 고르면 되는데, 주의할 점은 해당 홈페이지에 공지된 시간은 현재 내가 있는 위치의 시간이라는 점이다. 즉, 현지에서 실제로 관람하게 될 현지 시간과는 차이가 있으니 착각하지 않도록 주의하자. 원하는 경기를 골랐다면 BUY TICKETS를(❶) 클릭한다.

STEP 04 | 원하는 자리 선택

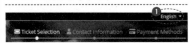

티켓 구입 화면으로 전환된다. AS 로마는 영어 홈페이지를 지원하고 있으므로 이탈리어가 보인다면 우측 상단에 있는 언어 전환 옵션을(❶) 클릭해 영어로 바꾸자.

STEP 05 | 좌석 배치도 확인

좌석 배치도 및 가격표를 확인할 수 있다. 왼쪽의 3D 지도에서 하얗게 표시된 좌석은 매진되었거나 판매되고 있지 않은 자리, 그 외 좌석은 모두 티켓을 구매할 수 있다. 마우스로 지도상의 블록에 커서를 대면 오른쪽에 있는 티켓 가격표와 대조해 볼 수 있다.

STEP 06 | 블록 선택

블록을 선택하면 해당 블록이 노랗게 표시되어 쉽게 알아볼 수 있다. 내가 원하는 블록을 지정한다.

해당 블록이 확장되면서 확대된 좌석을 확인할 수 있다. 마우스로 확대 및 축소가 가능하며 위 화면에서 녹색 좌석이 현재 남아있는 빈 좌석이다. 파란색 좌석은 판매가 완료된 좌석이다.

좌석을 선택하면 노란색으로 바뀐다. 원하는 수만큼 좌석을 선택한다.

Contact Information

좌석을 선택하고 나면 선택한 수만큼 개인정보를 입력하도록 되어 있다. 경기를 관람할 모든 인원의 개인정보를 정확하게 입력해야 한다. 이탈리아는 티켓에 별도로 이름이 기재되고, 이 이름과 여권의 이름을 대조해 경기장에 입장시키기 때문이다. 또한 이메일로 티켓을 받게 되므로 이메일 주소도 정확하게 적어야 한다.

화면 오른쪽을 보면 내가 선택한 자리의 번호와 티켓 가격, 그리고 수수료를 포함한 티켓 가격을 안내받는다. 정확하게 확인한 후에 Continue 버튼을(❶) 클릭한다.

Payment Information

신용카드 정보를 넣고 결제하면 티켓 구입 과정이 모두 마무리된다. 티켓은 사실상 교환 및 환불이 불가능하므로 결제 전에 신중하게 생각하고 정보를 입력하도록 하자. 정상적으로 결제가 완료되면 티켓은 PDF 파일 형태로 이메일로 받게 될 것이다. 프린트해서 경기장에 입장하면 된다.

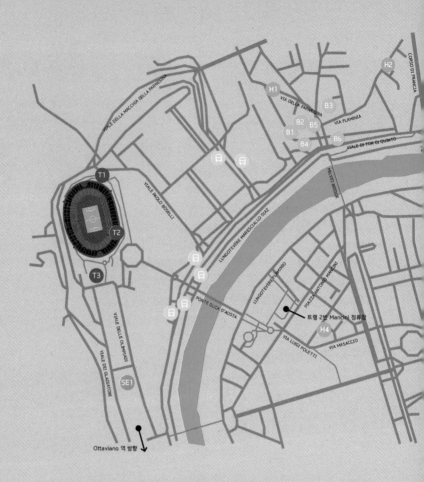

트렘 2번 Mancini 정류장

Ottaviano 역 방향 ↓

B1	Lo'steria Via dei Prati della Farnesina, 61, 00135 Roma RM	★★★★
B2	100 Montaditos Piazzale di Ponte Milvio, 10, 00135 Roma RM	★★★★
B3	Met concept restaurant Piazzale di Ponte Milvio, 34, 00191 Roma RM	★★★★
B4	Il Gianfornaio Largo Maresciallo Diaz, 16, 00191 Roma RM	★★★★
B5	Trapizzino	Ponte Milvio Piazzale di Ponte Milvio, 13, 00135 Roma RM	★★★★↙
B6	L' Altro Chiosco Piazzale di Ponte Milvio, 00191 Roma RM	★★★★↙

STADIO OLIMPICO

ASSOCIAZIONE SPORTIVA ROMA S.P.A
AS 로마

H1	Hotel Farnesina
H2	River Chateau Hotel
H3	La Casa di Momi
H4	B&B da Ponticello
SE1	포로 이탈리코(Foro Italico)
B1	Lo'steria
B2	100 Montaditos
B3	Met concept restaurant
B4	Il Gianfornaio
B5	Trapizzino	Ponte Milvio
B6	L' Altro Chiosco

경기장으로

올림피코 스타디움은 1960년 로마 올림픽이 열렸던 경기장이다. 그래서 경기장 주변 곳곳에 올림픽의 흔적들을 쉽게 발견할 수 있다.

오렌지군의 축구 여행 TIP

경기장이 워낙 외진 곳에 있어 주변에서 호텔 및 식당들을 찾기 힘들므로, 가능하면 경기 관람을 중심으로 계획을 세우는 것이 좋다.

경기장 앞 글로보 분수(Fontana del Globo) 주변의 풍경도 매우 볼 만하다. 역사의 도시 로마다운 독특한 조형물들이 가득하다.

경기장 주변 볼거리
ENJOY YOUR TRAVEL

SERIE A TEAM

○ **구단 공식용품점** ○

VIA DEL CORSO 25/27(포폴로 광장 인근)

주소: Via del Corso, 25, 00187 Roma RM
운영 시간: 매일 10:00~20:00

PIAZZA COLONNA 360(콜로나 광장)

주소: Piazza Colonna, 360, 00187 Roma RM
운영 시간: 매일 10:00~19:00

VIA NAZIONALE(떼르미니역 인근)

주소: Via Nazionale, 195, 00184 Roma, Italia
운영 시간: 매일 10:00~20:00

VIALE DELLA PRIMAVERA 23(메트로 GARDINIE 역 인근)

주소: Viale della Primavera, 23, 00172 Roma
운영 시간: 09:00~13:00, 15:30~19:30

VIA ARENULA 82(베네치아 광장 인근)

주소: Via Arenula, 82, 00186 Roma, Italia
운영 시간: 월~토 10:00~19:30, 일 12:00~19:00

VIALE MARCONI 271

주소: Viale Guglielmo Marconi, 271, 00146 Roma
운영 시간: 09:30~13:30, 15:45~19:30

VIA APPIA 263-265

주소: Via Appia Nuova, 265, 00182 Roma, Italia
운영 시간: 매일 10:00~13:00, 16:00~20:00

○ 포로 이탈리코(Foro Italico) ○

올림피코 스타디움의 바로 옆에 자리한 포로 이탈리코는 과거 이탈리아의 독재자인 무솔리니의 이름을 딴 '포로 무솔리니(Foro Mussolini)'라는 종합 경기장이다. 로마 제국 시대의 로만 포럼(Roman Forum)에 착안해서 만들어진 이 경기장은 1960년 올림픽을 비롯해서 수많은 스포츠 경기가 열렸었으나 이곳을 방문하는 가치는 경기장에 자리한 다양한 동상들에 있다. 굳이 큰 박물관에 가지 않더라도 로마 제국을 만날 수 있는 장소다.

포로 이탈리코의 동상들은 볼 만하다. '로마'답다는 말이 자연스럽게 나오는 아름다운 동상들이다.

경기 관람
ENJOY FOOTBALL MATCH

S E R I E   A   T E A M

열정적인 응원을 보내고 있는 AS 로마의 팬들. 응원은 눈으로만 보고, 팬들과는 충돌을 일으키지 않도록 하자.

● 경기 관람 포인트 및 주의 사항

1. 로마 시내에서 경기장으로 향하는 도로가 사실상 하나다. 그래서 경기 당일에는 교통 체증이 발생하므로 경기장에 여유 있게 방문할 수 있도록 일찍 나서는 게 좋다.
2. 경기 전에 팬들이 함께 부르는 구단 응원가 Roma Roma Roma를 들어보자. 경기장이 대형 공연장으로 변신하는 순간이다.
3. 이탈리아는 경기장 입장 시 여권과 티켓의 이름을 대조하므로, 반드시 여권을 가지고 있어야 한다.

하나의 도로에 수많은 차량과 오토바이가 달리고 있다. 경기가 있는 날에는 교통체증이 심하다.

● 경기장 찾아가는 법

○ **교통수단**

메트로 Ottaviano 역에서 버스를 타고 경기장으로 이동. 또는 메트로 Flaminio 역 인근에서 트램 2번 타고 Mancini 정류장 하차 후 도보 이동

○ **이동시간**

Ottaviano 역에서 버스로 약 5–10분, 도보로 약 30분/트램 Mancini 정류장에서 도보로 약 10분

경기장 구조상 자리를 찾아가는 게 은근히 어렵다. 이럴 때에는 경기장 내 직원의 도움을 받도록 하자.

경기장 주변이 매우 넓다. 그래서 경기장이 눈앞에 보이는듯 해도 게이트까지 거리가 꽤 되니 여유 있게 도착하는 것이 좋다.

올림피코 스타디움의 밤은 꽤 어두운 편이다. 밤 경기를 봐야 하는 상황이라면 바로 경기장에 들어갈 것을 권한다.

Ottaviano 역은 바티칸 시국과 매우 가까운 곳에 있다. 그러므로 바티칸 여행과 AS 로마 경기 관람을 연계하면 합리적인 동선을 만들 수 있다.

AS 로마 팬들은 뜨거운 열정으로 유명하다. 경기 내내 펼쳐지는 응원 장면들을 놓치지 말자.

올림피코 스타디움으로 가는 메트로가 없기 때문에 로마 시내에서부터 경기장을 찾아가기 위해선 우선 로마 서부에 위치한 메르토 A라인 Ottaviano로 이동해, 버스로 환승하는 방식으로 이동해야 한다. 우선 메트로역에 도착해 Via Barletta 방면 출구로 빠져나온다.

길 가운데에 툭 튀어나와 있는 버스 정류장이 보인다. 이곳에서 버스를 기다리면 된다. 버스 정류장에는 노선도가 표시되어 있는데 우리가 타야 하는 버스는 32번이다. 버스를 타고 경기장 앞에서 내리면 된다. 경기장이 워낙 크기 때문에 바로 보여서 정류장을 놓칠 일은 없다. 단, 탑승할 때 기사에게 문의를 하고 정확한 목적지를 확인하고 탑승하는 것이 좋다. 그리고 이곳에서 경기장까지 걸어서 가는 데 약 30분 정도 소요되므로 차가 막힌다면 걸어가는 것도 합리적인 방법이다. 현지인들도 걸어서 가는 경우가 많다.

추가적으로 시내의 포폴로 광장(Piazza del Popolo) 광장 근처에서 트램을 타고 이동하는 방법이 있다. 메트로 Flaminio 역 인근에 있는 정류장에서 Mancini 방향으로 가는 2번 트램을 탑승한다. 그리고 종점인 Mancini 역에서 내려 강 하나만 건너면 바로 경기장으로 연결된다.

토리노
TORINO

알프스가 품고 있는
아름다운 축구와 문화의 도시

로마로 가는 길

밀라노에서 출발: Frecciarossa, Italo 기차 밀라노 중앙역 ▶ 토리노 포르타 누오바 또는 포르타 수사 역(약 1시간 소요 / 약 20분 간격 배차)

로마에서 출발: Frecciarossa, Italo 기차 로마 떼르미니역 ▶ 토리노 포르타 누오바 또는 포르타 수사 역(약 4시간 30분 소요 / 약 40분 간격 배차)

제노바에서 출발: Frecciarossa, Italo 기차 제노바 피아짜 프린시페 역 ▶ 토리노 포르타 누오바 또는 포르타 수사 역(약 2시간 소요 / 약 1시간 간격 배차)

토리노 공항

토리노 북부 외곽에 있는 공항이다. 이곳에서 출도착하는 항공편의 수가 그리 많지 않기 때문에 원하는 시간이 나오지 않을 경우 밀라노의 말펜사 공항을 이용하는 방법도 검토 가능하다. 말펜사 공항에서 토리노 시내로 들어오는 공항버스가 있다.

주소: Strada Aeroporto, 12, 10072 Caselle Torinese TO, Italia

대중교통: 토리노 SFMA 기차 Dora 역에서 약 20분 / 공항버스로 시내까지 약 40~50분

토리노 포르타 누오바 역

토리노 시가지의 남쪽에 자리하고 있는 토리노 대표 기차역이다. 이곳에서 이탈리아 각지로 떠나는 다양한 기차가 출발하고 도착한다.

주소: Corso Vittorio Emanuele II, 58, 10121 Torino TO, Italia

대중교통: 토리노 메트로 M1라인 Porta Nuova 역 / 트램 4, 7, 9번 / 버스 1, 6, 33, 35, 52, 61, 64, 67, 68, 92, 101, S05번

| 도시, 어디까지 가봤니? | TORINO TOUR |

● 도시 소개

이탈리아 북서부 피에몬테 주의 주도이자 이탈리아를 대표하는 주요 산업 중심지로서 세계적인 자동차 브랜드 피아트(FIAT)가 바로 이곳에 있으며, 예수님이 입으셨다는 '토리노 수의'로 유명한 토리노 대성당이 있다. 긴 역사로 인해 다양한 역사 유적지 및 문화시설이 가득하다.

● 도시 내에서의 이동

메트로가 운영되지만 도시 곳곳을 연결하지는 못한다. 유벤투스 FC와 토리노 FC의 경기장 모두 메트로가 연결되지 않으므로 메트로, 트램 또는 버스를 적절하게 섞어서 여행해야 한다. 티켓은 메트로, 트램, 버스가 모두 통용되며 1회권보다 1일권이 매우 저렴하므로 각 여행 기간에 따라 1일권, 48시간권, 72시간권 중 하나를 구입해서 이용하는 것이 좋다.

○ 토리노 대중교통 요금 안내(단위 €-유로)

1회권(100분)	1.70
1일권	4.00
48시간권	7.50
72시간권	10.00

● 숙소 잡기

토리노의 숙소는 두 기차역 주변에 많다. 기차역 주변에 숙소를 잡는 것이 여러모로 편리하고 구 시가지 도보 여행을 즐길 수 있는 포르타 누오바 역 인근이 가장 좋다. 경기장 주변에도 호텔이 있지만 많지 않으며 이동 문제를 고려하면 경기장 주변 숙소를 잡을 이유는 없다. 무조건 포르타 누오바 역 주변을 선택하자.

추천 여행 코스 및 가볼 만한 곳 　　　TORINO TOUR

● 추천 여행 코스 - 2일간

1일차: 토리노 FC 스타디움 방문-포르타 수사 역-유벤투스 스타디
움 투어-토리노 대성당(토리노 수의)-토리노 궁전-포르타 팔
라쪼 시장

2일차: 산 카를로 광장-카스텔로 광장-포 거리(Via Po)-포 강변-
몰레 안토넬리아나-경기 관람(유벤투스 FC 홈)

○ 축구여행과 문화생활을 함께

토리노를 즐기기 위해서는 시가지 중심의 도보 여행이 좋다. 열심히
걸으면 한 나절 정도로 충분히 돌아볼 수 있다. 단, 축구도 봐야 하고
다양한 박물관 및 갤러리도 즐기고 싶다면 최소 이틀 정도는 투자해
야 한다. 여유 있게 즐기고자 한다면 3일도 괜찮다.

● 스타디오 올림피코 그란데 토리노(Stadio Olimpico Grande Torino)

토리노까지 갔는데 유벤투스 FC만
만나고 가면 섭섭하다. 토리노 FC라
는 명문팀도 있기 때문이다. 이 토리
노 FC 홈구장은 1933년에 완공되어
2006년에 한 차례 리노베이션 공사
를 하여 지금에 이르고 있다. 2006

토리노 동계올림픽의 주경기장으로 활용되었으며 유벤투스 FC도 꽤
오랜 기간 동안 이 경기장을 토리노 FC와 함께 사용했던 기록이 있
다. 경기장 옆에 있는 아름다운 카발리에리 디 비토리오 베네토 공원
도 함께 걸어보자.

● 몰레 안토넬리아나(Mole Antonelliana)

토리노의 랜드마크. 약 167.5m 높이
로 유난히 눈에 띄는 거대한 건물이
다. 1889년에 완공되었으며 원래는
유대교당으로 쓰일 예정이었던 곳이
다. 지금은 이탈리아 국립영화박물
관으로 활용되고 있으며 세계에서
가장 높은 곳에 있는 박물관 중 한
곳으로 알려져 있다.

홈페이지: www.moleantonellianatorino.it

(토리노 포르타 수사 역)

토리노 시가지 서쪽에 자리하고 있는 기
차역이며 포르타 누오바에 이어 제2기차
역의 포지션을 가지고 있다.

주소: Corso Bolzano, 10121 Torino TO,
Italia

대중교통: 토리노 메트로 M1라인 Porta
Susa 역 / 트램 7, 10번 / 버스 19, 29,
36, 55, 56, 57, 59, 60, 71, 91, 94, 101,
W15번

(오렌지군의 축구 여행 TIP)

많은 기차가 포르타 누오바, 포르타 수사
역에서 모두 출발/도착한다는 점을 참고
하자. 즉, 자신의 최종 목적지에 따라 내
릴 기차역을 선택하는 것이 좋다.

토리노 교통권 1일권

스타디오 올림피코 그란데 토리노
주소: Via Filadelfia, 96/b, 10134 Torino
TO, Italia
대중교통: 트램 4, 10번, 버스 92번 타
고 경기장 앞 하차 / 메트로 M1호선
Carducci 역에서 도보 30분

몰레 안토넬리아나
주소: Via Montebello, 20, 10124 Torino,
TO
대중교통: 트램 7, 13, 15, 16 CD, 버스 24,
55, 56, 61, 93
운영시간: 월, 수, 목, 금, 일 09:00-
19:00, 토 09:00-22:00

토리노 왕궁 앞 카스텔로 광장 주변은 토
리노 관광의 중심지이다.

유벤투스 FC

JUVENTUS
FOOTBALL CLUB
S.P.A

구단 소개

I BIANCONERI

창단연도
1897년 11월 1일

홈구장
알리안츠 스타디움

주소
Corso Gaetano Scirea 50 10151
Torino (TO)

구단 홈페이지
www.juventus.com/en

구단 응원가
Storia Di Un Grande Amore

이탈리아를 대표하는 최고의 명문 구단 유벤투스 FC는 이탈리아의 전국구 팀이라고 할 정도로 엄청난 인기를 끌고 있다. 다른 팀들이 따라올 수 없는 세리에A 우승 기록을 자랑하고 있으며 2011-2012 시즌부터는 매 시즌 모두 우승하면서 극강의 모습을 보여주고 있다. 그런데 안타깝게도 유럽 무대에서는 큰 힘을 발휘하지 못하는 편인 데 리그의 라이벌인 AC 밀란이 UEFA 챔피언스리그에서 7회 우승을 차지한 반면 유벤투스는 단 2회에 그치고 있고, 이 우승 기록 또한 1980~1990년대에 쌓아 올린 것. 하지만 이런 유벤투스도 유럽 무대 에서 분명히 자랑할 만한 기록은 있다. 역사상 UEFA가 주최했던 모 든 대회에서 한 차례 이상씩 우승을 한 클럽이라는 사실이다. 현재의 UEFA 유로파리그와 UEFA 챔피언스리그 그리고 UEFA컵 위너스컵 까지 모두 우승을 차지했었던 최초의 클럽이 바로 유벤투스다. 최근 에는 UEFA 챔피언스리그에서 두 번의 준우승을 차지하면서 유럽 무 대에서도 힘을 내고 있으며 새 구장 완공과 함께 경기장 수준도 유럽 최고 수준으로 끌어올렸다. 2018-2019 시즌에 스쿠데토를 차지하면 서 리그 8연패를 기록하는 위업을 달성했다.

홈구장 및 연습구장

알리안츠 스타디움은 2011년에 완공된 최신식 경기장으로서 약 4만여 석을 갖춘 이탈리아 대표 축구구장이다. 예전의 델레 알피 구장은 트랙이 있는 종합 경기장으로서의 한계와 좋지 않은 위치로 인해 관람객이 갈수록 감소해 왔으나 알리안츠 스타디움이 개장하면서 경기장 만원 사태가 계속해서 벌어지고 있다. 2011년 9월 8일 세계에서 가장 오래된 축구 클럽으로 알려진 노츠 카운티(Notts County)와의 개장 기념 경기를 시작으로 2014년에는 UEFA 유로파리그 결승전이 열리기도 했다. 이탈리아를 대표하는 축구 전용구장으로 자리를 잡아가고 있다.

● 홈구장

알리안츠 스타디움(Allianz Stadium)			
개장일	2011년 9월 8일		
수용 인원	41,507명	경기장 형태	축구 전용 구장
UEFA 스타디움 등급	카테고리 4	그라운드 면적	105m X 68m

● 연습구장

Juventus Center	
주소	Via Stupinigi, 182, 10048 Vinovo TO
대중교통	SFM 열차 2호선 Nichelino역 하차 후 도보 40분. 또는 35N 버스 타고 20분

역대 우승 기록률

UEFA 챔피언스리그
(UEFA 챔피언스컵 포함)
2회(1985, 1996)

UEFA 유로파리그
(UEFA 컵 시절 포함)
3회(1977, 1990, 1993)

UEFA컵 위너스컵
1회(1984)

UEFA 인터토토컵
1회(1999)

UEFA 슈퍼컵
2회(1984, 1996)

인터콘티넨털컵
2회(1985, 1996)

세리에A
35회(1905, 1926, 1931, 1932, 1933, 1934, 1935, 1950, 1952, 1958, 1960, 1961, 1967, 1972, 1973, 1975, 1977, 1978, 1981, 1982, 1984, 1986, 1995, 1997, 1998, 2002, 2003, 2012, 2013, 2014, 2015, 2016, 2017, 2018, 2019)

코파 이탈리아
13회(1938, 1942, 1959, 1960, 1965, 1979, 1983, 1990, 1995, 2015, 2016, 2017, 2018)

수페르코파 이탈리아나
(이탈리아 슈퍼컵)
8회(1995, 1997, 2002, 2003, 2012, 2013, 2015, 2018)

관중들이 가득찬 경기장의 아름다운 모습

구벤투스 FC의 E-ticket

구벤투스 FC의 Black&White 멤버십 카드

오렌지군의 티켓 구입 TIP

구벤투스 카드 신청 홈페이지
www.juventus.com/en/stadium-
and-museum/on-a-matchday/
renew-your-supporter-card/
index.php

구벤투스 FC는 매 경기 매진 사례를 이루는 인기팀이라는 것을 잊지 말아야 한다. 반드시 티켓 구입 문제를 해결하고 나서 경기장을 찾아가도록 하자.

● 티켓 구매 전쟁에서 어떻게 해야 살아남을까?

유벤투스 FC는 대부분의 경기가 매진되는 인기 팀이다. 그리고 같은 매진이라도 경기에 따라 상황이 천차만별이기 때문에 잘 파악하고 여행을 준비해야 한다.

시즌권 소지자, 유료 멤버십, 일반 판매순으로 티켓 판매가 진행되며 유료 멤버십 대상 판매는 경기 3~4주 전부터 시작된다. 일반 판매는 보통 경기 약 10일 전부터 시작되는 경우가 많다. 단, 각 경기마다 편차가 크기 때문에 구단 홈페이지를 반드시 확인해야 한다.

일반적으로 유료 멤버십에 가입하게 되면 내가 원하는 블록의 티켓을 수월하게 구입할 수 있다고 보면 된다. 멤버십에는 J1897과 Black&White 이렇게 두 가지가 있고 각각 티켓 판매일이 다른데다가 가격차가 크다. 대체로 빅매치라도 Black&White 정도까지는 넘어온다. 그리고 멤버십 가입자는 대체로 한번에 4장 정도의 티켓 구입이 가능하다. 단, 빅매치는 2장 정도로 줄어들 수 있다.

그런데 여기서 매우 중요한 부분이 있다. 유벤투스 FC는 멤버십 가입만으로는 티켓을 구입할 권리가 발생하지 않는다. 구단에서 발급하는 '유벤투스 카드(Juventus Card)'도 반드시 가지고 있어야 티켓을 구입할 수 있다. 즉, 경기장을 찾을 모든 사람이 이 카드를 발급받아야 한다는 것이다. 이를테면 4명이 경기를 보러 가게 될 경우 4명 모두 카드를 갖고 있어야 한다.

유벤투스 카드는 구단 홈페이지에 가입해 여권 정보 및 사진 등을 입력하고 신청하면 25일 내에 절차가 완료되어 카드가 발송된다. 하지만 우리는 한국에서 카드를 받아야 하는 상황이 대부분이므로 카드 신청 후 실제로 카드를 받게 되는 기간은 실제로 두 달 가까이 걸릴 때도 있다.

즉, 유료 멤버십 가입을 통해 티켓을 구입하게 될 경우 유벤투스 카드 발급까지 고려하면 최소한 경기 2~3개월 전에는 준비해야 별 문제 없이 티켓 구입 및 관전이 가능하다. 유료 멤버십은 가입 후 늦어도 하루 이틀이면 활성화가 된다. 그러므로 유벤투스 카드 문제부터 빨리 해결하는 것이 중요하다.

그런데 이 방법으로 티켓을 구입하는 것은 현실적으로 어렵다. 결국 일반 판매를 노려야 할 확률이 높은데, 다행히도 유벤투스 FC는 빅매치를 제외하고는 일반 판매로 티켓을 구입할 수 있다. 그리고 일반 판매 기간에는 티켓 구매 시 '유벤투스 카드'가 필요없다(빅매치는 일반 판매에도 유벤투스 카드를 요구하는 경우가 있다). 단, 일반 판매로 풀리는 동시에 남은 자리가 빠르게 팔려나가는 경우가 많다는 점을 참고해야 한다. 그러므로 일반 판매에 도전하고자 한다면 판매 시작일을 기다렸다가 바로 구입하는 것이 그나마 합리적인 방법이다. 다만, 워낙 빨리 팔리기 때문에 늦으면 티켓 구입이 불가능할 수 있다.

내가 볼 경기의 티켓 판매 상황을 늦게 발견해서 잔여석이 없는 상황이라면 매일같이 홈페이지를 확인하는 정성이 필요하다. 다행히도 유벤투스 FC는 티켓 익스체인지를 운영하고 있기 때문이다. 시즌권 소지자들이 내놓은 일부의 취소 티켓이 종종 풀리고, 이 기회를 통해서 마지막 기회를 잡을 수 있다.

● 티켓 구매 전 알아야 할 사항은?

유료 멤버십은 J1897과 Black&White로 나뉘어지며, J1897이 티켓을 먼저 구입할 수 있는 권한이 있고, J1897이 Black&White보다 무려 180유로에 가까운 고가라는 것을 참고해야 한다. 단, J1897에는 유벤투스 FC의 공식 유니폼이 포함되어 있다.

만약 멤버십을 통해서 티켓을 구입하려면 일반적으로는 Black&White 정도로 충분하다. 왜냐하면 이 단계에서도 티켓이 충분히 남아있기 때문이다. 하지만 모든 사람이 관심을 갖는 빅매치 중의 빅매치를 감상하고 어웨이 유니폼도 하나 사려고 했다면, J1897이 합리적인 선택이 될 수 있다.

또한 경기마다 상황이 다르기는 하지만 유벤투스 FC는 다른 세리에A 팀들의 경기보다 티켓 가격이 다소 높게 책정되어 있다 특히, UEFA 챔피언스리그의 빅매치는 가격뿐만 아니라 티켓 구입 자체가 쉽지 않기 때문에 나의 여행 비용을 감안하여 적절한 상대를 골라 티켓 구매를 시도하는 것을 권한다.

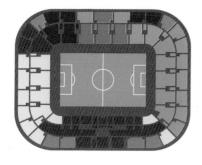

EST

NORD

SUD

PREMIUM CLUB(OVEST)

자리를 고를 때 모서리 자리는 되도록 피하는 것이 좋다. 모서리에 방범용 카메라가 설치되어 있는데, 이 카메라가 시야를 가리는 경우가 발생하기 때문이다.

약 4만여 석을 갖춘 축구 전용구장이므로 어느 좌석을 선택해도 시야가 매우 훌륭하다.

티켓 가격

경기장에 지붕이 있지만 모든 좌석을 커버하지는 못한다. 특히 1층 앞열은 비를 맞을 가능성이 높으니 감안해야 한다.

2층 좌석에서 바라본 시야

유벤투스 FC 멤버십 안내

〈J1897〉
가입비 €179
 · 티켓 구입 우선권
 · 유벤투스 FC 어웨이 셔츠 및 주장
완장
 · 웰컴 팩
 · 유벤투스 FC 오프라인/온라인 스
토어 10% 할인

〈Black&White〉
가입비 €65
 · 티켓 구입 우선권(J1897 다음 순서)
 · 유벤투스 FC 어웨이 셔츠 및 주장
완장
 · 웰컴 팩
 · 유벤투스 FC 오프라인/온라인 스
토어 10% 할인

J1897 멤버십은 한 시즌 제한 수량이
있어서 해당 수량이 다 팔리면 더 이
상 판매하지 않는다.

알리안츠 스타디움의 게이트. 이 게이
트를 통과할 때 티켓 검사 및 타이트
한 보안 검사를 통과해야 안으로 들
어갈 수 있다. 이때 티켓에 적힌 여권
정보와 실제 여권을 대조하게 된다.

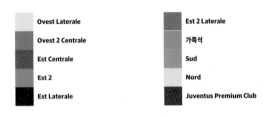

Ovest Laterale	Est 2 Laterale
Ovest 2 Centrale	가족석
Est Centrale	Sud
Est 2	Nord
Est Laterale	Juventus Premium Club

Tier	Cost
Tribuna Ovest Laterale 1	€120–180
Tribuna Ovest Laterale 2	€95–157
Tribuna Ovest 2	€105–168
Tribuna Family	€120–180
Tribuna Est Centrale 1	€140–225
Tribuna Est Centrale 2	€130–200
Tribuna Est Laterale 1	€115–180
Tribuna Est Laterale 2	€100–169
Tribuna Nord/Sud Est 2	€85–135
Tribuna Nord 1 – 2	€35–67
Tribuna Sud 1 – 2	€35–67

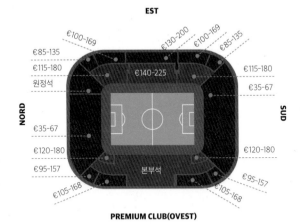

각 경기마다 티켓 가격 및 좌석 배치 차이가 있다. 유벤투스는 빅매
치의 경우 특정 스탠드는 일반 판매 시에도 '유벤투스 카드'를 요구할
수 있다는 점을 반드시 알고 있어야 한다. 유벤투스 FC는 구단 정책
이 꽤 엄격해서 난감한 상황이 벌어질 때가 많다.

유벤투스 FC
JUVENTUS FOOTBALL CLUB S.P.A

티켓 구매 프로세스
유벤투스 FC 홈페이지에서 티켓을 구매하는 방법

STEP 01 | 유벤투스 FC 홈페이지 접속

유벤투스 FC 영어 홈페이지(http://www.juventus.com/en)에 접속한다. TICKETS 메뉴를(①) 클릭한다.

STEP 02 | 메뉴 선택

| Tickets | Legends Club | Parking |

해당 메뉴는 경기 티켓뿐만 아니라 스타디움 투어 티켓도 함께 판매한다. 그러므로 여기서 다시 한 번 나오는 새로운 Tickets 메뉴를 선택하자.

STEP 03 | 경기 일정 확인

예정된 경기의 티켓 판매 일정을 확인할 수 있다. 보통 J1897 멤버십, J1897 및 Black&White 멤버십 판매순이며 일반 판매는 이 과정에서 매진되지 않았을 때만 진행된다. 일반 판매를 통한 티켓 구매는 경기 직전까지 가능하다. 티켓 가격은 PRICES INFO를(①) 클릭하면 아주 자세하게 확인할 수 있다.

STEP 04 | 일반 판매 일정 확인

빅매치는 일반 판매 일정이 아예 표시되지 않기도 한다. 즉, 현재 기준으로 일반 판매 계획이 없음을 의미한다. 유벤투스 FC는 티켓 판매 상황에 따라 구단의 티켓 판매 일정 및 정책이 다이내믹하게 돌아가는 편이다. 구단 홈페이지를 수시로 확인해 판매 일정 및 정책을 살펴보는 것이 매우 중요하다.

STEP 05 | 경기 선택

내가 원하는 경기의 티켓 판매가 시작되면 PURCHASE를(①) 클릭한다. 그리고 좌석 배치도가 나올 때까지 진행하도록 한다.

STEP 06 | 잔여석 확인

TRIBUNA EST CENTRALE 1^ ANELLO
Price (min - max) — Availability
158,00 € - 200,00 € — MEDIUM — Tickets >

TRIBUNA EST CENTRALE 2^ ANELLO
Price (min - max) — Availability
140,00 € - 180,00 € — MEDIUM — Tickets >

TRIBUNA OVEST LAT. 1^ ANELLO
Price (min - max) — Availability
126,00 € - 160,00 € — LOW — Tickets >

TRIBUNA EST LATERALE 1^ ANELLO
Price (min - max) — Availability
160,00 € - 160,00 € — MEDIUM — Tickets >

TRIBUNA FAMILY
Price (min - max) — Availability
126,00 € - 160,00 € — LAST SEATS — Tickets >

이제 해당 경기의 잔여석 현황을 확인할 수 있다. HIGH, LOW, NO 등으로 표시되는데 HIGH는 잔여석이 많이 남아있는 경우, LOW는 잔여 좌석이 조금 남아있는 경우, NO는 잔여석이 없는 경우를 의미한다. 유벤투스 FC는 시즌권 소지자들이 내놓은 취소 표가 일부 발생할 수 있으므로 NO여도 나중에 약간의 표가 나올 수 있다.

STEP 07 | 블록 선택

이제 좌석 배치도와 함께 잔여 좌석을 확인할 수 있다. 색이 칠해져 있는 좌석이 현재 남아있는 좌석이다. 일반 판매의 경우 배치도 자체가 뜨지 않는 경우가 있는데, 이는 곧 랜덤으로 티켓을 판매하겠다는 의미이므로 원하는 블록 정도만 선택할 수 있다. 유벤투스는 이렇게 상황에 따라서 바뀌는 경우가 많으므로 당황하지 말자.

STEP 09 | 로그인

로그인 창이 뜬다. 아직 회원 가입 전이라면 REGISTRATI 버튼을(❶) 클릭해 가입 및 로그인까지 완료하고 다음 과정을 진행한다. 로그인까지 끝내고 신용카드 결제 화면으로 넘어가자. 이탈리아어 홈페이지가 연결되므로 영어로 변환하여 진행하자.

STEP 10 | 개인정보 입력

선택한 좌석의 수만큼 개인정보를 입력하는 공간이 생성된다. 여기서 개인정보를 입력해야 한다. 경기를 볼 모든 인원의 개인정보를 빠짐없이 넣어야 한다는 점을 주의하자. 멤버십 판매의 경우 '유벤투스 카드' 번호를 반드시 넣고 진행해야 하고, 일반판매의 경우 여권 및 이름, 생년월일, 국적 등을 모두 정확하게 입력하고 진행해야 한다. 개인정보가 틀릴 경우 입장이 거부될 수 있다는 점을 주의하자.

STEP 08 | 좌석 선택

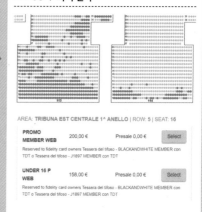

AREA: **TRIBUNA EST CENTRALE 1^ ANELLO** | ROW: 5 | SEAT: 16

원하는 블록을 선택하면 확대되면서 세부 좌석을 선택할 수 있다. 좌석을 선택하면 성인 요금 및 16세 미만 가격을 선택할 수 있을 것이다. 나의 상황에 맞게 정보를 정확하게 입력하고 다음 단계로 넘어가자(위의 그림은 유료 멤버십+유벤투스 카드를 소지했을 때의 상황이므로 일반 판매 때와 다를 수 있다는 점 참고하자).

STEP 11 | 결제

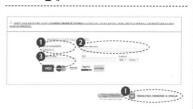

신용카드 정보를 넣고 결제 과정을 진행하면 티켓 구입이 마무리된다. TIPO DI PAGAMENTO에는(❶) 카드의 종류, Titolare della carta에는(❷) 신용카드 소지자의 이름, Numero di carta에는(❸) 신용카드 번호, CVC는 카드 뒷면의 세 자리 번호를 의미한다. Scadenza에는 신용카드의 유효기간을 넣는다. 모두 정확하게 넣었다면 INOLTRA ORDINE E PAGA 버튼을(❹) 클릭해 결제를 완료한다.

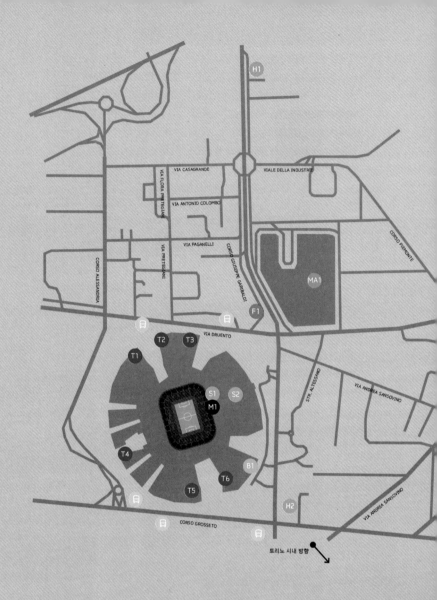

America Graffiti Diner Restaurant Torino Area12
Area 12 Shopping Center, Strada Altessano, 141, 10141 Torino TO

★★★★

ALLIANZ STADIUM

JUVENTUS FOOTBALL CLUB S.P.A
유벤투스 FC

M1   구단 박물관 & 스타디움 투어

H1   Hotel Galant

H2   Hotel Master Torino

F1   맥도날드

B1   America Graffiti Diner Restaurant Torino Area12

MA1   Auchan(대형마트)

S1   구단 용품점

S2   에이리어 21 쇼핑센터

경기장으로

스타디움 스토어의 내부 풍경

오렌지군의 축구 여행 TIP

유벤투스 FC의 경기장은 찾아가기 까다로운 경기장 중 하나이다. 그렇기 때문에 용품만 구입하고자 한다면 굳이 경기장까지 갈 필요가 없다. 카스텔로 광장의 시내 스토어를 찾아가도록 하자.

경기장 옆 트램 정류장 뒤로 펼쳐지는 아름다운 겨울 설산의 매력 토리노가 알프스를 끼고 있는 도시이기에 감상할 수 있는 풍경이다.

에이리어 12 쇼핑센터 안에서 사 먹었던 간식. 쇼핑센터 내외부에 다양한 식당들이 입점해 있어 식사는 이곳에서 해결하면 된다.

경기장 주변 볼거리
ENJOY YOUR TRAVEL

S E R I E   A   T E A M

○ 구단 공식용품점 ○

JUVENTUS STORE(스타디움 스토어)

주소: Via Druento 153, 10151 Torino
운영 시간: 매일 09:00-20:30

JUVENTUS STORE CITY CENTRE(카스텔로 광장 인근)

주소: Via Garibaldi 4/E, 10122 Torino
운영 시간: 매일 10:00-19:30

JUVENTUS STORE 8 GALLERY

주소: Via Nizza, 262, 10126 Torino
운영 시간: 월요일-목요일 10:00-21:00, 금요일-일요일 10:00-22:00

○ 에이리어 12 쇼핑 센터(Area 12 Shopping Center) ○

알리안츠 스타디움 주변에는 특별한 볼거리가 없다. 대신 경기장 바로 옆에 있는 에이리어 12 쇼핑센터에서 시간을 보낼 수 있다. 우리나라의 월드컵 경기장 옆에 위치한 대형 마트를 생각하면 이해가 빠를 것이다. 특별한 시설이 있는 것은 아니지만 쇼핑 센터에 음식점들이 입점해 있으므로 식사도 할 겸 잠시 쉬어갈 수 있는 곳이다. 알리안츠 스타디움 주변에 편하게 쉴 공간이 없다는 점을 생각하면 이곳의 존재는 의외로 꽤 중요하다.

경기 관람

ENJOY FOOTBALL MATCH

SERIE A TEAM

● 경기 관람 포인트 및 주의 사항

1. 경기장으로 향하는 대중교통이 만만치 않으므로, 경기장을 찾아가는 방법을 확실히 숙지하는 것이 좋다. 특히 경기가 없는 날에 경기장을 찾을 때 매우 중요하다.

2. 이탈리아에서 유벤투스 FC는 전국구 팀이라고 불릴 정도로 인기가 많고, 그만큼 팬들의 열정도 대단한 팀이다. 즉, 현지 팬들을 자극하는 것은 자제할 필요가 있다.

3. 이탈리아는 경기장 입장 시 여권과 티켓의 이름을 대조하므로, 반드시 여권을 가지고 경기장을 찾아야 한다는 점을 주의하자.

● 경기장 찾아가는 법

○ 교통수단

경기 당일에는 토리노 메트로 Bernini 역 하차 후, 경기장으로 바로 향하는 트램을 타고 이동할 수 있다. 경기가 없는 날에는 Porta Susa 역 인근의 XVIII Decembre 메트로 역 앞 버스 정류장에서 72번 버스 탑승하여 경기장 인근에서 하차하여 걸어간다.

○ 이동시간

Porta Susa, Porta Nuova 역에서 약 40분-1시간

시내에서 꽤 멀리 떨어진 알리안츠 스타디움은 메트로가 연결되지 않는 허허벌판에 자리하고 있다. 유럽의 축구 경기장 중에서 찾아가기 어려운 구장에 속한다고 할 수 있다. 그리고 경기일과 경기가 없는 날의 상황이 매우 다르므로 상황에 맞춰 다르게 접근해야 한다.

우선 경기가 있는 날은 경기장을 찾아가기 편하다. 경기장 바로 앞까지 가는 셔틀 트램이 운영되기 때문이다. 시내에서 출발한다면 토리노 메트로 Fermi행 기차를 타고 Bernini 역에서 하차한다. 그리고 출구로 나

오렌지군의 축구 여행 TIP

경기 당일에는 경기장 주변에 암표상들이 많이 보일 것이다. 하지만 이 책에서 언급했듯이 유벤투스 FC의 보안 정책은 매우 까다롭다. 암표가 제대로 된 티켓이라 해도 입장이 불가할 수 있으니 주의하도록 하자.

유벤투스 팬들의 열정을 지켜보는 것만으로도 흥미롭다.

경기장 주변에는 실로 만든 팔찌를 강매하는 사람들이 흔한데 주의해야 한다. 만약 팔찌를 억지로 채우려 한다면 강하게 거절의 의사를 밝히도록 하자.

경기 당일에는 경기장 주변에 많은 노점상들도 만나볼 수 있다. 흥미롭게도 유벤투스 FC 외의 다른 팀의 용품들도 많이 보인다.

킥오프 전 팬들이 함께 부르는 구단 응원가는 경기장 전체를 울린다. 이 풍경이 매우 인상적이므로 절대 놓치지 말자.

41

나를 보고 해맑게 웃어주는 직원들. 무료 페이스페인팅을 해주는 직원들이다. 유벤투스 FC는 새 경기장 개장과 함께 팬들을 위한 서비스 강화에 많은 신경을 쓰고 있다.

경기장 안에 마련된 깔끔한 인테리어의 매점. 다양한 음식과 음료를 판매한다. 경기장에 먹을 게 없다는 이야기는 옛날 이야기가 되었다.

경기장 안에 다양한 체험시설이 마련되어 있어 경기를 기다리는 시간이 지루하지 않다. 어린아이를 둔 부모 입장에서도 좀 더 쾌적하게 아이와 함께 축구를 즐길 수 있게 되었다.

오면 바로 앞에 광장이 있는데, 광장 한켠에 트램 정류장을 발견할 수 있다. 이 트램 정류장에서 경기 당일에만 운영되는 9번 트램을 타면 경기장 바로 앞까지 간다. 경기가 끝난 후에도 마찬가지로 이 트램을 타고 돌아오는 가장 좋다. 경기 종료 후에 많은 트램이 팬들을 실어 나르기 위해 대기하고 있을 것이다. 이때는 트램 앞에 안내되는 최종 목적지를 잘 보고 탑승하도록 하자. 경기장에 올 때와는 달리 포르타 누오바(Porta Nuova) 역까지 바로 이동시켜 줄 확률이 매우 높다. 단, 셔틀 트램의 경우 트램이 아닌 버스가 운영될 때도 있는 모양이니 현장에 도착하면 이 부분을 잘 체크해서 이동할 필요가 있다.

경기가 없는 날에는 버스나 택시를 타고 이동하는 것이 합리적이다. 구단에서는 62, 72, 75, VE1번 버스를 타면 경기장에 찾아올 수 있다고 안내하지만 여행자 입장에서는 포르타 수사(Porta Susa) 역 또는 메트로 XVIII Dicember 역에 내려서, 28번 정류장 M-XVIII Decembre에서 72번 버스를 타고 이동하는 것이 가장 확실하다. 탑승하기 전에 기사나 주변 시민들에게 한 번쯤 물어보는 것이 좋다. 버스 정류장 안내판에서 72번 Macchiveli Cap. 방향 버스를 타도록 하고, 경기장이 보이면 적절한 때에 하차하면 된다. 돌아올 때에는 내린 곳을 기억했다가 반대편 방향의 정류장에서 버스를 타고 빠져나오면 된다. 만약 길을 찾기 어렵다면 주변 시민들에게 도움을 요청하도록 하자.

스타디움 투어

SERIE A TEAM

유벤투스 FC의 스타디움 투어에는 스타디움 투어와 박물관 방문이 포함되어 있으며, 스타디움 투어만 따로 진행할 수 없는 반면 박물관은 따로 방문할 수 있다. 스타디움 투어를 통해 알리안츠 스타디움 곳곳을 가이드의 안내로 방문할 수 있으며 호스피탈리티 구역, 선수들이 사용하는 드레싱룸, 선수단 출입 통로, 벤치 등을 방문할 수 있다. 구단 박물관에서는 UEFA 챔피언스리그 트로피, 역대 유니폼 등의 역사적인 가치가 있는 콘텐츠들을 만날 수 있으며 스타디움 투어+박물관을 관람하려면 최소 2시간 정도는 걸린다고 생각하고 준비해야 한다.

유벤투스 FC의 스타디움 투어는 티켓 구입 과정이 꽤 번거롭다. 일단 인터넷 예매가 되지 않는다. 무조건 현장 구매를 시도해야 하는데, 구단에서는 박물관 매표소가 문을 여는 10:30에 도착해 티켓을 구입할 것을 권장한다. 그러나 구단이 공지한 시간에 맞춰 가면 엄청난 수의 사람들이 미리 도착해 줄을 서 있는 풍경을 볼 확률이 매우 높다. 그러므로 아침 일찍 매표소 오픈 몇 시간 전에 미리 도착해 기다릴 것을 권한다.

스타디움 투어와 달리 박물관은 인터넷 예약 및 티켓 구입이 가능하다. 그렇기 때문에 박물관만 방문할 경우에는 미리 티켓을 구입해서 프린트한 후 경기장에 방문해 바로 박물관을 관람하도록 하자. 또한 구단에서는 스타디움 투어 티켓을 조금이라도 더 빨리 구매하려면 미리 '박물관' 티켓을 예약 및 구매해두는 것을 권장한다. 박물관에 관심이 없고 스타디움 투어만 즐기겠다고 하더라도, 우선 박물관 티켓은 미리 인터넷으로 구매를 해두는 것이 좋다. 이렇듯 상당히 복잡한 상황이 발생하기 때문에 스타디움 투어 및 박물관을 이용하는 시간에 더해 경기장에서 대기하는 시간이 꽤 길게 소요될 것이라는 점을 주의하자.

● 입장료

※ 만6세 미만 무료

	성인	만 16세 미만, 만 65세 이상	유료 멤버십 회원(유벤투스 카드 필요)
박물관+스타디움 투어	€25	€20	€12
박물관+스타디움 매치데이 투어	€30	€27	€27
박물관	€15	€12	€12

스타디움 투어
홈페이지: www.juventus.com/en/tickets/museum-and-stadium-tour-tickets/museum-and-stadium-tour-tickets.php

운영 시간
여름 시즌 기준. 겨울 시즌은 변경될 수 있음
〈스타디움 투어〉 – 경기 당일 제외
운영 시간: 월, 수, 목, 금 11:00, 12:30, 14:45, 17:00, 주말, 공휴일 11:00, 11:30, 12:00, 12:30, 15:00, 15:30, 16:00, 16:30, 17:00, 17:30, 18:00, 화요일 휴장

〈스타디움 매치데이 투어〉
· 21:00 킥오프 경기 13:00~16:15, 15분 간격 출발
· 20:45 킥오프 경기 13:00~16:00, 15분 간격 출발
· 20:30 킥오프 경기 13:00~15:45, 15분 간격 출발
· 18:55 킥오프 경기 11:00~14:30, 30분 간격 출발
· 18:00 킥오프 경기 11:00~13:30, 30분 간격 출발
· 15:00 킥오프 경기 09:15~11:00, 15분 간격 출발
· 12:30 킥오프 경기 운영하지 않음

〈박물관〉
운영 시간: 월, 수, 목, 금 10:30~19:00, 주말, 공휴일 10:30~19:30, 화요일 휴장

박물관 매표소 앞에서 줄을 서서 기다리는 사람들. 이곳에서 흔하게 볼 수 있는 풍경이다.

LIGUE 1
EREDIVISIE

기타 구단

파리

◇◇◇◇◇◇◇◇◇◇◇◇◇◇◇◇◇◇◇◇◇

PARIS

유럽의 중심 에펠탑과 개선문,
센 강이 유혹하는 프랑스 최대의 도시

파리로 가는 길

런던(영국)에서 출발: Eurostar 기차 런던 ▶ 파리(약 2시간 30분 소요 / 약 1시간 간격 배차)

바르셀로나(스페인)에서 출발: TGV 기차 바르셀로나 ▶ 파리(약 6시간 30분 소요 / 하루 2회 운행)

브뤼셀(벨기에)에서 출발: Thalys 기차 브뤼셀 ▶ 파리(약 1시간 30분 소요 / 약 30분–1시간 간격 배차)

마르세유에서 출발: TGV 기차 마르세유 ▶ 파리(약 3시간 30분 소요 / 약 1시간 간격 배차)

파리 샤를 드 골 국제공항

파리에서 북쪽으로 25km 떨어진 루아시에 자리하여 '루아시 공항'이라고도 불린다. 프랑스의 대표 국제공항이지만 편의 시설의 부족으로 항상 평이 좋지 않은 곳이기도 하다. 대한항공과 아시아나 항공, 에어프랑스가 직항편을 운행한다.

주소: 95700 Roissy-en-France
홈페이지: www.parisaeroport.fr/en
대중교통: RER B호선 / Roissy 공항 버스
시내 이동 비용(성인 기준, 단위 €-유로)

RER B호선 11.40(약 35분 소요)
Roissy 공항 버스 12.50(메트로 Opera역, 약 60분 소요)

파리 오를리 공항

파리의 제2공항. 샤를 드 골 공항으로 대부분의 국제선이 이동된 후 현재는 주로 프랑스 국내선 항공편이 운항되고 있다. 파리로 향하는 저가항공들이 주로 이곳으로 향해 배낭여행자들이 많이 찾게 되는 곳이다.

주소: 94390 Orly
홈페이지: www.parisaeroport.fr

도시, 어디까지 가봤니?

PARIS TOUR

● 도시 소개

가장 유럽스러운 분위기를 만들어내는 세계 최고의 관광지이다. 세계에서 가장 유명한 박물관이 다수 자리하고 있어 예술을 사랑하는 이들의 사랑을 받는 곳이며, 수많은 맛집들은 미식가들의 발걸음도 유혹하고 있다. 특히 세계적인 스타들을 꾸준히 영입하고 있는 '파리 생제르망'의 존재로 인해, 이제는 축구 팬들의 발길도 향하게 만드는 축구도시로 발돋움하고 있다.

● 도시 내에서의 이동

전 지역이 메트로와 RER 기차로 촘촘히 연결되어 있기 때문에 대중교통을 잘 이용하면 편하게 여행할 수 있다. 여행자에게 효율적인 티켓은 까르네(Carnet) 티켓으로 1회권 티켓 10장이 제공된다. 파리 생제르망의 홈구장 및 스타드 드 프랑스도 이 티켓으로 갈 수 있고 동행이 있는 경우 나눠서 사용할 수도 있다. 다만 공항과 베르사유 궁전은 별도의 티켓이 필요하다. 도보 여행이 주된 곳인 만큼 필요한 양의 티켓만 구매하고, 만일 걷는 거리를 줄이고 싶다면 종일권인 모빌리스(Mobilis) 사용을 추천한다.

○ 파리 대중교통 요금 안내(단위 €-유로)

1회권	1.9
까르네(10장)	14.9
모빌리스(종일권, 1–2존 기준)	7.50
72시간권	7.5

● 숙소 잡기

워낙 많은 한인민박과 숙소들이 있고 그 위치와 서비스 모두 제각각이다. 다만 여행지 대부분이 파리 메트로의 1–2존 사이에 집중되어

있는 만큼 1-3존 안의 숙소 중 메트로역과 가까운 곳으로 숙소를 정하자. 저렴한 숙소는 몽마르트 언덕 주변에 많으나 치안이 좋지 못하므로 권하지 않는다.

추천 여행 코스 및 가볼 만한 곳   PARIS TOUR

● 추천 여행 코스 - 5일간

1일차: 개선문-상젤리제 거리-콩코드 광장-튈르리 정원-루브르 박물관(외부 관람)-퐁네프 다리-콩시에주리-노트담 성당

2일차: 소르본 대학-팡테옹-룩상부르 정원-에펠탑-샤이요 궁-경기 관람(파리 생제르망 FC 홈)

3일차: 생드니, 스타드 드 프랑스 관람-생드니 대성당-몽마르뜨 언덕-물랑 루즈라 데팡스

4일차: 베르사유 궁전 관람-몽파르나스 타워 전망 관람-오르세 박물관 관람

5일차: 루브르 박물관 관람-세느 강 바토무슈 유람선 투어

○ 박물관과 경기장 모두 놓쳐선 안 된다

도시 곳곳에 넘쳐 나는 관광지만 둘러보는 것도 많은 시간을 필요로 하기 때문에 적어도 3박 4일 정도는 머물러야 한다. 하지만 파리를 제대로 즐기기 위해서는 루브르 박물관과 오르세 박물관 등도 감상해야 하고, 거기에 축구 팬이라면 생드니에 위치한 스타드 드 프랑스와 파리 생제르망의 홈구장인 파르크 데 프랭스를 반드시 방문해야 하는 만큼, 4박 5일 정도의 일정은 잡아야 파리 여행을 제대로 즐길 수 있다. 두 경기장 모두 관광지와는 동떨어진 곳에 있으니, 하루 정도는 오롯이 축구장 방문에 투자하자.

● 스타드 드 프랑스(Stade de France)

파리 북부의 위성도시인 생드니(Saint-Denis)에 만들어진 국립 경기장으로 프랑스 축구 국가대표팀을 비롯해 주요 프랑스의 대형 스포츠 이벤트를 개최하는 종합 경기장이다. UEFA 선정 4성급 고급 경기장이기도 하다. 프랑스 축구 국가대표팀의 역사적인 순간을 추억할 수 있는 곳이며, 우주선과 같은 독특한 외관으로 파리의 랜드마크 역할도 하고 있다.

홈페이지: www.stadefrance.com/en/tours

대중교통: RER B, C호선+셔틀버스 / 오를리 버스

시내 이동 비용(성인 기준. 단위 €-유로)
RER B호선 12,10(약 35분 소요)
RER C호선 6,35(약 35분 소요)
오를리 버스 8,70(Denfert-Rochereau 역. 약 30분 소요)

파리 북역

이름에서 알 수 있듯 파리 북부에 자리한 역으로 영국과 연결되는 유로스타 기차를 비롯해 벨기에, 네덜란드, 독일 등 인근 국가와 연결되는 국제선이 운행된다. 파리의 수많은 기차역중 가장 유명하며, 유럽에서 가장 바쁜 역이기도 하다.

주소: 18 Rue de Dunkerque, 75010 Paris

대중교통: RER A,D호선 및 메트로 1, 14호선 Gare de Lyon 역

파리 리옹역

런던의 빅벤을 연상케 하는 시계탑이 인상적인 역. 마르세유 등 프랑스 남동부를 연결하는 역할을 하며 스위스, 독일, 이탈리아, 스페인 등으로 향하는 고속 열차도 일부 이곳에서 출발한다.

주소: Place Louis-Armand, 75571 Paris Cedex 12

대중교통: 메트로 1, 14호선 Gare de Lyon 역

오렌지군의 축구 여행 TIP

스타드 드 프랑스는 스타디움 투어를 운영한다. 경기가 없는 날에 경기장을 둘러보고 싶다면 스타디움 투어를 해 보자. 자세한 정보는 홈페이지를 참고하면 된다.

스타드 드 프랑스
주소: 93200 Saint-Denis
대중교통: 메트로 13호선 Saint-Denis - Porte de Paris 역 / RER B호선 La Plaine - Stade de France 역 / RER D호선 Stade de France - Saint-Denis 역(까르네를 이용해서 방문할 경우, 파리 메트로 13호선 Saint-Denis-Porte de Paris 역으로 메트로를 이용하면 좋다.)
스타디움 투어 요금: 성인 €15, 청소년(만 5-18세) €10, 가족 요금(2+2) €40

프랑스 서북부 노르망디 지역 및 주요 서부 지역을 커버한다. 1837년부터 운행을 시작한 곳으로 여행자들은 주로 '몽 생 미셸'로 갈 때 이용하게 된다.

주소: 13 Rue d'Amsterdam, 75008 Paris

대중교통: 메트로 3, 12, 13, 14호선 Saint-Lazare 역 / RER E호선 Haussmann – Saint-Lazare 역

파리 북동부 외곽의 작은 터미널로, 사실상 버스 정류장 수준의 규모를 가지고 있다. 편의 시설이 부족하므로 이 점을 감안할 것. 인근 나라들과 연결되는 유로라인 버스가 주로 이곳에서 운행된다.

주소: 28 Avenue Du General De Gaulle, 93541 Bagnolet

대중교통: 메트로 3호선 Gailleni 역

루브르 박물관

주소: Rue de Rivoli, 75001 Paris

운영시간: 월, 목, 토, 일요일 09:00-18:00, 수, 금요일 09:00-21:45, 화요일 휴관

대중교통: 파리 메트로 1호선 Louvre-Rivoli , 1, 7호선 Palais Royal Musée du Louvre 역

요금: 온라인 예매 기준 €17

에펠탑

주소: Champ de Mars, 5 Avenue Anatole France, 75007 Paris

운영시간: 동절기 09:30-23:45 / 하절기 09:30-12:45(엘리베이터 기준)

대중교통: RER C호선 Champ de Mars – Tour Eiffel 역 / 메트로 6호선 Bir-Hakeim 역, 6, 9호선 Trocadero 역

요금: 2층(엘리베이터): €16.30 / 2층(계단): €10.20 / 정상(엘리베이터): €25.50 (성인 기준)

개선문

주소: Place Charles de Gaulle, 75008 Paris

운영시간: 4-9월 10:00-23:00 / 10-3월 10:00-22:30

대중교통: 메트로 1, 2, 6호선, RER A호선 Charles de Gaulle – Étoile 역

요금: 성인: €12 / 학생: €9

● **루브르 박물관(Musée du Louvre)**

세계 3대 박물관에 꼽히는 세계적인 박물관. 본래 이 자리에 있던 루브르 궁전을 개조하여 1793년 박물관으로 개관했다. 총 8개 전시관의 방대한 규모로 동선을 잘 잡아서 방문하는 것이 좋고, '모나리자'나 '밀로의 비너스' 등의 유명 작품들은 항상 관광객들로 붐비게 되므로 본인이 꼭 봐야 할 전시물을 선정해 빠르게 감상하는 것이 요령이다.

홈페이지: www.louvre.fr/en

● **에펠탑(Tour Eiffel)**

프랑스의 상징이며 파리를 찾는 여행자들이 반드시 한 번은 찾게 되는 곳이다. 1889년 프랑스 혁명 100주년 기념 세계 박람회를 위해 만들어진 탑이며 파리에서 가장 높은 건축물이다. 방송용 탑으로 활용되고 있고, 내부는 관광객들에게 개방되어 있다. 텅 비어 있을 것 같은 철골 구조지만 식당과 전망대도 자리하고 있다.

홈페이지: www.toureiffel.paris/en

● **개선문(Arc de triomphe de l'Étoile)**

에펠탑과 함께 프랑스를 상징하는 건물로 현재 세계에서 가장 큰 개선문이다. 이곳을 중심으로 샤를 드 골 광장이 조성되어 있고, 방사형 도로가 12방향으로 뻗어 있어 교통의 중심지 역할도 하고 있다. 샹젤리제 거리의 끝에 자리하고 있으며 개선문 내의 유료 전망대에서 바라보는 파리의 전경은 아름다운 것으로 정평이 나 있다.

홈페이지: www.paris-arc-de-triomphe.fr/en

● **샹젤리제 거리(Avenue des Champs-Élysées)**

파리 최대의 번화가로 개선문과 콩코드 광장 사이를 잇는 대로이다. 17

세기 초 앙리 4세의 왕비 마리 드 메디시스의 산책길로 조성되었다. 거리 양쪽으로 수많은 레스토랑과 상점들이 가득하고, 명품 브랜드의 본사와 백화점 등도 이곳에 자리하고 있다.

샹젤리제 거리
주소: Avenue des Champs-Élysées, 75008 Paris
대중교통 : 메트로 1, 2, 6호선, RER A호선 Charles de Gaulle - Étoile 역

노틀담 대성당
주소: 6 Parvis Notre-Dame-Place Jean-Paul II, 75004 Paris
대중교통: 메트로 4호선 Cité 역

● 노틀담 대성당(Notre-Dame de Paris)

프랑스 고딕 양식 성당의 걸작으로 꼽히는 곳으로 파리 대주교좌의 성당이다. '노틀담'은 '성모 마리아'를 의미한다. 1163년에 착공되어 무려 200여 년이 지난 1345년 완공되었다. '성모 마리아의 문', '마지막 심판의 문', '성녀 안나의 문'이라는 세 개의 출입문이 있으며 건물 내부의 거대한 오르간도 유명하다. 단, 안타깝게도 2019년 4월 15일에 있었던 대형화재로 인해 많은 부분이 소실되어 현재 복원공사 중이다.

● 콩코드 광장(Place de la Concorde)

샹젤리제 거리 동쪽과 튈르리 공원 사이에 위치한 광장으로 루이 16세와 마리 앙투아네트의 처형 등 프랑스 혁명의 주요 사건이 발생했던 역사의 현장이기도 하다. '루이 15세 광장'에서 '혁명 광장'을 거쳐 1795년 현재의 '콩코드 광장'이라는 이름을 갖게 되었다. 콩코드의 의미는 '화합'. 광장 한편에 로마의 산 피에트로 광장을 모방한 분수가 있는데, 이 분수의 야경이 매력적인 것으로 유명하다.

콩코드 광장
주소: Place de la Concorde, 75008 Paris
대중교통: 메트로 1, 8, 12호선 Concorde 역

물랑 루즈
주소: 82 Boulevard de Clichy, 75018 Paris
대중교통: 메트로 2호선 Blanche 역

● 물랑 루즈(Moulin Rouge)

1889년에 개업한 약 840석 규모의 카바레 공연장. 몽마르트 언덕 인근에 위치하고 있으며 노래와 춤, 캉캉 등 프랑스 성인 문화를 상징하는 공연을 만날 수 있는 곳으로 유명하다. 이름인 '물랑 루즈'는 '빨간 풍차'를 의미하며, 실제 지붕에 빨간 풍차 모양의 조형물이 세워져 있다. 독특한 분위기로 인해 여러 차례 영화 소재로 사용되었고 2001년 니콜 키드만의 주연으로 만들어진 영화가 세계적으로 히트하면서 더욱 유명해졌다.

홈페이지: www.moulinrouge.fr/?lang=en

물랑 루즈 인근에 사크레쾨르 대성당과 몽마르트 언덕이 자리하고 있다.

파리 생제르망 FC

PARIS SAINT-GERMAIN FOOTBALL CLUB

구단 소개

LES ROUGE-ET BLEU

창단연도
1970년 8월 12일

홈구장
파르크 데 프랭스

주소
24 Rue du Commandant
Guilbaud, 75016 Paris

구단 홈페이지
en.psg.fr

구단 응원가
Allez Paris Saint-Germain

파리 생제르망 FC는 프랑스 파리를 연고지로 하고 있는 구단으로 최근에 이르러서야 빛을 보게 된 팀이다. 다른 명문팀들에 비해 비교적 늦은 시기에 속하는 1970년대에 창단한 파리 생제르망은 1980–1990년대에 전성기를 맞았다. 이 시기에 5회 우승을 차지하며 리그의 강자로 자리 잡았으나 이후 계속 하향세를 기록하며 리그 중위권을 맴도는 클럽으로 전락했다.

그러나 2011년 카타르 투자청이 구단 최대 주주가 되면서 파리 생제르망은 새로운 시대를 맞이하게 되었다. 자본의 막대한 힘으로 세계적인 선수들을 영입함으로써 빠른 기간 내에 프랑스 리그를 지배하기 시작했고 이제는 프랑스를 대표하는 구단으로 자리 잡게 되었다. 최근에는 세계적인 슈퍼스타 네이마르를 영입해 화제가 되었으며 풍부한 자금을 통해 리그 앙을 정복하는 데 성공했다. 이제는 UEFA 챔피언스리그 우승을 향해 달려가고 있다. 올랭피크 드 마르세유가 프랑스 내에서는 강력한 라이벌로서 두 팀 간의 경기는 르 클라시크(Le Classique)라 불리며 프랑스 내 최고의 더비로 꼽히고 있다.

홈구장 및 연습구장

프랑스 파리 서부에 위치한 파르크 데 프랑스는 파리 생제르망의 홈구장으로서 1897년에 개장해 프랑스에서 가장 오래된 메이저급 축구 경기장으로 손꼽히며 프랑스 축구를 상징하는 장소로도 통한다. 파리에서 가장 큰 축구 전용구장이자 프랑스에서 네 번째로 큰 경기장으로 약 48,000석을 갖추고 있다. 경기장 안에 들어가보면 골대 뒤쪽으로 넓은 공간이 자리하고 있어 축구 전용구장이라 하기엔 다소 부족한 부분이 있는데 그 이유는 원래 사이클 경기장과 럭비 경기장으로도 사용되었기 때문이다. 파리의 상징답게 축구를 비롯한 주요 스포츠 이벤트가 다수 개최됐는데 UEFA 챔피언스리그 결승전 3차례, 유로 대회 개최 3차례, UEFA컵 결승전 2차례, UEFA컵 위너스컵 결승전 1차례 개최 등 화려한 이력을 자랑하고 있다. 특히 스타드 드 프랑스가 완공되기 전까지는 프랑스 주요 컵대회 결승전 및 프랑스 국가대표팀의 경기들을 치르기도 했다. 프랑스의 세계적 사이클 대회인 뚜르 드 프랑스의 결승점 역할도 했으며 우리나라의 경우 1998 FIFA 월드컵에서 투혼을 발휘하며 벨기에와 극적인 1:1 무승부를 기록한 구장이기 때문에 대한민국 국민들에게도 잊지 못할 경기장이다.

● 홈구장

파르크 데 프랑스(Parc des Princes)			
개장일	1972년 6월 4일		
수용 인원	47,929명	**경기장 형태**	축구 전용 구장
UEFA 스타디움 등급	카테고리 4	**그라운드 면적**	105m X 68m

● 연습구장

Camp des Loges	
주소	7 Avenue du Président John Fitzgerald Kennedy, 78100 Saint-Germainen-Laye
대중교통	파리에서 기차를 타고 Saint-Germainen-Laye – Grande Ceinture 역 하차 후 도보 15분 또는 파리 RER A라인 Saint-Germainen-Laye 역 하차 후 도보 20분

역대 우승 기록들

UEFA컵 위너스컵
1회(1996)

UEFA 인터토토컵
1회(2001)

리그앙
8회(1986, 1994, 2013, 2014, 2015, 2016, 2018, 2019)

프랑스컵
12회(1982, 1983, 1993, 1995, 1998, 2004, 2006, 2010, 2015, 2016, 2017, 2018)

프랑스 리그컵
8회(1995, 1998, 2008, 2014, 2015, 2016, 2017, 2018)

트로페 데 샹피옹
9회(1995, 1998, 2013, 2014, 2015, 2016, 2017, 2018, 2019)

파르크 데 프랑스의 외관. 날개처럼 표현된 부분이 서울 잠실의 올림픽 주경기장을 닮았다.

프랑스를 대표하는 역사가 깊은 경기장이다. 경기장 곳곳에서 역사의 흔적들이 느껴진다.

티켓 구매

파르크 데 프랭스에 마련된 티켓 안내센터

오렌지군의 티켓 구입 TIP

파리 생제르망은 e-Ticket을 메일로 보내주는 것이 아닌 직접 홈페이지에서 다운로드 받는 방식을 채택하고 있다. 그러므로 아래 홈페이지를 통해서 티켓 다운로드법을 숙지하도록 하자.
홈페이지: billetterie.psg.fr/uk/modes-obtention

티켓 가격

오렌지군의 티켓 구입 TIP

Ticketplace로 인해 같은 경기, 같은 자리라고 해도 티켓 가격의 편차가 꽤 크다. 그러므로 우측의 가격표는 참고만 하자. 대체로 가격표보다 비용을 더 지불해야 할 가능성이 높다. 특히 빅매치는 수백 유로의 티켓 가격이 책정되어 있는 경우를 쉽게 볼 수 있을 것이다.

● 티켓 구매 전쟁에서 어떻게 해야 살아남을까?
최근 들어 파리 생제르망은 세계적인 구단이 되면서 매 경기 매진 사례를 기록하고 있다. 하지만 리그 앙은 웬만해선 일반 판매가 열리는 편이고 매진되더라도 티켓 중개 장터인 Ticketplace가 활성화되어 있기 때문에 티켓을 구입하지 못하는 일은 거의 없다. 빅매치도 가격이 비쌀 뿐 장터에서 쉽게 티켓을 구할 수 있다.

● 티켓 구매 전 알아야 할 사항은?
Ticketplace는 장터 개념이고 다른 구단보다 수수료를 자유롭게 정할 수 있는 편이라 같은 블록이어도 티켓 가격 차이가 발생한다. 그러므로 일반 판매 기간에 원하는 자리가 있다면 이때 티켓을 구입하는 것이 좋다. Ticketplace를 이용할 경우에는 잘 비교하여 적절한 선에서 티켓을 구입하는 지혜가 필요하다. 티켓은 e-Ticket으로 지급되기 때문에 별도의 배송은 이뤄지지 않는다.

위 가격은 빅매치가 아닌 리그 앙 경기의 일반 판매 기준 가격이다. 각 경기별로 가격 차이가 크며 Ticketplace의 경우 가격 편차가 더더욱 클 수 있다는 점을 주의하자.

파리 생제르망 FC
PARIS SAINT-GERMAIN FOOTBALL CLUB

티켓 구매 프로세스
파리 생제르망 FC 홈페이지에서 티켓을 구매하는 방법

STEP 01 | 파리 생제르망 FC 홈페이지 접속

파리 생제르망의 영어 홈페이지(https://en.psg.fr)에 접속해 상단 TICKETS 메뉴를(①) 클릭한다.

STEP 02 | 티켓 판매 현황 확인

앞으로 예정된 경기와 티켓 판매 현황을 확인할 수 있다. 파리 생제르망의 엠블럼이 왼쪽에 있는 경기들이 모두 홈 경기이다. DATE TO BE CONFIRMED라고(①) 적혀 있는 것들은 아직 일정이 확정되지 않은 경기다.

STEP 03 | 원하는 경기 선택

각 경기별로 다양한 버튼들이 제공된다. OFFERS만(①) 있는 빨간색 버튼은 현재 일반 판매가 진행되고 있는 경기다. COMING SOON은(②) 아직 판매되고 있지 않은 경기, FROM 60€라는(③) 가격이 적힌 경기는 현재 판매 중인 경기이다. 하늘색 티켓 마크는 매진되어 현재 Ticketplace가 운영되고 있는 경기를 의미한다. 이 중에서 내가 원하는 경기를 클릭한다. Ticketplace로 바로 접근하려면 하늘색 버튼을 바로 클릭해도 된다.

STEP 04 | 티켓 구매 옵션 선택

일반 판매가 진행되고 있는 경기는 FROM OO€라고(①) 적힌 빨간색 버튼이 제공된다. 매진된 경기는 하늘색 Ticketplace 버튼이(②) 활성화되어 있다. 일반 판매와 Ticketplace의 티켓 구입 절차는 사실상 거의 같다는 점 미리 알아두자.

STEP 05 | 좌석 현황 확인 1

현재 일반 판매가 진행 중인 경기를 클릭 시 나타나는 좌석 배치도상에서 하얗게 음영 처리된 블록들은 매진된 좌석이다. 위 이미지를 보면 잔여석이 많지 않다는 사실을 알 수 있다. 대부분의 경기가 이런 상황이다. 만약 내가 원하는 자리가 있다면 바로 구입을 진행하고, 없다면 티켓이 매진될 때까지 기다려서 Ticketplace로 넘어가야 한다. 단, Ticketplace는 예약 수수료가 비쌀 때가 많아 이왕이면 일반 판매되는 티켓을 구입하는 것이 좋다.

STEP 06 | 좌석 현황 확인 2

티켓이 매진돼서 Ticketplace가 시작된 경기들은 위와 같이 잔여석이 많이 남아 있다. 경기마다 사정은 다를 수 있으나 대체로 Ticketplace를 통해 웬만한 경기의 티켓을 쉽게 구할 수 있다.

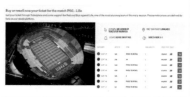

Ticketplace 기준으로 티켓 구입 과정을 진행해 볼 예정이다. 음영 처리가 된 자리를 제외한 나머지 좌석에서 티켓을 구입할 수 있다. 티켓 잔여 상황은 시즌권 소지자들이 티켓을 Ticketplace에 팔면 늘어나고, 많이 팔리면 줄어든다. 왼쪽 이미지에서 원하는 블록을 선택해 보도록 하자.

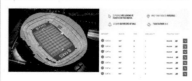

선택한 블록만 활성화된다. 여기서 오른쪽에 있는 카테고리와 가격, 열과 구입 가능한 티켓의 수 등을 확인한다. Ticketplace는 시즌권 소지자들이 티켓을 올려서 파는 장터의 개념이므로 같은 카테고리여도 가격 차이가 있으므로 잘 살펴보고 결정해야 한다. 가격 옆에 3D라는 글자를 클릭하면 해당 좌석의 위치를 3D 가상화면으로 만날 수 있다. 내가 구입할 티켓을 결정했다면 빨간색 장바구니 버튼을 클릭한다.

장바구니에서 티켓 가격을 확인할 수 있다. 원래의 티켓 가격에서 예약 수수료가 꽤 비싸게 추가되는 것을 알 수 있다. 최종 금액을 잘 확인해야 한다. 티켓 배송은 EBILLET이라고(①) 적혀 있는데 e-Ticket을 의미한다. 티켓을 다운로드 받아 프린트해서 경기장에 입장하면 된다.

화면 하단에 로그인 창이 뜬다. 계정이 있다면 로그인하고, 그렇지 않다면 회원 계정을 만든 후 로그인하자. 로그인 후 신용카드 결제를 진행하면 티켓 구입 과정이 마무리된다.

실제 티켓을 받기 위해서는 추가적인 정보를 입력해야 한다. 다시 파리 생제르망 홈페이지로 돌아가서 우측 상단 사람 모양의 아이콘을 클릭하여 로그인을 진행하자(이미 로그인한 상황이라면 내 계정을 클릭해 MY TICKETS 메뉴를 선택한다).

MY CARDS   MY INFORMATION   MY ORDERS   MY TICKETS   MY NEWSLETTERS

ETICKETS CAN ONLY BE DOWNLOADED FROM 21 DAYS BEFORE HOME MATCHES AND FROM 40 HOURS BEFORE AWAY MATCHES

MY TICKETS 메뉴를 클릭하면 내가 구입한 티켓 리스트를 확인할 수 있다. 단, 티켓은 킥오프 기준 경기 21일 전부터 다운로드 가능하기 때문에 21일 이전에 티켓을 구입한 경우에는 이때까지 기다려야 한다.

만약 내가 구입한 티켓이 보이는 상황이라면 위와 같은 표시가 된다. ADD A BENEFICIARY를 클릭해 경기를 볼 사람의 개인정보를 입력해야 한다.

개인정보는 정확하게 입력한다. 티켓에 적힌 이름과 여권 정보를 대조해서 경기장에 입장하기 때문이다. 정보를 입력하면 티켓 다운로드가 가능해진다. 티켓은 직접 다운로드 받아야 한다. 티켓을 프린트해 e-Ticket 형태로 지급받거나 스마트폰의 Wallet(아이폰), PassWallet(안드로이드)을 통해 티켓을 m-ticket 형태로도 받을 수 있다. 그리고 경기장으로 갈 때 반드시 여권을 지참해야 한다는 점을 잊지 말자.

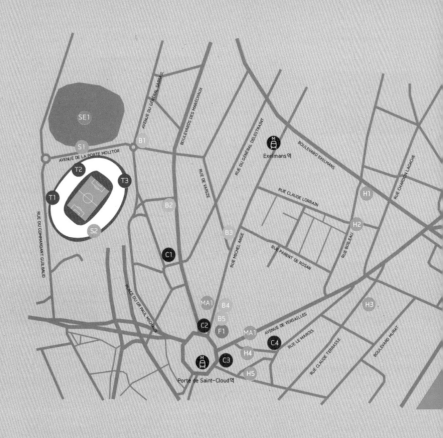

B1 Les Deux Stades 41 Avenue du Général Sarrail, 75016 Paris		★★★★
B2 Marius 82 Boulevard Murat, 75016 Paris		★★★★⌐
B3 La Garçonnière 98 Rue Michel Ange, 75016 Paris		★★★★
B4 Palais du Bonheur 131 Rue Michel Ange, 75016 Paris		★★★★⌐
B5 New Delices 135 Rue Michel Ange, 75116 Paris		★★★

PARC DES PRINCES

PARIS SAINT-GERMAIN FOOTBALL CLUB
파리 생제르망 FC

H1	Hôtel Exelmans
H2	Hôtel Boileau
H3	Hôtel Ohm by HappyCulture
H4	Holiday Inn Paris - Auteuil
H5	HOTEL MURAT
SE1	Stade Jean-Bouin
F1	맥도날드
B1	Les Deux Stades
B2	Marius
B3	La Garçonnière
B4	Palais du Bonheur
B5	New Delices
C1	O Pain de Sucre Sebastien
C2	Aux Trois Obus
C3	Café les Fontaines
C4	Les Agapes
MA1	Carrefour City
MA2	Lidl
S1,2	구단 용품점

경기장으로

경기 당일에는 경기장 앞에 간이 용품점이 열리기도 한다.

Stade Jean-Bouin은 파르크 데 프랭스와는 정반대로 미래지향적인 디자인을 갖춘 독특한 경기장이어서 또 다른 보는 재미가 있다.

파르크 데 프랭스 경기장의 게이트

○ 구단 공식용품점 ○

PARIS SAINT-GERMAIN MEGASTORE(경기장)

주소: 14 Rue Claude Farrère, 75016 Paris
운영 시간: 매일 10:00-20:30, 경기 당일에도 개장

PARIS SAINT-GERMAIN CHAMPS-ELYSÉES STORE(샹젤리제 거리)

주소: 27 Avenue des Champs-Elysees, 75008 PARIS
운영 시간: 화요일-토요일 10:00-21:00, 일요일, 월요일 10:00-20:00

○ STADE JEAN-BOUIN ○

파르크 데 프랭스 바로 옆에 자리한 종합 경기장이다. 주로 럭비와 축구 경기에 사용한다. 약 2만여 석을 갖추고 있으며 럭비 팀인 스타드 프랑세와 프랑스 3부 리그의 레드 스타 FC가 홈 경기장으로 사용하고 있다.

○ Stade Roland-Garros ○

세계 테니스 팬들의 성지이자 메이저 대회 '프랑스 오픈'의 개최지인 스타드 롤랑 가로스(Stade Roland-Garros)가 파르크 데 프랭스에서 걸어서 갈 수 있을 정도로 가까운 위치에 자리하고 있다. 테니스를 굳이 좋아하지 않더라도 현대 스포츠의 성지를 방문한다는 것에 의미가 있으며 박물관도 운영되고 있으니 '프랑스 오픈'의 역사에 관해 궁금한 사람들은 한번 찾아가보도록 하자.

경기 관람
ENJOY FOOTBALL MATCH

LIGUE1 TEAM

● 경기 관람 포인트 및 주의 사항

1. 파리 생제르망은 안전을 위해 경기장 입장 시 티켓과 여권을 검사한다. 그러므로 경기장으로 출발하기 전에 잊지 말고 여권을 챙겼는지 확인해야 한다.

2. 경기장 주변이 주택가라서 길이 매우 좁다. 관람객 대부분이 지하철로 경기장을 찾는데다가 보안 검색으로 인해 입장할 때 시간이 꽤 걸린다. 그러므로 최소 킥오프 1시간~1시간 30분 전에는 경기장에 도착해야 한다.

● 경기장 찾아가는 법

○ **교통수단**

메트로 9호선, Porte de St-Cloud 역 또는 Exelmans 역 하차

○ **이동시간**

시내에서 약 30분~1시간, 메트로 역에서 도보로 약 5분

파르크 데 프랑스는 파리 서남부에 위치한다. 메트로 9호선 Porte de St-Cloud 역이 경기장과 가장 가까워 편하게 찾아갈 수 있다. 하지만 경기장과 가까운 다른 지하철 역도 있으므로 자신의 상황에 맞는 역을 선택하는 것이 좋다. 경기장 주변이 매우 좁아 다른 육상 교통수단을 이용하는 것은 어렵다.

경기장 외벽은 구단의 영광의 순간을 담은 '임시 갤러리'로도 활용된다. 외벽의 사진들을 보는 재미가 쏠쏠하다.

파르크 데 프랑스의 화려한 본부석 출입구. 이 경기장의 유일한 현대식 건축물이라 할 수 있다.

경기장 밑으로 파리 순환도로가 관통하는 매우 독특한 풍경도 감상할 수 있다.

오렌지군의 축구 여행 TIP

경기장 주변 구조상 결국 경기가 끝나면 메트로로 빠져나와야 한다. 파리 지하철은 내부가 매우 좁으므로 소매치기를 주의하도록 한다.

운영 시간
〈스타디움 투어〉
운영 시간: 매일 10:00~18:45,
10:00~19:00, 12:00~19:00(각 시기
에 따라 운영일 및 운영시간의 차이
가 크기 때문에 반드시 홈페이지에서
미리 일정을 확인해야 한다.)

구단의 박물관인 히스토리 룸
(HISTORY ROOM)은 별도로 관람할
수 있다. 스타디움 투어 요금이 부담
스러워서 박물관만 관람하고 싶은 분
들은 참고하자.

파리 생제르망은 VR 장비를 활용한〈
아케이드 VR〉이라는 콘텐츠도 운영
하고 있다. 아이들이 좋아할 만한 콘
텐츠로 구성되어 있으며, 카드에 토
큰을 충전하여 이용하는 구조이다.

〈토큰 가격 – 카드 포함〉
일반 13개 – €30, 26개 – €60
유료 멤버십 소지자 13개 – €27, 26
개 – €54

스타디움 투어

L I G U E 1   T E A M

파리 생제르망의 홈구장은 파르크 데 프랑스는 프랑스를 대표하는 전통 있는 경기장이다. 그러므로 파리 생제르망의 팬이 아니더라도 파르크 데 프랑스의 스타디움 투어는 즐겨볼 가치가 있다.

스타디움 투어에서는 각 스탠드의 좌석에서 내려다보는 뷰, 양 팀의 벤치, VIP 박스와 컨퍼런스룸, 믹스트 존, 드레싱룸 등을 방문할 수 있으며 파리 생제르망이 획득한 수많은 트로피들도 트로피 룸을 통해서 감상할 수 있다. 약 1시간 10분이 소요되는 가이드 투어이며 360도 VR 체험을 위한 토큰이 포함되어 있다. 또한 구단의 공식 스마트폰 앱을 통해 오디오/비디오 가이드를 제공한다(단, 한국어는 지원하지 않는다). 경기장을 방문하기 전에 앱스토어에서 파리 생제르망 앱을 미리 설치할 것을 권장한다.

스타디움 투어 티켓은 인터넷 예매 및 현장 구매가 모두 가능하다. 단, 예매하지 않더라도 내가 방문하는 날에 투어가 운영되는지 확인할 겸 홈페이지를 체크해보는 것이 좋다.

● 입장료

※ 만 5세 미만 무료

투어종류	성인	만 13세 미만, 만 65세
스타디움 투어 (+박물관)	€27.5	€17.50
	유료 멤버십 가입자	
	성인	만 13세 미만, 만 65세
	€25	€16
히스토리 룸 (박물관)	€12.5	€7.95
	유료 멤버십 가입자	
	성인	만 13세 미만, 만 65세
	€11.5	€7

암스테르담

AMSTERDAM

네덜란드의 수도, 중세 시대 대표
무역항으로서 '운하의 도시'라 불린다

암스테르담으로 가는 길

파리(프랑스)에서 출발: Thalys 기차 파리 ▶ 암스테르담(약 3시간 20분 소요 / 약 1시간 간격 배차)

쾰른(독일)에서 출발: ICE 기차 쾰른 ▶ 암스테르담(약 3시간 소요 / 약 2시간 간격 배차)

아인트호벤에서 출발: InterCity 기차 아인트호벤 ▶ 암스테르담(약 1시간 20분 소요 / 약 30분 간격 배차)

암스테르담 스키폴 공항

암스테르담 남서쪽 약 9km 지점에 자리한 공항으로 시내에서 가깝고 철도망도 잘 조성되어 있다. 대한항공과 KLM이 직항편을 운영하고 있으며, 기차를 이용하면 벨기에, 프랑스, 독일 등의 인근 국가로도 이동이 용이하다.

주소: Evert van de Beekstraat 202, 1118 CP Schiphol

홈페이지: www.schiphol.nl/en

대중교통: 기차 / 공항 버스 197번

시내 이동 비용(성인 기준, 단위 €-유로)
기차 편도: 4.50 / 왕복: 9(2등석)
공항버스 397번 편도: 6.50 / 왕복: 11.25

암스테르담 중앙역

일본의 도쿄역이 모방했을 만큼 아름다운 역사가 인상적인 곳으로, 암스테르담 여행의 중심인 담락(Damrak)거리의 끝에 위치해있다. Thalys, Sprinter, ICE 등 다른 나라로 가는 국제선 열차도 편리하게 이용 가능하다.

주소: Stationsplein, 1012 AB Amsterdam

대중교통: 메트로 51, 53, 54번 / 트램 2, 4, 11, 12, 13, 14, 17, 24, 26번

도시, 어디까지 가봤니?   AMSTERDAM TOUR

● 도시 소개

네덜란드의 수도. 중세 시대 대표 무역항이었으며 도시 중심부가 운하로 연결되어 있어 '운하의 도시'로도 불린다. 모든 관광지가 암스테르담 중앙역 인근에 집중되어 있고, 담락(Damrak) 거리를 따라 펼쳐지는 독특한 분위기가 인상적이다. 도시 남부에 위치한 요한 크루이프 아레나는 세계적인 명문팀 AFC 아약스의 홈구장으로 많은 축구 팬이 방문한다.

● 도시 내에서의 이동

대중교통 1회 이용권은 비싸다. 그러므로 여행 일정을 감안해 교통티켓을 끊는 것이 좋다. 암스테르담은 시내 여행 중 대중교통을 이용할 일이 많지 않으며 경기장으로 이동할 때 주로 이용하게 될 것이다.

○ 암스테르담 대중교통 요금 안내(단위 €-유로)

1시간권	3.20
24시간권(1일권)	8
48시간권(2일권)	13.50
72시간권(3일권)	19
96시간권(4일권)	24.50
120시간권(5일권)	29.50
144시간권(6일권)	33.50
168시간권(7일권)	36.50

● 숙소 잡기

암스테르담의 저렴한 숙소는 대체로 홍등가 주변에 많다. 그러나 주거 환경이 좋지 못하므로 비용이 더 들더라도 시설이 좋은 곳을 선택하는 것이 좋다. 괜찮은 호스텔은 중앙역에서 조금 떨어져 있다.

● 추천 여행 코스 - 2일간

1일차: 아약스 스타디움 투어-담락 거리-홍등가-담 광장-칼베르
거리-베게인 호프-꽃 시장

2일차: 하이네켄 익스피리언스-경기 관람(AFC 아약스 FC 홈)

○ **중심지만 돌아보아도 충분하다**

주요 볼거리가 담락 거리 주변에 집중되어 있고, 도보로 충분히 여행할
수 있다. 며칠씩 머물 정도로 볼거리가 많은 것도 아니기 때문에 축구
경기 일정을 제외하면 1박 2일 정도면 충분하며, 좀 더 다양한 네덜란
드 여행을 원한다면 인근 도시로 당일치기 여행을 다녀오는 것도 좋다.

● **암스테르담의 운하들(Amsterdamse Grachten)**

암스테르담은 17세기에 만들어진 운하들이 가득한 도시다. 운하를 빼
놓고 암스테르담 여행을 이야기할 수 없다. 도시 곳곳에서 운하를 만
날 수 있으며 암스테르담의 운하는 유네스코 세계 문화유산에 등재
되어 있다.

● **안네 프랑크의 집(Anne Frank Huis)**

전 세계의 스테디셀러인 '안네의 일
기'의 주인공 안네 프랑크가 나치군
을 피해 숨어 살던 곳으로, 당시 모
습을 그대로 보존해놓은 공간이 박
물관으로 활용되고 있다. 매년 100만
명이 넘는 관광객이 찾을 정도로 인
기가 높아 항상 입장에 시간이 걸리니 어느 정도 시간 여유를 가지고
방문하는 것이 좋다.

홈페이지: www.annefrank.org/en

● **담 광장(Dam)**

암스테르담의 여행 중심지이며 암스
테르담에서 가장 큰 광장. 왕궁 등의
아름다운 건물들이 둘러싸고 있어
멋진 풍경을 볼 수 있고, 수많은 트
램 노선이 통과하는 교통의 중심지
이기도 하다. 매년 다양한 행사가 열
리니 행사 일정도 살펴보면 좋다.

암스테르담의 아름다운 운하

안네 프랑크의 집 인근에 있는 안네 프랑
크의 동상

안네 프랑크의 집

주소: Anne Frank House Westermarkt
20 1016 DK Amsterdam

운영시간: (4~10월) 09:00~22:00, (11~3
월) 09:00~19:00

대중교통: 트램 13, 17번 / 버스 282,
283, 284번 타고 Westermarkt 하차

요금: 성인: €10.50 / 만 10세~17세: €5
.50/ 만 9세 이하: €0.50

담 광장

주소: Dam, 1012 JS Amsterdam

대중교통: 트램 2, 4, 11, 12, 13, 14, 17,
24번

암스테르담 여행의 중심. 담락 거리

담락 거리의 마네켄 피스에서 맛보는 감
자튀김은 추천할 만하다. 소스는 마요네
즈와 케첩을 선택할 수 있다.

433

AFC 아약스

구단 소개

DE GODENZONEN

창단연도
1900년 3월 18일

홈구장
요한 크루이프 아레나

주소
ArenA Boulevard 1, 1100 DL
Amsterdam, Netherlands

구단 홈페이지
english.ajax.nl

구단 응원가
Ajax-mars

네덜란드의 수도인 암스테르담을 연고로 하는 AFC 아약스(이하 아약스)는 네덜란드 국내뿐만 아니라 세계적인 명성을 갖춘 네덜란드의 최고 명문 클럽이다. 명성만큼 꾸준히 네덜란드 프로축구의 대표 역할을 해 왔으며 1부 리그에서 강등된 적이 없는 3개의 클럽 중 하나다.

아약스는 IFFHS가 지정한 '20세기 최고의 유럽 클럽' 순위에서 7위에 오를 정도로 성공적인 커리어를 보여줬는데, 커리어 중 가장 돋보이는 기록은 UEFA 챔피언스리그 4회 우승이다. 하지만 2000년대 들어 다소 하향세라 유럽 대회에서 이렇다 할 성적을 거두지 못하다가 2016-2017 시즌 UEFA 유로파리그에서 준우승을 차지해 네덜란드 대표 팀다운 저력을 보여주었다.

AFC 아약스는 세계적인 수준의 유스 시스템을 통한 선수 육성으로 명성을 떨치고 있다. 게다가 미래의 가능성이 보이는 젊은 선수들을 적극 영입하여 빅 리그에 비싼 이적료를 받고 판매하는 유럽의 대표적인 거상 중 하나다.

요한 크루이프 아레나는 네덜란드의 가장 큰 경기장이다. 1996년 8월 14일에 완공된 이 구장은 주로 AFC 아약스의 홈 경기에서 사용되는 축구 전용구장이지만 가끔 주요 콘서트 및 이벤트용으로 사용되기도 한다. 유로 2000의 주요 경기장 중 하나로 사용되었고 지난 2013년에는 SL 벤피카:첼시 FC의 대진으로 치러진 UEFA 유로파리그 결승전이 열리기도 했다. 기존에는 '암스테르담 아레나'라는 이름을 사용했으나 2018–2019 시즌부터 레전드의 이름을 따 '요한 크루이프 아레나'로 개명하였다.

유로 2020의 주요 경기장들 중 하나로 선정되어 네덜란드를 대표하는 경기장으로서 인정을 받게 되었다.

● 홈구장

요한 크루이프 아레나(Johan Cruyff Arena)			
개장일	1996년 8월 14일		
수용 인원	54,990명	**경기장 형태**	축구 전용 구장
UEFA 스타디움 등급	카테고리 4	**그라운드 면적**	105m X 68m

● 연습구장

Sportpark De Toekomst	
주소	Sportcomplex de Toekomst, Borchlandweg 16–18, 1099 CT Amsterdam
대중교통	암스테르담 아레나 인근의 Zippo Dome 뒤에 위치. 도보 이동

역대 우승 기록들

UEFA 챔피언스리그 (UEFA 챔피언스컵 포함
4회(1971, 1972, 1973, 1995)

UEFA컵 위너스컵
1회(1987)

UEFA 슈퍼컵
2회(1974, 1995)

에레디비지에
34회(1918, 1919, 1931, 1932, 1934, 1937, 1939, 1947, 1957, 1960, 1966, 1967, 1968, 1970, 1972, 1973, 1977, 1979, 1980, 1982, 1983, 1985, 1990, 1994, 1995, 1996, 1998, 2002, 2004, 2011, 2012, 2013, 2014, 2019)

KNVB컵 (네덜란드 FA컵)
19회(1917, 1943, 1961, 1967, 1970, 1971, 1972, 1979, 1983, 1986, 1987, 1993, 1998, 1999, 2002, 2006, 2007, 2010, 2019)

요한 크루이프 실드 (네덜란드 슈퍼컵)
9회(1993, 1994, 1995, 2002, 2005, 2006, 2007, 2013, 2019)

관중들이 가득찬 요한 크루이프 아레나의 풍경. 아약스는 네덜란드를 대표하는 인기팀이라 흔하게 볼 수 있는 풍경이다.

티켓 구매

AFC 아약스의 경기 티켓

현장 매표소의 풍경. 아약스는 매 경기 관중을 가득 채우는 팀이므로 매표소를 찾을 일이 없도록 미리 티켓을 구매해두는 것이 중요하다.

요한 크루이프 아레나는 고층 관중석의 경사가 심한 경기장이다. 그러므로 웬만한 자리는 만족스러운 시야를 제공받을 수 있다.

● 티켓 구매 전쟁에서 어떻게 해야 살아남을까?

네덜란드는 안전 문제로 모든 현지 팬들이 '클럽 카드'를 구입해 해당 카드번호를 입력한 뒤 티켓을 구입하는 시스템이 10년 전부터 정착되어 있다. 그러나 외국인은 클럽 카드를 구입할 수 없다는 것이 문제다. 기존에는 아약스 구단이 외국인들을 위한 패키지 상품을 운영했으나 이제는 이 상품이 판매되지 않는 관계로 구단의 네덜란드어 홈페이지에서 클럽 카드가 필요없는 경기의 티켓 구입만을 도전할 수 있게 되었다.

게다가 티켓 구입 시 반드시 배송 주소를 넣어야 하는데, 나라를 선택하는 란에 대한민국이 포함되어 있지 않다(2019년 기준). 그러므로 티켓에 문제가 생기면 구단에서 조치를 받기 어렵고 경기장 입장 시 리스크가 발생할 가능성이 있어 우리 입장에선 특히 티켓 구입이 매우 어려워졌다. 그러나 티켓 구입 과정 자체는 매우 쉽고, 티켓 배송 옵션은 Print@home을 지원하기 때문에 티켓 배송에 대한 부담은 없다. 이런 상황을 종합적으로 이해하고 리스크가 있다는 점을 감안한 후 아약스의 티켓 구매를 도전해야 한다. 어차피 합법적으로 티켓을 구입할 수 있는 방법은 이것 하나뿐이다.

● 티켓 구매 전 알아야 할 사항은?

모든 경기가 일반 판매가 진행되는 것은 아니다. 그러므로 티켓 구입 프로세스를 진행하면서 일반 판매가 되는 경기들을 먼저 파악하는 것이 중요하다. 홈페이지에서 현재 매진인 경기나 일반 판매가 불가능한 경기들은 따로 공지한다. 대체로 유럽 대항전이나 라이벌전 등이 이에 해당한다.

별도의 공지가 없는 경우에는 바로 티켓 구매가 가능하다. 가능할 때 바로 티켓 구입을 시도하는 것이 좋다. 아약스는 일 년에 두 차례 한꺼번에 판매를 진행하며 티켓 판매 구조상 일반 판매를 시작하면 2장 이상 붙은 자리는 찾기 어렵다. 또한 경기일이 가까워질수록 잔여 티켓 수가 줄어든다. 만약 경기일이 가까워졌다면 빅매치가 아니더라도 매진되는 경우가 흔하니 서둘러야 한다.

OOST

NOORD(NORTH GATE)

ZUID(SOUTH GATE)

HOOFDINGANG(MAIN ENTRANCE)

Tier	Cost
013, 014, 015, 112, 113, 114, 115, 116	€26
013, 014, 015, 112, 113, 114, 115, 116(시야 방해석)	€13
018, 023, 123, 124	€36,5
019, 022, 119, 122	€47
020, 021, 120, 121	€52
101, 102, 110, 111	€57
117, 118	€36,5
401, 410, 411, 415, 426, 430	€26
402, 403, 408, 409, 418, 423	€31
404, 405, 406, 407, 419, 420, 421, 422	€34
412, 413, 414, 427, 428, 429	€26
415(시야 방해석)	€13

해당 가격은 빅매치가 아닌 일반 '에레디비지' 경기 기준 가격이며 각
경기별로 티켓 가격의 차이가 있으므로, 내가 볼 경기의 티켓 가격은
구매 시에 정확하게 확인하도록 하자.

티켓 가격

1층 대각선 뒤쪽에서 본 좌석의 시야

2층 뒤쪽에서 내려다본 좌석의 시야

2층 앞자리에서 바라본 시야. 최적의
관전 시야를 자랑한다.

대부분의 좌석을 가려주는 지붕이 설
치되어 있다. 그래서 1층 앞자리를 제
외하고는 비를 맞을 일은 없을 것이다.

AFC 아약스
AFC AJAX AMSTERDAM

티켓 구매 프로세스
AFC 아약스 홈페이지에서 티켓을 구매하는 방법

STEP 01 | AFC 아약스 홈페이지 접속

https://english.ajax.nl 홈페이지에 접속하면, AFC 아약스의
영문 홈페이지로 접근할 수 있다. 여기에서 Tickets를(❶) 클
릭하면, 티켓 구입 홈페이지로 넘어가게 된다. 참고로 이 홈페
이지는 네덜란드어 홈페이지이며, 영어가 지원되지 않는다. 그
러므로, 티켓 구입 과정은 구글의 크롬(Chrome) 브라우저를
통해서 네덜란드어 => 영어로 실시간 번역을 하면서 진행하
는 것이 좋다. 네덜란드어 => 영어 번역의 수준이 꽤 괜찮으
므로 이해하기가 좋다.

STEP 03 | 티켓 판매 공지 확인

내가 선택한 경기가 맞는지 다시 한 번 확인하고 나서 Bestel
Tickets 버튼을(❶) 클릭한다.

STEP 04 | 좌석 배치도 확인

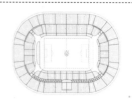

해당 화면에서 그림으로 된 좌석 배치도를 만날 수 있을 것
이다. 이 좌석 배치도에서 내가 원하는 자리를 선택해 보도록
하자. 마우스로 클릭하면 된다.

STEP 02 | 티켓 판매 현황 확인

이제 현재 티켓이 판매되고 있는 경기들의 리스트를 만날 수
있다. 여기에서 주의할 점은 이 홈페이지는 '네덜란드어'만 지
원한다는 점이다. 그리고 주소 입력 시에 '대한민국'을 선택할
수 없다는 문제점이 있다. 물론, 티켓은 e-Ticket으로 발송되
기 때문에 주소가 그다지 중요하지는 않지만, 티켓 배송이나
입장 시 문제가 생겼을 경우, 조치를 받을 때 문제가 생길 가
능성이 있다. 그러므로 이 점을 반드시 인식하고, 티켓 구입에
도전하기를 권한다.

내가 원하는 경기의 Tickets vanaf- 버튼을(❶) 클릭한다.

STEP 05 | 좌석 선택

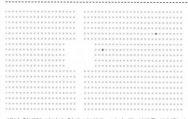

색이 칠해진 자리가 현재 비어있는 자리. 즉 티켓을 구입할 수
있는 좌석이다. 색이 칠해진 곳 중에서 내가 원하는 좌석을 클
릭한다.

STEP 06 | 좌석 확인

화면 오른쪽에 내가 선택한 좌석이 보일 것이다. 제대로 선택했는지 잘 확인해 보고 장바구니 버튼을(❶) 클릭한다.

STEP 07 | 좌석 및 자리 재확인

내가 선택한 경기와 자리의 위치, 티켓 가격 등이 표시되는 것을 알 수 있다. 정확하게 확인했다면 Bestelling afronden 버튼을(❶) 클릭한다.

STEP 08 | 로그인

이제 구단이 로그인을 요구할 것이다. 다행히 영어로 진행할 수 있는데 참고로 회원가입 시 대한민국(KOREA, REPUBLIC OF)을 선택할 수 있으며 특수기호나 쉼표는 절대 넣지 말아야 한다.

STEP 09 | 배송 주소 확인

로그인하면 왼쪽과 같은 같은 화면을 만날 수 있다. 배송 주소를 반드시 넣어야 하는데 여기에서는 한국을 선택할 수 없으므로 부득이하게 임의로 다른 나라의 주소를 입력해야 한다. 네덜란드 주소를 찾아 입력하는 것이 무난할 것이다. 정상적으로 입력되었다면 Verder naar betaalwijze 버튼이(❶) 활성화되었을 것이다. 이 버튼을 클릭하자.

STEP 10 | 배송 방법 및 결제 수단 선택

티켓 배송 방법 및 결제 수단을 선택해야 한다. 티켓 수령 방법은 반드시 Print@Home을(❶) 선택하자. 이 옵션을 선택해야 이메일로 티켓을 받을 수 있다. 결제 수단은 3가지인데 우리가 선택 가능한 옵션은 VISA와 MasterCard다. 이중에서 본인이 가진 카드 브랜드를 선택하면 된다.

STEP 11 | 좌석 위치와 티켓 가격 등 최종 확인

구입한 티켓의 좌석과 가격, 배송 수단이 맞는지 확인하는 마지막 기회다. 결제한 후부터는 티켓의 취소 및 환불이 불가능하며 이미 언급한 각종 변수 등이 있다. 그러므로 신중하게 결정하도록 하자. 티켓 구입을 하기로 결정했다면 Betalen 버튼을(❶) 클릭한다.

STEP 12 | 결제

이제 최종적으로 신용카드 결제만 진행하면 티켓 구입 과정은 마무리된다. Naam op kaart는 신용카드 명의자의 이름을 넣으면 되고, Kaartnummer에는 신용카드 번호, Vervaldatum에는 유효기간을 넣는다. CVC는 카드 뒷면의 3자리 코드를 넣으면 된다. 아약스에서는 카드 결제가 완료된 후에 환불이 불가능하다고 안내를 하고 있으므로, 이 점을 주의하고 Verder 버튼을 클릭하도록 한다. 신용카드 결제가 완료되면 티켓 구입 과정이 마무리된다.

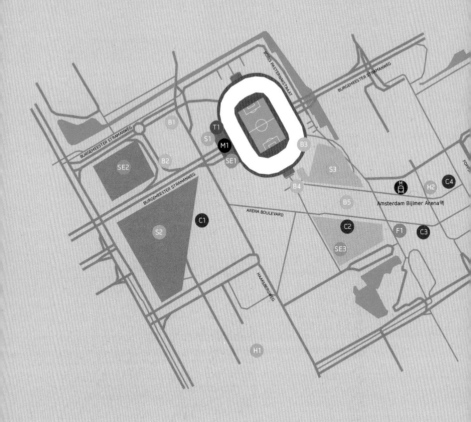

B1	Rhythms Bar + Kitchen De Passage 90, 1101 AX Amsterdam	★★★★
B2	Soundbites by LUTE De Passage 92, 1101 AX Amsterdam	★★★★
B3	Asian Kitchen Johan Cruijff Arena ArenA Boulevard 81, 1101 DL Amsterdam	★★★★
B4	Burger Bitch ArenA Boulevard 79, 1101 DL Amsterdam	★★★★
B5	Restaurant JinSo ArenA Boulevard 155, 1101 EJ Amsterdam-Zuidoost	★★★⸹

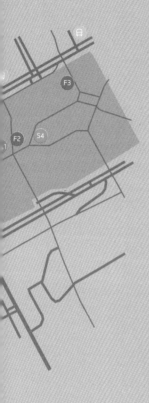

JOHAN CRUYFF ARENA

AFC AJAX AMSTERDAM
AFC 아약스

M1	구단 박물관 & 스타디움 투어
H1	Holiday Inn Express Amsterdam - Arena Towers
H2	Hampton by Hilton Amsterdam / Arena Boulevard
SE1	보비 함스 동상
SE2	Ziggo Dome
SE3	AFAS LIVE
F1	버거킹
F2	KFC
F3	맥도날드
B1	Rhythms Bar + Kitchen
B2	Soundbites by LUTE
B3	Asian Kitchen Johan Cruijff Arena
B4	Burger Bitch
B5	Restaurant JinSo
C1	Grand Café 3&20
C2	Grolsch Cine Café
C3	스타벅스
C4	Brasserie Hoekenrode
MA1	Lidl
S1	구단 용품점
S2	Woonmall Villa ArenA
S3	Decathlon Arena
S4	Amsterdamse Poort

경기장에 있는 아약스 팬숍의 내부 풍경

오렌지군의 축구 여행 TIP

암스테르담의 대표 쇼핑가인 칼베르 거리(Kalverstraat)에 아약스의 매장이 있다. 용품을 사려고 경기장까지 갈 필요가 없다.

독특하게도 경기장 중심을 고가도로가 통과하고 있다. 경기장 구조가 인상적인 경기장이므로 경기장 주변을 한 바퀴 돌아보기를 권한다.

경기장 주변은 일종의 쇼핑센터로 구성되어 있다. 그러므로 먹거리, 즐길거리에 대한 걱정은 하지 않아도 된다. 경기장 주변에서 모두 해결할 수 있다.

경기장 주변 볼거리
ENJOY YOUR TRAVEL

EREDIVISIE TEAM

○ 구단 공식용품점 ○

OFFICIAL AJAX FANSHOP ARENA

주소: ArenA Boulevard 1-3, 1101 AX Amsterdam
운영 시간: 월-금요일 09:30-18:00, 토 09:30-17:00, 일 12:00-17:00, 경기 당일 10:00-경기 전 30분, 경기 종료-경기 후 30분

OFFICIAL AJAX FANSHOP KALVERSTRAAT(암스테르담 시내 칼베르 거리)

주소: Kalverstraat 124, 1012 PK Amsterdam
운영 시간: 월요일 12:00-19:00, 화, 수, 금 10:00-19:00, 목요일 10:00-21:00, 토요일 10:00-18:00, 일요일 12:00-18:00, 경기 당일 10:00-킥오프 30분 전, 경기 종료-종료 후 30분

○ 레전드 '보비 함스(Bobby Haarms)'의 동상 ○

사커 월드 앞에서는 다소 어색한 자세로 서 있는 AFC 아약스 레전드 '보비 함스'의 동상을 볼 수 있다. 보비 함스는 대부분의 축구 인생을 AFC 아약스와 함께했다. 1947년에 AFC 아약스 유스로 입단한 후 1952-1960년까지 아약스 선수로 뛰었다. 하지만 무릎 부상으로 조기 은퇴한 다음 1967년 그의 과거 팀메이트였던 '리누스 미헬스(Rinus Michels, 토털 풋볼의 창시자라고 불리는 현대 축구 전술의 아버지)'의 제안으로 아약스의 수석 코치 생활을 하게 됐다. 이후 그는 스카우터, 유스 감독, 수석 코치, 트레이너 등으로 아약스 성공 시대의 뛰어난 조력자 역할을 해냈다. 2009년에 타계하면서 축구 팬들의 곁을 떠났지만 동상으로 남아 지금까지도 아약스와 운명을 함께하고 있다.

○ AMSTERDAMSE POORT(쇼핑센터) ○

암스테르담에서 가장 큰 쇼핑센터가
경기장 인근에 자리하고 있다. 기차
역의 경기장 반대편 출구로 나가면
바로 만날 수 있다. 총 225곳의 스토
어가 자리하고 있으며 공용 공간의
독특한 건축물들은 이곳의 랜드마크

다. 저녁에 문을 닫으므로 경기 전에 이곳을 먼저 찾아서 즐기면 좋을
것이다. 단, 일요일은 휴일이니 주의하자.

○ AFAS LIVE○

2001년에 완공된 암스테르담을 대표하는 음악 공연장. 약 5,500여 명
을 수용하는 대형 홀과 700명 정도를 수용하는 소형 홀을 갖추고 있
다. 프리츠 반 동겐(Frits van Dongen)이 디자인한 깔끔한 외관이 인
상적인 건물이다. 매일같이 이어지는 다양한 아티스트들의 공연을 즐
길 수 있는 곳이다.

○ Ziggo Dome ○

2012년에 완공된 실내 경기장이다. 약 17,000여 명을 수용할 수 있으
며 주로 아티스트들의 공연이 열리고 있다. 마돈나, 엘튼존, 아리아나
그란데 등의 세계적인 스타들이 이곳에서 공연을 했으며, 2018년 10
월 13일에는 방탄소년단(BTS)도 성황리에 공연을 마쳤다.

경기장 주변에 감각적인 현대식 쇼핑
몰들이 많으니, 주변을 구경해보는 것
도 괜찮다.

네덜란드의 유명 간식인 감자튀김과
마요네즈 소스. 경기가 없는 날에도 이
감자튀김을 맛볼 수 있었다.

역사가 깊은 팀인 만큼 구단 스토어 안
에도 볼거리가 쏠쏠하다. 스토어 안에
꼭 들어가 보도록 하자.

경기장으로 가는 루트로 이용되는
Amsterdam Bijlmer ArenA 역

요한 크루이프 아레나에서 맛볼 수
있는 햄버거. 다른 유럽 국가들과 마
찬가지로 경기장의 간식거리는 한정
적인 편이다.

바닥에 앉아 맥주를 즐기고 있는 아
약스 팬들. 경기장 주변에 앉아서 쉴
만한 공간이 없기에 벌어지는 흔한
풍경이다.

경기장 지붕에 화려한 아약스의 역사
가 소개되어 있는 것을 발견할 수 있
다. 경기를 본다면 요한 크루이프 아
레나의 지붕에도 주목해 보자.

경기 관람
ENJOY FOOTBALL MATCH

EREDIVISIE TEAM

● **경기 관람 포인트 및 주의 사항**

1. 티켓을 미리 확보한 상태에서 경기장을 찾기를 권한다. 아약스는 항상 매진 사례를 이루는 팀이기에 현장 구매가 어렵다.
2. 열정적인 팬들이 많기로 유명하다. 현지 팬들과 충돌하지 말고 경기에만 집중하기를 권한다.

● **경기장 찾아가는 법**

○ **교통수단**

기차 또는 메트로 54번을 타고 Amsterdam Bijlmer Arena 역 하차

○ **이동시간**

암스테르담 중앙역에서 약 20분 소요

요한 크루이프 아레나는 암스테르담 시내에서 남쪽으로 약 20분 거리에 위치한 Amsterdam-Zuidoost 지역에 위치해 있다. 경기장에서 약 5분 거리에 Amsterdam Bijlmer Arena 역이 있어 기차 또는 메트로로 쉽게 접근할 수 있다. 기차역 규모가 커서 쾌적하게 이용 가능하고 꽤 많은 기차편이 이 역에 정차하기 때문에 타 도시에서 암스테르담 시내를 경유하지 않고 이곳에 바로 도착할 수 있으니 참고하면 좋다. 유레일 패스 소지자는 일반 열차를 이용할 수 있기 때문에 별도 티켓 구입이 필요없다. 메트로는 50, 54번이 이 역에 정차하지만 암스테르담 중앙역을 통해서 탑승할 수 있는 메트로는 54번이다.

스타디움 투어

EREDIVISIE TEAM

요한 크루이프 아레나는 네덜란드를 대표하는 대형 경기장이다. 그리고 AFC 아약스는 오래된 전통을 자랑하는 팀이기 때문에 암스테르담을 방문한다면 스타디움 투어를 한 번 즐겨볼 만하다. 약 75분간 투어 가이드와 함께 경기장 곳곳을 돌아볼 수 있는데 사진 촬영하기 좋은 경기장의 주요 포인트들을 방문하며 선수들이 사용하는 드레싱룸, 인터뷰가 진행되는 프레스룸, 선수단 출입 터널, 벤치 그리고 구단 박물관 등을 감상할 수 있다. 또한 공휴일에는 가이드가 없는 셀프 가이드 투어가 진행되므로 색다른 경험을 할 수 있을 것이다. 경기 당일에도 진행되지만 이때는 드레싱룸에 들어갈 수 없다는 점을 주의하자.

스타디움 투어 티켓은 현장에서도 구입할 수 있지만 아약스는 스타디움 투어 예약 홈페이지가 잘 되어 있고 사전 예약 시 할인 혜택도 주어지므로 안정적이고 저렴한 투어를 위해 인터넷 예약을 하는 것이 좋다.

● 입장료

※ 유아(만 4세 미만) 무료

투어 종류	성인(만 13세 이상)	어린이(만 5세–12세)
스타디움 투어	€16.50	€11.50

STADIUM TOUR

스타디움 투어 주요 하이라이트

2층에서 내려다본 경기장

선수단 벤치에 앉아보기

기자실

홈팀 드레싱룸

스타디움 투어

홈페이지: www.johancruijffarena. nl/stadiumtour.htm

운영 시간
〈스타디움 투어〉
운영 시간
· 월–금: 10:00–16:30(1시간 30분 간격)
· 주말: 10:00–16:30(20분 간격)
· 공휴일: 10:00–17:00(셀프 가이드 투어)
· 휴일: 1월 1일, 4월 27일, 경기 및 이벤트 당일
· 12월 25일–26일의 마지막 투어는 15:30

스타디움 투어 중에 통로에서 만난 아약스 레전드들의 사진. 대부분 우리 축구팬들에게 익숙한 레전드들이다.

AFC 아약스는 네덜란드에서 가장 화려한 역사를 쌓아올린 팀이다. 이런 팀의 박물관을 감상하는 것은 당연한 일이다.

PSV 아인트호벤

PHILIPS SPORT
VERENIGING NV

구단 소개

BOEREN

창단연도
1913년 8월 11일

홈구장
필립스 스타디움

주소
Frederiklaan 10A, 5616 NH
Eindhoven

구단 홈페이지
www.psv.nl

구단 응원가
PSV Clublied

'필립스 스포츠 연합'이라는 공식 이름을 가지고 있지만, 보통 'PSV 아인트호벤'으로 부른다. 네덜란드 남부에 위치한 아인트호벤을 연고로 하고 있고, 세계적인 전자업체인 필립스가 후원해서 더욱 유명한 구단이다. AFC 아약스, 페예노르트 로테르담과 함께 네덜란드 리그의 빅3 중 하나로 평가받고 있고, 그만큼 화려한 역사를 자랑한다. 우리에게는 히딩크 감독과 박지성, 이영표 선수 덕분에 매우 친근하게 느껴지는 구단이기도 하다.

특히 2004-2005 시즌에는 박지성, 이영표 선수가 UEFA 챔피언스리그에서 준결승전까지 진출하면서, 프리미어리그로 가는 디딤돌을 쌓기도 했다. 이후 PSV 아인트호벤은 2007-2008 시즌까지 리그 4연패를 이룩하는 등 황금기를 보냈다. 잠시 하향세를 겪기도 했으나 2015, 2016, 2018년에 리그 우승을 차지하면서 옛 위용을 되찾았다.

필립스 스타디움은 PSV 아인트호벤의 홈구장으로 사용되고 있는 약 36,000석 규모의 경기장이다. 네덜란드에서 3번째로 큰 경기장이고, 축구 전용 경기장이다. 총 네 개의 층으로 되어 있고 관중석은 모두 지붕으로 덮여 있는 구조로 되어 있다. 1910년에 완공되어 100년의 역사를 자랑하고 있다. 그동안 여러 차례 확장 및 리노베이션 공사를 거쳤고, 지금의 수용 인원을 갖춘 것은 2002년의 일이다.

현재 UEFA에서 선정한 4-Star 등급의 경기장이고, 유로 2000 대회 조별리그 경기와 2006 UEFA컵 결승전이 열리기도 했다. PSV 아인트호벤의 리저브팀인 용 PSV(Jong PSV) 역시 이 경기장을 홈구장으로 사용하고 있다.

● 홈구장

필립스 스타디움(Philips Stadion)			
개장일		1910년 12월 12일	
수용 인원	35,000명	경기장 형태	축구 전용 구장
UEFA 스타디움 등급	카테고리 4	그라운드 면적	105m X 68m

● 연습구장

De Herdgang	
주소	Oirschotsedijk 12, 5651 GC EindhovenAmsterdam
대중교통	아인트호벤 중앙역에서 10번 버스 탑승 후, Eindhoven, De Herdgang 정류장 하차. 약 20분 소요

역대 우승 기록들

UEFA 챔피언스리그
(UEFA 챔피언스컵 포함)
1회(1988)

UEFA 컵
(UEFA 유로파리그)
1회(1978)

에레디비지에
24회(1929, 1935, 1951, 1963, 1975, 1976, 1978, 1986, 1987, 1988, 1989, 1991, 1992, 1997, 2000, 2001, 2003, 2005, 2006, 2007, 2008, 2015, 2016, 2018)

KNVB컵
(네덜란드 FA컵)
10회(1950, 1974, 1976, 1988, 1989, 1990, 1996, 2004, 2005, 2012)

요한 크루이프 실드
(네덜란드 슈퍼컵)
11회(1992, 1996, 1997, 1998, 2000, 2001, 2003, 2008, 2012, 2015, 2016)

PSV 아인트호벤이 수집한 수많은 리그 우승 트로피들. PSV는 아약스에 이어 두 번째로 많은 에레디비지 우승을 차지했다.

완공된 지 100년이 넘은 경기장이라는 것이 믿기지 않을 정도로 현대적인 외관을 가지고 있다. 여러 차례의 리노베이션 공사 덕분이다.

티켓 구매

오렌지군의 티켓 구입 TIP

패키지 신청법

www.psv.nl/english-psv/ticketing. htm에 들어가서 영어로 된 정보를 숙지한 후 Application Form을 입력하여 신청한다. 이후 구단에서 회신메일이 오면 안내하는 대로 절차를 진행한다. 만약 이 과정이 어렵게 느껴진다면 ticketoffice@psv.nl로 구단에 직접 문의하는 것도 좋은 방법이다.

오렌지군의 티켓 구입 TIP

PSV 아인트호벤에서 UEFA 챔피언스리그 경기는 패키지를 판매하지 않는다고 안내한다. 이런 경우 원정 오는 팀의 구단에서 원정 티켓을 구입하는 방법밖에 없다.

경기 당일 매표소 앞에 붙어있던 '티켓 매진' 공지. 상대 팀이 관심도가 떨어지는 약 팀이었는데도 매진이었다. 매 경기 이런 상황이 벌어지므로 결국 티켓 구입은 현장에 가기 전에 미리 패키지를 구입해서 해결해야 한다.

티켓 구매 관련 팁   EREDIVISIE TEAM

● 티켓 구매 전쟁에서 어떻게 해야 살아남을까?

PSV 아인트호벤은 '클럽 카드' 제도를 운영해 종이 티켓이 아닌 멤버십 카드를 충전해서 입장하는 방식을 쓰고 있다. 하지만 외국에 거주하는 축구 팬의 경우 이 클럽 카드를 구매하는 것이 불가능하기 때문에 구단에서는 이런 팬들을 위해 티켓과 함께 구단 용품점 할인권 및 간식 구매 쿠폰이 포함되어 있는 패키지 상품을 판매하고 있다. PSV는 대부분의 경기에서 만원 관중을 기록하므로 이 패키지 상품을 미리 구매하는 것이 가장 좋다. 단, 패키지 수가 그리 많은 편은 아니니 최대한 빨리 준비해야 한다.

PSV는 외국인들을 위해 2개의 패키지를 운영하고 있다. 바로 실버(Silver)와 골드(Gold)다. '실버'의 경우 2등석 좌석과 함께 PSV FAN 스토어에서 물건을 살 수 있는 20유로짜리 바우처, 필립스 스타디움 내에서 간식을 사 먹을 때 사용할 수 있는 10유로짜리 바우처가 제공된다. '골드'의 경우 1등석 좌석과 함께 PSV FAN 스토어에서 물건을 살 수 있는 40유로짜리 바우처 그리고 스타디움에서 간식을 사 먹을 때 쓸 수 있는 10유로짜리 바우처가 제공된다. 즉 이 패키지 상품을 구매하면 경기 티켓과 현지 구단 기념품 및 간식거리까지 해결할 수 있다는 뜻이다.

패키지 상품 구매의 단점으로는 원하는 좌석을 고를 수 없다는 점이 있다. '골드' 패키지의 경우 1등석 중 C, D, P, R, Ere Zuid(Z), Ere Zuid(N) 섹션 중에서, '실버' 패키지의 경우 2등석 중에서 GG, L, ZZ 섹션만 선택할 수 있으며, 이 안에서 랜덤으로 배정된다.

위 좌석배치도상에 붉은색은 골드 패키지를 구매할 때 배정받는 좌석을, 파란색은 실버 패키지를 구매할 때 배정받는 좌석을 의미한다. 실버보다 가격이 비싼 골드 패키지가 아무래도 경기 관람에 있어서는 좋은 좌석 위치를 선점하고 있다. 그러므로 경기 현장의 생생한 열기를 느끼고자 하는 축구 팬들은 골드 패키지를 구매하도록 하자. 네덜란드 에레디비지에 기준으로 실버 패키지의 가격은 67.5유로로, 골드 패키지 가격은 127.5유로이다. 단, 아약스, 페예노르트 로테르담 등 네덜란드 리그의 라이벌팀과의 경기 가격은 실버가 90유로로, 골드가 155유로까지 올라가니 참고한다. 또한 해당 가격에는 예약 수수료 15유로가 제외되어 있으므로 실제 금액에는 15유로가 더해지며, 은행 송금 수수료 정도가 추가된다.

PSV 팬스토어의 출입구. 패키지 구입 시 이곳에서 바우처를 이용해 구단 용품을 구입할 수 있다.

● 티켓 구매 전 알아야 할 사항은?

패키지 상품을 구매할 때 신용카드를 사용할 수 없다. 구단은 '은행을 통한 송금'을 통해 입금해야 한다고 안내하고 있다. 구단 측에서는 해외에서 결제할 경우 거래 은행의 IBAN과 BIC(Sweep) 코드를 보내줄 테니 그쪽으로 금액을 보내라고 전하고 있다. 또한 공지를 통해 '경기 당일에 비용을 지불할 수 없다'라 언급하고 있는데 이는 '무조건 구단 계좌에 입금하라'를 의미한다. 신청 후 구단에서 보내주는 이메일의 내용을 꼼꼼히 확인해야 한다.

NOORD STAND

WEST STAND

OOST STAND

ZUID STAND

Tier	Cost
WEST, OOST Stand	€28.5–33
Block M and U	€30–34.5
Block A, AA, F, FF, N, N, N, T and TT	€33.5–39.5
Block B, BB, E, EE, O, OO, S and SS	€40–50
Block CC, DD, PP and RR	€49.5–57.5
Block CD and PR	€54.5–63.5
Block C, D, P and R	€62.5–72.5
Block Honorary South (* Z) and Honorary North (*N)	€66–77.5
Family Corner for adults (box UU)	€33
Family Corner for children up to 14 years	€11

티켓 가격

오렌지군의 티켓 구입 TIP

좌측의 티켓 가격표는 현지인들이 실제로 구입하는 티켓 가격표이며 에레디비지 기준이다. 각 경기별로 가격이 다르다.

오렌지군의 티켓 구입 TIP

필립스 스타디움은 축구 전용구장이다. 약 3만 5천 석 규모의 경기장이기 때문에 어느 곳에서 경기를 봐도 괜찮은 시야에서 관람할 수 있다는 장점이 있다. 물론 '골드' 패키지에 해당하는 자리가 최고의 현장감을 느낄 수 있는 좋은 좌석이다.

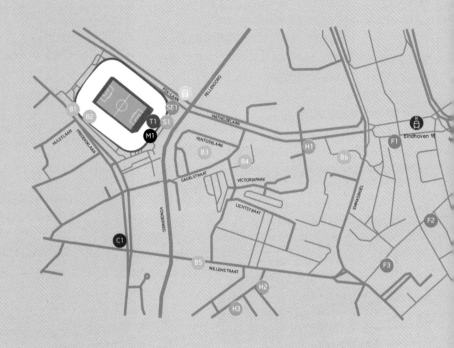

	Restaurant Avant-Garde Frederiklaan 10D, 5616 NH Eindhoven	★★★★✦
B1		

	De Blauwe Lotus Frederiklaan 10D, 5616 NH Eindhoven	★★★★✦
B2		

	TAC Horeca-exploitatie B.V. Vonderweg 1, 5611 BK Eindhoven	★★★★✦
B3		

	Restaurant Victoria Victoriapark 15, 5611 BM Eindhoven	★★★★
B4		

	Restaurant Boon Willemstraat 61, 5611 HC Eindhoven	★★★★✦
B5		

	Usine Lichttoren 6, 5611 BJ Eindhoven	★★★★
B6		

PHILLIPS STADION

PHILIPS SPORT VERENIGING NV
PSV 아인트호벤

M1	구단 박물관 & 스타디움 투어
H1	Inntel Hotels Art Eindhoven
H2	Hotel La Reine
H3	Hotel Auberge Nassau
SE1	빌리 반 데 카일렌 & 쿤 딜렌 동상
F1	맥도날드
F2	KFC
F3	서브웨이
B1	Restaurant Avant-Garde
B2	De Blauwe Lotus
B3	TAC Horeca-exploitatie B.V.
B4	Restaurant Victoria
B5	Restaurant Boon
B6	Usine
C1	De Willem V.o.f
S1	PSV FAN store(구단 용품점)

경기장에 있는 PSV 팬스토어의 내부 풍경

경기장 주변은 평범한 주택들과 사무실들이 모여 있다. 즉, 경기장 주변에는 볼거리가 거의 없다는 것을 참고하자.

○ 구단 공식용품점 ○

PSV FANSTORE STADIUM

주소: Stadionplein 4, 5616 RX Eindhoven
운영 시간: 월~금요일 10:00~18:00, 토요일 10:00~17:00, 경기 당일 경기 전 2시간~경기 후 1시간

○ 레전드 '빌리 반 데 카일렌'의 동상 ○

현재 PSV 아인트호벤의 스카우터로 활약하고 있는, 빌리 반 데 카일렌(Willy van der Kuijlen)의 동상이 필립스 스타디움 앞에 자리하고 있다. Mr. PSV라는 애칭을 가지고 있을 정도로 PSV를 상징하는 존재였고, 1964~1981년까지 PSV 아인트호벤 소속으로 활약했다. 네덜란드 에레디비지에에서 뛰는 동안 무려 300골을 넘는 기록을 세워 현재까지도 에레디비지에에서 최고의 득점 기록을 가지고 있는 선수다. 현역 시절 요한 크루이프의 라이벌이기도 했고 지금도 종종 선수 입단식 등의 행사에서 얼굴을 볼 수 있는 'PSV의 상징'과도 같은 존재로 널리 알려져 있다.

○ 레전드 '쿤 딜렌'의 동상 ○

1949~1961년까지 PSV 아인트호벤에서 활약하며 수많은 골을 넣었던 공격수. 빌리 반 데 카일렌이 전체 커리어에서 가장 많은 골을 넣었던 선수라면 쿤 딜렌(Coen Dillen)은 1956~1957 시즌에 43골을 넣으면서

한 시즌에 가장 많은 골을 넣은 선수로 기록되어 있다. 현역 시절 대부분의 커리어를 PSV와 함께했다. 빌리 반 데 카일렌의 동상 바로 옆에 있다.

경기 관람
ENJOY FOOTBALL MATCH

EREDIVISIE TEAM

경기 당일 아인트호벤 역에 도착하자 마자 만난 경찰 차량. 경기장으로 향하는 길까지 경찰들이 계속 보인다. 네덜란드 팬들도 유럽에서는 열정적이기로 유명하다. 그래서 현지 경찰들이 치안 관리에 신경을 많이 쓰고 있다.

● 경기 관람 포인트 및 주의 사항

1. PSV의 경기는 외국인의 경우 반드시 '패키지'를 구입해야 한다. 즉, 티켓은 미리 준비해둬야 한다.
2. 기차역부터 아인트호벤의 시내가 시작되므로 시간적 여유가 있다면 걸어서 아인트호벤 시내를 돌아보는 것도 좋다. 여행 정보는 기차역 바로 옆에 있는 관광 안내소에서 입수할 수 있다.

경기장 앞 노점에서 시원한 바바리아 맥주를 마셔보자. 경기 시간이 가까워지면 이미 현지 팬들이 자리를 잡고 맥주를 즐기고 있는 모습을 쉽게 볼 수 있을 것이다.

● 경기장 찾아가는 법

○ **교통수단**

기차를 타고 아인트호벤 역에 내려 도보로 이동

○ **이동시간**

아인트호벤 역에서 도보로 약 10분

PSV 아인트호벤의 홈구장에 찾아가는 것은 매우 간단하다. 기차를 통해 아인트호벤 역에 도착해서 밖으로 나와 우회전을 한 후에, 길을 따라 10분 정도 걸어가다 보면 경기장이 보인다.

네덜란드는 매우 작은 나라이고 아인트호벤은 볼 만한 관광지가 많은 도시가 아니다. 그러므로 경기 시간 및 기차 시간을 미리 체크하여 당일치기로 경기장을 다녀오는 것이 좋은 방법이다.

영국의 기마경찰과는 또 다른 매력의 네덜란드 기마경찰도 만나보자.

아인트호벤 역에서 경기장으로 가는 길에 독특한 건축물들을 자주 볼 수 있다.

스타디움 투어
홈페이지: www.psv.nl/english-psv/museum-tours/stadium-tour.htm

운영 시간
· 투어 운영일 및 운영시간이 일정치 않으므로 반드시 홈페이지에서 미리 확인해야 한다.
· 일반적으로 투어를 운영하는 날에는 하루 3회(11:00, 13:00, 14:30) 참여할 수 있다.

오렌지군의 축구 여행 TIP

만약 네덜란드어 홈페이지로 예약하는 것이 어렵다면 구단에서는 이메일 tours@psv.nl 또는 museum@psv.nl로 문의하라고 안내하고 있으므로 참고하도록 하자. 자리가 있다면 현장 구매도 가능하다. PSV 아인트호벤의 팬스토어를 방문해 직원에게 문의해서 조치를 받도록 하자.

PSV 아인트호벤이 획득한 에레디비지 우승 트로피

스타디움 투어 이용 시 무료 음료를 제공받을 수 있는 De Verlenging 카페

스타디움 투어

EREDIVISIE TEAM

PSV 아인트호벤의 스타디움 투어는 가이드 투어로 진행된다. 가이드와 함께 필립스 스타디움의 곳곳을 모두 돌아볼 수 있으며 구단의 역사를 살펴볼 수 있는 박물관도 방문이 가능하다. 선수단이 사용하는 드레싱룸, 선수단의 출입 터널, 믹스트 존, 기자실, VIP 박스 및 좌석, 양 팀의 벤치 등을 돌아보고 구단 박물관까지 방문하면 투어가 마무리될 것이다. 투어 참여자는 De Verlenging 카페에서 무료 드링크도 맛볼 수 있다. 스타디움 투어가 매일 진행되는 것은 아니므로 홈페이지에서 운영 여부를 미리 확인해야 한다. 일반적으로 하루 3회 개최되며 인터넷 예약은 네덜란드어 홈페이지에서만 가능하다. 그러므로 미리 일정을 파악한 후 네덜란드어 홈페이지에서 구글 번역을 활용하여 미리 예약하는 것이 가장 합리적이다.

● 입장료

※ 유아(만 3세 미만) 무료

투어 종류	성인(만 13세 이상)	어린이(만 4세~14세)
스타디움 투어	€16,50	€14,50

STADIUM TOUR

스타디움 투어 주요 하이라이트

구단의 역사 자료들

PSV가 배출한 슈퍼스타들

PSV가 수집한 페넌트들

UEFA 챔피언스리그 우승 트로피

완벽 가이드북

개정판 1쇄 발행 2019년 9월 18일

지은이 오렌지군
펴낸이 이광재

책임편집 김미라
디자인 이창주 　　　　　**마케팅** 정가현 　　　　　**영업** 허남

펴낸곳 카멜북스 　　**출판등록** 제311-2012-000068호
주소 경기도 고양시 덕양구 통일로 140 (동산동, 삼송테크노밸리) B동 442호
전화 02-3144-7113 　**팩스** 02-374-8614 　**이메일** camelbook@naver.com
홈페이지 www.camelbook.co.kr 　**페이스북** www.facebook.com/camelbooks

ISBN　978-89-98599-58-4 (13980)